"双一流"高校本科规划教材

化工设备机械基础

（第四版）

主编　汤善甫　陈建钧

华东理工大学出版社
EAST CHINA UNIVERSITY OF SCIENCE AND TECHNOLOGY PRESS
·上海·

图书在版编目(CIP)数据

化工设备机械基础 / 汤善甫,陈建钧主编. —4 版
. —上海：华东理工大学出版社,2023.5
ISBN 978 - 7 - 5628 - 6798 - 2

Ⅰ.①化… Ⅱ.①汤… ②陈… Ⅲ.①化工设备 ②化
工机械 Ⅳ.①TQ05

中国版本图书馆 CIP 数据核字(2022)第 027710 号

内 容 提 要

本书介绍和分析了化工设备及其零部件的承载和变形规律,以及它们的强度、
刚度和稳定条件,常用材料,传动装置,容器、塔设备及反应釜的机械设计方法等内
容。本书内容丰富,涉及学科面广,且结合工程实际,可以择要进行教学。书中所
引用的规范和标准采用最新颁布的国家级和部级标准。

本书适合化学工艺和化学工程专业及其他有关专业作教材,也可供有关的工
程技术人员学习与参考。

项目统筹 / 马夫娇
责任编辑 / 陈 涵
责任校对 / 陈婉毓
装帧设计 / 徐 蓉
出版发行 / 华东理工大学出版社有限公司
        地址：上海市梅陇路 130 号,200237
        电话：021 - 64250306
        网址：www.ecustpress.cn
        邮箱：zongbianban@ecustpress.cn
印　　刷 / 常熟市大宏印刷有限公司
开　　本 / 787 mm×1092 mm　1/16
印　　张 / 22.75
字　　数 / 576 千字
版　　次 / 1991 年 12 月第 1 版
        2004 年 12 月第 2 版
        2015 年 8 月第 3 版
        2023 年 5 月第 4 版
印　　次 / 2023 年 5 月第 1 次
定　　价 / 59.80 元

四 版 前 言

在本书第四版的修订过程中,鉴于本课程的学时数普遍减少,所以在全书篇幅上有一些精简,但仍保留一定的理论基础和必要的设计实践知识。在教学过程中,可以择要进行讲解,读者也可以在需要时自学掌握。本书第四版由汤善甫、陈建钧负责修订。

编　者
2021 年 1 月

三 版 前 言

本书出版以来,印数已逾十万,深受读者欢迎,可能是因本书在理论知识结合工程设计实践;配图严谨并求形象;文字表达力图深入浅出等方面做出了努力的缘故。本版修订时,引进了最新的技术标准及其有关内容,采用了大量的最新信息。但限于编者的水平,难免有待改进之处。本版修订工作由汤善甫主要负责,并重新编写了第七章内容。潘红良、陈建钧、魏大妹参与全书修订工作。

编　者
2015 年 2 月

再 版 前 言

本书出版至今已有 13 年,承蒙读者厚爱,已重印了六次,仍不敷应用。考虑到历时已久,不少内容应予以更新。出版社与编者决定本书修订后再版。本书第 1 至 7 章由朱思明主持修订,第 8 至 18 章由汤善甫主持修订。修订过程中得到华东理工大学机械工程学院潘红良、郑丽华、陈珏的大力协助。潘红良、郑丽华参与了全书的修订,陈珏参与了第 7 章的修订。全书仍由汤善甫统编。本书修订宗旨仍以实用为主,以典型化工设备的机械设计为纲,介绍有关基础知识、设计方法、设计规范及必需的最新设计资料。本书不仅可以满足有关专业的课堂教学与课程设计的应用,也可供有关工程技术人员在设计工作中使用与参考。书中的不妥之处望读者不吝指正。

编　者
2004 年 12 月

初 版 前 言

本书是按化学工艺、化学工程类专业以及其他相近的非机械类专业,对化工设备的机械知识和设计能力的要求而编写的。全书包括静力学、材料力学、化工设备常用材料、传动零件及减速机、常压和低压容器设计、化工设备常用零部件和典型化工设备的设计方法等内容。不同专业可以根据需要选用。第 17、18 章可供课程设计教学使用。一至二周的课程设计,一般可进行其中一章的讲授,进行一个典型设备的结构设计与装配图绘制。

本书第 1 至 7 章由朱思明编写;第 9 章由丁永平编写;第 8 章和第 10 至 18 章由汤善甫编写。习题部分第 1 至 7 章由吴圣清、丁永平编写;第 8 至 13 章由应曰中、汤善甫编写;第 14 至 18 章由汤善甫、张永贞编写。全书由汤善甫统稿。

本书编写过程中曾得到华东化工学院化机研究所琚定一、王允昌,上海医药设计院戴季煌、王文惠以及华东化工学院化工设备机械基础教科组全体同志的大力协助,特此一并致谢!

编　者

1992 年 9 月

目　　录

1 零部件受力分析

设计化工、炼油设备时,必须按照安全、经济、可靠的原则来确定设备及零部件的截面尺寸,例如筒体厚度、螺栓直径、型钢规格等。由于设备及零部件在工作时都要受到各种各样的外力作用,因此,在确定设备及零部件的截面尺寸时,必须首先进行受力分析,以便为后面的设计计算提供可靠的基础。

1.1 力的合成与平衡条件

1.1.1 约束、约束反力与受力图

化工、炼油设备都安装在一定的基础上,或与其他设备有着某种形式的联系,如卧式贮槽安放在鞍式支座上,支座又用基础螺栓牢固地安装在地基上;又如管道安放在管架上。于是,这些贮槽、管道就不能任意运动。工程上把对于某一构件的活动起着限制作用的其他物体叫作**约束**。例如,鞍式支座和基础(包括基础螺栓)是卧式容器的约束。

约束之所以能限制构件的运动,是因为约束有力作用在被约束的构件上,这种作用力,称为**约束反力**,简称反力。工程上把能使物体发生运动或运动趋势的力叫作主动力。例如作用在塔设备上的风力、重力等。显然,约束反力是一种被动力,是由于有了主动力的作用才出现的。作用在构件上的力,从运动与约束的观点考虑可分为主动力和约束反力两大类。我们对物体进行受力分析,就是在已经确定的主动力作用下,求出约束反力的大小和方向。

为了使物体受力情况的分析能清晰地表达出来,需要把所分析的物体(研究对象)从跟它发生联系的周围物体中分离出来。这个被分离出来的研究对象称为分离体。为了不改变分离体的受力情况,就必须把作用在分离体上的全部作用力——主动力及周围约束对分离体作用的约束反力都画出来。这样画出的物体受力简图就称为**受力图**。适当地选取分离体,正确地画出受力图是进行受力分析的主要前提。下面举例说明受力图的画法。

如图 1-1(a)所示,贮槽安装在支座 A、B 上,支座 A、B 是贮槽的约束。作贮槽的受力图时,先将贮槽的约束——支座 A、B 去除,也就是把贮槽从周围的约束中分离出来;然后画出作用于贮槽的主动力 W,加上约束反力 N_A、N_B,即得到贮槽的受力图,如图 1-1(b)所示。

上面已说过,进行受力分析的主要任务是在已知的主动力作用下,求出物体所受的约束反力。而约束反力的大小、方向又与物体所受约束的具体情况有着密切的关系,约束的类型不同,所产生的约束反力也不同。下面介绍工程上常见的几种约束形式和确定约束反力的方法。

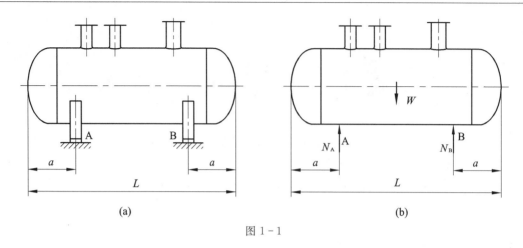

图 1-1

1. 柔性物体约束

这类约束是从绳索、链条、皮带等一类柔性物体中抽象出来的。这类约束的特点是只能限制物体沿这些柔性物体被拉直的方向运动。因此,约束反力只能是拉力,而不能是压力,因为柔性物体受压时会失去约束的作用,不能阻碍物体的运动。起重机起吊重物用的钢索[图1-2(a)]、栓灯的绳子[图1-3(a)]都属这一类约束。约束反力的作用线沿着被拉直的柔性物体的中心线,指向总是背着被约束物体运动(或运动趋向)的方向,如图1-2(b)、图1-3(b)所示。

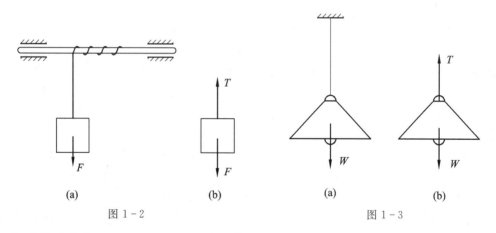

图 1-2   图 1-3

2. 光滑面约束

当两个物体的接触面比较光滑或有良好的润滑时,接触面间的摩擦力很小,可以忽略不计,这类约束叫作光滑面约束。这种约束只能阻止物体沿着接触点的公法线而趋向支承面的运动,但不能阻止物体离开支承面和在支承面的切平面内的运动。因此,约束反力应通过接触点,并沿公法线,指向与物体被阻止运动的反方向(恒指向被约束物体)。例如,车轮与轨道接触时[图1-4(a)],若不计与钢轨的摩擦,则钢轨可视为光滑面约束。车轮在主动力 W 作用下有向下运动的趋势,故约束反力 N 沿公法线垂直向上[图1-4(b)]。再如,圆筒形容器在拼装过程中搁在托轮上[图1-5(a)],容器与托轮分别在点 A、B 处接触,托轮作用于容器的约束反力 N_A 和 N_B 分别沿接触点的公法线,即沿圆筒形容器的半径方向,指向圆心 O,如图1-5(b)所示。

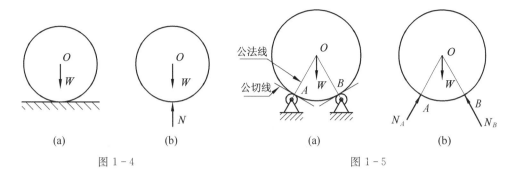

图 1-4　　　　　　　　　　　　　　　图 1-5

3. 固定铰链约束

圆柱形铰链是固定铰链中最常见的一种约束。这种约束最简单、最典型的结构形式是在被连接的两构件的圆孔内插入一个光滑的圆柱销。常见的门窗铰链就是圆柱形铰链。若把构成圆柱形铰链的其中一个构件固定在基础、支架或机架上,这样的圆柱形铰链叫作固定铰链支座[图 1-6(a)]。由图 1-6(b)可以看出,销的约束作用是阻止物体在与销的轴线相垂直的平面内沿任何方向移动。因为杆件可绕销转动,所以杆件与销的接触点 M 的位置随着杆件受力情况的不同而相应地改变,因此约束反力 N 的指向也跟着变动。为了便于分析,通常用互相垂直的两个分力 N_x、N_y 代表方向待定的约束反力 N。固定铰链支座约束的计算简图如图 1-6(c)或图 1-6(d)所示。

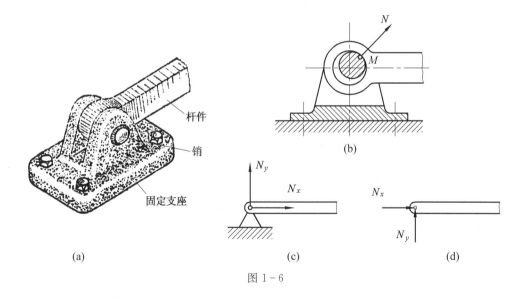

图 1-6

4. 辊轴支座约束

化工、炼油厂的某些管道、卧式容器,为了适应较大的温度变化使之能相应地伸长或收缩,常在其中一个支座与基础接触面之间装有几个辊轴,使这个支座可以沿着管道或容器的轴向自由移动[图 1-7(a)]。由此可知,辊轴支座约束的特点是只限制支座沿垂直于支承面方向的运动,因而在不计摩擦的情况下,约束反力的指向必定垂直于支承面,并通过铰链中心,指向被约束物体。图 1-7(b)(c)都是辊轴支座约束的计算简图。

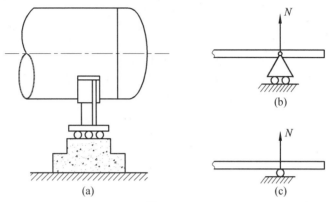

图 1-7

5. 固定端约束

图 1-8 所示的塔设备底部的约束和图 1-9 所示插入建筑结构内部的悬臂式管架的约束都属于固定端约束。固定端约束的特点是构件的一端嵌入基础或建筑物内部与之连成一体,并完全固定,既不允许构件做纵向或横向移动,也不允许构件转动。要达到这样的约束效应,在一般情况下必须存在三个约束反力。以受风力 q 作用的塔设备底部固定端约束为例,它的三个约束反力可用图 1-8(b)所示的 N_x、N_y 和 M 表示。N_x 限制塔设备沿水平方向移动的趋势,N_y 限制塔设备向下运动的趋势,M 限制塔设备由于风力引起倾覆的趋势(限制转动的趋势)。

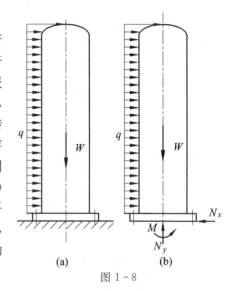

图 1-8

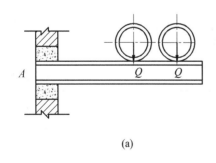

(a)

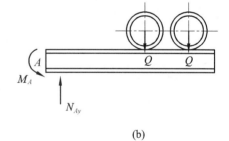

(b)

图 1-9

　　取给定物体作为研究对象进行分析时,因约束反力是随着给定物体施于约束的力同时产生的,两者互为作用力和反作用力,若不把给定物体和约束分开,约束反力就无法表示出来。为了清楚地表示给定物体的受力情况,就必须假想将约束解除,而以相应的约束反力来代替约束的作用,这就是解除约束原理。解除约束后的物体,称为分离体。作用在分离体上的力一般有两种,即主动力和约束反力。表示分离体及其所受之力的图称为受力图。

在初步了解几种常见的约束及其反力的性质以后,就可以讨论如何对所研究的物体画受力图了。下面通过一些实例来说明受力图的作法。

例 1-1 当用手去打开如图 1-10(a)所示人孔盖时,设手中所用力为 F,并与铅垂线成 30°角,盖子重力已知,为 W,试画出人孔盖的受力图。

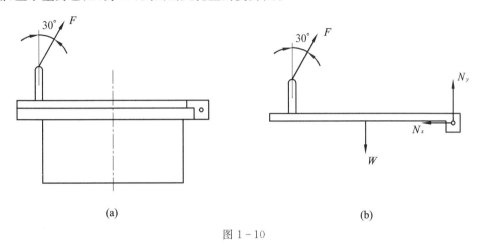

(a)   (b)

图 1-10

解 图 1-10(a)所示的人孔盖与支承物孔体是用销连接的,当人孔盖正在打开时,人孔盖有绕销转动的趋势。此时,盖子共受到三个力的作用:两个主动力 F 和 W,一个约束反力 N。由于 N 的大小和方向未知,可用两个分力 N_x 和 N_y 表示。人孔盖的受力图如图 1-10(b)所示。

下面将受力图的一般画法和注意事项概述如下:

(1)首先将要研究的对象物体取作分离体,解除约束,与其他物体分离开来;

(2)先画作用在分离体上的主动力,再在解除约束的地方画约束反力;

(3)画约束反力时要充分考虑约束的性质,如固定铰链约束,一般可画一对位于约束平面内互相垂直的约束反力,但若属于二力构件,则应按二力构件的特点画出约束反力;

(4)在画物系中各物体的受力图时,要利用相邻物体间作用力与反作用力之间的关系,当作用力与反作用力中一个力的方向已确定(或假定)时,另一个力的方向也随之而定;

(5)柔性约束对物体的约束反力只能是拉力,不能是压力。

1.1.2 平面汇交力系的合成和平衡条件

作用于物体的一群力称为**力系**。如果作用在物体上诸力的作用线位于同一平面内,且交会于一点,则这种力系称为**平面汇交力系**。例如,起吊筒体的吊钩上作用的就是这种力系(图 1-11)。平面汇交力系是一种基本力系,也是工程上常见的较为简单的力系。

1. 平面汇交力系的合成

如图 1-12 所示,设物体上作用着汇交的两个力 F_1、F_2,它们的合力为 R,现在要寻求力 F_1、F_2 与合力 R 在投影方面的关系。用 AB 和 AC 分别表示力 F_1 和 F_2 的大小。根据投影定义,得

$$F_{1x}=ab, \qquad F_{1y}=a'b'$$
$$F_{2x}=ac, \qquad F_{2y}=a'c'$$

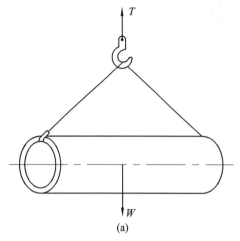

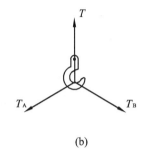

图 1-11

用 AD 表示 F_1 和 F_2 的合力 R 的大小,它在坐标轴上的投影为

$$R_x = ad , \qquad R_y = a'd'$$

由图 1-12 可见

$$AC /\!/ BD , \qquad AB /\!/ CD$$
$$AC = BD , \qquad AB = CD$$

故　　　　$R_x = ad = ab + bd = ab + ac = F_{1x} + F_{2x}$

$$R_y = a'd' = a'c' + c'd' = a'c' + a'b' = F_{1y} + F_{2y}$$

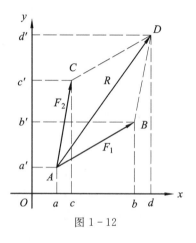

图 1-12

　　显然,上述方法可以推广到任意多个汇交力的情况。设有 n 个力汇交于一点,它们的合力为 R,则

$$\left.\begin{array}{l} R_x = F_{1x} + F_{2x} + \cdots + F_{nx} = \sum F_x \\ R_y = F_{1y} + F_{2y} + \cdots + F_{ny} = \sum F_y \end{array}\right\} \qquad (1-1)$$

　　式(1-1)就是合力投影定理的表达式。它表示力系的合力在某一坐标轴上的投影等于力系的各个力在同一坐标轴上投影的代数和。由投影 R_x、R_y,就可用式(1-2)求合力 R 的数值(图 1-13):

$$R = \sqrt{R_x^2 + R_y^2} = \sqrt{(\sum F_x)^2 + (\sum F_y)^2} \qquad (1-2)$$

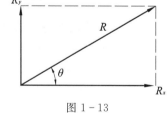

图 1-13

其方向可由合力作用线与 X 轴的夹角 θ 表示(图 1-13):

$$\tan \theta = \frac{R_y}{R_x} = \frac{\sum F_y}{\sum F_x} \qquad (1-3)$$

　　2. 平面汇交力系的平衡条件

　　若作用于物体上的力系的合力为 0,则该力系将不引起物体运动状态的改变,也即该力

系是平衡力系。从式(1-2)可知,平面汇交力系保持平衡的必要条件是

$$R = \sqrt{\left(\sum F_x\right)^2 + \left(\sum F_y\right)^2} = 0$$

此时该力系对物体没有外效应,为此,必须是

$$\left.\begin{aligned}\sum F_x = F_{1x} + F_{2x} + \cdots + F_{nx} = 0\\ \sum F_y = F_{1y} + F_{2y} + \cdots + F_{ny} = 0\end{aligned}\right\} \qquad (1-4)$$

因此,**平面汇交力系的平衡条件**是力系的各个力在互相垂直的两个坐标轴上投影的代数和都等于 0。式(1-4)是平面汇交力系平衡条件的表达式,称为平面汇交力系的平衡方程。在求解平面汇交力系问题时,常用到这个公式。

例 1-2 圆筒形容器重力为 G,置于托轮 A、B 上,如图 1-14(a)所示,试求托轮对容器的约束反力。

解 取容器为研究对象,画受力图[图 1-14(b)]。托轮对容器是光滑面约束,故约束反力 N_A 和 N_B 应沿接触点公法线指向容器中心,它们与 y 轴的夹角为 30°。由于容器重力也过中心 O 点,故容器是在三力组成的平面汇交力系作用下处于平衡,于是有

$$\sum F_x = 0 \qquad N_A \sin 30° - N_B \sin 30° = 0$$
$$\sum F_y = 0 \qquad N_A \cos 30° + N_B \cos 30° - G = 0$$

解得 $$N_A = N_B$$

及 $$N_A = N_B = \frac{G}{2\cos 30°} = 0.58G$$

可见,托轮对容器的约束反力并不是 $G/2$,而且两托轮相距越远,托轮对容器间的作用力越大。

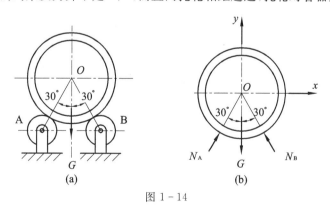

图 1-14

1.1.3 平面力偶系的合成和平衡条件

1. 力偶

在工程实践中,经常遇到一个物体上受到一对大小相等、方向相反、不共作用线的平行力。化工厂中徒手开启和关闭管道阀门时,操作工人经常用一对上述的平行力转动手轮便是一例(图 1-15)。这一对平行力称为**力偶**,通常用(F、F')表示。力偶对物体的作用是引起物体的转动。凡能主动引起物体转动状态改变或有转动状态改变趋势的力偶称为主动力

偶。图 1-15 中,操作工人在转动手轮时所施加的大小相等、方向相反的一对平行力 F 和 F',就组成一个主动力偶。

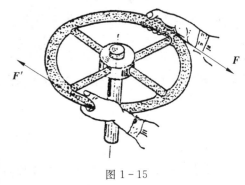

力偶的两个力,虽然大小相等、方向相反,但不共作用线,因此不满足二力平衡条件,所以它们不成为平衡力系。

2. 力偶矩

人们通过长期生产实践,认识到力偶对物体的转动效应,既与力 F 的大小成正比,又与力偶臂

图 1-15

d[两个力作用线之间的垂直距离(图 1-16)成正比]。因此,力偶使物体转动的效应以力的数值 F 与力偶臂长度 d 的乘积 Fd 来量度,这个乘积称为**力偶矩**,用符号 M 表示如下:

$$M = \pm Fd \qquad (1-5)$$

力偶矩的单位是 N·m。式(1-5)右边的正负号表示力偶的转动方向,规定:凡产生逆时针转向的力偶矩为正,产生顺时针转向的为负。

力偶矩实质上是力偶中两个力对平面上任意点的力矩的代数和。可以证明如下:如图 1-16 所示,在力偶 (F,F') 的作用面内任取一点 O 为矩心,设点 O 至力偶中的一力 F' 的距离为未知量 x,至另一力 F 的距离便为 $x+d$,则力偶中两个力对 O 点力矩的代数和为

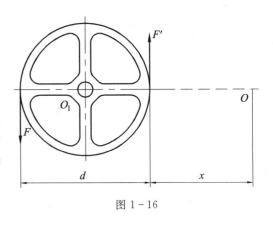

图 1-16

$$M_O(F) + M_O(F') = F(d+x) - F'x = Fd \qquad (1-6)$$

由以上计算可知,力偶对其作用平面内任意一点的矩,与该点(矩心)的位置无关,始终是一个常量,这个常量等于力偶中一力的大小与两个力间距离的乘积,这说明力偶使物体绕其作用平面内任意一点转动的效应是相同的。

力偶可以用力和力偶臂表示[图 1-17(a)(b)],也可以用一端带箭头的弧线表示[图 1-17(c)]。图 1-17 所表示的力偶矩都是 200 N·m。

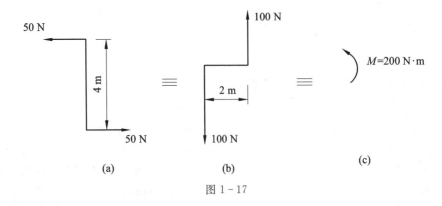

(a)　　　　　　　　(b)　　　　　　　　(c)

图 1-17

　　如果两个力偶矩的值和转动方向完全相同（力的大小和方向以及力臂可不一样），则这样两个力偶称为**等效力偶**或**互等力偶**。

　　3.合成和平衡条件

　　力偶矩也如力那样，可以进行合成。设有一平面力偶系(F_1,F_1')、(F_2,F_2')和(F_3,F_3')，它们的力偶臂分别为d_1、d_2和d_3[图1-18(a)]，现在来求它们的合成。

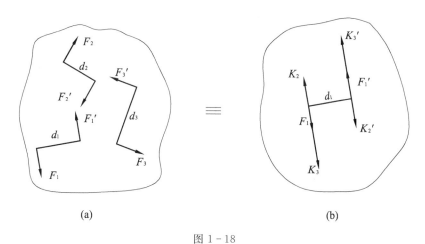

图1-18

以M_1、M_2、M_3分别表示各力偶之矩，即有

$$M_1=F_1d_1,\qquad M_2=-F_2d_2,\qquad M_3=F_3d_3$$

按力偶等效特性，从这三个力偶中任选两个力偶，如(F_2,F_2')、(F_3,F_3')，用以d_1为臂的等效力偶(K_2,K_2')、(K_3,K_3')来代替[图1-18(b)]，这两个等效力偶的力分别为

$$K_2=\frac{|M_2|}{d_1},\qquad K_3=\frac{|M_3|}{d_1}$$

　　将上述两个等效力偶都移到力偶(F_1,F_1')上去，把力偶臂两边的力各合成为一个合力R和R'（在图中未画出），其值为

$$R=R'=F_1-K_2+K_3$$

由此即得一个新力偶(R,R')，它即为原有三个力偶的合力偶，其矩是

$$M=Rd_1=(F_1-K_2+K_3)d_1=M_1+M_2+M_3$$

　　若一平面力偶系有更多的力偶，则可用同样方法合成，得

$$M=M_1+M_2+\cdots+M_n=\sum M_i \qquad (1-7)$$

式(1-7)指出，平面力偶系的各力偶可以合成一个合力偶，合力偶之矩等于各力偶之矩的代数和。

　　如果平面力偶系的合力偶矩等于0，即$\sum M=0$，就表明使物体按顺时针方向转动的力偶矩与使物体按反时针方向转动的力偶矩相等,它们的转动效应相互抵消,只有在这种情况下力偶系才能保持平衡。因此,**平面力偶系的平衡条件**是

$$\sum M_i = M_1 + M_2 + \cdots + M_n = 0 \qquad (1-8)$$

由式(1-8)还可以看出,力偶只能与反向的力偶平衡。

1.1.4　平面一般力系的合成和平衡条件

1. 力线的平移原理

在分析或求解力学问题时,有时需要将作用在物体上一个力的作用线,从其原始位置平行移动到另一位置而不改变该力在原始位置时对物体的运动效应。下面要讨论,力线应当在什么条件下才能平行移动而不影响它对物体的运动效应。

设有一力 F 作用于物体上一点 A,今欲将其作用线平移到点 B[图1-19(a)]。在点 B 加一对平衡力 F_1 和 F_1',其大小和力 F 相同,且平行于力 F[图1-19(b)]。在 F、F_1、F_1' 三个力中,F 和 F_1' 两个力组成一个力偶,其臂为 d,其力偶矩恰好等于原力 F 对点 B 的矩,即

$$M = F \cdot d$$

剩下的力 F_1,即为作用线由 A 点平移到 B 点的力 F。现在作用在物体上有一个力 F_1 和一个力偶 M[图1-19(c)],它们对物体的作用应与力在原始位置时相同,这个力偶称为附加力偶。由此可以引出**力线的平移原理**:作用在物体上一力的作用线,可以平行移动到物体上的任意一点,但必须同时加上相应的附加力偶,附加力偶的矩等于原力对新作用点的矩,其转动方向取决于原力绕新作用点的旋转方向。

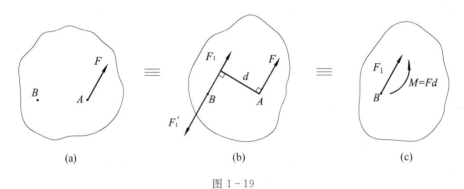

(a)　　　　　　　　　(b)　　　　　　　　　(c)

图1-19

2. 平面一般力系向已知点简化

根据力线的平移原理,将平面一般力系的各力平移到作用面内任一点 C,从而将原力系化为一个平面汇交力系和一个平面力偶系。这种做法称为平面一般力系向作用面内任一点 C 的简化,点 C 称为简化中心。

图1-20(a)表示一个任意物体,在它上面作用一个平面一般力系,为简便计算,假定为四个力:F_1、F_2、F_3、F_4。今在物体上任意选取 C 点,并将此四个力平移到 C 点,最后得到一个汇交于 C 点的平面汇交力系和一个平面力偶系[图1-20(b)]。换言之,原来的平面一般力系与一个平面汇交力系及一个平面附加力偶系等效。

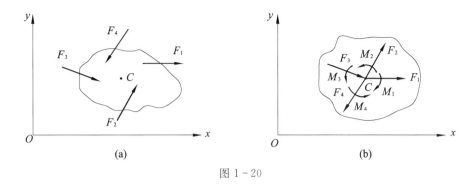

图 1-20

3. 平面一般力系的平衡条件

根据平面一般力系与一个平面汇交力系及一个平面附加力偶系等效的原理,若后面的两组力系平衡,则原来的平面一般力系也平衡。因此,只要综合上述两个特殊力系的平衡条件,就能得出平面一般力系的平衡条件:

① 由平面汇交力系合成的合力 $R = 0$

② 由平面力偶系合成的合力偶矩 $\sum M_O = 0$ $\left.\right\}$ (1-9)

当同时满足这两个要求时,平面一般力系既不可能合成为一个合力,又不可能合成为一个力偶,也即既不允许物体移动,又不允许物体转动,从而必定处于平衡。

由式(1-2)可知,欲使 $R = 0$,必须 $\sum F_x = 0$ 且 $\sum F_y = 0$,因此得平面一般力系的平衡条件为

$$\left.\begin{array}{l} \sum F_x = 0 \\ \sum F_y = 0 \\ \sum M_O = 0 \end{array}\right\} \quad (1-10)$$

即:① 所有力在 x 轴上投影的代数和为 0;

② 所有力在 y 轴上投影的代数和为 0;

③ 所有力对于平面内的任一点取矩的代数和等于 0。

由这组平面一般力系的平衡方程,可以解出平衡的平面一般力系中的三个未知量。求解时,一般可按下列步骤进行:

① 确立研究对象,取分离体,作出受力图。

② 建立适当的坐标系,列出平衡方程。在建立坐标系时,应使坐标轴的方位尽量与较多的力平行或垂直,以使各力的投影计算简化。力矩中心应尽量选在未知力的交点上,以简化力矩的计算。

③ 解平衡方程,求出未知量。

例 1-3 设人孔盖所受重力 $G = 500$ N,当打开人孔盖时,力 F 与铅垂线成 $30°$(图1-21),并知 $a = 228$ mm,$b = 440$ mm,$h = 70$ mm。试求力 F 及约束反力 N。

解 先画出受力图,以 O 点为矩心。

$$\sum M_O = 0, \qquad G \cdot a - (F\cos 30°)b - (F\sin 30°)h = 0,$$

$$F=\frac{500a}{b\cos30°+h\sin30°}=350(\text{N})$$

$$\sum F_x=0,\qquad F\sin30°-N_x=0$$

所以　　　　　　$N_x=F\sin30°=175(\text{N})$

$$\sum F_y=0,\qquad F\cos30°-G+N_y=0$$

所以　　　　　　$N_y=500-F\cos30°=200(\text{N})$

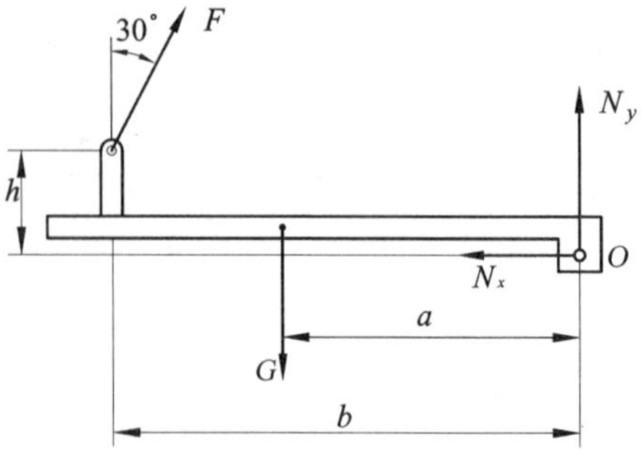

图 1-21

解本题时,矩心本来是可以任意选取的,之所以选 O 点为矩心,是因为 O 点有未知反力 N_x、N_y 作用着;这样,力矩方程中将没有 N_x、N_y,只有 F 出现,可以简化计算步骤。这种解题技巧,要注意掌握。

例 1-4　列管式换热器[图 1-22(a)]总长 $l=7$ m,总重 91 kN,支座 A、B 的距离为 4 m,支座 A 相当于固定铰链支座,支座 B 相当于活动铰链支座。试计算支座 A、B 所受的约束反力。

解　对于卧式容器、换热器,为了便于受力分析及强度计算,我们把整个换热器(包括支座)简化成图 1-22(b)所示受均布载荷 q 作用的受力模型。取整个换热器为研究对象画受力图,换热器所受的主动力为本身自重及料液组成的均布载荷 q($q=91$ kN/7 m$=13$ kN/m),其约束反力为基础对支座 A、B 的约束反力 N_{Ax}、N_{Ay}、N_B。

根据图 1-22(b)所示的受力图,可列出如下的平衡方程:

$$\sum F_x=0,\qquad N_{Ax}=0$$

$$\sum M_A=0,\qquad -ql\times\left(\frac{7}{2}-1.7\right)+N_B\times4=0$$

所以　　　　$N_B=\frac{ql(3.5-1.7)}{4}=\frac{13\times7\times1.8}{4}=41(\text{kN})$

$$\sum F_y=0,\qquad N_{Ay}+N_B-ql=0$$

所以　　　　$N_{Ay}=ql-N_B=13\times7-41=50(\text{kN})$

N_{Ay} 也可由方程 $\sum M_B=0$ 求得。

$$ql\times\left(\frac{7}{2}-1.3\right)-N_{Ay}\times4=0$$

所以　　　　$N_{Ay}=\frac{ql(3.5-1.3)}{4}=\frac{13\times7\times2.2}{4}=50(\text{kN})$

可见,由 $\sum M_B=0$ 或由 $\sum F_y=0$ 所求出的 N_{Ay} 相同。

在本题中,作用在换热器上的主动力、约束反力的作用线相互平行且位于同一平面内,这种力系是平面一般力系的特例,称为**平面平行力系**。对于平面平行力系,如果在选择直角

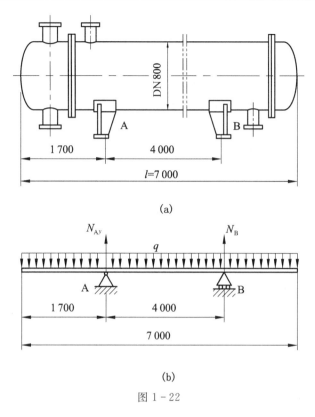

图 1-22

坐标轴时,使其中一个坐标轴与各力平行,则式(1-10)的前两个分式中,与各力垂直的一个投影式自然满足,于是只有一个投影式和一个力矩式,这就是平面平行力系的平衡方程,即

$$\left.\begin{array}{l} \sum F = 0 \\ \sum M_O = 0 \end{array}\right\} \qquad (1-11)$$

在后面计算梁的支座反力时,常应用式(1-11)。

1.2 拉伸与压缩

1.2.1 零部件承载的基本概念

1.2.1.1 任务和研究对象

在 1.1 节中,为了便于分析构件的受力情况和平衡规律,我们忽略了构件在外力作用时发生的微小变形,把它当作刚体来处理。而在实践中,我们可以观察和感觉到,各种构件虽然材料和形状不同,但在受外力(载荷)作用时,都会发生变形。如果变形较小,在卸除载荷后,构件变形就会消失,这种变形称为弹性变形,这是工程上允许的。如果变形太大,就会发生破坏;即使不发生破坏,在卸除载荷后,构件的变形不能完全消失,还会保留一部分残余变形,这种情况也会使构件失去可靠的工作效能,这是工程上所不允许的。

为了保证整个机器设备在外力作用下安全可靠地工作,它们的每一个构件都必须满足以下三个基本要求:

① 具有足够的强度。这是保证构件受载荷时,不发生破坏的基本要求。例如,钢丝绳起吊设备时,钢丝绳必须具有足够的截面面积,如果钢丝绳太细,就可能被拉断。因此,构件必须具有足够的抵抗破坏的能力。这种要求,工程上就称为具有足够的强度。

② 具有一定的刚度。在某些情况下,除了要求构件在载荷作用下具有足够的强度,还要求不发生过大的变形。例如管道的变形超过某一限度时,虽然不至于破坏,但是在管道变弯的最低部位就会发生物料沉积或积有冷凝水,影响管道的正常工作。再如法兰或紧固法兰的螺栓变形过大,将会引起管道内的物料泄漏。这就要求构件受载荷作用时产生的变形不超过某一限度。这种要求,工程上就称为具有一定的刚度。

③ 具有足够的稳定性。对于细长直杆和薄壁圆筒,当外加载荷超过某一数值时,细长直杆就发生明显的弯曲,而薄壁圆筒就会被压瘪。这是由于外加载荷超过某一数值时,这些构件就丧失了保持原来平衡的几何形状的能力。这种破坏,工程上就称为丧失稳定性(简称失稳)。

强度、刚度和稳定性统称为构件的承载能力。这三者是保证构件安全工作的基本要求。当需要提高构件的承载能力时,通常的办法是增大构件的截面尺寸或改用优质材料。但是怎样增大截面尺寸才能恰到好处,或如何充分发挥所选用优质材料的长处,这就需要从理论上加以阐述,以减少盲目性。反之,为了节约材料或降低成本,如果在缺乏理论和实验依据的前提下,盲目减少构件的截面尺寸或不恰当地以其他材料代替,就降低了构件的安全可靠程度,甚至可能造成设备或人身事故。一般来说,构件的安全性和经济性这两方面的要求是相互矛盾的。因此,分析、计算构件的强度、刚度和稳定性,为正确解决安全与经济之间的矛盾提供必要的理论基础。

1.2.1.2　内力与截面法

在 1.1 节中,我们对构件进行受力分析的基本任务是根据已知的载荷,应用静力平衡方程求出构件所受的约束反力。这些载荷和约束反力都是整个构件以外物体对构件的作用力,故统称为"外力",而构件本身的某一部分与相邻部分之间互相作用的力称为"内力"。

通常用截面法来求构件的内力。其基本方法如图 1-23 所示。

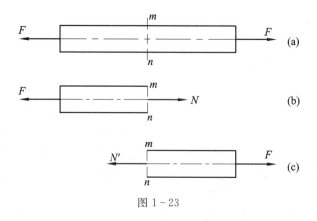

图 1-23

图 1-23(a)表示承受轴向拉伸的直杆,为了求出与杆轴线垂直的 mn 横截面上的内力,可假想用一个截面将直杆在 mn 处切开,使之分成左右两部分[图 1-23(b)(c)]。若取左段

作为分离体进行受力分析,由于整个直杆在拉力作用下处于平衡状态,因而左段除了受外力 F 作用外,在 mn 截面上必须有一个力 N 作用,这个力就是截面 mn 上的内力。这个内力实际上是右段对左段的作用力。内力 N 的大小,可以根据静力平衡条件求得。

$$\sum F_x = 0, \qquad N - F = 0$$

所以

$$N = F$$

也即力 N 与力 F 的大小相等、方向相反。

同理,若取右段作为分离体进行受力分析,就可得出在 mn 截面上作用着的内力 N'。由静力平衡条件也可得出 $N' = F$。由于 N 与 N' 是左右两段相互作用的内力,所以它们必定大小相等、方向相反,且位于同一轴线上。这个沿杆的轴线作用的内力 N,称为该杆在横截面 mn 上的**轴力**。通常规定:拉伸时的轴力符号为正,压缩时的轴力符号为负。轴力的单位为牛(N)或千牛(kN)。

上面所讲的直杆,沿其轴线只受到两个外力的作用。若作用在杆的轴线方向有两个以上的外力,则在杆件各部分的横截面上,轴力不尽相同。若选取一个坐标系,其横坐标表示横截面位置,纵坐标表示相应横截面上的轴力,便可用图形表示出轴力沿杆件轴线的变化情况,这种图形称为**轴力图**。在轴力图中,将拉力绘在 x 轴的上侧,压力绘在 x 轴的下侧。这样,轴力图不但可显示出杆件各段内轴力的大小,而且还可表示出各段内的变形是拉伸还是压缩。

1.2.1.3 构件及杆件变形的基本形式

生产实践中遇到的构件,形状是多种多样的,但是根据它们几何形状的特征,大致可分为三类:

① 杆件。像螺栓、连杆、轴、梁等构件,其长度远大于其横向尺寸,这类构件称为杆件。如果杆件的轴线是直线,就称为直杆;如果杆件的轴线是曲线,就称为曲杆。

② 板。有些构件,如塔设备中的塔板、人孔盖、换热器的管板、油罐的底板等,它们的厚度比其长度和宽度小得多,这类构件就称为板。

③ 壳。还有一些构件,如油罐的筒体、圆锥形顶盖、球形贮罐等,它们和板一样也是厚度比长度和宽度小得多,但它们的几何形状不是平面,而是曲面,这类构件就称为壳。

一般说来,板与壳的几何形体比杆件复杂得多,其变形也比较复杂。杆件的分析方法虽然比较简单,但这是最基本的,也是分析板、壳问题的基础。根据化工专业的需要和本课程的特点,我们首先着重讨论直杆的基本变形与稳定性问题,然后结合化工容器讨论壳体的强度和稳定性问题。

由于外力作用,杆件产生的变形有下列几种基本形式。

(1)轴向拉伸及压缩

图 1-24(a)所示的三角形支架的 BC 杆受到沿轴线的拉力作用,产生轴向拉伸变形[图 1-24(b)];而 AB 杆受到沿轴线的压力作用,产生轴向压缩变形[图 1-24(c)]。

(2)弯曲

图 1-25(a)所示的火车轮轴,在工作时受到图 1-25(b)所示的作用于纵平面内的力偶作用,产生弯曲变形。

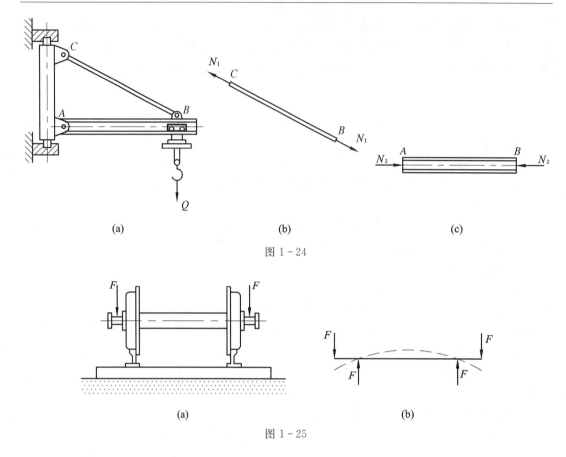

图 1 - 24

图 1 - 25

（3）剪切

图 1 - 26(a)所示的螺栓,受到一对相距很近,大小相等、方向相反的 F 力作用,就产生剪切变形,如图 1 - 26(b)所示。

（4）扭转

如图 1 - 27(a)所示,汽车方向盘的驾驶杆在工作时受到如图 1 - 27(b)所示的力偶作用,产生扭转变形。

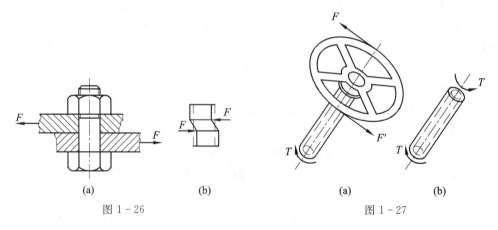

图 1 - 26　　　　　　　　　　图 1 - 27

有时杆件的变形较为复杂,不过可以看成是由上述几种基本变形组合而成的。几种变形同时存在时称为组合变形,这常常是杆件变形实际存在的形式。

1.2.2 拉伸和压缩

1.2.2.1 直杆受轴向拉伸或压缩时横截面上的应力

工程上承受拉伸或压缩变形的杆件是很多的,例如容器法兰上的连接螺栓(图1-28)、支承管道吊杆(图1-29)都是承受拉伸变形的杆件;容器的支脚(图1-30)就是承受压缩变形的杆件。这些杆件的受力特征是作用在直杆两端的外力大小相等、方向相反,外力作用线和杆的轴线重合。

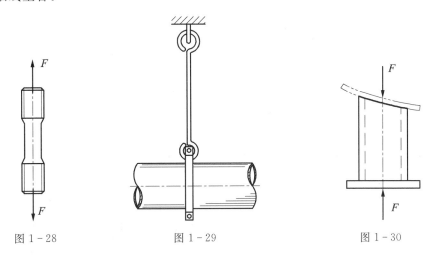

图1-28   图1-29   图1-30

直杆承受拉伸或压缩变形时,可用截面法求出其轴向内力 N,其计算方法已在前面做了介绍。通常取拉伸时的轴力作为正值,如图1-31所示;取压缩时的轴力作为负值,如图1-32所示。

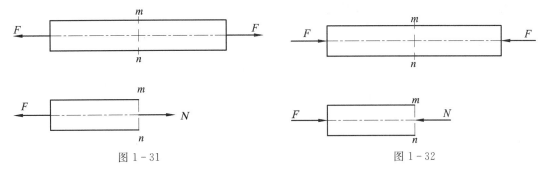

图1-31   图1-32

如果只知道内力大小,在一般情况下还不能判断杆件是否发生破坏。根据实践经验,材料相同、截面面积不等的两根直杆,在受相等的轴向拉力作用时,随着拉力的逐渐增加,截面面积小的直杆必先被拉断,这说明拉压杆的强度不仅与轴向内力大小有关,还与杆件受力的截面面积有关。因此,研究杆件的强度问题,还必须进一步分析内力在截面上的分布情况,即横截面上各点承受内力的情况。我们把横截面上各点所承受的内力数值称为**应力**。所以说杆件受外力拉压时是否破坏,取决于它的横截面上各点的应力大小。

为了导出截面上各点的内力(应力)计算公式,就要研究直杆受轴向力作用时,横截面各点的变形规律。这个规律必须经过杆件拉伸实验的观察、推理才能得出。

为了便于观察杆件受拉压的变形现象,先
在试验矩形截面直杆的表面画出两条垂直于
杆轴的直线 ab、cd,分别表示直杆的两个截面
(图 1-33)。在横线 ab、cd 之间再画出若干条
平行于杆轴的直线。当直杆受到轴向外力 F
作用时,直线 ab、cd 平移到 $a'b'$、$c'd'$,仍保持
垂直于杆轴;而平行于杆轴的直线也相应平
移,仍平行于杆轴,并且它们的伸长量相等。
根据这些实验现象,经过推理分析,可做出一

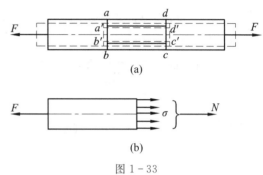

图 1-33

个重要的假设,即杆件变形前的平面横截面,在杆件变形后,仍为垂直于杆轴的平面。这个
假设称为**平面截面假设**。

还可以进一步设想,杆件是由一束与轴线平行的纵向纤维所组成的,根据平面截面假设
可以推论:当杆件受到轴向拉伸(压缩)时,自杆件表面到内部所有纵向纤维的伸长(压缩)
都相同,因此,各纤维所受到的内力也完全相同。由此可以推知,内力在横截面上的分布是
均匀的,它的方向与横截面垂直。设横截面面积为 A,则横截面上的应力为

$$\sigma = \frac{N}{A} = \frac{F}{A} \tag{1-12a}$$

这就是直杆受轴向拉压时,横截面上的应力公式。应力 σ 的方向与横截面垂直,所以称为正
应力。通常规定,拉伸时的拉应力以正值表示,压缩时的压应力以负值表示。应力的单位是
N/m^2,也可以用帕(Pa)表示。在实际应用中,Pa 这个单位太小,往往取 10^6 Pa 即 MPa(兆
帕)为应力单位,相当于 $1\ mm^2$ 上有 $1\ N$ 力,即 $1\ N/mm^2$。

1.2.2.2　直杆受轴向拉伸或压缩时斜截面上的应力

为了全面了解直杆在轴向拉伸或压缩时的强度计算,还需要研究直杆在任意斜截面上
的应力是怎样分布的,会不会超过横截面上的应力,究竟哪一截面上的应力最大,直杆横截
面上的应力与斜面上的应力有什么关系等问题。

设一直杆受轴向拉伸,如图 1-34(a)所示,假想用
一平面沿 $k-k$ 将杆截开为两部分,取左面部分为分离
体[图 1-34(b)]进行研究。由静力平衡方程 $\sum F_x = 0$,
求得 $k-k$ 斜截面上的内力为

$$N = F$$

由平面截面假设可知,直杆受轴向拉伸时,所有纵向纤
维的伸长变形是相同的,从而推断横截面上的正应力
是均匀分布的。现在也可推断斜截面上各点的应力 q_α
也是均匀分布的,它的方向与轴线平行。

$$q_\alpha = \frac{N}{A_\alpha}$$

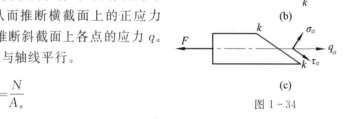

图 1-34

式中,A_α 为直杆斜截面 $k-k$ 的面积。

设 A 为直杆横截面的面积。斜截面 $k-k$ 与横截面所成的角为 α，则由几何关系可得

$$A_\alpha = \frac{A}{\cos\alpha} \tag{1-12b}$$

代入式(1-12a)，并将横截面上的正应力以 σ_0 表示，则

$$q_\alpha = \frac{N}{A}\cos\alpha = \sigma_0\cos\alpha$$

将斜截面上任一点的应力 q_α 分解为沿斜截面法线方向和切线方向的两个应力分量[图 1-34(c)]。法向应力分量就是斜截面上各点的正应力，以 σ_α 表示；切向应力分量与斜截面重合，称为斜截面上各点的剪应力，以 τ_α 表示。由图 1-34(c)可知：

$$\sigma_\alpha = q_\alpha\cos\alpha = \sigma_0\cos^2\alpha \tag{1-13a}$$

和

$$\tau_\alpha = q_\alpha\sin\alpha = \sigma_0\cos\alpha\sin\alpha \tag{1-14a}$$

将

$$\cos^2\alpha = \frac{1}{2}(1+\cos 2\alpha), \quad \sin\alpha\cdot\cos\alpha = \frac{1}{2}\sin 2\alpha$$

分别代入式(1-13a)和式(1-14a)，得到

$$\sigma_\alpha = \frac{\sigma_0}{2}(1+\cos 2\alpha) \tag{1-13b}$$

$$\tau_\alpha = \frac{\sigma_0}{2}\sin 2\alpha \tag{1-14b}$$

以上两式是在直杆受到轴向拉伸的情况下得出的。显然，对于受到轴向压缩的直杆也都适用。

关于 σ_α 和 τ_α 的符号规定如下：

① 正应力 σ_α 以拉应力为正，压应力为负；

② 剪应力 τ_α 绕物体内任一点有顺时针转动趋势者为正，反之为负。

故图 1-34(c)所示剪应力 τ_α 为正值。

由上可知，直杆受到轴向拉伸或压缩时，在斜面 $k-k$ 上将同时出现正应力 σ_α 和剪应力 τ_α。若该直杆横截面上的正应力 σ_0 为已知，则 σ_α 和 τ_α 均为 $\angle\alpha$ 的函数。现再讨论各斜截面上的正应力和剪应力中的最大值及其所在截面的方位。

① 在 $\alpha=0$ 的截面上 $\quad\quad \sigma_\alpha = \sigma_{max} = \sigma_0, \quad\quad \tau_\alpha = 0$

即直杆受到轴向拉伸时，横截面上的正应力最大。

② 在 $\alpha=45°$ 的截面上 $\quad\quad \tau_\alpha = \tau_{max} = \frac{\sigma_0}{2}$

即直杆受到轴向拉伸时，在与横截面成 $45°$ 角的斜截面上的剪应力最大，它的数值等于横截面上正应力数值的一半。

1.2.2.3 直杆受轴向拉伸或压缩时的强度条件

杆件在轴向拉伸或压缩的作用下，当外力达到某一数值时，杆件开始发生破坏，也即杆

件横截面上的应力达到某一数值时,杆件就开始发生破坏,这一应力称为危险应力,用 σ^0 表示。各种材料的危险应力可以通过实验来确定。另外,由上面分析,证明了杆件在受轴向拉伸或压缩时,横截面上的正应力是最大应力。为了使杆件能安全工作,杆件横截面上的正应力——最大工作应力 σ_{max}——应低于危险应力 σ^0,即

$$\sigma_{max} < \sigma^0 \tag{1-15}$$

但是,当构件中的应力接近危险应力时,构件就处于危险状态,这在工程上是不允许的。由于理论假设和计算的近似性,构件在构成机器和设备中的重要性,以及其他种种原因,要求每一个构件在工作时要留有相当的强度储备量,故应选取危险应力 σ^0 的若干分之一作为构件工作时允许应力的最大值,这种最大的允许应力称为许用应力,用符号 $[\sigma]$ 来表示。

为了保证受轴向拉伸或压缩时的杆件安全可靠地工作,必须使

$$\sigma_{max} = \frac{N}{A} \leqslant [\sigma] \tag{1-16}$$

式中,N 为横截面上的内力;A 为横截面面积;$[\sigma]$ 为材料在拉伸或压缩时的许用应力,一般可在有关标准或资料中查得。

式(1-16)是保证直杆有足够强度,能够安全可靠地使用的条件,叫作**强度条件**。在工程实践中,根据这一强度条件可以解决杆件以下三个方面的问题。

（1）强度校核

已知杆件的材料和尺寸及所受载荷($[\sigma]$、A 及 N),就可用强度条件[式(1-16)]来判断杆件是否安全可靠。如果杆件的工作应力小于或等于材料的许用应力,就说明它是安全可靠的;如果工作应力大于许用应力,则从材料的强度方面来看,这个杆件是不安全的。

（2）截面设计

已知杆件所受的载荷及所用的材料(N 及 $[\sigma]$),就可用式(1-17)计算所需的横截面面积:

$$A \geqslant \frac{N}{[\sigma]} \tag{1-17}$$

然后按照杆件的用途和性质,选定横截面的形状,算出杆件的截面尺寸。如用型钢或标准件,则可根据计算得到的截面面积查阅型钢规格表或标准件资料,选取适当的型号。实际上,往往没有与所求的面积正好相等的型号,这时,可选用面积较大一些的型号。一般设计规范规定,只要截面的最大工作应力不超过材料许用应力值的 5%,采用面积较小的型号有时也是被允许的。

（3）确定许用载荷

已知杆件的材料及尺寸($[\sigma]$ 及 A),就可用式(1-18)算出杆件所能承受的轴力

$$N \leqslant [\sigma] A \tag{1-18}$$

然后根据杆件的受力情况,确定杆件的许用载荷。

下面举例说明杆件受轴向拉伸及压缩时的强度计算。

例 **1-5**　管架由横梁 AB、拉杆 AC 组成[图 1-35(a)]。横梁 AB 承受管道的重力分别为 $G_1=8$ kN，$G_2=G_3=5$ kN。横梁 AB 的长度 $l=6$ m，B 端由支座支承，A 端由直径为 d 的两根拉杆(圆钢)吊挂着。圆钢的许用应力 $[\sigma]=100$ MPa，试确定圆钢截面直径。

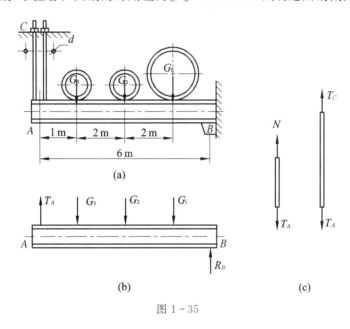

图 1-35

解　先取横梁为分离体画受力图[图 1-35(b)]，由静力平衡条件

$$\sum M_B=0,\qquad\qquad -T_A\times6+5\times5+5\times3+8\times1=0$$

$$T_A=\frac{1}{6}\times(25+15+8)=8(\text{kN})$$

$$\sum F_y=0,\qquad\qquad T_A+R_B-G_2-G_3-G_1=0$$

所以　　　　　　$R_B=G_2+G_3+G_1-T_A=5+5+8-8=10(\text{kN})$

再取拉杆 AC 为分离体[图 1-35(c)]，根据力的作用与反作用定律，可知作用在拉杆 A 端的拉力

$$T_A=8\text{ kN}$$

由于拉杆是二力杆件[图 1-35(c)]，故拉杆 AC 的内力 $N=T_A=8$ kN。根据强度条件，所需横截面积

$$A\geqslant\frac{N}{[\sigma]}=\frac{8\ 000}{100}=80(\text{mm}^2)$$

每根拉杆(圆钢)的横截面积

$$A_1=\frac{A}{2}=\frac{80}{2}=40(\text{mm}^2)$$

设所需圆钢直径为 d，则

$$\frac{\pi d^2}{4} = A_1 = 40(\mathrm{mm}^2)$$

所以

$$d \geqslant \sqrt{\frac{4 \times 40}{\pi}} = 7.14(\mathrm{mm})$$

经圆整，选取 $d = 8\ \mathrm{mm}$ 的圆钢。

1.2.2.4　纵向变形与胡克定律

为了进行化工设备设计，不仅需要进行强度计算，有时还需考虑构件的变形，因为较大的变形是工程上所不允许的。例如，工厂中的行车起吊重物时，如果行车的横梁变形过大，就会引起剧烈振动，以致造成生命和设备的事故。再如化工厂的管道法兰，如变形超过了容许的范围，就会造成泄漏，影响化工生产的正常进行。因此，变形也是需要研究的重要内容之一。

直杆受轴向拉伸或压缩时的变形，主要是纵向的伸长或压缩，横向截面尺寸也将缩小或胀大。下面重点讨论纵向变形的计算。

（1）纵向变形

直杆受轴向拉伸或压缩时，杆的长度将发生变化。设直杆的原长为 l，变形后的长度为 l_1（图 1-36），直杆的长度变化即为

$$\Delta l = l_1 - l \tag{1-19}$$

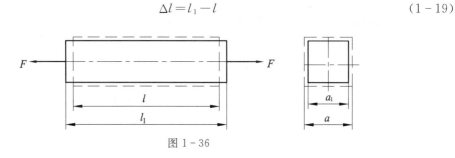

图 1-36

拉伸时，Δl 称为直杆的绝对伸长，为正值；压缩时，Δl 称为绝对缩短，为负值。

直杆的绝对伸长或绝对缩短是与杆的原长有关的，因此，为了消除直杆原有长度的影响，采用单位长度直杆的伸长或缩短来量度其纵向变形，即用

$$\varepsilon = \frac{\Delta l}{l} \tag{1-20}$$

来表示单位长度直杆变形的大小，这个比值 ε 称为直杆的相对伸长或相对缩短，统称为直杆的纵向应变。ε 的符号在拉伸时为正值，在压缩时为负值。显然，ε 是无因次量，在工程中也常用原长的百分数来表示。

（2）胡克定律

实验研究指出，在轴向拉伸或压缩时，若直杆受外力不超过某一限度，则杆的绝对伸长（绝对缩短）Δl 与轴向拉力（轴向压力）F 及杆长 l 成正比，而与横截面积 A 成反比，即

$$\Delta l \propto \frac{F \cdot l}{A}$$

引进比例常数 E,可得

$$\Delta l = \frac{F \cdot l}{EA} \qquad\qquad (1-21)$$

式(1-21)称为**胡克定律**。

　　将式(1-12a)及式(1-20)代入式(1-21),就可得到

$$\sigma = E\varepsilon \qquad\qquad (1-22)$$

这是胡克定律的另一形式。由此,胡克定律可简述为若应力未超过某一限度,则纵向应变与正应力成正比。

　　上述这个应力的限度称为比例极限。各种材料的比例极限数值不同,可由实验求得。

　　比例常数 E 称为拉伸或压缩时材料的弹性模量,它表示在拉压时材料抵抗弹性变形的能力;若其他条件相同,则 E 值越大,杆件的伸长或缩短越小。式(1-21)中的分母 EA 越大,则杆件在纵向的绝对伸长或绝对缩短 Δl 越小,故 EA 称为杆件的**抗拉刚度**或**抗压刚度**。

　　由于纵向应变 ε 是无因次量,故由式(1-22)可见,弹性模量 E 的单位与正应力 σ 相同,用 MPa 或 N/mm^2 表示。在一般情况下,碳素钢的弹性模量约为

$$E = (1.96 \sim 2.06) \times 10^5 \text{ MPa}$$

　　各种材料弹性模量 E 的数值是用实验方法测定的,表 1-1 给出几种常用材料的拉压弹性模量 E 的约值。

表 1-1　常用材料的拉压弹性模量 E

材　　　料	弹性模量 $E/\times 10^5$ MPa
碳 素 钢	1.96~2.06
合 金 钢	1.86~2.16
铸　　铁	1.13~1.57
球墨铸铁	1.57
铜及其合金	0.73~1.57
铝及其合金	0.71
木材：顺纹	0.098~0.118
横纹	0.004 9
混 凝 土	0.14~0.35
橡　　胶	0.000 78

　　在此所研究的各种具体问题是以胡克定律为基础的。胡克定律有一定适用范围,即应力要在比例极限的范围以内。因此,以该定律为基础的许多结论,在实际应用中均应受此限制。

1.2.3　材料的力学性质

　　工程上所用的构件一般都是由一定几何形状和尺寸的金属材料制成的。要保证构件的正常工作,不仅要知道应力的计算方法,还必须了解构件材料抵抗破坏的能力和它的受力、变形过程中所具有的特性,也即材料的力学性质。例如,在上一节里,我们从讨论受轴向拉伸或压缩杆件的应力计算导出了强度条件

$$\sigma_{\max} = \frac{N}{A} \leqslant [\sigma], \qquad \text{而} [\sigma] = \frac{\sigma^0}{n}$$

因此,危险应力 σ^0 的确定,是强度条件的主要内容,而 σ^0 代表材料在强度方面的性能。材料的力学性质是材料本身固有的特性,它能反映出材料的力学方面的特点,它包括强度、塑性、韧性和硬度四个方面的指标,它们都是通过科学实验的方法测定出来的。

金属材料大致可以分成塑性材料和脆性材料两大类。本节选择塑性材料和脆性材料的典型代表——低碳钢(如 Q235,牌号含义见 2.3 节)和灰铸铁作为主要研究对象,进行拉伸、压缩、冲击和硬度试验。通过这些试验,测得材料在强度、塑性、韧性和硬度四方面的指标。在对低碳钢和灰铸铁进行试验的基础上,我们还要进一步讨论其他金属材料拉伸时的力学性质以及温度对材料的力学性质的影响。

1.2.3.1 材料的强度及其测定

在材料的力学性质测定中,通常是以材料在常温、静荷下的拉伸试验作为最基本的试验来说明材料的强度。常温就是指室温,静荷就是指加载速度缓慢、载荷增加平稳的载荷。

1. 低碳钢拉伸时的力学性质

低碳钢(如 Q235)是工程上使用较广泛的材料,同时,它在拉伸过程中所表现的力学性质具有一定的代表性,因此我们以低碳钢为例,研究材料在拉伸时的力学性质。

为了便于比较各种材料在拉伸时的力学性质,国家标准规定将材料做成标准尺寸的试件,如图 1-37 所示。在试件中间等截面部分,取一段长度 l 作为工作长度(或称为标距)。对圆截面标准试件,取 $l = 10d$(称为 10 倍试件)或 $l = 5d$(称为 5 倍试件),式中 d 为试件的直径。对矩形截面的平板试件,则取 $l = 11.3\sqrt{A}$ 或 $l = 5.65\sqrt{A}$,式中 A 为试件横截面积。

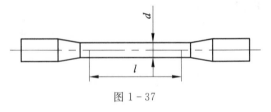

图 1-37

进行试验时,将试件安装在材料试验机的夹具中,通过加载机构缓慢地从零开始增加载荷,使试件受到拉伸,直到拉断为止。在试验过程中,要注意观察出现的各种现象和记录一系列拉力 F 与工作段对应伸长 Δl 的数值。

根据试验数据,可将试验过程中加于试件的拉力 F 与对应的试件绝对伸长 Δl 之间的关系用一条曲线表示出来,这条曲线称为材料的拉伸曲线。图 1-38 为低碳钢的拉伸图。拉伸图也可通过材料试验机的自动绘图装置得到。

试验表明,即使是同一种材料制成的标准试件,由于几何尺寸的不同,所得出拉伸图的形状是不同的,因此它们的 $F - \Delta l$ 图也将不同。为了消除试件尺寸的影响,让试验更确切地反映材料的性质,可以将拉力 F 与原截面面积 A 相除,即用应力来衡量材料的受力情况。同时将工作段的伸长 Δl 与原工作段的长度 l 相除,即用应变来衡量材料的变形情况。经过这样一番改造制作后,使试件的拉伸图 $F - \Delta l$ 曲线转化为纵坐标为应力 σ、横坐标为应变 ε 的应力-应变曲线,也叫 $\sigma - \varepsilon$ 曲线。这样,曲线与试件尺寸无关,只要材料相同,则试验曲线也相同。它代表了材料在拉伸情况下的力学性质(图 1-39)。由于只是将原来拉伸图 $F - \Delta l$ 曲线纵横坐标各除以常数,所以转化得到的应力-应变曲线($\sigma - \varepsilon$ 曲线)其形状显然与图 1-38 相似。

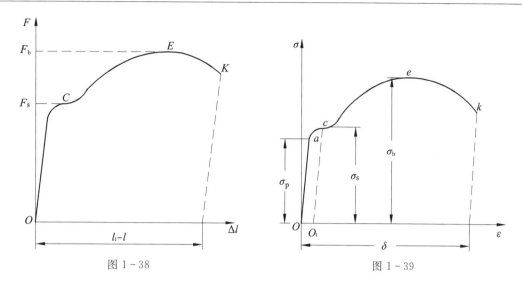

图 1-38   图 1-39

由应力-应变曲线的形状可知,低碳钢拉伸试验的整个过程大致可分为以下四个阶段。

(1)弹性阶段(Oa段)

这个阶段,材料有以下两个特点:

① 如果应力不超过a点,当卸去载荷时,试件仍按aO线回到原点,即随着应力的消除,材料的变形可以完全消失,这种性能称为**弹性**,这种变形叫作**弹性变形**。所以把Oa段叫作弹性阶段。

② 在弹性阶段内,试件的应力应变关系基本上符合胡克定律$\sigma = E\varepsilon$。Oa段可以认为是斜直线,斜直线的斜率就是弹性模量E。与这段直线最高点a对应的应力值σ_p称为材料的比例极限,它是应变ε与应力σ成正比的应力最高限。Q235钢的σ_p约为200 MPa。

(2)屈服阶段(ac段,相当于曲线的水平部分)

这个阶段,材料有以下两个特点:

① 此时材料的应力不增加,但应变却迅速增加,说明材料暂时失去了抵抗变形的能力,这种现象称为材料的**屈服**或流动。相当于c点的应力称为材料的**屈服极限**或流动极限,以σ_s表示。

② 低碳钢试件的表面极为光滑时,则当应力达到屈服极限,就会在其表面上出现与轴线成约$45°$的一簇簇斜线,这种斜线称为**滑移线**。这是材料内部晶格间发生滑移的宏观反应,这种晶格滑移是由斜截面上最大剪应力引起的。如果从c点逐渐卸除载荷,则试件将沿着与aO平行的cO_1直线退回到水平轴,但无法恢复到O点。因此,OO_1就是不能恢复的应变,称为残余变形或塑性变形。材料的这种性能就称为**塑性**。机器或设备工作时不允许发生塑性变形,如果发生明显的塑性变形,就意味着机器或设备开始丧失承载能力。因此,设计中通常把屈服极限看作低碳钢这一类材料进入危险状态的标志。故σ_s相当于危险应力σ^0,所以屈服极限是表示材料的力学性质的一项重要数据。Q235钢的σ_s约为235 MPa。

(3)强化阶段(ce段)

过了屈服阶段,曲线又继续上升,即材料又恢复抵抗变形的能力。这说明当材料晶格滑移到一定程度后,由于晶格破碎,增加了滑移面的阻力,从而重新增加了对变形的抵抗能力。此时要使材料继续变形,就要继续增加应力,故$\sigma-\varepsilon$曲线又开始向上翘起,这种现象称为材料的**强化**。强化阶段内材料的特点如下:

到这一阶段,应力与应变不成正比关系,胡克定律不再适用。

到达 e 点时,材料已达抵抗外力的最大限度,但由于此时拉力还继续迫使试件变形,因此,在试件某一薄弱区域的横截面上就发生显著变细的现象,称为**颈缩**。相当于 e 点的应力称为**强度极限**或抗拉强度,以符号 σ_b 表示。当试件中的应力达到 σ_b 时,就意味着试件即将破坏,故强度极限 σ_b 是危险应力 σ^0 的最明显标志,强度极限 σ_b 也是表示材料力学性质的重要数据。Q235 钢的 σ_b 约为 400 MPa。

（4）颈缩断裂阶段（ek 段）

试件发生颈缩后,变形就集中在颈缩区域,使这个区域的横截面积急剧减小,从而使试件的承载能力迅速降低。故曲线 ek 明显下降,到达 k 点时就断裂。

断裂后将试件接合起来,测得试件的工作段长度为 l_1,颈缩处的最细直径为 d_1。

试件断裂后的残余变形值（l_1-l）代表试件拉断后塑性变形程度,通常用符号 δ 以百分率表达,称为材料的**伸长率**或延伸率,即

$$\delta=\frac{l_1-l}{l}\times100\% \tag{1-23}$$

伸长率 δ 是衡量材料塑性的一个重要指标。一般将 $\delta>5\%$ 的材料称为塑性材料,$\delta<5\%$ 的材料称为脆性材料。

材料的塑性也可用试件断裂后的横截面面积残余相对收缩百分率（简称截面收缩率）ψ 来衡量,即

$$\psi=\frac{A-A_1}{A}\times100\% \tag{1-24}$$

式中,A_1 为颈缩处最小横截面面积,$A_1=\frac{\pi}{4}d_1^2$,d_1 为颈缩处最小横截面直径;A 为原横截面面积。

例如 Q235A 钢 $\delta=25\%\sim27\%$,ψ 为 60% 左右,所以它是塑性材料。

2. 其他金属材料拉伸时的力学性质

（1）其他塑性材料

图 1-40 绘出低合金钢 Q345 钢（16 锰钢）受拉伸时的应力-应变曲线,图中同时绘出了低碳钢 Q235A 钢的应力-应变曲线。由此图可以看出,Q345 钢在拉伸时的应力-应变关系与Q235A 钢相似。但是,它的屈服极限 σ_s 及抗拉强度 σ_b 都比Q235A钢显著提高,伸长率略小,它的机械性能指标如下：

　　$\sigma_s=274\sim343$ MPa

　　$\sigma_b=471\sim510$ MPa

　　$\sigma_5=19\%\sim21\%$（下标数字 5 表示用 5 倍试件作为试验的结果）

　　$\psi=45\%\sim60\%$

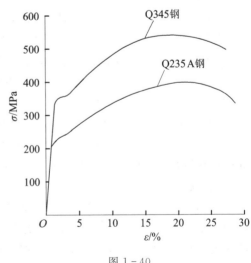

图 1-40

图 1-41 绘出化工、炼油设备方面常用金属材料如 18-8 铬镍不锈钢、防锈铝和紫铜的应力-应变曲线。这些材料与低碳钢相比,其共同点是都具有良好的塑性,不同点是这些材料没有明显的屈服极限。对于这些材料,工程上规定:取对应于试件卸载后产生 0.2% 的残余应变时的应力值作为材料的名义屈服极限,以 $\sigma_{0.2}$ 表示(图 1-42),也可用 σ_s 表示。

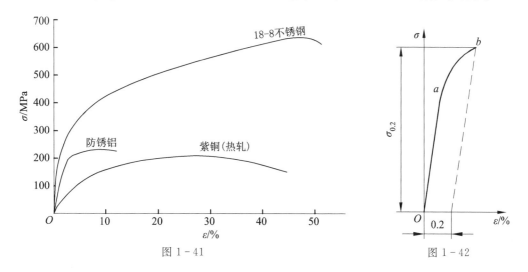

图 1-41 　　　　　　　　　　　　　　　　图 1-42

(2) 脆性材料

工程上也常用脆性材料,例如铸铁、玻璃钢及陶瓷等。这些材料在拉伸时,一直到断裂,变形都不显著,而且没有屈服阶段,也没有颈缩现象,只有断裂时的强度极限 σ_b。这些材料的特点是伸长率很小,一般 $\delta < 5\%$,因此称它们为脆性材料。

图 1-43 是灰铸铁、玻璃钢材料受拉伸时的应力-应变曲线。灰铸铁拉伸时应力-应变曲线的特点是图形没有明显的直线部分,但由于直到拉断时,试件的变形都非常小,所以可以近似地用一条割线来代替这条曲线,如图 1-43 中虚线所示,从而确定材料的弹性模量 E。因此,材料近似地适用胡克定律。玻璃钢的应力-应变曲线直到试件拉断几乎都是直线,也就是弹性阶段一直延续到接近于断裂,这是这种材料的一个特点。

由此可见,脆性材料受拉伸时只有抗拉强度 σ_b 一个强度指标。

最后必须指出,习惯上所说的塑性材料或脆性材料,是根据材料通过常温静拉伸试验所得的伸长率 δ 的数值大小来区分的。实际上材料的塑性或脆性并非固定不变,温度、变形速度、应力情况和热处理等都会改变材料的强度及伸长率。另一方面,材料也是可以改造的,例如在铸铁铁水中加入球化剂,可以改变其内部结构,从而得到球墨铸铁,球墨铸铁的一些主要力学性质和钢很相近。

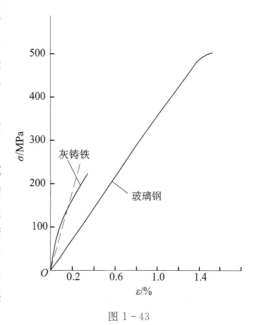

图 1-43

3. 金属材料压缩时的力学性质

压缩试验所用的金属试件常做成圆柱形,高度约为直径的 1.5～3.0 倍,高度不能太大,否则受压后容易发生弯曲变形。

(1) 塑性材料

以低碳钢为例。图 1-44 中实线代表材料压缩时的应力-应变曲线,虚线代表拉伸时的应力-应变曲线。比较两曲线得到:

① 塑性材料在受压缩时,当应力小于比例极限 σ_p 或屈服极限 σ_s 时,它所表现的性质与拉伸时相同,而且比例极限与弹性模量的数值,与受拉伸时数值大致相等。对于钢来说,甚至屈服极限 σ_s 也基本相同。

② 应力超过屈服极限后,材料产生明显的残余变形,圆柱形试件高度显著缩短,而直径则增大,试件由鼓形逐渐变成圆饼形。塑性材料在压缩下不会发生断裂,所以测不出强度极

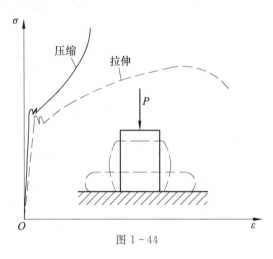

图 1-44

限,由此可见,对于塑性材料,拉伸试验是主要的,塑性材料的力学性质主要是用拉伸试验来测定。

(2) 脆性材料

以灰铸铁为例,图 1-45(a)中实线代表材料压缩时的应力-应变曲线,虚线代表材料在拉伸时的应力-应变曲线。比较两曲线得到:

① 灰铸铁材料在拉伸及压缩时的应力-应变曲线的直线部分都不明显。拉伸及压缩时都不存在屈服点。

② 压缩时试件有显著变形,随着压力增加,试件渐呈鼓形,如图 1-45(b)所示。最后试件沿 45°～55° 斜截面破裂(这是由斜截面上最大剪应力引起的)。破裂时最大的应力叫抗压强度,抗压强度比抗拉强度高得多,为抗拉强度的 2～4 倍。因此,脆性材料铸铁多用于承压构件的制造,如机器的基座等。由此可见,对于脆性材料,压缩试验就很重要。

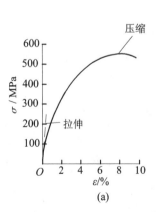

(a)

(b)

图 1-45

1.2.3.2 温度对材料力学性质的影响

上述材料的力学性质都是在常温下测定的。而有些化工机器和设备须在高温下工作，例如炼油厂的裂化炉等；另外，还有些设备须在低温下工作，例如盛放液态氧或液态氢的容器分别要在$-196℃$和$-253℃$下工作。因此，有必要了解温度对材料的力学性质的影响。

1. **短期静载荷下温度的影响**

图 $1-46$(a)给出了低碳钢材料的弹性模量 E、泊松比 μ、比例极限 σ_p、屈服极限 σ_s、抗拉强度 σ_b 随温度 T 而变化的关系；图 $1-46$(b)给出了伸长率 δ 及截面收缩率 ψ 随温度 T 而改变的情况以供参考。一般材料的塑性指标 δ、ψ 随温度升高而显著增大，强度指标 σ_s、σ_b 随温度升高而减小；但低碳钢材料的 ψ、δ 及 σ_b 在 $300℃$ 以前有相反现象，这是特殊情况。

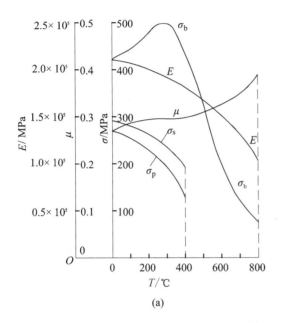

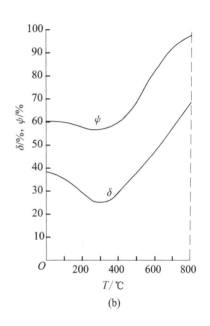

(a)   (b)

图 $1-46$

关于低温短期静载荷下的情况，可由图 $1-47$ 所示的中碳钢在三种不同温度下的拉伸曲线来说明。由图可见，当温度从室温（$20℃$）降到 $-196℃$ 时，中碳钢的强度指标增加约一倍，而塑性降低了。当温度继续降低到 $-253℃$ 时，材料已完全处于脆性状态，一直到拉断为止，都符合胡克定律，强度极限也进一步提高。一般常温下处于塑性状态的材料，在低温下会处于脆性状态。在低于某一温度后，材料将变得很脆，这一温度就称为临界温度。

2. **高温长期静载荷下，时间因素的影响——材料的蠕变**

根据实验研究发现：处于一定温度及定值静应力作用下，材料的变形将随着时间的延续，不断地慢慢增长，这一现象称为材料的**蠕变**。蠕变变形是不可恢复的塑性变形。图 $1-48$ 表示低碳钢试件在 $538℃$ 时，分别在不同的应力作用下，蠕变量 ε 与时间 T 的关系。

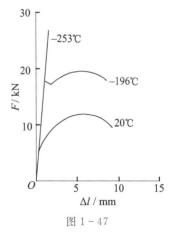

图 $1-47$

对于某一种金属材料,在同一温度下,应力越大,则蠕变变形增加就越快;在同一应力下,温度越高,则蠕变就越快。虽然有时应力小于室温下的强度极限,甚至小于比例极限,但因构件在高温下长期工作,变形不断增加,也可能使其损坏。例如在高温及高压下长期工作的输气钢管,由于蠕变作用,它的直径不断增大,因而使管壁变薄,最后可能使管壁破裂。

由蠕变所产生的塑性变形,常使构件中的应力发生变化。有时,构件的变形因受某种限制,不能随时任意改变,但由于蠕变作用,构件的塑性变形不断增加,弹

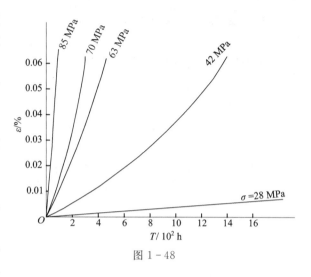

图 1-48

性变形就随之减小,以致应力逐渐降低,这种现象称为**应力松弛**。应力松弛有时会引起不良后果,例如连接高温高压蒸汽管道法兰的螺栓中,装配应力常随着时间的增长而逐渐降低,因而发生漏气。

1.2.3.3 交变应力下的强度问题

工程上有不少构件,在工作中长期受到随时间做周期性变化的载荷作用,这些构件的应力也就随着时间作周期性变化。比如往复泵上的活塞和连杆,在工作时,其内部各点应力的大小和方向随着时间而做周期性的改变,拉伸和压缩交替变换着。又如车轴受力后发生弯曲变形,虽然作用在轴上的外力不变,但当轴转动时,轴内除了轴线上的点之外,其他任一点的弯曲应力都是随着该点位置的变化而变化的。这一类随时间而交替地改变其大小或同时改变其大小、方向的应力,称为**交变应力**。

实践证明,长期处在交变应力下工作的构件,虽然其工作应力远低于材料的强度极限,但也会突然出现断裂,造成严重事故。因为这种破坏是在构件长期运用之后才发生的,过去曾经被人们错误地认为这种破坏是由于构件长期在交变应力作用下工作,材料结构发生"疲劳",引起材料性质的改变,于是就将这种破坏称为疲劳破坏。后来,经过长期的研究才明确,上述这种破坏的真正原因不是"疲劳",而是长期在交变应力下工作的构件,往往先在构件的材料内部有缺陷的部位产生细微的裂纹,然后逐步扩展成裂缝,使构件的横截面积逐渐减小,承载能力削弱。当裂缝扩展到一定程度时,遇到突然的冲击或振动时,构件就会沿削弱了的截面产生脆性断裂。即使是塑性材料构成的构件,也会出现脆性断裂。由此可见,"疲劳破坏"不过是一个惯用的名词,它并不反映实际的物理现象。

实验表明,在交变应力作用下,材料是否产生疲劳破坏,不仅与交变应力的最大值 σ_{max} 和交变应力的循环次数 N 有关,而且与交变应力的变化特征有关。工程上把交变应力的最小值与最大值的比值作为交变应力的变化特征,并称之为循环特征,以符号 r 表示,即

$$r = \frac{\sigma_{min}}{\sigma_{max}} \tag{1-25}$$

构件在静载荷作用下的应力是一个恒定值,如图 1-49(a)所示,其循环特征为 $r=+1$。

在交变应力下,若应力循环如图 $1-49(b)$ 所示,则其循环特征为 $r=-1$,这种循环称为**对称循环**。转轴工作时,横截面边缘上任意一点的应力就按照这种规律重复地变化。再如图 $1-49(c)$ 所示的应力循环,称为**非对称循环**,其循环特征 r 是在 $+1$ 和 -1 的范围内。在非对称循环的交变应力中,有一种常见的应力循环是最小应力为 0,如图 $1-49(d)$ 所示,这种循环称为**脉动循环**,其循环特征为 $r=0$。两个相互啮合传动的齿轮,轮齿上某一点的弯曲正应力就是属于脉动循环交变应力。

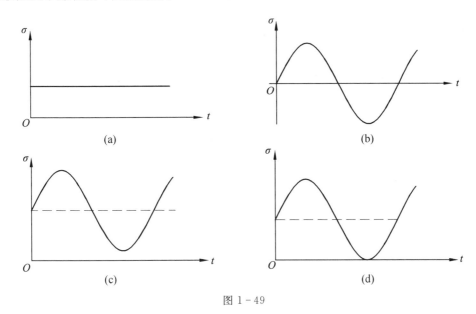

图 $1-49$

据不完全统计,工程上有 $80\%\sim90\%$ 的构件破坏事例是属于疲劳破坏的。但是实验证明,构件在一定循环特征 r 的交变应力下工作时,若将其最大工作应力 σ_{max} 限制在某一范围内,则构件还是能长期工作的。为了防止疲劳破坏的发生,必须确定材料在交变应力下工作的极限应力,这可以通过疲劳试验来测定。最基本的疲劳试验是在疲劳试验机上对标准试件加载,使其发生纯弯曲变形,然后使试件快速旋转,这会在试件的纯弯曲部分表面各点产生弯曲对称循环交变应力。由所加载荷的大小,可以算出交变应力的 σ_{max},并读出试件在这个交变应力下到达破坏时的应力循环的次数 N。通过一组试件的疲劳试验,将测得的 N 与对应的 σ_{max} 绘成一条关系曲线,即得如图 $1-50$ 所示的疲劳曲线。此曲线表明,随着 σ_{max} 的逐步减小,循环次数 N 明显地增加。大量试验表明,对于钢材,如果能经受 10×10^6 次循环而不破坏,就可以经受无限次循环。工程上对于在某一种循环特征的交变应力作用下能经

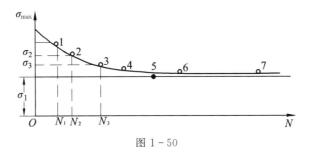

图 $1-50$

受无限次循环而不发生破坏的最大应力称为疲劳极限,以 σ_r 表示,下标 r 表示循环特征。试验表明,在各种循环特征中,对称循环($r=-1$)的疲劳极限很小,因此,材料在对称交变应力作用下,最容易发生疲劳破坏。由于纯弯曲变形的对称循环疲劳极限 σ_{-1} 比较容易测定,因此工程上把 σ_{-1} 作为疲劳强度的基本数据。

1.2.3.4　安全系数及许用应力

前面在建立受拉或受压杆件的强度条件[式(1-16)]时已经指出:要使构件正常地工作,就必须保证构件的工作应力 σ 小于材料所能承受的极限应力,也即危险应力 σ^0。

危险应力是根据材料拉伸或压缩时的力学性质确定的。对于用低碳钢、低合金钢等塑性材料制成的构件,当应力到达屈服点 σ_s 时,将产生显著的塑性变形,从而影响其正常工作,所以通常取屈服极限 σ_s(或名义屈服极限 $\sigma_{0.2}$)作为它的危险应力 σ^0。对于用铸铁等脆性材料制成的构件,由于它破坏时无明显塑性变形,构件断裂将使其丧失工作能力,所以取材料的抗拉强度(或抗压强度)σ_b 作为它的危险应力。

但是仅仅将构件的工作应力限制到危险应力还是不够的,因为构件的工作应力一旦达到材料的屈服极限或抗拉强度,构件就将发生屈服或断裂。从安全考虑,应该留有余地,有必要将构件的工作应力限制在比危险应力 σ^0 更低的范围内,而将材料的危险应力 σ^0 打一个折扣,即除以一个大于1的系数 n 以后,作为构件工作时允许达到的最大应力值。这个应力值称为材料的**许用应力**,用符号 $[\sigma]$ 表示。这个大于1的系数 n 叫作**安全系数**。许用应力可以表达为

$$[\sigma]=\frac{\sigma^0}{n} \tag{1-26}$$

如危险应力 σ^0 的依据不同,安全系数相应也不相同。例如:危险应力 $\sigma^0=\sigma_s$,则安全系数相应为 n_s,称为屈服安全系数。许用应力表达为

$$[\sigma]=\frac{\sigma^0}{n}=\frac{\sigma_s}{n_s} \tag{1-27}$$

危险应力 $\sigma^0=\sigma_b$,则安全系数相应为 n_b,称为断裂安全系数。许用应力表达为

$$[\sigma]=\frac{\sigma^0}{n}=\frac{\sigma_b}{n_b} \tag{1-28}$$

为什么要把材料的危险应力除以安全系数后才使用呢? 这主要从两方面来考虑:

① 主观认识与客观实际之间存在着差距。例如:对外加载荷不可能估计得很精确,对构件的结构、尺寸及受力情况所做的某些简化与实际情况可能有出入,以致计算的工作应力与构件实际工作应力有差异;材料性质不均匀,由试件测得的力学性质不一定能完全地反映构件所用材料的性质;加工工艺及工作条件影响材料强度等。因此,构件的实际工作情况与设计时所设想的条件不尽一致,而往往偏于不安全的方向。

② 必要的强度储备。根据构件的重要程度及其工作要求,对构件的强度使用要留有一定的余地,以避免构件在工作期间可能会碰到某些意外载荷或其他不利的工作条件而发生破坏。对于那些如发生破坏就会造成重大事故或工作条件不够稳定的构件,需要有较大的强度储备;反之,则安全储备强度可以较小些。这些安全储备就是以安全系数的形式考虑在强度计算中的。

安全系数的选取,关系到构件的安全和经济。如果安全系数选得过大,虽然构件的强度和刚度得到了保证,但会浪费材料,并使结构笨重;若选得过小,虽然用材较为经济,但安全耐用就得不到可靠的保证,甚至还会引起严重的事故。因此,我们在选择安全系数时,应该对安全和经济两个方面,进行统一的考虑和分析。

综上所述,安全系数的规定与很多因素有关,在考虑具体构件时,必须根据不同工作条件,选用安全系数,而不能规定一个统一的安全系数,得到一个统一的许用应力。表1-2列出机械工程上对于在常温受静载荷作用时,一些构件的安全系数约值,使我们对安全系数有一个量的概念。

表 1 - 2　构件的安全系数约值

构件类型	塑性材料(钢材)		脆性材料(铸铁等)	玻璃钢	硬聚氯乙烯	
	n_s	n_b	n_b	n_b(按长期抗拉强度)	n_b(按长期抗拉强度)	n_b(按短期抗拉强度)
一般机械	1.25~2.0	2.0~3.5	2.0~5.0			
压力容器	1.5	2.7	4.5~5.0	1.5~3.0	3.0~5.0	

随着科学技术的不断发展和进步,人们对影响构件强度的因素在认识上也会越来越接近客观实际。因此,对安全系数的选用也会更加合理。例如,中华人民共和国成立初期,由于压力容器的低碳钢及低合金钢的安全系数 $n_b=4$,以后降为 3.75,在 20 世纪 70 年代降为 3,而在 GB 150—2011《压力容器》标准中,已降为 2.7 了。而 n_s 也从 2 降低到 1.6 再到 1.5,并且经过使用考验,证明是可行的。这说明选用安全系数一定要有科学务实的态度,不断总结经验,不断进行调整。

1.2.3.5　材料的冲击韧性及其测定

从材料的拉压试验中我们知道,材料的强度是材料在静力作用下所具有的抵抗破坏的能力。在生产实际中,构件受力不仅限于静力的作用,很多构件是在动力的作用下工作的。例如在氢(氧)气压缩机中,构件所受的冲击力,就是动力作用的一种类型。由实践可知,静力强度好的材料,在受冲击力作用下,它们的力学性能并不一定是良好的。所以,材料的力学性质的测定,不仅应知道其静力强度,也应知道材料在冲击力作用下的性质。

衡量材料抵抗冲击能力的指标称为**冲击韧性**。工程中最常用的是弯曲冲击试验。

试验时将带有半圆形切口槽的弯曲冲击试件(图1-51)放在冲击试验机的支座上,位置如图1-52所示,然后将试验机的摆锤从一定高度落下冲断试件,测出摆锤冲断标准试件所消耗的功 W。这也就是冲断标准试件所需要的能量,其单位是 N·m,即焦耳(J),可由试验机上直接显示出来。所消耗的能量 A_k 就称为冲击韧性。

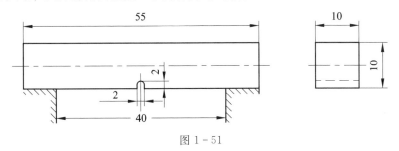

图 1 - 51

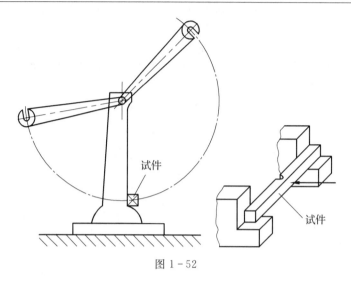

图 1-52

冲击韧性值 A_k 说明材料抵抗冲击力作用的能力,可以比较敏感地反映出材料潜在的脆性。故在选择容器用钢材时,都把冲击韧性 A_k 作为与强度(σ_s、σ_b)、伸长率(δ)等并列的力学性质基本指标。对于低碳钢,一般要求常温时的 $A_k \geqslant 48\,J$。压力容器用材,有时采用带 V 形缺口槽的试件的夏比试验来测定其冲击韧性(以 A_{kV} 表示)。

1.2.3.6　材料的硬度及其测定

硬度是材料质地软硬程度的度量,是材料抵抗其他物体对它表面局部压入的能力。硬度越高即表明材料抵抗塑性变形能力越大,材料产生塑性变形越困难。同时,由于它与材料的其他力学性质(如强度极限、屈服极限、塑性等)存在着一定的关系,而硬度测定又具有方法简便、不破坏试件的特点,经硬度测定过的零件仍可使用,因此,工程上关于硬度试验的应用颇为广泛。

由于实验时采用的压入头及加力方式不同,硬度有许多表示法,最常用的有布氏硬度及洛氏硬度。此外,尚有维氏硬度(HV)等。

1. 布氏硬度

由布氏硬度试验机测定。在硬度机上装有直径 D 为 2.5 mm、5 mm 或 10 mm 的钢球,加上一定载荷 F,压入试件表面(图 1-53),保持规定时间使其充分变形,在被压试件表面留下一凹痕。用读数显微镜量出凹痕的直径 d,就可算出凹痕的表面积 A。载荷除以压痕表面积 A 所得之商,即材料的布氏硬度值。若测定布氏硬度值在 450 以下的材料,应选用普通淬火钢球,用 HBS 表示;若测定布氏硬度值在 450~650 的材料,应使用硬质合金球,用 HBW 表示。

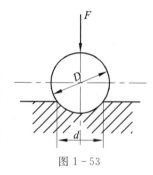

图 1-53

布氏硬度计算公式:

$$\text{HBS(HBW)} = \frac{F}{A} = \frac{F}{\dfrac{\pi D}{2}(D - \sqrt{D^2 - d^2})} \tag{1-29}$$

式中,F 为通过钢球加在试件表面的载荷,N;D 为钢球直径,mm;d 为凹痕直径,mm。

对于钢铁材料,通常用 $D = 10\,mm$,$F = 30\,kN$,保持 10 s 测得布氏硬度值。硬度值越大表示材料越硬。

灰铸铁与低碳钢的硬度一般不超过 250 HBS,均用布氏法测定,但对于硬度较高的钢材,就不采用此法,因此时球体本身也要发生显著的变形,无法得出正确的压痕。

2. 洛氏硬度

对于质地较硬的钢材,可采用洛氏试验法来测定硬度。把直径为 1.59 mm 的钢球或锥角为 120°的金刚石压头(在应用时按被测定材料的性质来选定)与被测材料紧贴后,再以一定的压力,将钢球或金刚石压头压入被测材料的表面,使被测材料产生塑性变形的压痕(图 1-54)。压痕深度反映材料的硬度,其值可直接从硬度试验机的量表上读取,所测得的硬度称为洛氏硬度。按洛氏试验规定:当试验使用锥角为 120°的金刚石压头,压头与被测材料紧贴后,应加 1.5 kN 压力,将压头压入被测材料的表面,测得的洛氏硬度用 HRC 表示。用于测定硬度较低试件时的试验则用 HRB 表示;用于测定硬度极高或硬而薄的试件,则用 HRA 表示。

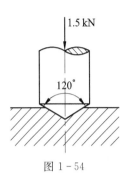

图 1-54

材料越硬,则材料的洛氏硬度值也越大;反之,就越小。HRC 与 HBS(HBW)之间没有直接换算公式,但在 HRC25 附近值时,有 HRC≈1/10HBS 的近似关系。

1.3 平面弯曲

1.3.1 弯曲变形的实例和概念

一直杆在通过杆的轴线的一个纵向平面内,如果受到垂直于轴线的外力(横向力)或力偶作用,杆的轴线就变成一条曲线,这种变形称为**弯曲变形**。工程上受弯构件的例子很多,例如桥式起重机在起吊重物时,起重机的横梁发生弯曲变形(图 1-55);又如安装在室外的塔设备受到水平方向的风载荷 q 作用时,也发生弯曲变形(图 1-56);再如支承管道的管架在管道重力 Q 的作用下,也发生弯曲变形(图 1-57)。工程上把以弯曲变形为主要变形的构件统称为梁。

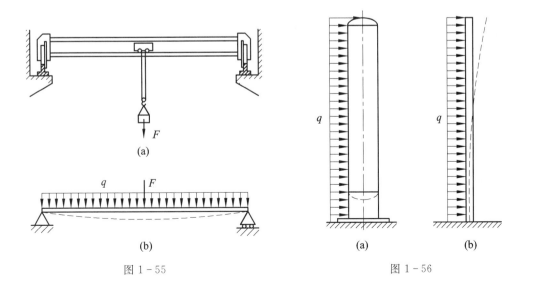

图 1-55

图 1-56

在工程中最常遇见的梁,它的横截面都具有一对称轴 y-y[图 1-58(a)]。由对称轴和梁的轴线组成的平面,称为纵向对称面[图 1-58(b)],一般梁上所有外力或其合力均作用在这个纵向对称面内。梁在变形时,它的轴线将弯曲成在此平面内的一条曲线,这种情况称为平面弯曲。平面弯曲问题较为简单,在工程实践中也最常遇到,下面的分析研究即从平面弯曲开始。

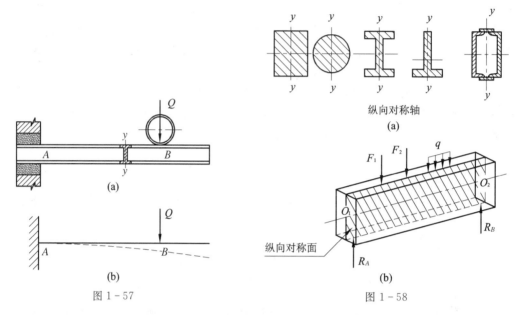

图 1-57　　　　　　　　　　　图 1-58

要研究梁的弯曲问题,须先确定梁所受的全部外力,即梁的载荷和约束反力。作用在梁上的载荷一般可分为三种:

① 集中载荷——作用线垂直于梁轴线的集中力。如桥式起重机横梁所承受的吊重 F(图 1-55)。集中载荷实际上作用在梁的一块极小的面积上,一般可近似地认为它作用在一点上。集中载荷的单位为 N 或 kN。

② 分布载荷——作用在梁的一段较长的范围内的力,常以沿梁轴线单位长度上所受的力,用载荷集度 q 来表示,其单位为 N/m 或 kN/m。分布载荷有均匀分布和非均匀分布两种。例如桥式起重机横梁的自重,如果横梁是等截面的,则在每一单位长度内的自重是一常量,所以是均匀分布载荷 q;而液体对容器单位宽度侧壁上的静压力,就是一个线性变化的分布载荷 $q(x)$。

③ 集中力偶——作用在纵向平面内的力偶矩,以 M_0 表示。其单位为 N·mm、N·m 或 kN·m。

梁承受载荷作用后,在支座上产生约束反力,所以还必须根据梁的约束情况,对梁的支座做必要的简化,再应用静力平衡方程,求出约束反力。工程上遇到的梁,根据其约束情况可以分为三种基本类型:

① 简支梁。一端为固定铰链支座,另一端为活动铰链支座的梁称为简支梁,如图 1-55 所示的起重机横梁,就可简化为一简支梁。因横梁两端的轮子除了可沿轨道滚动外,当一端的轮缘与轨道接触时,另一端的轮缘与钢轨之间就有一定的空隙,故梁可沿其轴线方向做微小的移动。这样,梁的两个支座,一个就可看作固定铰链支座,另一个可看作活动铰链支座

[图 1-55(b)]。

② 外伸梁。外伸梁的支座和简支梁的完全一样,也有一个固定铰链支座和一个活动铰链支座,与简支梁不同的是外伸梁的一端或两端伸出在支座之外。图 1-59(a)所示放在两个鞍式支座上的卧式容器,就可简化为一外伸梁,其简图如图 1-59(b)所示。

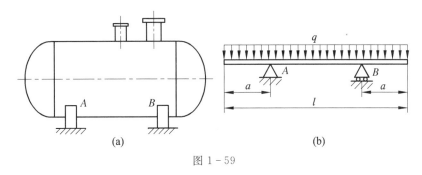

图 1-59

③ 悬臂梁。一端固定,另一端自由的梁称为悬臂梁。图 1-56(a)所示的塔设备或图 1-57(a)所示的管架,都可简化为悬臂梁,它们的力学模型分别如图 1-56(b)和图 1-57(b)所示。

以上三种梁的未知约束反力只有三个,根据静力平衡条件都可以求出,因此这三种梁统称为静定梁。

1.3.2 梁弯曲的内力分析

1.3.2.1 梁弯曲时横截面上的内力——剪力和弯矩

梁在外力作用下产生弯曲变形,同时在梁的内部截面上产生互相作用力,此种作用力称为**弯曲内力**。弄清梁的横截面上有些什么内力,这些内力如何计算,这是对梁的强度、刚度进行分析的基础。下面以图 1-60 所示的简支梁为例进行分析。

设简支梁的跨度(A、B 两支座间的距离)为 l,距左支座为 a 处作用着集中力 F,求 1—1、2—2 横截面上的内力。

要求解梁截面上的内力,通常须先计算梁的支座反力。当作用在梁上的所有外力均为已知时,就可用截面法求出外力引起的内力。

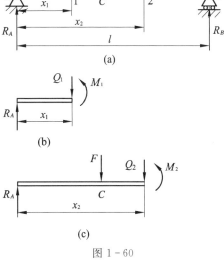

图 1-60

首先取梁为分离体,作用在 AB 梁上的载荷为 F,未知支座反力为 R_A、R_B,其方向如图1-60(a)所示。

由 $\sum M_A = 0$,　　　　　　　$R_B l - Fa = 0$

所以　　　　　　　　　　　　$R_B = \dfrac{Fa}{l}$

由 $\sum F_y = 0$,　　　　　　　$R_A - F + R_B = 0$

所以
$$R_A = F - R_B = F - \frac{Fa}{l} = F\left(\frac{l-a}{l}\right) = \frac{Fb}{l}$$

　　求得梁的支座反力 R_A 和 R_B 后,即可用截面法求梁在任一横截面上的内力。

　　先求 1—1 截面上的内力。假想用截面 1—1 将梁分为左右两部分,取左段为分离体,研究它的平衡条件[图 1-60(b)]。由于整个 AB 梁处于平衡,因此,它的任何一部分也应该是平衡的。为了不使梁发生向上移动,在截开的横截面上必须存在一个向下的内力 Q_1,根据静力平衡条件,$\sum F_y = 0$,则

$$R_A - Q_1 = 0$$

所以
$$Q_1 = R_A = \frac{Fb}{l}$$

因内力 Q_1 有使梁沿横截面 1—1 被剪断的趋势,故称为截面上的剪力。Q_1 与 R_A 形成一力偶,要使左段梁保持平衡,不发生转动,在 1—1 横截面上还必须有力偶矩 M_1 存在。以截面形心作为力矩中心,按平衡条件,$\sum M_{C1} = 0$,则

$$M_1 - R_A x_1 = 0$$

所以
$$M_1 = R_A x_1 = \frac{Fb}{l} x_1$$

因力偶矩 M_1 有使梁因横截面 1—1 产生转动而弯曲的趋势,故称其为横截面上的弯矩。

　　按照同样方法,在 2—2 处将梁截开为左右两部分,仍取左段为分离体,就可求出 2—2 截面上的内力[图 1-60(c)]。

　　由 $\sum F_y = 0$, 　　　　　　　$R_A - F - Q_2 = 0$

$$Q_2 = R_A - F = -F + \frac{Fb}{l} = -F\left(\frac{l-b}{l}\right) = -\frac{Fa}{l} \quad (\text{符号为负,故受力图中所画 } Q_2 \text{ 应为反向})$$

　　由 $\sum M_{C2} = 0$, 　　　　　$M_2 - R_A x_2 + F(x_2 - a) = 0$

所以
$$M_2 = F\left(\frac{l-a}{l}\right)x_2 - F(x_2 - a) = Fa\left(1 - \frac{x_2}{l}\right) = \frac{Fa}{l}(l - x_2)$$

　　如果分别取 1—1、2—2 截面的右段梁作为分离体,也可求得同样大小的剪力和弯矩,但是方向相反。

　　为了便于计算和根据内力的作用来确定梁的变形情况,有必要对梁横截面上的内力符号给予规定。在梁上截取一微小段,受一对剪力 Q 或一对弯矩 M 的作用而变形(图 1-61)。根据这一微小段产生变形的趋势,工程上对 Q 和 M 的符号规定如下:

　　剪力符号规则:凡使微小段梁发生左侧截面向上,右侧截面向下作相对错动的剪力为正;反之为负。

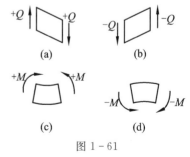

图 1-61

弯矩符号规则：弯矩 M 使梁弯曲时，凹面向上的弯矩 M 为正值，凸面向上的弯矩为负值。

按照上述规定，在图 $1-60$ 横梁 AB 的 $1—1$ 截面上，剪力 Q 及弯矩 M 均为正值，在 $2—2$ 截面上剪力 Q 为负值，弯矩 M 为正值。

1.3.2.2　剪力方程和弯矩方程以及剪力图和弯矩图

为了进行强度计算，仅仅知道某些截面上的内力还不够，还必须了解整个梁各个横截面上的内力变化情况。理论分析和工程实践都表明，在一般情况下，梁的破坏通常是发生在弯矩最大的截面，故弯矩绝对值最大的截面就是梁的危险截面。为了能清楚地反映剪力和弯矩沿着梁轴的变化规律，找出最大剪力、最大弯矩和确定危险截面，就需列出剪力和弯矩沿着梁轴分布的数学表达式——剪力方程和弯矩方程。剪力 Q 或弯矩 M 与横截面坐标 x 的函数关系，可直观地用图线表示。以 x 为横坐标，以剪力 Q 或弯矩 M 为纵坐标，选用一定的比例尺，即可作出 $Q - x$ 图或 $M - x$ 图。这样得出的图线，分别称为剪力图和弯矩图。有了剪力图和弯矩图就能一目了然地反映出剪力、弯矩沿梁轴的分布情况，找出梁内最大剪力和最大弯矩所在的横截面及数值。

现仍以上面所述的横梁为例［图 $1-62$(a)］，来作剪力图和弯矩图。

（1）先作剪力图

AC 段梁的剪力方程为

$$Q_1 = \frac{Fb}{l} \qquad (0 < x_1 < a)$$

即 Q_1 是一正的常数，因此可用一水平直线表示，画在横坐标的上边。CB 段梁的剪力方程为

$$Q_2 = -\frac{Fa}{l} \qquad (a < x_2 < l)$$

即 Q_2 是一负的常数，也可用一水平直线表示，应画在横坐标的下边。这样，所得整个梁的剪力图由两个矩形所组成［图 $1-62$(b)］。若 $a > b$，则最大剪力（指绝对值）将发生在 CB 段梁的横截面上，数值为

$$|Q_{\max}| = \frac{Fa}{l}$$

（2）再作弯矩图

AC 段梁的弯矩方程为

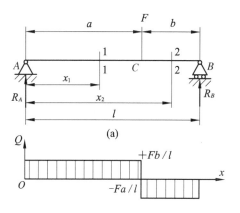

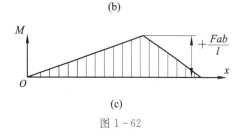

图 $1-62$

$$M_1 = \frac{Fb}{l}x_1 \qquad (0 \leqslant x_1 \leqslant a)$$

这是一直线方程，只要求出该直线上的两点，就可作图。在 $x_1 = 0$ 处，$M_1 = 0$；在 $x_1 = a$ 处，$M_1 = Fab/l$，由此即可画出 AC 段梁的弯矩图。

CB 段梁的弯矩方程为

$$M_2 = \frac{Fa}{l}(l - x_2) \qquad (a \leqslant x_2 \leqslant l)$$

这也是一直线方程。在 $x_2=a$ 处，$M_2=Fab/l$；在 $x_2=l$ 处，$M_2=0$。由此即可画出 CB 段梁的弯矩图。

所得整个梁的弯矩图为一个三角形[图 1-62(c)]，最大弯矩发生在集中力 F 的作用点处的横截面上，其值为

$$M_{\max}=\frac{Fab}{l}$$

若 $a=b=l/2$，则

$$M_{\max}=\frac{Fl}{4}$$

例 1-6　在简略计算管道强度时，可把管道简化为图 1-63 所示受均布载荷作用的简支梁。已知物料和管道的重为 q N/m，管道跨度为 l m，试作管道的剪力图和弯矩图。

解　（1）先求出支座反力

由于梁受力对称[图 1-63(a)]，反力很容易求得，即

$$R_A=R_B=\frac{ql}{2}$$

（2）列出剪力方程和弯矩方程

在距 A 端为 x 的 1—1 处截开，根据图 1-63(b) 所示的分离体，可列出下列剪力方程和弯矩方程：

$$Q=R_A-qx=\frac{1}{2}ql-qx \qquad (0<x<l)$$

$$M=R_A x-qx\,\frac{x}{2}=\frac{1}{2}qlx-\frac{1}{2}qx^2 \qquad (0\leqslant x\leqslant l)$$

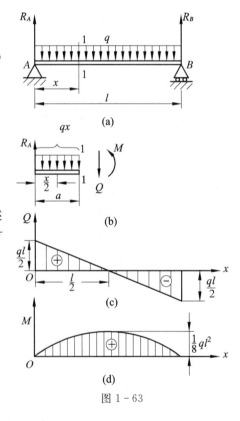

图 1-63

（3）作剪力图和弯矩图

由于载荷在整个梁上是均匀连续分布的，故上述剪力方程和弯矩方程对整个梁都适用。其中剪力方程为直线方程，因此只要定出两个点就可连成一直线：

当 $x=0$ 时，　　$Q=\dfrac{ql}{2}$

当 $x=l$ 时，　　$Q=-\dfrac{ql}{2}$

连接这两点，即可画出剪力图[图 1-63(c)]。

由图可知，在梁的支座处的剪力最大，其数值为

$$Q_{\max}=\pm\frac{ql}{2}$$

而在梁跨中点横截面上的剪力为 0。

由弯矩方程可知弯矩图是一抛物线，故要定出几个点（如 5 个点）的 M 值，才能近似地作出弯矩图[图 1-63(d)]。

x	0	$\dfrac{l}{4}$	$\dfrac{l}{2}$	$\dfrac{3l}{4}$	l
M	0	$\dfrac{3}{32}ql^2$	$\dfrac{1}{8}ql^2$	$\dfrac{3}{32}ql^2$	0

由弯矩图可知，最大弯矩 $M_{\max}=\dfrac{ql^2}{8}$，位于 $x=\dfrac{l}{2}$ 的截面，即危险截面。

例 1-7 卧式容器可简化为图 1-64(a) 所示的受均布载荷 q 作用的外伸梁。已知此卧式容器的总长度为 L，求支座放在什么位置，使容器受力情况最好。

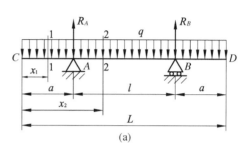

解 （1）先求出支座反力 R_A、R_B

由 $\sum M_B=0$，$q(l+2a)\dfrac{l}{2}-R_A l=0$

所以 $\qquad R_A=\dfrac{q}{2}(l+2a)$

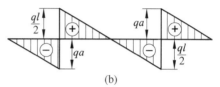

由 $\sum F_y=0$，$R_A+R_B-q(l+2a)=0$

所以 $\qquad R_B=\dfrac{q}{2}(l+2a)$

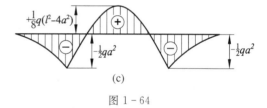

(c)

图 1-64

（2）列出剪力方程和弯矩方程

外伸段（CA 段）：在距 C 端为 x_1 处截开，对于左段 1—1 横截面，其剪力方程和弯矩方程分别为

$$Q_1=-qx_1 \qquad (0<x_1<a)$$

$$M_1=-qx_1\dfrac{x_1}{2}=-\dfrac{1}{2}qx_1^2 \qquad (0\leqslant x_1\leqslant a)$$

AB 段：在距 C 端为 x_2 处截开，对于左段 2—2 横截面，其剪力方程和弯矩方程分别为

$$Q_2=-qx_2+R_A=-qx_2+\dfrac{q}{2}(l+2a) \qquad (a<x_2<a+l)$$

$$M_2=-qx_2\dfrac{x_2}{2}+R_A(x_2-a)=\dfrac{q}{2}(l+2a)(x_2-a)-\dfrac{1}{2}qx_2^2 \qquad (a\leqslant x_2\leqslant a+l)$$

$$(1-30a)$$

（3）作剪力图、弯矩图

CA 段、AB 段的剪力方程式都是直线方程，对应 C、A、B 截面的 Q 值如下：

当 $x_1 = 0$ 时，　　　　　　　　　　$Q_1 = 0$

当 $x_1 = a$ 时，　　　　　　　　　　$Q_1 = -qa$

当 $x_2 = a$ 时，　　　　　　$Q_2 = \dfrac{q}{2}(l+2a) - qa = \dfrac{ql}{2}$

当 $x_2 = (l+a)$ 时，　　　$Q_2 = \dfrac{q}{2}(l+2a) - q(l+a) = -\dfrac{ql}{2}$

故 CA 段、AB 段的剪力图如图 1-64(b)所示。DB 段的剪力图则与 CA 段反对称。

CA 段弯矩图的作法与悬臂梁相似，故不再重复。AB 段的弯矩图是抛物线方程，它的作法与例 1-6 相似，但是它的极大值 $M_{\max}$ 采用求极值的方法直接计算更为简便。

令　　　　　　　　　　　　　　$\dfrac{\mathrm{d}M_2}{\mathrm{d}x_2} = 0$

解出　　　　　　　　　　　　　$x_2 = \dfrac{l}{2} + a$

代入式(1-30a)，得　　　　　　$M_{\max} = \dfrac{q(l^2 - 4a^2)}{8}$

至于 DB 段的弯矩图，由于负载和结构均与 CA 段对称，故应与 CA 段弯矩图轴对称。

整个容器的弯矩图如图 1-64(c)所示。欲使容器受力情况最佳，就应适当选择外伸段的长度 a，使 A、B 截面与跨度中点 G 截面弯矩的绝对值相等，即

$$\frac{l}{2}qa^2 = \frac{q(l^2 - 4a^2)}{8} \tag{1-30b}$$

由式(1-30b)解出　　　　　　$a = \dfrac{l}{2\sqrt{2}}$　　　　　　　　　(1-30c)

因 $l = L - 2a$，代入式(1-30c)，得　　　$a = \dfrac{L - 2a}{2\sqrt{2}}$

化简得

$$a = \frac{L}{2 \times (1 + \sqrt{2})} = 0.207L$$

故设计时通常选取外伸梁长度 $a = 0.2L$，即卧式容器的支座，应布置在 $a = 0.2L$ 处。

几种常见梁的剪力图和弯矩图可参见表 1-3。

表 1 - 3　几种常见梁的剪力图和弯矩图

梁及载荷简图			
Q - x 图	$Q=0$	$(-)F$	$Q=-qx$，ql
M - x 图	$(+)$，$M=Fa$	$M=-Fx$，Fl	$M=-\dfrac{1}{2}qx^2$，$\dfrac{1}{2}ql^2$
梁及载荷简图			
Q - x 图	$\dfrac{Fb}{l}$ $(+)$，$\dfrac{Fa}{l}$ $(-)$	$Q=\dfrac{1}{2}q-qx$，$\dfrac{1}{2}ql$，$\dfrac{1}{2}ql$	$Q=\dfrac{1}{2}ql\left(\dfrac{1}{3}-\dfrac{x^2}{l^2}\right)$，$\dfrac{1}{6}ql$ $(+)$，$\dfrac{1}{3}ql$ $(-)$
M - x 图	$M_1=\dfrac{Fb}{l}x_1$，$M_2=\dfrac{Fa}{l}(l-x_2)$，Fab	$M=\dfrac{1}{2}qx(l-x)$，$\dfrac{1}{8}ql^2$	$M=\dfrac{1}{6}qlx\left(1-\dfrac{x^2}{l^2}\right)$，$0.064ql^2$
梁及载荷简图			
Q - x 图	$(-)$，$\dfrac{M_0}{l}$	$(+)$，$\dfrac{M_0}{l}$	$(-)$，F $(+)$，$-\dfrac{Fa}{l}$
M - x 图	$M=\dfrac{M_0}{l}x$，$(+)$，M_0	$M_1=\dfrac{M_0}{l}x_1$，$\dfrac{M_0a}{l}$，$\dfrac{M_0b}{l}$，$M_2=-\dfrac{M_0}{l}x_2$	$M_1=-\dfrac{Fa}{l}x_1$，Fa，$M_2=-Fx_2$

1.3.3　平面弯曲的应力计算

通过对直梁弯曲时横截面上剪力 Q 和弯矩 M 的讨论，我们可以找出梁受力后的危险截面，并以此作为强度计算的依据。但是梁的破坏往往从横截面上的某一点开始，所以有必要进一步分析内力在横截面上的分布规律，即横截面上各点的应力情况，以便进行强度计算。

在一般情况下，直梁弯曲时，横截面上既有弯矩，又有剪力。实践指出，对于机械中一般简化为梁的构件，弯矩往往是引起破坏的主要因素。因此，我们就从纯弯曲情况着手研究弯曲应力的计算。所谓纯弯曲,就是在梁的横截面上没有剪力作用,只有弯矩作用的弯曲。为此,我们可以做这样一个实验:在具有纵向对称面的一根简支梁上,距梁端等距离 a 处,各有一个集中力 F 作用着[图1-65(a)]。由于受力对称,支座 A、B 处的反力 $R_A = R_B = F$。此时,从梁的剪力图和弯矩图可知,梁的中间一段,剪力等于0[图1-65(b)],所受的弯矩 M 为一常数 Fa[图1-65(c)],这样的弯曲,称为纯弯曲。此时,横截面上只有正应力而无剪应力。从所举的例子可知,在梁的两端受一对大小相等、方向相反的力偶作用的梁,便是纯弯曲时的梁。

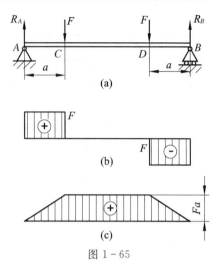

图 1-65

1.3.3.1 纯弯曲时的正应力计算

1. 弯曲时的变形

要求出纯弯曲时横截面上的应力分布,必须先研究梁的变形。为此,我们取一段矩形截面的梁进行实验观察(图1-66)。未加载荷前,我们在梁的表面画上与梁轴相垂直的两条横线 mn 和 m_1n_1,代表梁的横截面,以及与梁轴相平行的纵向直线 ab 和 a_1b_1,表示梁的纵向纤维[图1-66(a)]。当梁发生纯弯曲变形时[图1-66(b)],我们观察到以下的现象:

① 横向直线 mn、m_1n_1 不再相互平行,而是相互倾斜,但仍然是直线,并且仍与纵向直线垂直。

② 纵向直线(包括梁的轴线)变成圆弧,近凹边的纵线 ab 缩短,而近凸边的纵线 a_1b_1 伸长。由于纵向纤维的变形是连续的,因此,从伸长到缩短的变化过程中,必定有一层纵向纤维既不伸长,也不缩短,这一层纵向纤维称为中性层(图1-67)。中性层与横截面的交线称为中性轴。可以证明,对于矩形截面、圆形截面,中性轴与这些截面的水平对称轴重合。在图1-67中,z 轴就是中性轴。

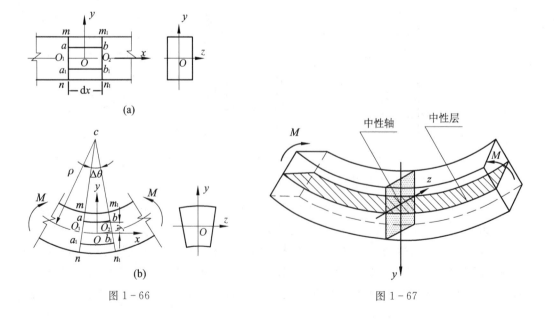

图 1-66

图 1-67

　　从观察到的这些表面现象,经过思考推理,可以做出如下假设:

　　① 梁在纯弯曲时,横截面像直线 mn、m_1n_1 那样,各自偏转一个角度,但仍然保持平面,且垂直于梁轴,这就是平面截面假设。

　　② 纵向纤维的变形和它到中性层的距离有关,且沿宽度相等。

　　③ 纵向纤维的变形只是简单的拉伸或压缩,它们之间没有相互挤压,因此,梁的横截面上只能产生拉应力或压应力。由于这些应力都垂直于横截面,故统称为正应力。

　　以上假设是研究弯曲理论的依据,但这些假设在一般弯曲的情况下是近似的、实用的。

　　2. 变形与应力的关系

　　纯弯曲变形时,表示两个相邻横截面的横向直线 mn 和 m_1n_1 绕各自的中性轴偏转,它们的延长线相交于 c 点[图 1-66(b)]。c 点就是梁轴弯曲时的曲率中心,用 $\Delta\theta$ 表示这相邻两横截面偏转时所成的夹角,用 ρ 表示中性层圆弧 $\overparen{O_1O_2}$ 的半径,称为曲率半径,则相邻两横截面 mn 和 m_1n_1 间的纵向纤维变形前的原长度为

$$\overparen{O_1O_2}=\rho\Delta\theta$$

距离中性层为 y 的纵向纤维 ab,变形后,其长度将变成

$$\widehat{ab}=(\rho-y)\Delta\theta$$

它的线应变是

$$\varepsilon=\frac{\overparen{O_1O_2}-\widehat{ab}}{\overparen{O_1O_2}}=\frac{\rho\Delta\theta-(\rho-y)\Delta\theta}{\rho\Delta\theta}=\frac{y}{\rho} \tag{1-31}$$

式(1-31)说明,梁内任一纵向纤维层的线应变 ε 与该层到中性层的距离 y 成正比,与中性层的曲率半径 ρ 成反比。

　　梁弯曲时横截面上的正应力 σ 通常不超过材料的比例极限。由胡克定律和式(1-31),可以得出横截面上各点的正应力分布规律的表达式为

$$\sigma=E\varepsilon=E\,\frac{y}{\rho} \tag{1-32}$$

式(1-32)说明,梁纯弯曲时横截面上任一点的正应力 σ 与该点到中性轴的距离 y 成正比,即距中性轴同一高度上各点的正应力相等[图 1-68(a)]。显然在中性轴上各点的正应力为 0,而在中性轴一边是拉应力,另一边是压应力;横截面上离中性轴最远的上、下边缘各点的正应力的数值最大。

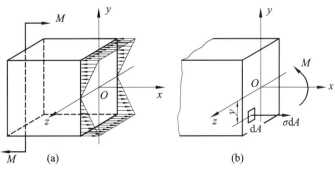

(a)　　　　　　　　　　　(b)

图 1-68

3. 正应力计算公式

式(1-32)是从梁的变形规律导出的,此式虽然反映了横截面上正应力分布规律,但由于曲率半径 ρ 的值还未确定,故还不能用此式对应力 σ 作定量计算。为使这个式子能进行定量计算,就必须考虑梁横截面的正应力 σ 与弯矩 M 的关系,即考虑平衡条件。

现在距中性轴 z 为 y 处取一任意微面积 $\mathrm{d}A$[图 1-68(b)],作用在 $\mathrm{d}A$ 上的内力为 $\sigma\mathrm{d}A$,它对中性轴 z 的矩为 $\sigma\mathrm{d}A \cdot y$,整个横截面上所有内力对中性轴取矩的总和 $\int_A \sigma\mathrm{d}A \cdot y$(式中积分号下面的 A 是表示对整个横截面积的积分),应等于此横截面上的弯矩 M,即

$$M = \int_A \sigma\mathrm{d}A \cdot y \qquad\qquad (1-33)$$

将式(1-32)代入式(1-33),得

$$M = \int_A E \cdot \frac{y}{\rho}\mathrm{d}A \cdot y$$

或

$$M = \frac{E}{\rho}\int_A y^2\mathrm{d}A$$

令

$$\int_A y^2\mathrm{d}A = I_z \qquad\qquad (1-33\mathrm{a})$$

这个积分式子表示每个微面积 $\mathrm{d}A$ 与对应的 y^2 乘积的总和。I_z 称为整个横截面对中性轴 z 的惯性矩,它的大小与截面几何形状和尺寸有关,它的常用单位是 m^4 或 mm^4,于是式(1-33a)可改写为

$$\frac{1}{\rho} = \frac{M}{EI_z} \qquad\qquad (1-34)$$

式(1-34)是计算弯曲变形的基本公式,此式左端 $1/\rho$ 表示梁轴线的曲率,即表示梁弯曲的程度。式(1-34)表示,梁弯曲时的曲率 $1/\rho$ 与弯矩 M 成正比,与 EI_z 成反比;当 EI_z 不变时,弯矩 M 越大,梁弯曲变形越大;在同一弯矩作用下,梁的 EI_z 越大,就越不易弯曲,故 EI_z 称为梁的抗弯刚度。

将式(1-34)代入式(1-32),得

$$\sigma = \frac{My}{I_z} \qquad\qquad (1-35)$$

式(1-35)就是梁在纯弯曲时,横截面上任一点的正应力公式。此式表明梁横截面上任意一点的正应力 σ 与同一截面上的弯矩 M 成正比,与横截面惯性矩 I_z 成反比,还与这点到中性轴 z 的距离 y 成正比。总之,此式具体表达正应力的线性分布规律。

式(1-35)中,σ 符号的正负值视是拉应力或压应力而定。在凸边是拉应力,取正号;在凹边是压应力,取负号。

在强度设计或校核时,我们最关心的是横截面上的最大正应力 $\sigma_{\max}$,由式(1-35)可知,在离中性轴最远的上下边缘处的正应力最大。如果横截面对称于中性轴,例如图 1-69 所示的矩形、圆形、工字形构件,可以用 $y_{\max}$ 表示横截面上下边缘到中性轴的距离,当截面的形状、

尺寸确定后,式(1-35)的两个几何量 y_{max} 和 I_z 都是常量,为了计算简便,可归并为一个常量。

令
$$W_z = \frac{I_z}{y_{max}}$$ (1-35a)

代入式(1-35),就得出横截面最大正应力

$$\sigma_{max} = \frac{M}{W_z}$$ (1-36)

由式(1-36)可知,在同样的弯矩作用下,梁的 W_z 越大,则 σ_{max} 越小,所以 W_z 是衡量横截面抗弯强度的几何量,故称为横截面对中性轴 z 的抗弯截面模量,简称抗弯截面模量,它的常用单位是 m^3 或 mm^3。

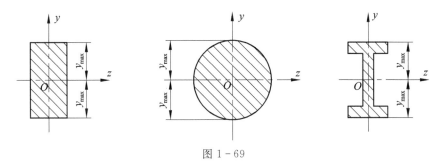

图 1-69

最后讨论纯弯曲正应力公式的应用范围。以上所述的弯曲正应力公式是从纯弯曲的情况得来的,并得到了实践的验证。当梁受到横向外力作用时,一般在其横截面上既有弯矩,又有剪力,这种弯曲称为剪切弯曲(或横力弯曲)。由于剪力的存在,梁的横截面将发生翘曲。但根据精确的分析和实验证实,当梁的跨度 l 与横截面高度 h 之比 $l/h > 5$ 时,梁在横截面上正应力分布与纯弯曲时很接近,也就是说,剪力的影响很小,所以纯弯曲正应力公式对剪切弯曲仍可适用。

1.3.3.2　常用横截面的惯性矩和抗弯截面模量计算

在推导纯弯曲正应力公式时,我们把积分 $\int_A y^2 dA$ 用符号 I_z 表示,并称为横截面对中性轴的惯性矩。很明显,惯性矩 I_z 只与横截面的几何形状和尺寸有关,反映截面的几何性质。本节具体讨论几种常见截面的惯性矩 I_z 和抗弯截面模量 W_z 的计算方法。

1. 矩形截面

设矩形截面的高为 h,宽为 b,O 点为截面形心(图 1-70),求此截面对其对称轴 z 的惯性矩 I_z 和抗弯截面模量 W_z。

在此截面上取宽为 b,高为 dy 的细长条作为微面积,即 $dA = b dy$,则此截面对 z 轴的惯性矩

$$I_z = \int_A y^2 dA = \int_{-\frac{h}{2}}^{\frac{h}{2}} y^2 \cdot b dy = b \int_{-\frac{h}{2}}^{\frac{h}{2}} y^2 dy = b \left[\frac{1}{3} y^3 \right]_{-\frac{h}{2}}^{\frac{h}{2}} = \frac{bh^3}{12}$$

(1-37)

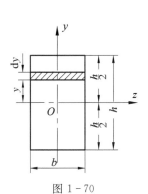

图 1-70

抗弯截面模量

$$W_z = \frac{I_z}{y_{\max}} = \frac{bh^3}{12} \Big/ \frac{h}{2} = \frac{bh^2}{6} \tag{1-38}$$

同理,可求得对 y 轴的惯性矩 I_y 和抗弯截面模量 W_y 分别为

$$I_y = \frac{hb^3}{12}, \qquad W_y = \frac{hb^2}{6}$$

2. 圆形截面

设圆形截面的直径为 D,求此截面对其对称轴——z 轴和 y 轴的惯性矩 I_z、I_y 和抗弯截面模量 W_x、W_y(图 1-71)。

在图中取宽为 $2z$、高为 dy 的细长条作为微面积,即 $dA = 2z\,dy$,则此截面对 z 轴的惯性矩

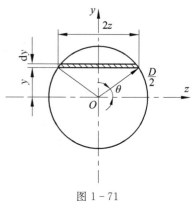

$$I_z = \int_A y^2\,dA = 2\int_A y^2 z\,dy \tag{1-38a}$$

图 1-71

由于 z 是个变化的量,现将式(1-38a)转化为极坐标再进行积分,得

$$z = \frac{D}{2}\cos\theta, \qquad y = \frac{D}{2}\sin\theta, \qquad dy = \frac{D}{2}\cos\theta\,d\theta$$

$$I_z = 2\int_A y^2 z\,dy = 2\int_{-\frac{\pi}{2}}^{\frac{\pi}{2}} \frac{D^2}{4}\sin^2\theta \cdot \frac{D^2}{4}\cos^2\theta\,d\theta$$

$$= \frac{D^4}{8}\int_{-\frac{\pi}{2}}^{\frac{\pi}{2}} \frac{1}{4}\sin^2(2\theta)\,d\theta = \frac{D^4}{32}\int_{-\frac{\pi}{2}}^{\frac{\pi}{2}} \frac{1}{2}(1-\cos 4\theta)\,d\theta$$

$$= \frac{D^4}{64}\left| \theta - \frac{1}{4}\sin 4\theta \right|_{-\frac{\pi}{2}}^{\frac{\pi}{2}} = \frac{\pi D^4}{64} \tag{1-39}$$

抗弯截面模量

$$W_z = \frac{I_z}{y_{\max}} = \frac{\dfrac{\pi D^4}{64}}{\dfrac{D}{2}} = \frac{\pi D^3}{32} \approx 0.1D^3 \tag{1-40}$$

由于圆截面各向对称,所以　　　　$I_y = I_z, \qquad W_y = W_z$

3. 圆环形截面

设圆环外径为 D,内径为 d,求此截面对其对称轴——z 轴的惯性矩 I_z 和抗弯截面模量 W_z。按照图 1-72 所示参数,分别求出 I_z 和 W_z。

$$I_z = \frac{\pi D^4}{64} - \frac{\pi d^4}{64} = \frac{\pi}{64}(D^4 - d^4) \tag{1-41}$$

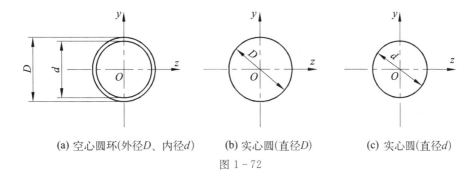

(a) 空心圆环(外径D、内径d)　　(b) 实心圆(直径D)　　(c) 实心圆(直径d)

图 1-72

$$W_z = \frac{I_z}{y_{max}} = \frac{\frac{\pi}{64}(D^4 - d^4)}{\frac{D}{2}} = \frac{\pi}{32D}(D^4 - d^4) \qquad (1-42)$$

在计算塔设备或管道强度时,经常要计算它们的 I_z、W_z,由于塔设备或大口径管道的横截面都属于薄壁圆环,其特点是 $D \approx d$,而 $D - d = 2s(s$ 为壁厚),故式(1-41)、式(1-42)可分别简化为

$$
\begin{aligned}
I_z &= \frac{\pi}{64}(D-d)(D^3 + D^2 d + Dd^2 + d^3) \\
&= \frac{\pi}{64} \cdot 2s \cdot 4d^3 = \frac{\pi}{8} d^3 s \approx 0.393 d^3 s
\end{aligned}
\qquad (1-41a)
$$

$$W_z = \frac{I_z}{\frac{D}{2}} = \frac{\frac{\pi}{8} d^3 s}{\frac{D}{2}} \approx \frac{\pi}{4} d^2 s \approx 0.785 d^2 s \qquad (1-42a)$$

其他常用截面的惯性矩、抗弯截面模量可查阅有关设计手册。

1.3.3.3　弯曲正应力的强度条件

梁弯曲时横截面上既有正应力,又有剪应力。对于一般细长梁,理论分析和工程实践都证明,正应力是引起破坏的主要因素。因此,在考虑梁的强度时,首先要保证正应力强度足够大。对于等截面直梁,弯矩最大的截面就是危险截面。因为最大正应力 σ_{max} 就发生在这个横截面的上下边缘,梁发生破坏往往从这里开始,这些部位称为危险点。为了保证安全工作,必须使最大应力 σ_{max} 不超过材料的许用应力$[\sigma]$,即

$$\sigma_{max} = \frac{M_{max}}{W_z} \leqslant [\sigma] \qquad (1-43)$$

式(1-43)就是梁弯曲正应力的强度条件。式中的$[\sigma]$对于薄壁型钢或钢管,一般采用轴向拉伸时所确定的许用应力;对于钢制实心梁,$[\sigma]$可略高些($18\% \sim 20\%$),这是因为当截面边缘的应力值 σ_{max} 达到屈服点 σ_s 时,截面近中性轴处尚有很多材料处于弹性阶段,边缘的最大应力不随载荷增加而提高,整个构件仍能正常工作。然后随着载荷的增加,截面上各点应力逐渐达到材料的屈服点,这与轴向拉伸情况不同。

如果梁的材料是铸铁、陶瓷等脆性材料,其拉伸和压缩许用应力不相等,则应分别求出

最大正弯矩和最大负弯矩所在横截面上的最大拉应力和最大压应力,再按式(1-43)分别校核其强度。

按梁的正应力强度条件,也可以对梁进行三个方面的强度计算。

(1)设计截面

根据已知载荷以及材料的许用应力$[\sigma]$,计算所需要的抗弯截面模量W_z,由此定出适当的截面形状和尺寸,其设计依据为

$$W_z \geqslant \frac{M_{max}}{[\sigma]} \qquad\qquad (1-43a)$$

(2)强度校核

根据已知的截面形状、尺寸和所承受的载荷,以及材料许用应力$[\sigma]$,校核梁是否满足强度要求,即

$$\frac{M_{max}}{W_z} \leqslant [\sigma]$$

(3)计算许可载荷

根据已知梁的材料和截面形状、尺寸,计算梁截面所能承受的最大弯矩,进一步推算出全梁所能承受的最大载荷

$$M_{max} \leqslant [\sigma]W_z \qquad\qquad (1-43b)$$

例1-8 一大型填料塔内,支承填料用的支梁可简化为受均布载荷作用的简支梁(图1-73),此梁由工字钢制成,材料为Q235AF,它的跨长为2.83 m,均布载荷的集度为$q=23$ kN/m,许用弯曲应力$[\sigma]=140$ MPa。试确定工字钢的截面型号。如果将此梁改为矩形截面钢梁,其材料是否增加?

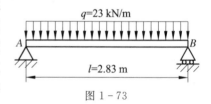

图1-73

解 由例1-6分析可知,受均布载荷作用的简支梁,最大弯矩M_{max}位于跨度中点,即$l/2$处,它的数值为

$$M_{max} = \frac{1}{8}ql^2 = \frac{23 \times 2.83^2}{8} = 23 (\text{kN} \cdot \text{m})$$

支承梁所需抗弯截面模量为

$$W_z \geqslant \frac{M_{max}}{[\sigma]} = \frac{23 \times 10^3}{140 \times 10^6} = 164 \times 10^{-6} (\text{m}^3) = 164 \times 10^3 (\text{mm}^3)$$

查 GB/T 706—2016《热轧型钢》或相关机械手册中的型钢表(工字钢)可知,为了满足$W_z \geqslant 164 \times 10^3$ mm³,应选用18号工字钢,其$W_z = 185 \times 10^3$ mm³,截面面积$A = 30.76 \times 10^2$ mm²。

如果改用矩形截面钢梁,设$h=2b$,则

$$W_{z1} = \frac{bh^2}{6} = \frac{b(2b)^2}{6} = \frac{2}{3}b^3 \geqslant 164 \times 10^3 \text{ mm}^3$$

所以

$$b = \sqrt[3]{\frac{3}{2} \times 164 \times 10^3} = 62.7 (\text{mm})$$

矩形截面面积　　　　　　　$A_1 = bh = 62.7 \times 125.4 = 7\,862\ \text{mm}^2$

由此可得矩形截面与工字形截面面积之比

$$\frac{A_1}{A} = \frac{7\,862}{3\,076} = 2.56$$

若改用矩形截面梁,所需材料增加 156%。

1.3.3.4　提高梁弯曲强度的主要途径

我们在设计梁时,应充分发挥材料的潜力,以较少的材料消耗,获得较高的抗弯强度,满足工程上既安全又经济的要求。由式(1-43)可知,横截面上最大正应力与弯矩成正比,与抗弯截面模量成反比,因此,提高梁的弯曲强度,主要是从提高抗弯截面模量 W_z 和降低弯矩 M 着手,具体可从以下几个方面考虑。

1. 选择合理的截面

(1)根据应力分布规律的选择

对于矩形截面梁,由弯曲正应力的分布规律可知,在中性轴附近正应力很小,材料未充分发挥作用。因此,可以将矩形截面靠近中性轴的这部分面积移到离中性轴较远的上下边缘作为翼板。如图 1-74 中把阴影部分面积移到虚线部分,这就形成了工字形截面,使得应力大的地方,截面增大些;应力小的地方,截面相应减小些。这样,截面积大小不变,材料却能物尽其用,从而提高了经济性。

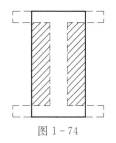

图 1-74

(2)根据截面模量的选择

由式(1-43b)可知,梁所能承受的最大弯矩 $M_{\max}$ 与抗弯截面模量 W_z 成正比,而梁的材料消耗多少又与截面面积 A 的大小成正比,也与截面模量有关。所以合理的截面形状应是截面面积相等的条件下具有较大的截面模量者。例如一个宽为 b,高为 h 的矩形截面梁受弯曲时,由实践可知,把截面竖放时,不易弯曲[图 1-75(a)];平放时则很容易弯曲[图 1-75(b)]。这是由于竖放时的截面模量 W_{z1} 比平放时的 W_{z2} 大的缘故。设 $h = 90\ \text{mm},b = 40\ \text{mm}$,则

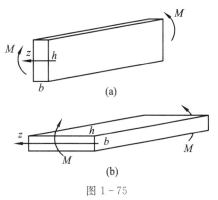

图 1-75

$$\frac{W_{z1}}{W_{z2}} = \frac{\frac{1}{6}bh^2}{\frac{1}{6}hb^2} = \frac{h}{b} = \frac{90}{40} = 2.25$$

可见竖放时的抗弯截面模量是平放时的 2.25 倍。

若另取一个边长为 $a = 60\ \text{mm}$ 的正方形截面(图 1-76),其面积与上述矩形截面相等:

$$A = a^2 = bh = 3\,600\ \text{mm}^2$$

则它们的截面模量之比为

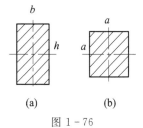

图 1-76

$$\frac{W_z}{W_z'}=\frac{\dfrac{1}{6}bh^2}{\dfrac{1}{6}a^3}=\frac{\dfrac{1}{6}A\cdot h}{\dfrac{1}{6}A\cdot a}=\frac{90}{60}=1.5$$

以上两例说明,竖放的矩形截面,比平放合理,也比同等面积的正方形截面的抗弯强度高。房屋及桥梁上所用的梁为竖放的矩形截面,也就是这个道理。

(3) 根据材料特性的选择

对于抗拉强度与抗压强度相等的塑性材料(如钢材),一般采用对称于中性轴的截面,使截面上下边缘的最大拉应力与最大压应力相等,而同时达到材料的许用应力值,这样的截面形状比较合理,如矩形、工字形、槽形、圆形均属此类截面。

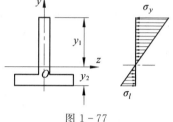

图 1-77

对于拉、压强度不等的脆性材料,在选择截面时,最好使中性轴偏于强度较弱的一边,例如铸铁,它的抗拉强度小于抗压强度,受弯构件多采用 T 字形截面,如图 1-77 所示,设计时 T 字形截面形心 O 点的位置应使最大压应力 $\sigma_{y\,max}$ 和最大拉应力 $\sigma_{l\,max}$ 同时达到铸铁的抗拉和抗压许用应力值。即

$$\frac{\sigma_{y\,max}}{\sigma_{l\,max}}=\frac{\dfrac{My_1}{I_z}}{\dfrac{My_2}{I_z}}=\frac{y_1}{y_2}=\frac{[\sigma_y]}{[\sigma_l]}$$

或
$$\frac{y_1}{y_2}=\frac{[\sigma_y]}{[\sigma_l]} \tag{1-44}$$

以上讨论只是从抗弯强度方面考虑的,在许多情况下,还必须综合考虑刚度、稳定以及使用、加工等因素。例如对于轴类构件,除承受弯曲作用,还要传递扭矩,则以圆形截面更为实用;对于矩形及工字形截面,增加高度可有效地提高抗弯截面模量,但其截面高度不能过大,宽度也不能过小,否则矛盾将会转化,而引起梁丧失稳定性。

2. 合理布置支座和载荷作用位置

由梁的内力可知,梁的弯矩图和最大弯矩值与载荷作用的位置有关,所以,载荷的不同位置会影响到梁的强度。图 1-78 表示受集中力作用的简支梁,若使载荷尽量靠近左边支座,则梁的最大弯矩值要比载荷作用在跨度中间时小得多。因此,对于机床变速箱上的传动轴,常使轴上的齿轮尽量靠近轴承(支座),这样设计的轴,尺寸可相应减小。

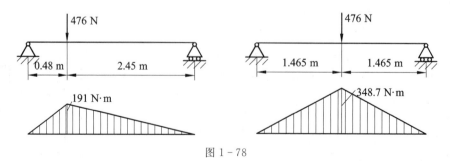

图 1-78

又如受均布载荷作用的简支梁，$M_{max} = \frac{1}{8}ql^2 = 0.125ql^2$[图 1 - 79(a)]。若将两端支座向里移动 $0.2l$，则 $M_{max} = 0.025ql^2$[图 1 - 79(b)]，只为前者的 $\frac{1}{5}$，因此，梁的截面尺寸也可相应减小。卧式容器的支承点向中间移一段距离，就是利用此原理以降低 M_{max}，减轻自重，节省材料。

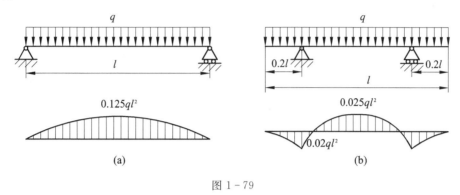

图 1 - 79

另外，在可能的条件下，还可以改变载荷的分布情况来提高梁的承载能力。由弯矩图可知，分布载荷使梁产生的最大弯矩要比集中载荷下产生的弯矩小得多。因此，从强度考虑，把集中力尽量分散，甚至改变为均布载荷较为合理。以简支梁为例，若有一个集中力 F 作用在跨度中间，其最大弯矩为 $\frac{Fl}{4}$[图 1 - 80(a)]。如果以均布载荷 $q = \frac{F}{l}$ 作用在整个梁上，则最大弯矩为 $\frac{Fl}{8}$[图 1 - 80(b)]，由此计算所得的弯曲正应力是集中载荷作用下的一半。图 1 - 80(c)中载荷形式下的最大弯矩也为 $\frac{Fl}{8}$。

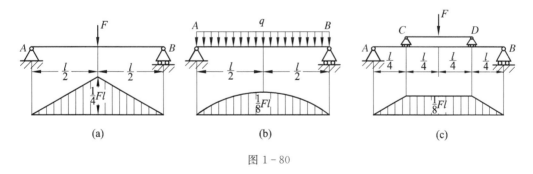

图 1 - 80

1.3.4 平面弯曲的变形——挠度和转角

工程上所用的梁，一般说来，不仅要满足强度条件，同时还要满足刚度条件。这就是说，梁的变形不能超过规定的许可范围，否则就会影响正常工作。例如：行车大梁在起吊重物时，若其弯曲变形过大，则行车行驶时就要发生振动；若传动轴的弯曲变形过大，则不仅会使齿轮不能很好地啮合，还会使轴颈和轴承产生不均匀的磨损；若管道的弯曲变形过大，则将影响管道内物料的正常输送，出现积液、沉淀和法兰连接不密等现象。

1.3.4.1　弯曲变形的概念

如何表示和度量梁的变形呢？现以自由端承受一集中力 F 作用的悬臂梁为例予以说明[图 1-81(a)]。为了图示简便起见，用梁的轴线 AB 表示原梁，当梁弯曲时，轴线 AB 变成了曲线 AB_1[图 1-81(b)]。由于梁不允许折断，故曲线 AB_1 为一条连续的光滑曲线。此曲线称为梁的挠曲线或弹性曲线。根据梁横截面的位移情况，梁的变形可用两种位移量来表示。

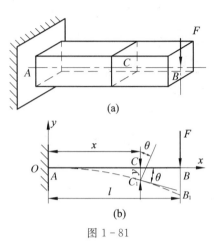

图 1-81

1. 横向位移

梁上某一截面的形心 C 沿着梁轴的垂直方向移至 C_1 点（这里 C 沿着水平方向的位移与垂直位移相比很小，可忽略不计）。线位移 CC_1 称为梁在该截面的挠度，通常用 y 表示。挠度 y 的正负号，根据所选坐标 y 轴的方向而定，与坐标轴 y 正方向一致时为正；反之为负。如图 1-81(b)所示的挠度为负。

2. 角位移

梁变形时，除了截面形心 C 往下（或往上）移动外，C 点处的截面还绕中性轴偏转一个角度，以 θ 表示，称为该截面的转角[图 1-81(b)]。此转角也等于由 C_1 引出的切线与 x 轴所成的夹角。比较发现，后一标注较为明显，而且与挠度的关系也容易找出，故横截面转角 θ 通常用后者来标注，并规定以反时针转向为正，顺时针转向为负。故图 1-81(b)所示横截面的转角 θ 为负值，转角的单位是弧度(rad)。

挠度和转角有何联系？在选定了坐标系之后，从图 1-81(b)可以看出，梁上各截面形心处的挠度 y 随着截面位置 x 的不同而改变，这种变化规律可用式 $y=f(x)$ 表示，这个式子就是梁的挠曲线方程式。由微分学知道，曲线的斜率为

$$\tan\theta=\frac{\mathrm{d}y}{\mathrm{d}x}=y'$$

由于工程中常用的梁大多属于小变形，其挠度远小于跨度，因此，它的挠曲线是一条较平缓的曲线，$\tan\theta$ 与 θ 的值相接近，即

$$\tan\theta\approx\theta$$

又即 $\qquad\qquad\qquad\qquad\qquad \theta=y'=f'(x) \qquad\qquad\qquad\qquad\qquad (1-45)$

式(1-45)反映了挠度和转角之间的内在联系，即挠曲线上任一点处切线的斜率 y' 等于该点处横截面的转角 θ，也即在任一横截面的转角 θ，等于该截面的挠度 y 对截面位置坐标 x 的一阶导数。由上述可知，只要知道梁的挠曲线方程，就可求得梁轴上任一点的挠度和任一横截面的转角。

在各种载荷作用下，梁的挠度、转角方程和 $y_{\max}$、$\theta_{\max}$ 的公式，也可查阅表 1-4 或机械设计手册。

表 1 - 4　简单载荷作用下梁的挠度和转角

载荷和支承情况	梁端转角	挠曲线方程	最大挠度
	$\theta=-\dfrac{Fl^2}{2EI}$	$y=-\dfrac{Fx^2}{6EI}(3l-x)$	$y_{\max}=-\dfrac{Fl^3}{3EI}$
	$\theta=-\dfrac{Fc^2}{2EI}$	$y=-\dfrac{Fx^2}{6EI}(3c-x)$　$0\leqslant x\leqslant c$, $y=-\dfrac{Fc^2}{6EI}(3x-c)$　$c\leqslant x\leqslant l$	$y_{\max}=-\dfrac{Fc^2}{6EI}(3l-c)$
	$\theta=-\dfrac{ql^3}{6EI}$	$y=-\dfrac{qx^2}{24EI}(x^2+6l^2-4lx)$	$y_{\max}=-\dfrac{ql^4}{8EI}$
	$\theta=-\dfrac{M_0l}{EI}$	$y=-\dfrac{M_0x^2}{2EI}$	$y_{\max}=-\dfrac{M_0l^2}{2EI}$
	$\theta_1=-\theta_2=-\dfrac{Fl^2}{16EI}$	$y=-\dfrac{Fx}{48EI}(3l^2-4x^2)$ $0\leqslant x\leqslant\dfrac{l}{2}$	$y_{\max}=-\dfrac{Fl^3}{48EI}$
	$\theta_1=-\dfrac{Fab(l+b)}{6lEI}$, $\theta_2=+\dfrac{Fab(l+a)}{6lEI}$	$y=-\dfrac{Fbx}{6lEI}(l^2-x^2-b^2)$ $0\leqslant x\leqslant a$, $y=-\dfrac{Fb}{6lEI}\Big[(l^2-b^2)x-x^3$ $+\dfrac{l}{b}(x-a)^3\Big]$　$a\leqslant x\leqslant l$	若 $a>b$ 在 $x=\sqrt{\dfrac{l^2-b^2}{3}}$ 处, $y_{\max}=-\dfrac{\sqrt{3}\,Fb}{27lEI}(l^2-b^2)^{\frac{3}{2}}$; 在 $x=l/2$ 处, $y_{\frac{l}{2}}=-\dfrac{Fb}{48EI}(3l^2-4b^2)$
	$\theta_1=-\theta_2=-\dfrac{ql^3}{24EI}$	$y=-\dfrac{qx}{24EI}(l^3-2lx^2+x^3)$	$y_{\max}=-\dfrac{5ql^4}{384EI}$
	$\theta_1=-\dfrac{M_0l}{6EI}$, $\theta_2=+\dfrac{M_0l}{3EI}$	$y=-\dfrac{M_0x}{6lEI}(l^2-x^2)$	在 $x=\dfrac{1}{\sqrt{3}}$ 处, $y_{\max}=-\dfrac{M_0l^2}{9\sqrt{3}EI}$, 在 $x=\dfrac{l}{2}$ 处, $y_{\frac{l}{2}}=-\dfrac{M_0l^2}{16EI}$
	$\theta_1=\dfrac{Fal}{6EI}$, $\theta_2=-\dfrac{Fal}{3EI}$, $\theta_c=\dfrac{-Fa}{6EI}(2l+3a)$	$y=\dfrac{Fax}{6lEI}(l^2-x^2)$　$0\leqslant x\leqslant l$, $y-\dfrac{F}{6lEI}\big[al^2x-ax^3+(a+l)$ $\times(x-l)^3\big]$　$l\leqslant x\leqslant(l+a)$	在 $x=l+a$ 处, $y_{\max}=-\dfrac{Fa^2}{3EI}(l+a)$; 在 $x=\dfrac{l}{2}$ 处, $y_{\frac{l}{2}}=\dfrac{Fal^2}{16EI}$

1.3.4.2　提高梁弯曲刚度的主要途径

从前面的例子可以看出,在一定的集中载荷 F 或均布载荷 q 作用下,梁的变形取决于它的跨度 l、截面的惯性矩 I 和材料的弹性模量 E 等。因此,提高梁弯曲刚度的主要方法如下:

① 减小跨度或增加支座。梁的跨度 l 对变形的影响最大。若受集中力 F 作用,则挠度 y 与 l^3 成正比;若受均布载荷 q 作用,则 y 与 l^4 成正比。因此,设法减小梁的跨度或增加中间支座,将会有效地减小梁的变形。

② 选用合理的截面形状。由于梁的挠度和转角与截面的惯性矩 I 成反比,而决定截面惯性矩的主要因素又是截面的高度。因此,在截面面积不变的情况下,适当地增加截面高度,选用合理的几何形状增大截面惯性矩 I,可减小变形。所以工程上常采用工字形或箱形等薄壁截面结构形式。

1.4　剪切与扭转

1.4.1　剪切构件的受力与变形特点

在工程上受到剪切的构件很多,这种构件的受力和变形情况有一定的特点,如图 1-82(a)所示的两块用螺栓连接起来的钢板,在其两端受到拉力 F 作用时,螺栓就受到剪切。从图 1-82(b)可看出,螺栓受力的特点:在其上下两段的相应侧面各受到合力为 F 的分布力作用,而这两个合力 F 大小相等、方向相反,其作用线间的距离很小。螺栓的变形特点:当外力逐渐增加时,其中间部分的相邻截面会产生错动,如图 1-82(c)所示。这种变形称为剪切变形。发生相对错动的面称为剪切面。当作用在钢板上的外力增加到一定程度时,螺栓就被剪断,如图 1-82(d)所示。

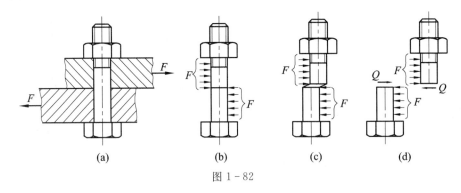

(a)　　　　(b)　　　　(c)　　　　(d)

图 1-82

除上述螺栓连接外,在工程上还有如键、销等连接件,也都是典型的剪切变形实例,如图 1-83 所示。

由于受剪切的构件常在剪切面破坏,因此,首先讨论构件受剪切时剪切面上的内力和应力计算,然后讨论强度条件。

1.4.2　剪切和挤压的实用计算

1.4.2.1　剪切应力计算和剪切强度条件

现仍以上面的螺栓为例[图 1-82(a)]来讨论其剪切面上的内力、应力和强度计算。作

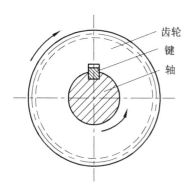 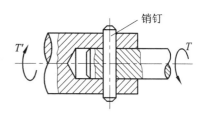

齿轮
键
轴

销钉

图 1 - 83

用在螺栓两侧面上的横向力的合力如图 1 - 82(b)所示,由于这两个合力的作用线相距很近,故采用截面法沿着截面 1—1 把螺栓截开时,在横截面上的主要内力是剪力 Q[图 1 - 82(d)],而弯矩非常小,可以忽略不计,根据静力学平衡方程 $\sum F_x = 0$ 即可求出

$$Q = F$$

由于受剪构件的实际变形情况比较复杂,从理论分析或实验研究来确定剪力 Q 在横截面内的真实分布规律是困难的。因此,在工程上对受剪构件的强度计算,通常采用假定计算法,即假设剪力 Q 在横截面上是均匀分布的。如把作用在每单位面积上的剪力用 τ 表示,则

$$\tau = \frac{Q}{A} \tag{1 - 46}$$

式中,τ 为剪切面上的剪力;A 为受剪构件的横截面积;Q 为剪切面上的剪力。

同剪力 Q 一样,剪应力也与横截面平行。

为了保证受剪的螺栓安全可靠地工作,要求螺栓剪切面上的剪应力 τ 不得超过许用剪切应力$[\tau]$,故剪切的强度条件是

$$\tau = \frac{Q}{A} \leqslant [\tau] \tag{1 - 47}$$

许用剪切应力$[\tau]$是利用剪切试验求出抗剪强度 τ_b,再除以安全系数 n 得到的,即$[\tau] = \tau_b / n$。实验表明,塑性材料的剪切强度极限约等于其拉伸强度极限值的 $60\% \sim 80\%$。可以利用这一比值关系,根据拉伸时的许用应力$[\sigma]$值来估计许用剪切应力,即取

$$[\tau] = (0.6 \sim 0.8)[\sigma]$$

同样,对于脆性材料,可取

$$[\tau] = (0.8 \sim 1.0)[\sigma]$$

1.4.2.2 挤压应力计算和挤压强度条件

对于承受剪切的构件,除了可能发生剪切破坏以外,还可能由于局部表面挤压而破坏。如图 1 - 82 所示,螺栓的左右两侧表面受到合力为 F 的横向力的挤压作用,这是由于钢板螺

栓孔壁压在螺栓的半圆柱形表面上而产生的。根据作用与反作用定律,可知钢板的螺栓孔壁也受到挤压作用(图1-84)。再如键工作时,除了键的截面 $n—n$ 产生剪应力,受到横力作用的部分侧面也受到挤压作用(图1-85)。由挤压所引起的应力称为挤压应力,以 σ_{jy} 表示,如果挤压应力过大,就使键或轴的相互接触部分产生塑性变形。因此,要保证构件安全可靠地工作,除了计算剪切强度外,还要校核挤压强度。由于挤压应力分布情况也比较复杂,为了便于计算,根据工程上大量试验得出的经验,可近似地认为挤压应力也是均匀分布在挤压面上,所以挤压应力可按下式计算:

$$\sigma_{jy} = \frac{F}{A_{jy}} \qquad (1-48)$$

式中,F 为挤压面上的挤压力;A_{jy} 为挤压面积。其计算方法如下:当接触面为平面时,则此平面面积即为挤压面积,例如图1-85所示的方键,其挤压面的面积为 $A_{jy} = l \cdot h/2$ [图1-85(c)]。对于圆柱面,为了简化计算,一般采用挤压面的正投影(图1-86中的 $ABCD$ 阴影部分)作为挤压面的计算面积,即 $A_{jy} = d \cdot h$。

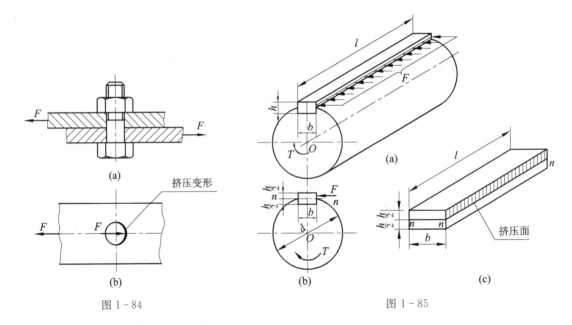

图1-84   图1-85

挤压的强度条件用下式表示:

$$\sigma_{jy} = \frac{F}{A_{jy}} \leqslant [\sigma_{jy}] \qquad (1-49)$$

式中,$[\sigma_{jy}]$ 为材料许用挤压应力,其值由试验确定。

对于塑性较好的低碳钢材料,根据实验所积累的数据,许用应力 $[\sigma_{jy}]$ 与许用拉应力 $[\sigma]$ 之间的关系为

$$[\sigma_{jy}] = (1.7 \sim 2.0)[\sigma]$$

例1-9 两块钢板用两条填角焊缝连接在一起,如图1-87(a)所示,钢

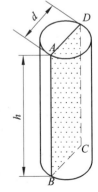

图1-86

板的厚度分别为 $\delta_1 = 10\ \text{mm}$，$\delta = 8\ \text{mm}$，设拉力 $F = 150\ \text{kN}$，焊缝金属材料的剪切许用应力是 $[\tau_h] = 110\ \text{MPa}$，试计算焊缝的长度 l。

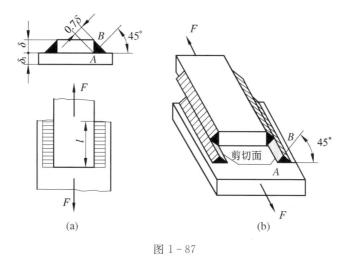

图 1-87

解 填角焊缝的横截面基本上是一个等腰三角形。实践证明这种焊缝在外力作用下，总是沿着最弱的截面（焊缝最狭窄的截面）AB 上，即与底边成 45°角方向破裂[图 1-87(b)]。显然，这个剪切面积为

$$\delta \sum l \sin 45^\circ = 0.7\delta \sum l$$

式中，$\sum l$ 为焊缝的计算总长度；δ 为焊缝的腰高，一般等于被连接板材中的较小厚度。

由剪切强度条件

$$\tau = \frac{F}{A} = \frac{F}{0.7\delta \sum l} \leqslant [\tau_h]$$

可得焊缝所需的计算总长度为

$$\sum l \geqslant \frac{F}{0.7\delta[\tau_h]} = \frac{150\ 000}{0.7 \times 0.008 \times 110 \times 10^6} = 0.244\ (\text{m})$$

所以，每条焊缝的长度为

$$l = \frac{\sum l}{2} = \frac{0.244}{2} = 0.122\ (\text{m})$$

实际上，因每条焊缝在其两端的强度较差，通常须将它加长 10 mm，所以取每条焊缝的实际长度 $l = 135\ \text{mm}$。

1.4.3 扭转变形的概念

扭转是杆件变形的基本形式之一，例如化工设备中搅拌器的轴、离心机的轴以及各种传动轴，都是扭转的杆件。现以一桨式搅拌器的轴（图 1-88）为例，分析它的受力情况。当搅拌轴正常工作时，在轴的上端作用着电动机经减速机所施加的主动力矩 T，驱使搅拌轴转

动;而在轴的下端,搅拌桨叶由于物料的阻力作用,给搅拌轴一个阻力矩 T'。当搅拌轴等速转动时,主动力矩与阻力矩相等,也就是使搅拌轴产生扭转变形。

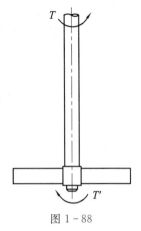

从以上的分析可以得出杆件扭转时最基本的受力特征:在杆件的两端作用着一对大小相等、方向相反的外力矩 T,而力矩 T 的作用垂直于杆件的轴线,并使两个不同的横截面产生相对的转动,即**扭转变形**。必须指出,在一般情况下,杆件扭转时,有一系列外力矩作用在杆件上,但是当杆件处于等速转动时,这些外力矩的代数和等于 0。

由于非圆截面轴扭转时受力分析比较复杂,一般化工设备很少遇到非圆截面的扭转问题。因此,我们只研究等截面圆轴的扭转问题。

图 1-88

1.4.4 传动轴外力矩的计算

要研究圆轴受扭转后的强度问题,首先要分析其外力。对于传动轴,通常不直接给出外力矩的数值,而是给出轴的转速 n 和所传递的功率 P。根据功率 P 和转速 n 可以换算出外力矩 T。

下面我们来分析功率 P、转速 n 和外力矩 T 之间的关系。

由物理学可知,单位时间所做的功称为功率 P,它等于力 F 和速度 v 的乘积,即

$$P = Fv \tag{1-50}$$

在圆轴的周边作用一个力 F(图 1-89),若轴的转速是 n r/min,则轴的角速度

$$\omega = \frac{2\pi n}{60} (\text{rad/s}) \tag{1-51}$$

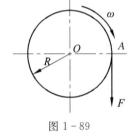

圆轴周边上 A 点的线速度等于角速度乘圆轴半径 R,即 $v = R\omega$,代入式(1-51),得

$$P = Fv = FR\omega$$

图 1-89

式中,FR 是 F 对于 O 点的力矩 T,所以

$$P = T\omega = T \cdot \frac{2\pi n}{60} \tag{1-52}$$

若 F 的单位是 kN,R 的单位为 m,则 T 的单位为 kN·m,由式(1-52)求出的功率单位为 kN·(m/s),在工程上,通常用 kW 表示。由式(1-52)得外力矩的计算公式为

$$T = \frac{60P}{2\pi n}$$

或

$$T = 9.55 \frac{P}{n} \tag{1-53}$$

式中,T 为作用在圆轴上的外力矩,kN·m;P 为轴所传递的功率,kW;n 为轴每分钟的转数,r/min。

例如搅拌轴由电动机带动,已知电动机的功率为 2.8 kW,搅拌轴的转速为 5 r/min,这时

搅拌轴所受的外力矩为

$$T = 9.55 \frac{P}{n} = 9.55 \times \frac{2.8}{5} = 5.35 (\mathrm{kN \cdot m})$$

1.4.5 纯剪切——剪切胡克定律

为了分析圆轴扭转变形的情况,从而研究其应力与变形的关系,首先对薄壁圆筒受扭转的情况进行研究。

1.4.5.1 纯剪切

取一左端固定,右端自由的薄壁圆筒[图 1-90(a)],在圆筒表面上画两条纵向线,相距为 Δy;再画两条周向线,相距为 Δx,相交得矩形 $abcd$。在圆筒右端横截面上加一力偶,其力矩为 T,则该力偶引起圆筒的扭转变形。可以看到其变形有如下特点:

① 纵向线变成螺旋线,原来的小矩形 $abcd$ 变成斜平行四边形[图 1-90(b)]。

② 周向线各自绕圆筒轴线转过一定的角度,不同的周向线转过的角度大小不一样,但周向线的大小、形状以及各周向线之间的距离均未改变。

为了计算应力,用截面法将圆筒沿与 cd 周向线重合的横截面 n—n 切开[图 1-90(c)]。当圆筒受到扭转时,横截面绕着圆周轴线转动,可以设想截面上的各点都在做圆周运动。如果再沿另一周向线作横截面,则由于转角大小不一样,相邻两截面上的各点在切线方向产生相对位移,这说明在薄壁圆筒横截面上有剪力作用。各点剪应力对截面形心的力矩合成为一个合扭矩 T_n,以平衡圆筒的外力偶矩 T。由于筒壁很薄,可假定这些剪应力在壁厚方向为均匀分布。

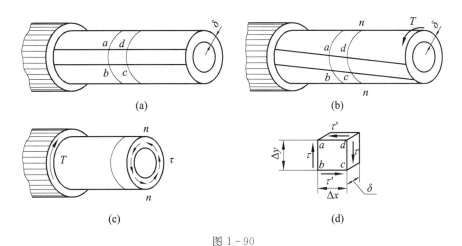

图 1-90

因为周向线的大小、形状以及周向线之间的距离均未改变,所以圆筒的纵向和周向均没有线应变,所以沿纵向和周向就不可能有正应力,沿半径方向也不可能有剪应力。如从圆筒壁上取出表面尺寸为 Δx、Δy,厚为 δ 的小立方体,则只可能在上、下、左、右面有剪力作用[图1-90(d)]。当圆筒受到力矩 T 作用时,在小立方体的左右两个侧面上将出现指向相反、大小相等的剪应力 τ。由于圆筒处于平衡状态,小立方体也应处于平衡状态。为了平衡左右两侧面上剪应力所形成的力偶矩,在小立方体的上下两面也必须有大小相等、方向相反的剪应力 τ'。由静力平衡条件 $\sum T = 0$ 知

$$(\tau \Delta y \delta)\Delta x = (\tau' \Delta x \delta)\Delta y$$

得　　　　　　　　　　　　　　$$\tau = \tau'$$　　　　　　　　　　　　　(1-54)

这说明：在相互垂直的两个面上如同时存在着剪应力，则它们的大小相等，方向必须都是指向或都是背向两面的交线。剪应力之间的这种关系称为**剪力互等定理**，又称为**剪力双生定律**。这种在互相垂直的面上只有剪应力作用的受力情况称为**纯剪切**。

1.4.5.2　剪切胡克定律

从以上分析可知，受到扭转的薄壁圆筒，各点都处于纯剪切状态。因此，围绕筒壁上任一点沿筒的轴向和周向线截出的小正六面体，在剪应力作用下变成了斜平行六面体，原来的直角改变了一微角 γ，在此，γ 称为角变形（图 1-91）。角变形是衡量剪切变形的一个量，通常也称为剪应变。薄壁圆筒扭转实验表明：当剪应力 τ 不超过材料的剪切比例极限 τ_p 时，剪应力 τ 与剪应变 γ 成正比，即

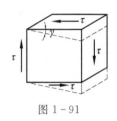

图 1-91

$$\tau = G\gamma \qquad\qquad (1-55)$$

这个关系式称为**剪切胡克定律**，它与拉伸（或压缩）时的胡克定律 $\sigma = E\varepsilon$ 类似，式中的比例常数 G 称为**剪切弹性模量**，它反映了材料抵抗剪切变形的能力。在剪应力相同时，G 值越大，由扭转引起的剪切变形越小，碳素钢的 $G = 7.84 \times 10^4 \sim 7.94 \times 10^4$ MPa。

剪切弹性模量 G、拉压弹性模量 E 以及泊松比 μ 都是表示材料弹性性质的常数，这三个常数都可由实验确定。同时，在它们之间有一定的关系，对于各向同性的材料，它们之间的关系是

$$G = \frac{E}{2(1+\mu)} \qquad\qquad (1-56)$$

1.4.6　圆轴扭转时横截面上的内力和应力

1.4.6.1　横截面上的内力

前面所述的搅拌轴[图 1-92(a)]，其受力情况可简化如图 1-92(b)所示，搅拌轴在其两端受到一对大小相等、转向相反的外力矩作用，这时搅拌轴的横截面上必然产生内力。下面仍用截面法来分析内力的大小和性质。

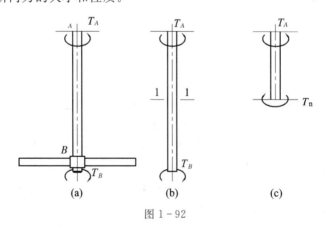

(a)　　　　　　　(b)　　　　　　　(c)

图 1-92

欲求截面 1—1 的内力，假想用一平面在 1—1 处将圆轴截成上、下两段，在横截面 1—1 上必然有内力矩 T_n 存在，与外力矩 T_A 成平衡[图 1-92(c)]。根据平衡条件 $\sum T=0$ 知

$$T_n-T_A=0$$

所以

$$T_n=T_A$$

这个内力矩称为扭矩。可以看出，扭矩 T_n 在轴的全长上是一个常数。

1.4.6.2 横截面上的应力

1. 扭转时的应力

上面研究了薄壁圆筒扭转时的应力和变形情况，通过对实验的观察和分析，可知在横截面上只存在沿圆筒切向均布的剪应力；因为筒壁很薄，又认为这个切向剪应力沿壁厚是均匀分布的。但是，在工程上通常多用实心圆轴，或者是具有相当厚度的空心圆轴，如果还认为剪应力沿壁厚均匀分布，那将是不恰当的。研究圆轴扭转时的应力和变形，关键在于找出横截面上的剪应力分布规律。要得到这一规律，就需要观察扭转时圆轴表面和横截面变形情况，如取一左端固定的等截面的直圆轴，简称等直圆轴，在圆轴的表面上画出成平行的纵向线和周向线各两条(图 1-93)。在轴的右端加一个力偶，其矩为 T，使轴发生扭转变形。可以观察到：圆轴扭转时的现象和薄壁圆筒扭转时的现象相似。

根据观察到的现象，可以设想：圆轴是由许多套在一起的薄壁圆筒组成的，扭转时各圆筒转过的角度相同，因此圆筒与圆筒之间没有力作用着。每个横截面仍保持平面，半径仍保持为直线，各横截面的大小、形状均不变，这就是平面截面假设；而各相邻横截面都彼此转过一个角度。于是，实心圆轴扭转时，与薄壁圆

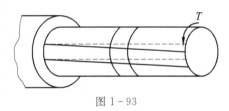

图 1-93

筒一样，在其横截面上只存在垂直于半径方向的剪应力 τ，而不存在正应力。

圆轴受扭转时，作用在横截面上的剪应力的分布规律，可由圆轴在扭转时的变形来确定。

图 1-94(a)表示左端固定的一段等截面直圆轴，显然，圆轴经扭转后，其右端绕轴线转过角度 φ，位于半径 OA 上的 A 点和 B 点，分别转到 A' 点和 B' 点，通过 A 点和 B 点的纵线所倾斜的角度即剪应变，分别以 γ_{max} 和 γ_ρ 表示。由图 1-94(a)及图 1-94(b)可知

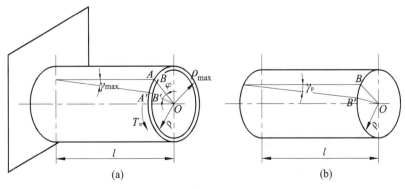

(a)　　　　　(b)

图 1-94

$$\widehat{AA'} = \rho_{max}\varphi = l \cdot \gamma_{max}, \qquad \widehat{BB'} = \rho\varphi = l \cdot \gamma_{\rho}$$

由以上两式可得出

$$\frac{\varphi}{l} = \frac{\gamma_{\rho}}{\rho} = \frac{\gamma_{max}}{\rho_{max}} \qquad\qquad (1-57)$$

式中，ρ_{max}、ρ 分别为 A 点和 B 点到圆心 O 的距离（半径）。

式(1-57)表明，截面上各点的剪应变 γ 与该点到圆心的距离 ρ 成正比。在圆心 O 点，$\rho=0$，故剪应变为 0；在圆轴表面，$\rho=\rho_{max}=R$，故剪应变最大，这就是圆轴扭转时横截面上各点的变形规律。

为了导出剪应力分布规律，只要根据剪切胡克定律剪应力 τ 与剪应变 γ 成正比这一关系，把式 $\dfrac{\gamma_{\rho}}{\rho} = \dfrac{\gamma_{max}}{\rho_{max}}$ 改写成

$$\frac{\tau_{\rho}}{\rho} = \frac{\tau_{max}}{\rho_{max}}$$

或

$$\tau_{\rho} = \frac{\tau_{max}}{\rho_{max}} \cdot \rho \qquad\qquad (1-58)$$

式中，τ_{max} 为最大剪应力，位于圆轴外表面；τ_{ρ} 为圆轴横截面上离圆心 O 为 ρ 处的剪应力。

式(1-58)表明，圆轴扭转时，横截面上各点的剪应力的大小与该点到圆心的距离 ρ 成正比，在圆心 O 点的剪应力为 0，在圆轴表面的剪应力 $\tau=\tau_{max}$[图 1-95(a)]，这就是圆轴扭转时，横截面上剪应力的分布规律。对于空心圆轴，它的横截面上的剪应力分布规律如图 1-95(b)所示。

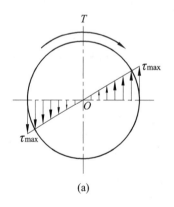
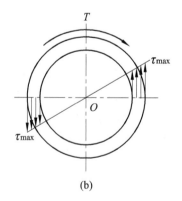

(a)　　　　　　　　　　　　(b)

图 1-95

2. 剪应力的计算公式

以上虽然得出了剪应力分布规律，但是还没有求出剪应力的大小。为了导出剪应力的计算公式，就要根据静力平衡条件分析横截面上扭矩 T_n 与剪应力 τ_{ρ} 之间的关系。为此，在横截面上任意取一距圆心为 ρ 的微面积 dA（图 1-96），作用在 dA 上的微内力是 $\tau_{\rho}dA$，它对横截面中心 O 的微力矩为 $dT=(\tau_{\rho} \cdot dA)\rho$。横截面上所有微力矩的总和应等于此横截面上的扭矩 T_n，即

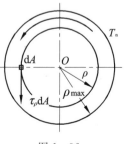

图 1-96

$$T_n = \int_A dT = \int_A (\tau_\rho \cdot dA)\rho = \int_A \tau_\rho \cdot \rho \cdot dA \qquad (1-59)$$

将式(1-58)代入式(1-59),即得出

$$T_n = \int_A \frac{\tau_{\max}}{\rho_{\max}} \cdot \rho^2 dA = \frac{\tau_{\max}}{\rho_{\max}} \int_A \rho^2 \cdot dA$$

式中,积分 $\int_A \rho^2 dA$ 仅仅和横截面的几何形状、尺寸有关,它表示横截面的一种几何性质,称为横截面的极惯性矩,以 I_ρ 表示,它的单位是 m^4 或 mm^4,故

$$I_\rho = \int_A \rho^2 dA \qquad (1-60)$$

于是式(1-60)可改写为

$$T_n = \frac{\tau_{\max}}{\rho_{\max}} I_\rho$$

所以

$$\tau_{\max} = \frac{T_n \rho_{\max}}{I_\rho} \qquad (1-61)$$

或

$$\tau_{\max} = \frac{T_n}{I_\rho / \rho_{\max}}$$

令 $W_\rho = \dfrac{I_\rho}{\rho_{\max}}$,并代入式(1-61),就得到

$$\tau_{\max} = \frac{T_n}{W_\rho} \qquad (1-62)$$

式(1-62)是圆轴扭转时横截面最大剪应力公式。由式(1-62)可看出:W_ρ 越大,最大剪应力越小,因此,W_ρ 是表示横截面抵抗扭矩的几何量,称为抗扭截面模量,它的单位是 m^3 或 mm^3。

将式(1-61)代入式(1-58),就可以得到圆截面上任意一点的剪应力公式:

$$\tau_\rho = \frac{\rho}{\rho_{\max}} \cdot \frac{T_n \rho_{\max}}{I_\rho} = \frac{T_n \rho}{I_\rho} \qquad (1-63)$$

3. 极惯性矩和抗扭截面模量的计算

对于直径为 D 的圆截面,它的极惯性矩和抗扭截面模量可按下述方法求出:在圆截面内取一环形微面积(图1-97),它与圆心的距离为 ρ,则此微面积 $dA = 2\pi\rho d\rho$,因此

$$I_\rho = \int_A \rho^2 dA = \int_0^{\frac{D}{2}} 2\pi\rho^3 d\rho = 2\pi \left. \frac{\rho^2}{4} \right|_0^{\frac{D}{2}} = \frac{\pi}{2}\left(\frac{D}{2}\right)^4 = \frac{\pi}{32}D^4 \approx 0.1D^4 \qquad (1-64)$$

$$W_\rho = \frac{I_\rho}{\rho_{\max}} = \frac{\dfrac{\pi D^4}{32}}{\dfrac{D}{2}} = \frac{\pi D^3}{16} \approx 0.2D^3 \qquad (1-65)$$

同理,对于外径为 D、内径为 d 的空心圆截面如图 1-98 所示,则

$$I_\rho = \int_A \rho^2 \, \mathrm{d}A = \int_{\frac{d}{2}}^{\frac{D}{2}} 2\pi\rho^3 \, \mathrm{d}\rho = \frac{\pi}{32}(D^4 - d^4) = \frac{\pi D^4}{32}(1-\alpha^4) \approx 0.1 D^4 (1-\alpha^4)$$

$$(1-64a)$$

$$W_\rho = \frac{I_\rho}{\dfrac{D}{2}} = \frac{\dfrac{\pi D^4}{32}(1-\alpha^4)}{\dfrac{D}{2}} = \frac{\pi D^3}{16}(1-\alpha^4) \approx 0.2 D^3 (1-\alpha^4) \qquad (1-65a)$$

式中,$\alpha = d/D$。

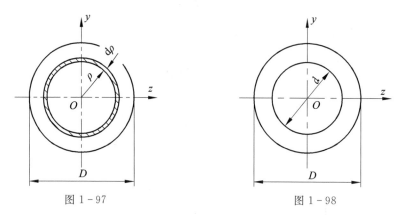

图 1-97   图 1-98

1.4.7 圆轴扭转时的强度条件

进行圆轴扭转时的强度计算,要先找出圆轴上扭矩最大的截面,这一截面就是危险截面。因此,为了保证圆轴扭转时安全可靠,其强度条件是危险截面上的最大剪应力 $\tau_{\max}$ 不超过材料的许用剪应力 $[\tau]$。设圆轴截面上最大扭矩为 T_{nmax},抗扭截面模量为 W_ρ,则强度条件为

$$\tau_{\max} = \frac{T_{\mathrm{nmax}}}{W_\rho} \leqslant [\tau] \qquad (1-66)$$

式(1-66)可直接用于校核轴的强度或计算轴的承载能力,如把 $W_\rho = \dfrac{\pi D^3}{16}$ 代入式(1-66),就得出圆轴直径的设计公式

$$D \geqslant \sqrt[3]{\frac{16 T_{\mathrm{n}}}{\pi [\tau]}} \qquad (1-67)$$

式中,$[\tau]$ 为扭转时的许用剪应力,$[\tau]$ 的值可查阅有关手册。

一般在静载荷作用下,对于塑性材料,可取

$$[\tau] = (0.5 \sim 0.6)[\sigma]$$

对于脆性材料,可取

$$[\tau] = (0.8 \sim 1.0)[\sigma]$$

对于传动轴等,由于其所受的不是静载荷,而且除了受扭转外还可能受到少量弯曲,故许用剪应力$[\tau]$值要比所受静载荷取得低,必要时可参阅 3.4 节"轴与联轴器"部分的有关内容。

例 1-10 图 1-99(a)中有一桨式搅拌器,搅拌轴上共有上下两层桨叶。已知电动机功率 $P_k = 17\ kW$,搅拌轴转速 $n = 60\ r/min$,机械效率是 90%,上、下两层搅拌桨叶因所受的阻力不同,故所消耗的功率各占总功率 P_k 的 35% 和 65%。此轴采用 $\phi 117\ mm \times 6\ mm$ 不锈钢管制成,其许用剪应力$[\tau] = 30\ MPa$。试校核此轴的强度。如将此轴改为实心轴,试确定其直径,并比较这两种圆轴的用钢量。

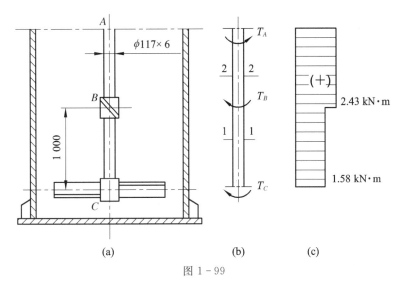

图 1-99

解 (1)校核空心轴的强度

先计算作用在搅拌轴上的外力矩。因为机械效率为 90%,所以作用在轴上的实际功率是

$$P = P_k \cdot \frac{90}{100} = 17 \times 0.90 = 15.3(kW)$$

故电动机给予轴的主动力矩是

$$T_A = 9.55 \times \frac{P}{n} = 9.55 \times \frac{15.3}{60} = 2.44(kN \cdot m)$$

由已知条件可知,上、下层桨叶形成的反力偶矩

$$T_B = 9.55 \times \frac{0.35 \times 15.3}{60} = 0.85(kN \cdot m)$$

$$T_C = 9.55 \times \frac{0.65 \times 15.3}{60} = 1.58(kN \cdot m)$$

在圆轴做等速转动时,主动力矩 T_A 和阻力矩 T_B、T_C 相平衡[图 1-99(b)],轴受扭转。由截面法,可求得截面 1—1、2—2 上的扭矩分别为

$$T_1 = T_C = 1.58 \text{ kN} \cdot \text{m}$$

$$T_2 = T_B + T_C = 0.85 + 1.58 = 2.43 (\text{kN} \cdot \text{m})$$

作扭矩图[图 1 - 99(c)],最大扭矩在 AB 段内,其数值为

$$T_{nmax} = T_{n2} = 2.43 \text{ kN} \cdot \text{m}$$

因为轴在腐蚀介质中工作,在校核轴的强度时,应该将轴的尺寸减去腐蚀裕度 $C = 1 \text{ mm}$,所以,轴的外径是

$$D = 117 - 2 \times 1 = 115 (\text{mm})$$

而轴的内径是

$$d = 117 - 2 \times 6 = 105 (\text{mm})$$

抗扭截面模量是

$$W_\rho = 0.2D^3(1 - \alpha^4) = 0.2 \times 0.115^3 \times \left[1 - \left(\frac{0.105}{0.115}\right)^4\right] = 92.8 \times 10^{-6} (\text{m}^3)$$

轴内的最大剪应力是

$$\tau_{max} = \frac{T_{nmax}}{W_\rho} = \frac{2.43}{92.8 \times 10^{-6}} = 26.2 \times 10^3 (\text{kN/m}^2) = 26.2 (\text{MPa}) < [\tau]$$

这说明轴是安全的。

（2）如将此轴改为实心,计算所需的直径

$$D \geqslant \sqrt[3]{\frac{16T_{nmax}}{\pi[\tau]}} = \sqrt[3]{\frac{16 \times 2.43}{\pi \times 30 \times 10^3}} = 0.074 (\text{m}) = 74 (\text{mm})$$

考虑腐蚀裕量 $C = 1 \text{ mm}$,则搅拌轴的直径是

$$D_0 = D + 2 \times 1 = 74 + 2 = 76 (\text{mm})$$

（3）空心轴与实心轴用钢量的比较和分析

实心圆轴的横截面积是

$$A_1 = \frac{\pi D_0^2}{4} = \frac{\pi}{4} \times 76^2 = 4\ 536 (\text{mm}^2)$$

空心圆轴的横截面积是

$$A_2 = \frac{\pi}{4}(D^2 - d^2) = \frac{\pi}{4} \times (117^2 - 105^2) = 2\ 092 (\text{mm}^2)$$

采用空心圆轴可节省钢材的百分数是

$$\frac{A_1 - A_2}{A_1} \times 100\% = \frac{4\ 536 - 2\ 092}{4\ 536} \times 100\% = 53.9\%$$

由此可见,从强度观点讲,圆环截面（空心圆轴）比圆形截面合理,既节省了材料,又减轻

轴本身的质量。从圆轴扭转时横截面上剪应力分布规律可以知道,实心轴靠近中心部分的应力很小。这部分材料的强度远远没有被利用,对于空心轴的横截面,承受剪应力部分由于离圆心较远,剪应力分布比较均匀。故材料的强度比较充分地被利用。

不过,这里讲的空心圆截面比实心圆截面有利,只是从力学的角度去分析,在构件的合理设计中,应当综合地分析各方面(包括结构、加工工艺、力学等方面)的利弊因素。有时这些因素之间可能发生矛盾,例如上面提到的搅拌轴,它的结构比较简单,并要求采用不锈钢,由于不锈钢价格很贵,而且直径较大的不锈钢管比不锈钢圆钢容易采购,故采用空心轴。但对于细长轴,如机床上的光杆、起重机的长传动轴,由于加工不便,就不宜采用空心轴,而多采用实心截面圆轴。总之,应根据具体要求来综合考虑,合理设计。

1.4.8 圆轴的扭转变形与刚度条件

1.4.8.1 扭转角与抗扭刚度

对于受扭转的圆轴来说,有时即使满足了强度条件,也不一定能保证正常工作。因为,轴在扭转时若产生过大的变形,会影响机器的精密度;如轴变形过大,在启动或停车时,会发生剧烈振动。所以,对某些轴的扭转变形必须加以限制,要求这些轴除了具有足够强度外,还应有足够的刚度。

圆轴受扭转作用时所产生的变形,是用两横截面之间的相对扭转角 φ 表示的,如图 1-100 所示。由于角 γ_{max} 与角 φ 对应同一段弧长,故有

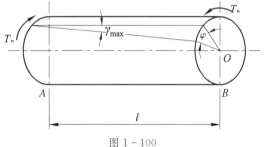

$$\varphi R = \gamma_{max} \cdot l \qquad (1-68)$$

式中,R 为轴的半径。

图 1-100

在弹性范围内,由剪切胡克定律 $\tau_{max} = G\gamma_{max}$,得

$$\varphi = \frac{\tau_{max} \cdot l}{GR} \qquad (1-69)$$

由式(1-61)得,$\tau_{max} = \dfrac{T_n \cdot R}{I_\rho}$,代入式(1-69)得

$$\varphi = \frac{T_n \cdot l}{G \cdot I_\rho} \qquad (1-70)$$

式(1-70)是截面 A、B 之间的相对扭转角计算公式,φ 的单位是 rad,两截面间的相对扭转角与两截面间的距离 l 成正比。为了便于比较,工程上一般都用 l 为 1 m 时的相对扭转角 φ_0 表示扭转变形的大小,φ_0 的单位为(°)/m,如果力矩的单位是 kN·m,I_ρ 的单位是 m^4,l 用 1 m 表示,则式(1-70)可改写为

$$\varphi_0 = \frac{T_n}{G \cdot I_\rho} \times \frac{180°}{\pi} \qquad (1-71)$$

式中,$G \cdot I_\rho$ 称为轴的**抗扭刚度**,取决于轴的材料与截面的形状与尺寸。轴的 $G \cdot I_\rho$ 值越大,则扭转角 φ_0 越小,表明抗扭转变形的能力越强。

1.4.8.2 扭转刚度条件

圆轴受扭转时如果变形过大,就会影响轴的正常工作,轴的扭转变形,用许用扭转角 $[\varphi_0]$ 来加以限制,其单位为 $(°)/m$,其数值的大小根据载荷性质、工作条件等确定。在一般传动和搅拌轴的计算中,可选取 $[\varphi_0]=0.5°\sim1.0°/m$,由此得出轴的扭转刚度

$$\varphi_0 = \frac{T_n}{G \cdot I_\rho} \times \frac{180°}{\pi} \leqslant [\varphi_0] \tag{1-72}$$

圆轴设计时,一般要求既满足强度条件,又要满足刚度条件。

例 1-11 试校核例 1-10 的搅拌轴刚度,已知 $G=80\times10^3$ MPa,$[\varphi_0]=0.5°/m$。

解 由式(1-72)

$$\varphi_0 = \frac{T_n \cdot 180°}{G \cdot I_\rho \cdot \pi}$$

其中

$$I_\rho = 0.1D^4(1-\alpha^4) = 0.1\times0.115^4\times\left[1-\left(\frac{0.105}{0.115}\right)^4\right] = 5.33\times10^{-6}(m^4)$$

由例 1-10, $T_n = 2.43$ kN·m

所以 $$\varphi_0 = \frac{2.43\times10^3\times180°}{80\times10^9\times5.33\times10^{-6}\times\pi} = 0.33°/m < [\varphi_0]$$

故刚度足够。

1.5 压杆的稳定性

1.5.1 压杆稳定性的概念

前面已经讲过,如要保证整个机器或设备能正常工作,则每一构件必须具有一定的强度和刚度。但是在人们长期的实践中观察到,有些构件,如细长杆在不太大的轴向压力作用下,往往会突然发生弯曲而破坏,这与构件因强度不足而破坏不同,这种现象在工程上称为丧失稳定。稳定性问题与前述的强度问题有质的区别。现以图 1-101 所示的试验说明杆 AB 的强度问题与稳定性问题的区别。杆 AB 由硬质聚氯乙烯制成,在图 1-101(a)中,杆 AB 所受的是拉力,当 G_1 达到 50 N 时,还安全;但在图 1-101(b)中,杆 AB 受压缩,虽然杆的尺寸和材料不变,G_2 仅加到 5 N,杆 AB 就突然发生弯曲而丧失原来的直线形状。通过这一实验说明,细长杆因丧失稳定性而破坏要比强度破坏容易得多。

怎样来判定受压的细长杆是否稳定呢?我们可以做这样的试验:取一根两端铰支的细长压杆,沿此压杆的轴线逐渐试加载荷 F(图 1-102)。当所加的轴向压力 F 值比较小时,杆将很稳定地保持原有的直线形状[图 1-102(a)]。若用一个很小的横向力 ΔT 作用在此杆的中间部分,则压杆将会发生微小的弯曲[图 1-102(b)]。当这一附加的横向力 ΔT 除去后,暂时弯曲了的压杆,由于弹性作用,很快就会恢复其原有的直线形状,这表明压杆在这一阶段中,具有保持原有直线形状的能力,是处在一种稳定的直线平衡状态。

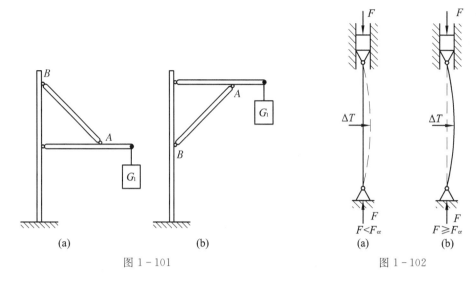

图 1-101   图 1-102

然而压杆保持稳定直线平衡的能力是随着轴向压力 F 值的逐渐加大而减弱的;压杆恢复原有直线的趋势,随着轴向压力的增加而一次比一次减慢,而且只有当轴向压力 F 不超过某一极限值 F_{cr} 时才有恢复的可能。

随着轴向压力 F 值的不断加大,当 F 到达压力极限值 F_{cr} 时,压杆便随时有失去直线形状而发生弯曲的可能[图 1-102(b)]。此时,压杆保持稳定平衡的能力已达到极限程度。如沿杆横向稍加载荷,则压杆会突然由直线变成曲线,不能再回到原有的直线状态。当压杆呈现这种情况时,就认为压杆已经失去了稳定。

如果压力比 F_{cr} 值再大一些,压杆的弯曲变化就会很显著地加大并趋向于破坏。工程结构中的压杆若出现这种情况,显然是极危险的。

通过上面试验观察到的结果说明:当杆件上所受的压力小于或稍小于 F_{cr} 时,压杆的直线平衡状态是稳定的。当轴向压力达到或稍高于 F_{cr} 时,压杆的平衡就不稳定了。所以 F_{cr} 是压杆由稳定平衡变到不稳定平衡的临界值,也就是压杆保持直线稳定平衡时所能承受的最大压力,这个力 F_{cr} 称为临界压力或临界载荷。

对细长压杆来说,当轴向压力达到 F_{cr} 时,杆内的应力往往低于材料的屈服极限,有时甚至低于比例极限。由此可见,细长压杆丧失稳定性,并不是一个强度问题,而是稳定性不够的问题。

因为临界压力是压杆的破坏载荷,为了保证压杆不丧失稳定性,能正常工作,我们设计的压杆,它所受的工作载荷 F 就应该小于临界压力 F_{cr}。所以对于压杆稳定性的研究,主要是确定压杆的临界压力 F_{cr},以便建立稳定条件,对压杆进行稳定性计算。

构件失稳现象不仅压杆会发生,对于其他受压构件,如图 1-103 所示的薄壁圆筒在均匀横向外压或轴向压力作用下也会丧失稳定性。本章只研究压杆的稳定问题。压杆的理论分析是其他受压构件稳定分析的理论基础。

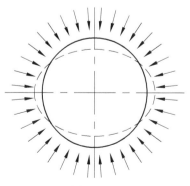

图 1-103

1.5.2　临界压力的确定——欧拉公式

实验表明,细长压杆的临界压力 F_{cr} 的大小主要和下列几个因素有关:

① 压杆长度 l 越大,受压时就越容易弯曲,也就是越容易丧失稳定性,即临界压力 F_{cr} 的大小与杆的长度平方成反比,亦即 $F_{cr} \propto \dfrac{1}{l^2}$。

② 在其他条件相同的情况下,临界压力 F_{cr} 的大小与杆的材料的弹性模量 E 有关。弹性模量 E 越大的杆,越不容易失稳,亦即 $F_{cr} \propto E$。例如钢的弹性模量 E 比木材大,因此,钢制的压杆比木制的压杆不容易被压弯。

③ 细长的压杆比粗的压杆容易被压弯。当压杆的截面积、长度相等时,截面为矩形的压杆要比截面为正方形的压杆先失去稳定性。可见临界压力 F_{cr} 的大小与横截面的几何形状,亦即与横截面的惯性矩有关。实验证明,临界压力 F_{cr} 与压杆横截面的最小轴惯性矩 I 成正比,即 $F_{cr} \propto I$。

④ 临界压力 F_{cr} 的大小也与杆端的支承情况有关。如果压杆两端是固定的,杆端不允许发生转动,压杆的稳定性得到提高。如果是两端铰支的,杆端可以允许自由转动,稳定性就比较差。至于一端固定,一端自由的压杆,由于自由端没有约束,稳定性就更差了。

综合上述因素,得出计算临界压力 F_{cr} 的欧拉公式为

$$F_{cr} = \frac{\pi^2 EI}{(\mu l)^2} \qquad\qquad (1-73)$$

式中,l 为杆长;EI 为压杆的最小抗弯刚度;μ 为长度系数,它反映了各种不同支承情况对临界压力 F_{cr} 的影响,几种常见的理想杆端在各种支承情况下的 μ 值列于表 $1-5$ 中;μl 为相当长度。

表 1-5　理想杆端在各种支承情况下的 μ 值

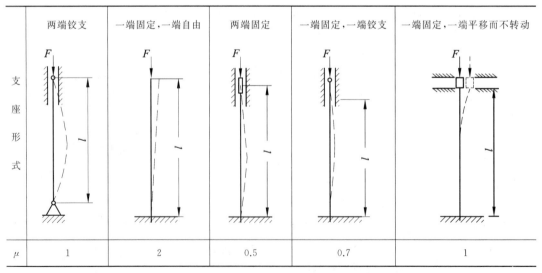

	两端铰支	一端固定,一端自由	两端固定	一端固定,一端铰支	一端固定,一端平移而不转动
支座形式					
μ	1	2	0.5	0.7	1

从表 $1-5$ 中可以看到,两端都有支座的压杆,其长度系数在 $0.5 \sim 1.0$ 内。在实际情况中,压杆的杆端很难做到完全固定,只要杆端截面稍有发生转动的可能,这种杆端就不能看

成是理想的固定端,而是接近于铰支端的情况。因此在设计中常将压杆的长度系数 μ 取为接近于 1.0 的值,而使临界载荷偏于安全方面。在各种实际的杆端支承情况下,压杆的长度系数 μ 在一般的设计规范中都有具体的规定。

例 1-12 有一钢管,长 2.5 m,外径为 89 mm,壁厚为 4 mm (图 1-104)。钢管的一端固定在混凝土基础上,另一端为自由端,受一轴向压力 F 的作用。钢管的材料为 Q235A 钢,弹性模量 $E=2.06\times10^5$ MPa。试求钢管的临界载荷。

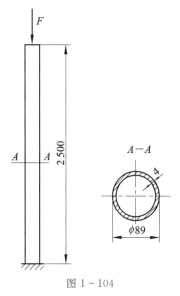

图 1-104

解 因钢管的一端固定,另一端自由,所以 $\mu=2$。钢管截面的惯性矩

$$I=\frac{\pi}{64}(D^4-d^4)=\frac{\pi}{64}\times(89^4-81^4)\times10^{-12}=0.967\times10^{-6}(\text{m}^4)$$

将 E、I、μ 和 l 的值代入式(1-73),求得钢管的临界载荷为

$$F_{\text{cr}}=\frac{\pi^2EI}{(\mu l)^2}=\frac{\pi^2\times2.06\times10^5\times10^6\times0.967\times10^{-6}}{(2\times2.5)^2}\times10^{-3}$$
$$=78.6(\text{kN})$$

1.5.3 欧拉公式的适用范围——中长杆和粗短杆的计算

由实践知道,短杆是不会失稳的,只有看上去显得细长的杆才会有失稳的情况。因此,如果对于短杆也用欧拉公式去计算它的临界压力就毫无意义。这就很自然地使我们产生一个疑问:一根压杆的细长程度是用什么来衡量的?当杆子达到怎样的细长程度时才能应用欧拉公式?为了回答这个问题,我们介绍**柔度**(或称长细比)的概念。

工程上习惯于以应力的形式处理问题,故上述的欧拉公式(1-73)可以化成:

$$\sigma_{\text{cr}}=\frac{F_{\text{cr}}}{A}=\frac{\pi^2EI}{(\mu l)^2A} \tag{1-74}$$

式中,I 和 A 都是表示截面几何性质的量,常用另一个量来表示,即

$$i=\sqrt{\frac{I}{A}}$$

在工程上,i 称为截面图形的惯性半径,它的单位是 m 或 mm。用 $i^2=I/A$ 代入式(1-74),则得

$$\sigma_{\text{cr}}=\frac{\pi^2Ei^2}{(\mu l)^2}=\frac{\pi^2E}{\left(\dfrac{\mu l}{i}\right)^2}=\frac{\pi^2E}{\lambda^2} \tag{1-75}$$

式中,$\lambda=\dfrac{\mu l}{i}$ 称为压杆的柔度(或称长细比),它是一个无量纲的量,可以综合地反映杆长、支承情况及杆的截面尺寸和形状等结构因素对临界应力的影响。杆子越细长,柔度越大,临界应力越低,越容易丧失稳定性。所以压杆稳定与否,与它的柔度有密切关系。

欧拉在推论计算各种压杆的临界压力时,曾假定材料服从胡克定律。我们已经知道,材料只有在应力不超过比例极限时才符合胡克定律,所以,欧拉公式应在压杆的临界应力 σ_{cr} 的数值不超过材料的比例极限 σ_p 时才能适用,即

$$\sigma_{cr} = \frac{\pi^2 E}{\lambda^2} \leqslant \sigma_p \qquad\qquad (1-75\text{a})$$

由此可知:对于用某种材料制成的压杆,在用欧拉公式来确定临界应力 σ_{cr} 时,压杆的柔度应该不小于某一最低值。若以 λ_p 表示该最低值,按式(1-75a)可得

$$\lambda_p = \sqrt{\frac{\pi^2 E}{\sigma_p}}$$

此值即为压杆柔度的最低值。因此,欧拉公式的适用范围是

$$\lambda \geqslant \lambda_p = \sqrt{\frac{\pi^2 E}{\sigma_p}} \qquad\qquad (1-76)$$

对于任一已知的材料,可将其弹性模量 E 和比例极限 σ_p 代入式(1-76),算出相应的压杆柔度的最低值 λ_p,从而确定欧拉公式的适用范围。例如:对于 Q235A 钢,其弹性模量 $E = 2.06 \times 10^5$ MPa,比例极限 $\sigma_p = 196$ MPa,将其代入式(1-76),得

$$\lambda \geqslant \lambda_p = \sqrt{\frac{\pi^2 \times 2.06 \times 10^5 \times 10^6}{196 \times 10^6}} \approx 100$$

这说明,对于 Q235A 钢,只有当 $\lambda \geqslant 100$ 时,使用欧拉公式才是合理的。应用同样方法,可得铸铁的 $\lambda_p = 80$。

通常把柔度 $\lambda \geqslant \lambda_p$ 的压杆称为大柔度杆或细长杆,这种压杆的破坏是由于弹性范围内的失稳所致,它的临界压力 F_{cr} 可用欧拉公式计算。

压杆的柔度越小,则它抵抗失稳的能力越大。实验指出,当压杆的柔度小于某一数值 λ_s (相应于屈服极限值的柔度,例如对于 Q235A 钢,$\lambda_s = 61$),其破坏与否主要取决于强度,亦即其承载能力取决于强度指标。对于柔度 $\lambda \leqslant \lambda_s$ 的压杆称为小柔度杆或粗短杆。

工程中常用杆件的柔度是介于 λ_p 与 λ_s 之间的中柔度杆(又称中长杆),它的破坏主要是由于超过弹性范围的失稳所致。对于这类中长杆人们曾进行过不少研究,提出了各种不同的计算公式,如直线公式、抛物线公式等。计算临界应力的直线公式的形式如下:

$$\sigma_{cr} = a - b\lambda \qquad (\lambda_p > \lambda > \lambda_s) \qquad\qquad (1-77)$$

式中,λ 为压杆的柔度;a、b 分别是与材料的力学性质有关的常数,它们的单位都是 MPa,常用工程材料的 a、b 值见表1-6。

表1-6　直线公式中常用工程材料的 a、b 值

材　　料	a/MPa	b/MPa	λ_p	λ_s
Q235A 钢 ($\sigma_s = 235$ MPa,$\sigma_b = 372$ MPa)	303.8	1.12	100	61.4

材　　料	a/MPa	b/MPa	λ_p	λ_s
35　钢 ($\sigma_\mathrm{s}=306\ \mathrm{MPa},\sigma_\mathrm{b}\geqslant471\ \mathrm{MPa}$)	461	2.57	100	60
铬　钼　钢	981	5.30	55	
硬　　铝	373	2.14	50	
铸　　铁	332	1.453	80	
松　　木	39.2	0.19	59	

同欧拉公式一样,直线公式(1-77)也有一个适用范围。确定此式的最小 λ 值(表 1-6 中的 λ_s),由 $\sigma_\mathrm{cr}=\sigma_\mathrm{s}$ 即临界应力等于材料的屈服极限的条件导出,即

$$\sigma_\mathrm{cr}=a-b\lambda_\mathrm{s}=\sigma_\mathrm{s}$$

所以

$$\lambda_\mathrm{s}=\frac{a-\sigma_\mathrm{s}}{b}$$

对于 Q235A 钢,查表 1-6 得 $a=303.8\ \mathrm{MPa}$, $b=1.12\ \mathrm{MPa}$, $\sigma_\mathrm{s}=235\ \mathrm{MPa}$,则

$$\lambda_\mathrm{s}=\frac{303.8-235}{1.12}=61.4$$

综上所述,可将各类柔度压杆的临界应力计算公式归纳如下:

① 细长杆($\lambda\geqslant\lambda_\mathrm{p}$),用欧拉公式

$$\sigma_\mathrm{cr}=\frac{\pi^2 E}{\lambda^2}$$

② 中长杆($\lambda_\mathrm{p}>\lambda>\lambda_\mathrm{s}$),用直线公式

$$\sigma_\mathrm{cr}=a-b\lambda$$

③ 粗短杆($\lambda\leqslant\lambda_\mathrm{s}$),用压缩强度公式

$$\sigma_\mathrm{cr}=\sigma_\mathrm{s}\text{(屈服极限)}$$

若将以上三种柔度范围内的临界应力与柔度间的关系在 σ_cr-λ 直角坐标系内绘成图线,所得到的图线就称压杆的临界应力总图。对于塑性材料制成的压杆,其临界应力总图如图 1-105 所示。从图中可以看出,对于由稳定性控制的细长压杆(大柔度杆)和中长压杆(中柔度杆),它们的临界应力都随压杆柔度的增加而减小;对于由压缩强度控制的粗短杆(小柔度杆),一般不考虑柔度对临界应力的影响。

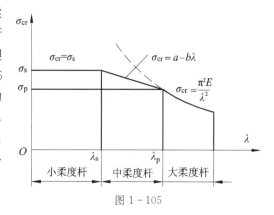

图 1-105

1.5.4　压杆稳定性的实用计算

压杆的稳定条件若采用应力形式表达,其基本要求可表达为

$$\sigma = \frac{F}{A} \leqslant [\sigma_{cr}] \tag{1-78}$$

式中,$[\sigma_{cr}]$是稳定许用应力,按照许用应力的定义,$[\sigma_{cr}] = \dfrac{\sigma_{cr}}{n_{cr}}$,其值通常小于按强度得出的压缩许用应力$[\sigma]$。在实用计算中,把根据强度得出的许用应力$[\sigma]$称为基本许用应力。于是,稳定许用应力$[\sigma_{cr}]$可由基本许用应力$[\sigma]$乘以小于1的系数$\varphi$得出,即

$$[\sigma_{cr}] = \varphi[\sigma] \tag{1-79}$$

式中,系数φ称为折减系数,它的数值与压杆的材料性质和柔度λ等因素有关。折减系数φ的数值可按式(1-80)算出

$$\varphi = \frac{[\sigma_{cr}]}{[\sigma]} = \frac{\sigma_{cr}}{[\sigma]n_{cr}} \tag{1-80}$$

在工程上,为了使用方便,按各种材料和压杆的不同柔度λ,算出压杆的折减系数φ,作成表格或曲线供查用,见表1-7。这样,稳定许用应力$[\sigma_{cr}]$就可由压杆材料的压缩许用应力$[\sigma]$乘以折减系数φ得出。于是,压杆的稳定条件可写成

$$\sigma = \frac{F}{A} \leqslant \varphi[\sigma] \tag{1-81}$$

表1-7　折减系数 φ

柔度 $\lambda = \dfrac{\mu l}{i}$	φ			
	Q215,Q235 钢	Q345 钢	铸铁	木材
0	1.000	1.000	1.00	1.00
10	0.995	0.993	0.97	0.99
20	0.981	0.973	0.91	0.97
30	0.958	0.940	0.81	0.93
40	0.927	0.895	0.69	0.87
50	0.888	0.840	0.57	0.80
60	0.842	0.776	0.44	0.71
70	0.789	0.705	0.34	0.60
80	0.731	0.627	0.26	0.48
90	0.669	0.546	0.20	0.38
100	0.604	0.462	0.16	0.31
110	0.536	0.384	—	0.25
120	0.466	0.325	—	0.22
130	0.401	0.279	—	0.18
140	0.349	0.242	—	0.16
150	0.306	0.213	—	0.14
160	0.272	0.188	—	0.12
170	0.243	0.168	—	0.11
180	0.218	0.151	—	0.10
190	0.197	0.136	—	0.09
200	0.180	0.124	—	0.08

这种方法称为折减系数法。应用折减系数法,可对压杆进行稳定校核、截面选择以及许用压力的确定。

在稳定问题中,对横截面有局部削弱(如油孔、螺钉孔等)的压杆,常需按强度和稳定两个条件计算。在强度计算中要考虑横截面被削弱的影响,用被削弱处的净面积进行计算。而压杆保持稳定性的能力,是对压杆的整体而言的,截面的局部削弱,对临界压力数值的影响很小,可以不必考虑。所以,在稳定计算中,A 为不考虑削弱的横截面面积。

例 1 - 13 图 1 - 106(a)所示托架,承受载荷 $Q=10$ kN,已知 AB 杆的外径 $D=50$ mm,内径 $d=40$ mm,两端为球铰,材料是 Q235A 钢,$E=2.0\times10^5$ MPa;若规定稳定安全系数 $[n_{cr}]=3$,试问 AB 杆是否稳定。

解 将托架从铰链 B 点处拆开,如图 1 - 106(b)所示。F 为 AB 杆的轴向压力,把 AB 杆作用给 CD 杆的 F 力分解为 F_x 和 F_y 两分力,由 CD 杆的平衡条件 $\sum M_c=0$ 可知

$$2.0Q-1.5F_y=0$$

得

$$F_y=\frac{2.0}{1.5}\times10=13.3(\text{kN})$$

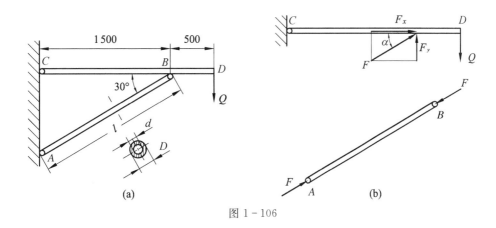

图 1 - 106

从图 1 - 106(b)可知

$$F=\frac{F_y}{\sin 30°}=\frac{13.3}{0.5}=26.6(\text{kN})$$

求得压力 F 后,即可进行稳定校核。对于 AB 杆

$$I=\frac{\pi}{64}(D^4-d^4)$$

$$A=\frac{\pi}{4}(D^2-d^2)=\frac{\pi}{4}\times(0.05^2-0.04^2)=0.000\,7(\text{m}^2)$$

$$i=\sqrt{\frac{I}{A}}=\sqrt{\frac{\frac{\pi}{64}(D^4-d^4)}{\frac{\pi}{4}(D^2-d^2)}}=\frac{1}{4}\sqrt{D^2+d^2}=\frac{1}{4}\sqrt{0.05^2+0.04^2}=0.016(\text{m})$$

在 $\triangle ABC$ 中,可以求出 AB 杆的长度

$$l = \frac{BC}{\cos 30°} = \frac{1.5}{0.866} = 1.73(\text{m})$$

AB 杆两端为球铰,$\mu = 1$,故其柔度为

$$\lambda = \frac{\mu l}{i} = \frac{1 \times 1.73}{0.016} = 108$$

由于 $\lambda > \lambda_p = 100$,所以 AB 杆属于细长杆,其临界压力为

$$F_{cr} = \frac{\pi^2 E}{\lambda^2} \cdot A = \frac{\pi^2 \times 2.0 \times 10^5 \times 10^6}{(108)^2} \times 0.000\,7 = 118(\text{kN})$$

$$n_{cr} = \frac{F_{cr}}{F} = \frac{118}{26.6} = 4.4 > [n_{cr}]$$

故 AB 杆具有足够的稳定性。

例 1-14 立式贮罐总重 240 kN,由四根支柱对称地支承(图 1-107),每根支柱的高度 $l = 2.5$ m,由 $\phi 89$ mm $\times 4$ mm 钢管制成,钢管材料为 20 号钢,其基本许用应力 $[\sigma] = 130$ MPa,支柱两端的约束可简化为铰支,试对支柱进行稳定性校核。

解 由于本题没有给出支柱的稳定安全系数 n_{cr},故应采用折减系数法进行稳定性校核。首先计算支柱(钢管)的柔度 λ。

钢管外径　　$D = 89 - 2 \times 1 = 87(\text{mm})$(假设支柱工作时遇到气体的腐蚀,使钢管外壁减少 1 mm)

钢管内径　　$d = 89 - 2 \times 4 = 81(\text{mm})$

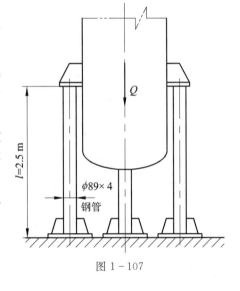

图 1-107

钢管横截面积　　$A = \frac{\pi}{4}(D^2 - d^2) = \frac{\pi}{4} \times (0.087^2 - 0.081^2) = 0.000\,79(\text{m}^2)$

钢管横截面惯性半径　　$i = \sqrt{\frac{J}{A}} = \sqrt{\frac{\frac{\pi}{64}(D^4 - d^4)}{\frac{\pi}{4}(D^2 - d^2)}} = \frac{\sqrt{D^2 + d^2}}{4} = \frac{\sqrt{0.087^2 + 0.081^2}}{4} = 0.03(\text{m})$

所以,支柱(钢管)的柔度　　$\lambda = \frac{\mu l}{i} = \frac{1 \times 2.5}{0.03} = 83.3$

查表 1-7,通过插值计算得到折减系数 $\varphi = 0.707$(20 号钢与 Q235A 钢的 φ 相同)。

所以,支柱的稳定许用应力

$$[\sigma_{cr}] = \varphi[\sigma] = 0.707 \times 130 = 91.9(\text{MPa})$$

由于支柱对称地支承,故可假定每根支柱的轴向应力 F 相等,即

$$F = \frac{Q}{4} = \frac{240}{4} = 60 (\text{kN})$$

支柱的工作应力

$$\sigma = \frac{F}{A} = \frac{60 \times 10^3}{0.00079} = 76 \times 10^6 (\text{N/m}^2) = 76 (\text{MPa}) < [\sigma_{cr}]$$

所以支柱满足稳定要求。

1.5.5 提高压杆稳定性的措施

从临界应力[式(1-75)、式(1-77)]可知,压杆的临界应力值与材料的力学性质及压杆柔度 λ 的大小有关,因此,提高压杆承载能力可以从这两个方面着手。

1. 材料的力学性质

对于 $\lambda \geqslant \lambda_p$ 的细长压杆,临界应力 $\sigma_{cr} = \frac{\pi^2 E}{\lambda^2}$,制成压杆的材料的弹性模量 E 大,则压杆的临界应力 σ_{cr} 大,故选用 E 值较大的材料能提高细长压杆的稳定性。但由于压杆的临界应力 σ_{cr} 值与材料的强度指标无关,故在 E 值相同的材料中,就没有必要选用高强度的优质材料。例如,合金钢与普通碳素钢的 E 都在 2.0×10^5 MPa 左右,若选用合金钢作细长压杆,只能造成浪费,因此工程上大都用普通碳素钢制造细长压杆。

对于中长杆,从图 1-105 可以看出,屈服极限 σ_s 及比例极限 σ_p 的增长引起了临界应力 σ_{cr} 的增长,故选用高强度钢能提高中长压杆的稳定性。

2. 压杆柔度

由图 1-105 可知,压杆的临界应力随压杆柔度 λ 的减小而增大,因此减小压杆柔度是提高临界应力的有效措施。压杆的柔度与杆长、端部的支承情况以及截面的惯性半径有关,所以减小柔度可从这三个因素着手。

(1) 改善支承情况

因压杆两端固定得越牢,μ 越小,相当长度 μl 就越小,它的临界应力就越大,故在使用条件许可下,可改善压杆的支承条件以降低 μ,从而提高压杆的稳定性,但实际上很难达到理想固定端情况。

(2) 减少杆的长度

在其他条件相同的情况下,杆长 l 越小,则柔度 λ 越小,临界应力就越高。在条件允许的情况下,应尽量使 l 减小,如工程上经常利用增加中间支承的办法,减小 l,提高压杆的稳定性。如图 1-108(a)所示的两端铰支的杆,若在杆的中部增加一铰链支座,如图 1-108(b)所示,则其长度为原来的一半,柔度即为原来的一半,而它的临界应力是原来的四倍。

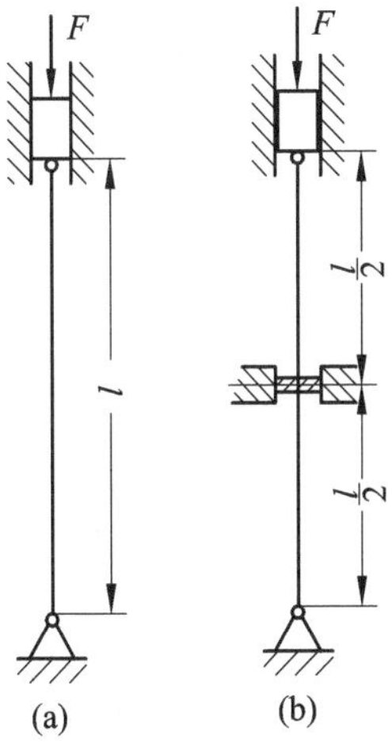

图 1-108

(3) 选择合理的截面形状以提高截面惯性半径 i 的数值

因为柔度 $\lambda = \frac{\mu l}{i}$,$i$ 越大,则 λ 越小,而 $i = \sqrt{\frac{I}{A}}$,在面积 A 不变的情况下,应尽可能加大惯性矩 I 来降低 λ。为此,必须选择构件材料分布于离开截面形心较远的截面形状。此外,

当两端在各个弯曲平面内的支承条件相同(μ 相同)时,压杆总是在 I_{min} 的方向失稳,为了充分发挥压杆的稳定承载能力,不但要增大 I,还应该选用 $I_{min}=I_{max}$ 的截面,使压杆在各个方向的稳定性相等。所以压杆的合理截面形状通常是圆环形或由角钢或槽钢等型钢组合的对称截面,如图 1-109 所示。

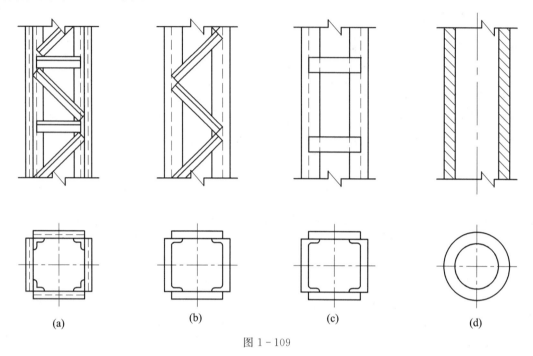

(a)   (b)   (c)   (d)

图 1-109

习 题 1

1-1 重为 G 的均质球,放在墙和 AB 板之间,板的 A 端是铰链固定,B 端用绳索 BC 拉住。AB 板重为 W,假设所有接触面都是光滑的。试画出均质球与 AB 板的受力图。

1-2 组合梁 ACD,C 处为铰链,CD 梁上作用有载荷 F。试分别画出 AC 梁、CD 梁及整体的受力图。梁的自重均不计。

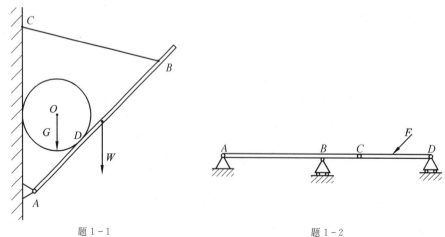

题 1-1   题 1-2

1-3 水平梁的支承和载荷如图所示。已知力 F、力偶的力偶矩 M 和均布载荷 q，求支座 A 和 B 处的约束反力。

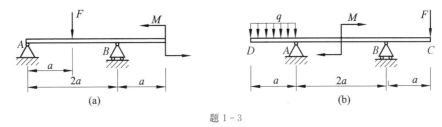

题 1-3

1-4 起重机的支柱 AB，A 处可简化为活动铰链，B 处可简化为固定铰链。起重机上有载荷 R 和 Q，它们与支柱的距离分别为 a 和 b。如 A、B 两点间的距离为 c，求 A 与 B 两处的支座反力。

1-5 有一列管再沸器悬挂在塔上，已知塔径 $\phi = 1\,450\ \text{mm}$，总高 $H = 20\ \text{m}$，塔重 $G_1 = 220\ \text{kN}$，悬挂的列管再沸器重 $G_2 = 23.5\ \text{kN}$，各部分尺寸如图所示，风载荷 $q = 6 \times 10^{-4}\ \text{MPa}$，求：

(1) 风载荷引起的风力矩(为了简化计算，只以主塔直径平面作为迎风面)。

(2) 塔底约束反力。

(3) 支座 A、B 的约束反力。

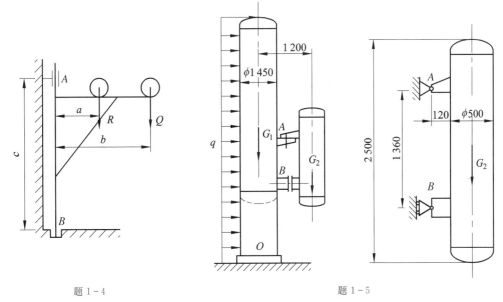

题 1-4   题 1-5

1-6 构架由 ABC、CDE、BD 三杆组成，B、C、D、E 处均为铰接。各杆重不计，$a = 0.5\ \text{m}$，均布载荷 $q = 40\ \text{kN/m}$。试求 E 点的反力和 BD 杆所受的力。

1-7 图示钢杆，已知：杆的横截面面积等于 $100\ \text{mm}^2$，钢的弹性模量 $E = 2 \times 10^5\ \text{MPa}$，$F = 10\ \text{kN}$，$Q = 4\ \text{kN}$，要求：

(1) 计算钢杆各段内的应力、绝对变形和应变。

(2) 计算钢杆的总变形。

(3) 画出钢杆的轴力图。

1-8 有一管道吊架如图所示(尺寸单位均为 mm)，吊有 A、B、C 三根管道。已知 A、B 管道重 $G_A = G_B = 5\ \text{kN}$，C 管道重 $G_C = 3\ \text{kN}$，吊架横梁 KJ 是由吊杆 HK、IJ 支承，吊杆材料为 Q235A 圆钢，许用应力 $[\sigma] = 100\ \text{MPa}$。吊杆和横梁自重可忽略不计，试设计吊杆 HK、IJ 的截面尺寸。

提示：若吊杆 HK、IJ 受力相差不大，为了制造安装方便起见，可选用相同的直径。

1-9 图示一手动压力机,在物体C上所加最大压力为150 kN,已知手动压力机立柱A和螺杆B的材料为Q235A钢,它的屈服极限 $\sigma_s = 235$ MPa,规定的安全系数 $n_s = 1.5$。

(1) 试按照强度条件设计立柱A的直径 D。

(2) 如果螺杆B的根径 $d_1 = 40$ mm,试校核它的强度。

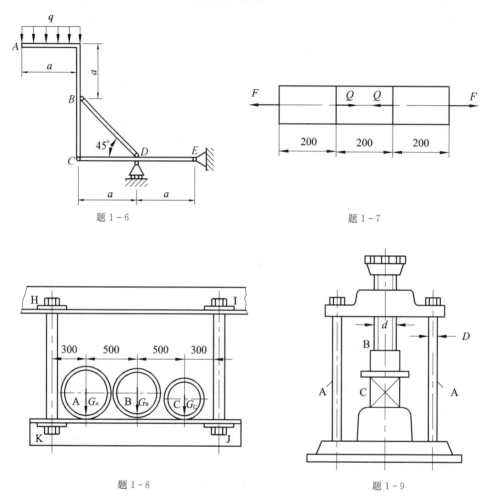

题 1-6   题 1-7

题 1-8   题 1-9

1-10 吊装大型设备用的起重吊环的结构尺寸如图所示(单位为 mm),其两侧的斜杆A各由两个横截面为矩形的锻钢件组成,此矩形截面尺寸 $b/h = 0.3$,许用应力 $[\sigma] = 80$ MPa,试按最大起吊重 $G = 1\ 200$ kN 设计斜杆A的截面尺寸。

1-11 上段由铜、下段由钢做成的杆,其两端固定,在两端连接的地方受到力 $F = 100$ kN 的作用,设杆的横截面面积 A 都为 $2\ 000$ mm²。试求杆各段内横截面上的应力。已知: $E_{铜} = 1 \times 10^5$ MPa, $E_{钢} = 2 \times 10^5$ MPa。

1-12 图示各梁承受的载荷 $F = 10$ kN, $q = 10$ kN/m, $m_0 = 10$ kN·m, $l = 1$ m, $a = 0.4$ m。试列出各梁的剪力、弯矩方程并作出剪力、弯矩图,求出 $|Q_{max}|$、$|M_{max}|$。

1-13 蒸馏塔外径 $D = 1$ m,总高 $l = 17$ m,所受平均风压 $q = 0.7$ kN/m²,塔底部用裙式支座支承,裙式支座的外径与塔外径相同,其壁厚 $\delta = 8$ mm。试求:

(1) 最大弯矩 M_{max} 的数值,以及它位于哪个截面。

(2) 最大弯曲应力 σ_{max}。

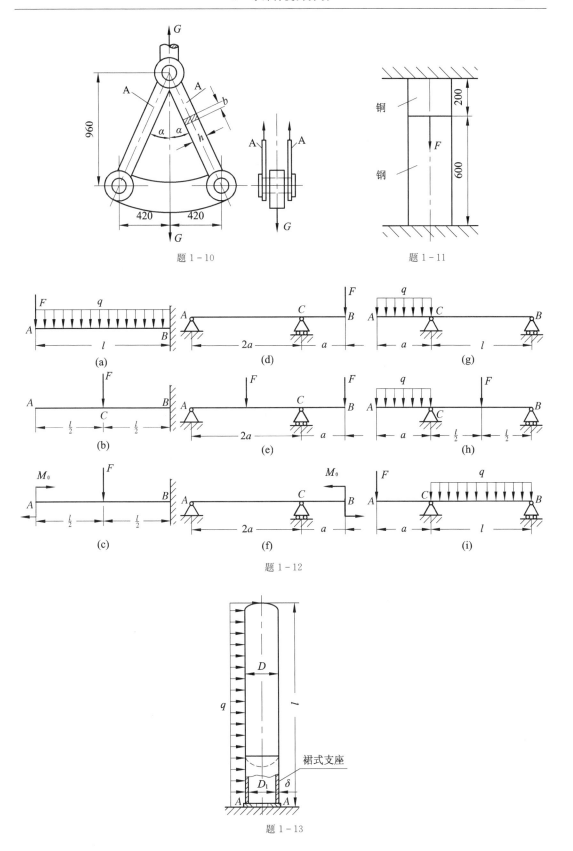

题 1-10

题 1-11

(a)

(b)

(c)

(d)

(e)

(f)

(g)

(h)

(i)

题 1-12

题 1-13

1-14　小型板框压滤机,如图所示。板、框、物料总重量为 3.2 kN,均匀分布于 600 mm 的长度内,由前后两根横梁 AB 承受。梁的直径 $d=60$ mm,梁的两端用螺栓连接,计算时可视为铰链。试绘 AB 梁的剪力图和弯矩图,并求出最大弯矩及最大弯曲正应力。

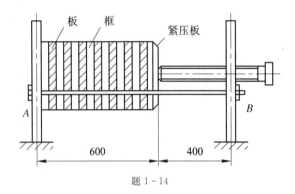

题 1-14

1-15　矩形截面简支梁 CD 的尺寸和所受载荷如图所示。求:

(1) 危险截面的最大正应力 σ_{max}。

(2) 在 A、B 两点的正应力 σ_A、σ_B。

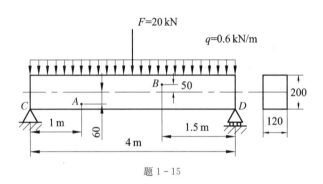

题 1-15

1-16　用叠加法求图示各梁自由端、外伸端的挠度 y。

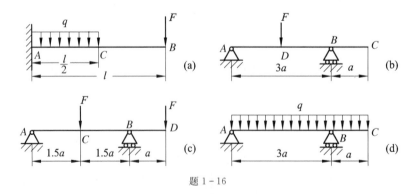

题 1-16

1-17　AB 梁受均布载荷 q 作用,其 A 端为固定端,B 端吊在直径为 d 的钢杆 CB 上,已知 AB 梁的惯性矩为 I_z,抗弯截面模量为 W_z,求 AB 梁的 A 截面及拉杆 CB 内的最大正应力。

1-18　冲床的最大冲力 $F=400$ kN,冲头材料的许用挤压应力 $[\sigma_{jy}]=440$ MPa,被冲剪的钢板的剪切强度极限 $\tau_b=360$ MPa,求最大冲力作用下所能冲剪的圆孔的最小直径 d 和钢板的最大厚度 δ。

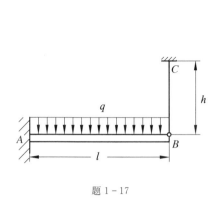

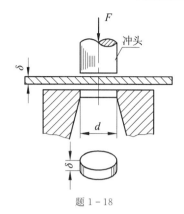

题 1-17

题 1-18

1-19 图示为安装铰刀用的摇动套筒,已知 $T=0.05\ \mathrm{kN\cdot m}$,销钉的直径为 6 mm,它的许用应力 $[\tau]=80\ \mathrm{MPa}$,设摇动套筒与铰刀柄间的间隙很小,试核算销钉的剪切强度。

1-20 框式搅拌器如图(a)所示,已知带动搅拌轴的电动机功率 $P=3\ \mathrm{kW}$,机械传动效率为 85%,搅拌轴转速 $n=5\ \mathrm{r/min}$,轴的直径 $d=80\ \mathrm{mm}$,材料为 45 号钢,许用剪应力 $[\tau]=50\ \mathrm{MPa}$,试校核搅拌轴的强度,并画出搅拌轴的扭矩图(假定:$T_B=T_C=2T_D$),最大扭矩发生在哪一段?

提示:作用在 A、B、C、D 截面上的外力矩的方向如图(b)所示。

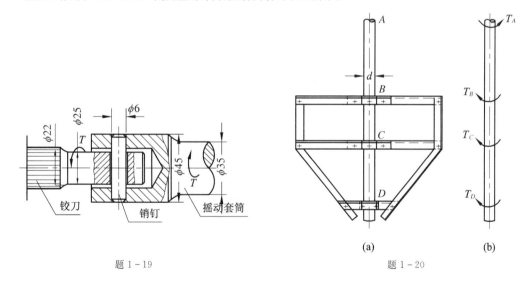

题 1-19

(a)

(b)

题 1-20

1-21 圆柱齿轮减速器结构简图如图所示,Ⅰ轴为主动轴,Ⅱ轴为从动轴,已知主动轴转速 $n_1=960\ \mathrm{r/min}$,传动比 $i=\dfrac{n_1}{n_2}=2.5(n_2\text{—Ⅱ轴转速})$,传递功率 $P=3\ \mathrm{kW}$,轴的材料相同,若需估算轴的直径,通常可采用传动轴计算公式来进行计算,此时取许用剪应力 $[\tau]=40\ \mathrm{MPa}$,试按扭转强度估算Ⅰ轴、Ⅱ轴的直径 d_1、d_2。

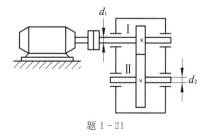

题 1-21

1-22　阶梯形圆轴如图所示，$d_1=40$ mm，$d_2=70$ mm。已知由轮 3 输入的功率 $P_3=30$ kW，轮 1 输出的功率为 $P_1=13$ kW，轴做匀速转动，转速 $n=200$ r/min，材料的许用剪应力 $[\tau]=60$ MPa，$G=8\times10^4$ MPa，许用单位扭转角 $[\varphi_0]=2°/$m。试校核轴的强度和刚度。

1-23　图示两根长度相等的细长杆，如果它们的材料都相同，试比较它们的柔度，并说明哪一根容易失稳。

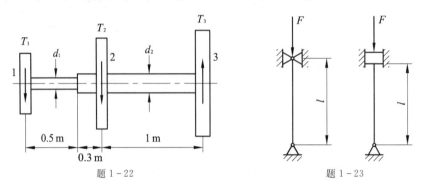

题 1-22　　　　　　　　　　题 1-23

1-24　Q235A 钢的压杆，直径 $d=50$ mm，长度 $l=1500$ mm。若杆的一端固定，另一端铰接，试计算此压杆的临界压力。（$E=2\times10^5$ MPa）

1-25　螺旋推钢机如图所示。推杆的移动由丝杆通过螺母带动，推杆直径 $d=130$ mm，材料为 Q275 钢，$E=2.1\times10^5$ MPa，$\sigma_p=240$ MPa。推杆全部推出时的最大长度 $l_{max}=3$ m，其前端可能产生微小侧移，故简化为一端固定，一端自由的压杆。取稳定安全系数 $n_{cr}=4$，试校核推杆的稳定性。

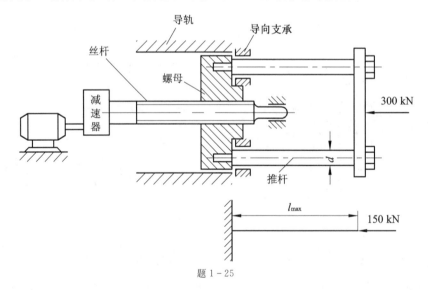

题 1-25

1-26　如图所示，AB 与 BC 两根直杆皆为圆截面，直径 $d=80$ mm，材料均为 Q235A 钢，$[\sigma]=160$ MPa，A、B、C 处均为铰接，试求此结构的许可载荷 $[F]$。

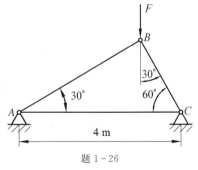

题 1-26

2 化工设备材料

材料是构成化工设备的物质基础,要正确设计制造化工设备,合理选用材料是极重要的一环。现代化工生产条件很复杂:温度从低温到高温;压力从真空(负压)到超高压;物料有易燃、易爆、剧毒或强腐蚀等。不同的生产条件对设备材料有不同的要求。有的要求材料具有良好的力学性能和加工工艺性能;有的要求材料耐高温或低温;有的要求材料具有优良的物理性能;有的要求材料具有良好的耐腐蚀性等。因此,在设计制造化工设备时,必须针对设备的具体操作条件,正确合理地选用材料,这对于保证设备的正常安全运行、完成生产计划以及节约材料、减轻设备自重、延长设备使用寿命与检修周期,都起着积极作用。

2.1 铸铁

工业上常用的铸铁,其含碳量一般在 2% 以上,另外还含有硫、磷和锰、硅等杂质。

铸铁是一种脆性材料,不能锻造,但是铸造性较好。另外,铸铁不但有优良的减振性、耐磨性和易切削性,而且生产工艺和熔化设备简单,生产成本低廉,因此在工业生产上得到普遍的应用。

铸铁可分为灰铸铁、可锻铸铁、球墨铸铁等。

1. 灰铸铁

这种铸铁中碳的大部或全部以自由状态的片状石墨形式存在,断口呈灰色,故称为灰铸铁。

灰铸铁的抗压强度较大,抗拉强度和冲击韧性却很低,不适于制造承受弯曲、拉伸、剪切和冲击载荷的零件,可用来铸造承受压力,要求消振、耐磨的零件,如支架、阀体、泵体、机座、管路附件,或受力不大的不重要的铸件。

灰铸铁的牌号以 HT 加数字表示。如 HT100、HT150、HT200、HT250、HT300、HT350等。"HT"为"灰""铁"两字汉语拼音的首字母;后面的数字代表最低抗拉强度(N/mm² 或MPa),数字越大,强度越高。

2. 可锻铸铁

这种铸铁中的碳大部分或全部以团絮状存在。可锻铸铁实际上是不可锻的,其"可锻"两字的含义只是说明它具有一定的延展性而已,所以也常称为"展性铸铁"。

可锻铸铁具有一定强度和较高的塑性和韧性,可用在承受冲击和振动的场合,例如汽车、拖拉机的后桥外壳、转向机构、低压阀门、管道配件、运输机、升降机、纺织机零件等。

可锻铸铁的代号为"KT",它是"可""铁"两字汉语拼音的首字母;又因为有黑心、白心和珠光体的不同,故在"KT"后分别标以"H"或"B"或"Z";后面两组数字中,第一组数字表示最低抗拉强度,第二组数字表示最低延伸率。如 KTH300 - 06、KTB350 - 04、KTZ450 - 06 等。

3. 球墨铸铁

在浇铸前往铁水中加入少量球化剂(如 Mg、Ca 和稀土元素等)和石墨化剂(硅铁或硅钙合金),用来促进碳以球状石墨结晶存在,称为球墨铸铁。

球墨铸铁在强度、塑性和韧性方面大大超过灰铸铁,而且仍具有灰铸铁的许多优点(铸造性、耐磨性、易切削性等),用它来代替灰铸铁,可以减轻机器的自重。与锻钢相比,球墨铸铁的耐磨性较好,并可节约金属,缩短加工工时。与灰铸铁相比,它的屈服强度与抗拉强度比值(屈强比 $\sigma_{0.2}/\sigma_b$)高达 0.7～0.8,几乎为钢的(0.35～0.50)两倍。在一般机械设计中,材料许用应力是按屈服强度来确定的,因此对于承受静载荷的零件,用球墨铸铁代替铸钢,就可以减轻机器的自重。与可锻铸铁相比,不仅在强度和冲击韧性上超过它,而且生产周期短,生产成本比铸钢或可锻铸铁低。总之,球墨铸铁兼有普通铸铁及钢的优点,目前已成为一种很有前途的新型结构材料。

当然,球墨铸铁也不是十全十美的,它的明显缺点是凝固时收缩率较大,对铁水成分要求较严,因而熔炼工艺与铸造工艺要求较高,而且消振能力比灰铸铁要低。

我国球墨铸铁的牌号中"QT"两字表示"球铁",后面两组数字的含义与可锻铸铁的表示法相同。

2.2　钢的热处理

钢的力学性能一方面因其化学成分的不同而有很大的差异,另一方面,即使化学成分相同的钢材,当加热到一定的温度时,若采用不同的冷却方式,则钢材的力学性能也会有很大的差异,这是由钢材内部组织结构发生变化所引起的。将钢材通过适当的加热与冷却过程,使钢材内部组织按照一定的规律变化,以获得预期的力学性能,这种工艺过程就称为钢的热处理。

热处理可以改善钢的加工性能和使用性能(力学性能、物理性能和化学性能)。例如正火状态的 45 号钢经调质处理后,强度可由 $\sigma_b=600$ MPa 提高到 850 MPa,而且其冲击韧性 A_K 也从 40 J 提高到 64～96 J,因此经常用来制造重要的机器零件。又如正火状态的含碳 1.2% 的碳素工具钢,经淬火处理后,其硬度由 20～30 HRC 提高到 60 HRC 以上,可制作刀具。由于热处理强化了金属材料,得以充分发挥金属材料的潜力,减轻机器结构的自重,并且保证机器的安全性和延长使用寿命,所以在现代化工业中,热处理已成为极其重要的工艺方法。

为了了解钢的热处理的一些基本概念,了解钢材力学性能与其内部组织的关系,我们将在下面讨论钢材内部组织的一些基本现象及其规律。

2.2.1　铁的同素异构转变

多数的金属一旦凝固以后,其晶格型式都保持不变。但铁则不同,其晶格型式随着所处的温度而变动。纯铁在 910℃ 以上时呈面心立方晶格结构,常称为 γ-Fe;在 910℃ 以下则呈体心立方晶格结构,常称为 α-Fe,如图 2-1 所示。

当将常温下的纯铁加热到 910℃ 以上,或由 910℃ 以上的温度冷却下来时,其内部都要发生原子的重新排

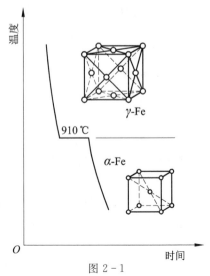

图 2-1

列,即晶格结构的变化。这种在固态下的金属由于加热或冷却而引起晶格结构的转变,称为**同素异构转变**。

$$\gamma\text{-Fe} \xrightleftharpoons{910℃} \alpha\text{-Fe}$$
（面心立方）（体心立方）

固态金属的同素异构转变过程与液态金属的冷却结晶过程很相似,也包含着晶核的形成与成长这两个过程,故常把同素异构转变过程称为重结晶。在重结晶的过程中,也类似于金属的结晶过程,在冷却曲线中出现水平段,也就说明在重结晶过程中有放出或吸收潜热的现象。图 2-1 为纯铁冷却曲线。同时,在 γ-Fe 转变为 α-Fe 的过程中,若加快冷却速度,即增大过冷度,也可以使新核迅速生成,达到细化晶粒的目的,从而改善钢材的机械性能。

由于铁的同素异构转变现象,才使钢铁材料可以通过热处理工艺来改变它的力学性能,故其实用意义很大。

2.2.2 加热、冷却过程中铁碳合金组织的转变

纯铁在加热或冷却过程中,总是在 910℃ 时发生同素异构转变。由于纯铁的强度太低,在工业上实用意义不大。通常应用的钢铁,在铁元素中还含有碳等其他元素,这些元素对钢铁的组织结构与力学性能,都带来极大的影响。

碳在铁中存在的状态可能是溶解在铁中形成固溶体,或与铁化合而成化合物 Fe_3C,称为渗碳体。所谓溶解,就是在固体状态下,在铁的晶格空隙处容纳碳原子。在一种元素的晶格中溶入他种元素而形成的结构称为固溶体（图 2-2）。我们把含量较多的铁元素称为溶剂,而溶入的碳元素称为溶质。固溶体保持基本金属（铁）的原有晶格型式。由于原子间的空隙地位有限,所以容纳碳原子的数量也有限,即铁中的溶碳量有一定的限度。在 α-Fe 或 γ-Fe 中,都可以溶入碳原子而成为固溶体。α-Fe 的固溶体称

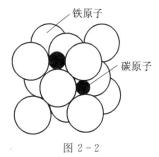

图 2-2

为铁素体,γ-Fe 的固溶体称为奥氏体。由于 α-Fe 原子间的空隙较小,故铁素体的溶碳能力较差,在常温时,铁素体的溶碳量仅 0.006%,随着温度升高,溶碳量略增,在 723℃ 时溶碳量最大,但也只有 0.025%。所以铁素体的显微组织与纯铁没有多大区别。它的力学性能特点是强度、硬度低,而塑性、韧性好。由于 γ-Fe 原子间的空隙较大,故奥氏体的溶碳能力较大,在 723℃ 时为 0.8%。随着温度升高,溶碳量不断增加,在 1147℃ 时溶碳量最大,达 2.06%。

由上述可见,铁中的溶碳量随温度的变动而改变,尤其是奥氏体溶碳量的变化范围较大。如铁中的含碳量超过了溶碳量,则多余部分的碳即与铁化合成 Fe_3C,所以当钢材自高温逐渐冷却时,因奥氏体的溶碳量随之逐渐降低,故奥氏体内过剩的碳逐渐析出,而化合成 Fe_3C。反之,当将钢材逐渐加热时,Fe_3C 分解,碳又重新溶入奥氏体内。

铁中含碳所成的铁碳合金,其冷却曲线与纯铁不同,如图 2-3 所示。在冷却曲线上,因结晶放热效应所引起的转

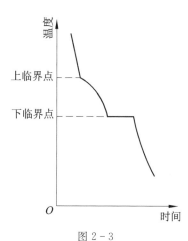

图 2-3

折和停歇(恒温)点,分别相当于该合金的上、下临界点。如配制不同含碳量的钢分别进行测试,可得到如表 2-1 所示的临界点数据。画出其冷却曲线,则如图 2-4(a)(c)所示。

若以温度为纵坐标,含碳量为横坐标,将几个成分不同的铁碳合金的临界点,标在图中相应的成分线上,再分别连接各上临界点及下临界点,即得铁碳合金状态图(钢的固态部分)[图 2-4(b)]。

表 2-1　各种成分铁碳合金的临界点

序　号	含 碳 量/%	上 临 界 点/℃	下 临 界 点/℃
①	0	910	—
②	0.4	780	723
③	0.8	—	723
④	1.2	870	723
⑤	1.6	1 000	723
⑥	2.06	1 147	723

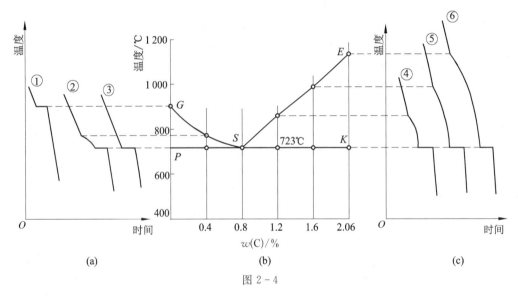

图 2-4

2.2.3　常用的热处理方法

在工业生产中,常常运用钢材因加热与冷却过程不同而得到不同显微组织的变化规律来改变钢材的力学性能。例如制造一个压力级别较高的法兰连接螺栓,为了使加工时切削方便,希望钢材的硬度较低;当加工完成后,为了使用时能承受较大的载荷,又希望它的强度较高,韧性较好。这就要求在加工前后采取不同的热处理方法,才能达到上述要求。

在实际生产中,热处理过程是比较复杂的,它的全过程可能由多次加热和冷却过程所组成,但其基本工艺过程是加热、保温和冷却,所不同的是加热温度的高低,保温时间的长短和冷却速度的快慢。

下面介绍几种最常用的热处理方法。

1. 退火

退火是指把钢件放在炉中缓慢加热,保温一定时间后,随炉缓慢冷却的过程。根据钢的成分和热处理目的要求不同,退火可以分为以下几种类型。

（1）完全退火

完全退火主要用于含碳量低于 0.8% 的钢材热加工后及切削加工前，其目的在于消除组织缺陷，降低硬度，消除内应力。它的工艺过程如下：将钢件加热到临界温度 GS 线［图 2-4(b)］以上 30～50℃，并保温一定时间后，随炉缓慢冷却至 500℃ 以下，然后在空气中冷却。

> 为什么一定要加热到上临界点以上 30～50℃ 呢？一方面，加热温度必须超过上临界点才能保证钢件组织转变为奥氏体；另一方面，加热温度也不宜超过上临界点太多，否则钢材的晶粒就有互相合并的趋向，致使晶粒粗大，这会对力学性能带来不利的影响。
>
> 为什么要保温一定时间呢？这是为了让钢件内部也达到足够的温度，且保证有足够的时间使钢件的组织充分转化为奥氏体。但如保温时间过长，就容易造成晶粒长大。所以保温时间既不可太长，又不可太短。

经过保温以后，钢件组织已转化为奥氏体，然后随炉冷却，这个冷却速度是很缓慢的，因此经过完全退火以后，钢材呈平衡组织，其强度降低而塑性增大。

这种退火不能用于含碳量高于 0.8% 的钢材，因含碳量高于 0.8% 的钢材加热到 SE 线［图 2-4(b)］以上炉冷，会形成新的网状碳化铁积聚在晶界上，使钢的性能变脆。

（2）再结晶退火

再结晶退火主要用于经过冷加工的钢，如冷拉、冷冲压及冷轧等的低碳钢件。将钢件加热到 600～700℃，经保温一定时间后随炉冷却。由于加热温度在 PSK 线［图 2-4(b)］以下，所以钢件在加热后并不转变为奥氏体，也不易发生晶粒长大现象。再结晶退火常用来消除焊接件内应力，以及消除因塑性变形以后发生的冷作硬化现象。

钢材在焊接或冷加工塑性变形后，钢材的晶体组织也将发生变化。由于应力超过钢材屈服极限，使晶格发生滑移（图 2-5）。在滑移面附近，原子受到骚动而使原子有规则的排列受到破坏，造成晶格歪扭，形成滑移面凹凸不平，若滑移量大，则在滑移面上产生许多碎块（碎晶）。此时，若要使滑移面继续滑移，则困难得多。提高钢材抵抗破坏和变形的能力，这就是冷作硬化的基本原因。

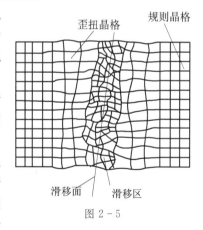

图 2-5

这种歪扭晶格的晶粒破碎的状态是不稳定的。在室温下，由于原子扩散能力不足，尚不致发生明显的变化。但若加热到一定温度，原子的扩散能力提高，晶格就消除了歪扭，破碎的晶粒变成整齐的晶粒。这个变化过程也是一个生核及成长过程，称为再结晶。但应注意，在这个过程中，并未发生同素异构转变。经过再结晶以后，钢材的强度、硬度下降而塑性升高，恢复到塑性变形以前的性能，即消除了冷硬现象及内应力。

再结晶时的温度称为再结晶温度，以 T_{rc} 表示之。各种金属具有不同的再结晶温度，与该金属的熔点大致成如下关系：

$$T_{rc} = (0.35～0.40)T_m$$

式中，T_m 是绝对温度。

在工业上,为了消除冷作硬化现象,一般退火温度选择比再结晶温度要高 100～200℃。例如纯铁的熔点为 1 534℃,其再结晶温度约为 450℃,钢的再结晶温度稍低于 450℃,故常用钢的再结晶退火温度为 600～700℃。

(3) 低温退火

低温退火主要用来消除铸件、锻件、焊接件、热轧件及冷拉件等的内应力,若这些应力不消除,则会使钢件经一定时间以后,或在切削加工过程中产生变形或裂纹。消除内应力退火的一般过程是将钢件随炉缓慢加热至 500～600℃,保温后随炉缓慢冷却至 300～200℃ 以下出炉。钢在退火过程中并无组织变化,内应力主要是通过钢在 500～600℃ 保温后的缓冷过程消除的。如化工设备经焊接后常采用这种低温退火处理,以消除焊接应力。对大型设备可采用红外线加热,以进行这种低温退火。

2. 正火

正火的作用与退火基本相同:减小钢的内应力、均匀组织和细化晶粒,为最终热处理做好组织准备等。另外,对于低碳钢也可以作为最终热处理,因为正火使其晶粒细化,并使碳化物分布更均匀,以获得优良的综合性能。

正火是把钢件加热到临界温度 GS 或 SE 线[图 2-4(b)]以上 30～50℃,经适当保温后从炉中取出,在空气中冷却。因冷却速度比退火快,这样,得到的晶粒较细,与完全退火相比,钢材的强度与韧性均有适量提高。这是比较简便而经济地提高钢材力学性能的方法,所以在生产中运用得很多。锻造的法兰及换热器的管板等常经过正火处理。

表 2-2 列出了 15 号钢经完全退火与正火处理后的力学性能变化。

表 2-2　15 号钢经完全退火与正火处理后的力学性能变化

热处理工艺	强度极限 σ_b/MPa	延伸率 δ_s/%
完全退火	≥350	≥23
正火	≥380	≥28

3. 淬火

所谓淬火,就是把钢材加热到临界温度 GS 或 PSK 线[图 2-4(b)]以上,保温后快速冷却。淬火的目的是增加工件的硬度、强度和耐磨性。

选择加热温度的基本原则:获得均匀细小的奥氏体组织。具体选用方式:对含碳量小于 0.8% 的钢为 GS 线以上 30～50℃,对含碳量大于 0.8% 的钢为 PSK 线以上 30～50℃。温度选择在临界点以上是为了使向奥氏体的转变充分完成。但温度不宜过高,温度过高会使奥氏体晶粒长大,不仅使淬火钢的脆性加大,而且容易造成变形和开裂。对含碳量小于 0.8% 的钢材,若加热温度不足(低于 GS 线),则淬火后组织中将有铁素体被保留下来,使钢的强度和硬度降低,达不到淬火的目的。含碳量大于 0.8% 的钢材加热到 PSK 线以上 30～50℃淬火后的组织就是一个硬度高、耐磨性好的组织。反之,如把加热温度选择在 SE 线以上,奥氏体固然能较快形成,但渗碳体颗粒也全部溶入奥氏体。这时奥氏体容易粗化,温度越高,晶粒越粗,淬火对钢的力学性能不利,而且没有渗碳体存在,也降低了其耐磨性。

合理选择淬火的冷却剂是淬火工艺的重要问题。工业上常用的冷却剂有水、盐水、油等。水有很强的冷却能力,而且成本低,易得到,因此,水是最常用的淬火冷却剂。

4. 回火

回火是将经过淬火后的钢件,重新加热到 PSK 线以下某一温度,经较长时间保温后,在油中或空气中冷却。回火的目的在降低或消除钢件的内应力,使内部组织趋于稳定,并可通过控制回火温度获得不同的力学性能。在回火过程中,回火温度是决定回火后钢件力学性能的主要因素。因此,常按回火温度的不同分为低温回火、中温回火、高温回火三种。

(1) 低温回火

淬火后在 150～250℃ 的回火,称为低温回火。这种回火主要是为了降低钢件的内应力和脆性而保持钢在淬火后所得到的高硬性和耐磨性。回火后得到的组织,硬度一般为 58～64 HRC。各种高碳钢工模具,经常采用低于或等于 200℃ 的低温回火。

(2) 中温回火

淬火后在 350～500℃ 的回火,称为中温回火。中温回火后材料的细小点状的碳化铁大大增多,密布于铁素体组织中,硬度下降而韧性显著提高。中温回火主要用于各种弹簧处理。

(3) 高温回火

淬火后在 500～650℃ 的回火,称为高温回火。高温回火时,碳化铁呈球状,硬脆特征消除,强度、塑性与韧性均有所提高,这对于提高中碳钢的力学性能很有实用意义。淬火加高温回火的热处理叫作调质处理,广泛应用于各种重要的结构零件,特别是在交变负荷下工作的连杆、螺栓、齿轮及轴类等。

表 2 - 3 列出了 45 号钢经正火与调质处理后的力学性能比较。

表 2 - 3　45 号钢经正火与调质处理后的力学性能比较

热处理工艺	力　学　性　能			
	σ_b/MPa	δ/%	A_K/J	HBS
正　火	700～800	15～20	40～64	163～220
调　质	750～850	20～25	64～96	210～250

这里还要提出一个淬透性的问题,即淬火必须在极快的冷却速度下才能完成。如果钢件的尺寸很大,那么放到水中或油中淬火时,有可能表面很快冷却,而钢件芯部没有淬透。从实践得知,35 号钢在水中淬火的最大直径为 $\phi8～13$ mm,在油中淬火的最大直径为 $\phi4～8$ mm,否则在芯部就得不到淬透。所以大尺寸的钢件要进行淬火或调质处理就有困难。为解决这个问题,通常在钢中加入某些合金元素,如此一来,即使冷却速度慢一些,仍能得到可靠的淬透性。

5. 化学热处理

化学热处理是将钢件放在一定的介质中加热和保温,使介质中的活性原子渗入工件表层,改变表层的化学成分以获得预期的组织和性能的一种热处理过程。当一个零件需要表面和芯部具有不同的成分、组织和性能时,采用化学热处理是一种十分有效的方法。

按照渗入元素的不同,化学热处理可分为渗碳、氮化、氰化和渗金属等。

渗碳是向钢的表层渗入碳原子的过程,即把钢件放入渗碳氛围中,在 900～950℃ 加热、保温,使钢件表层增碳的过程。其目的是使钢件在热处理后,表面具有高硬度和耐磨性,而芯部仍保持一定的强度和较高的韧性和塑性,如对齿轮、活塞销的处理等。此处的渗碳处理与前述的"碳化铁的形成"是不同的概念。

氮化是向钢件表层渗入氮原子的过程,其目的是提高表面硬度和耐磨性,以及提高疲劳强度和耐蚀性。它广泛应用于各种高速传动精密齿轮、高精度机床主轴、在变向负荷工作条件下要求很高疲劳强度的零件,以及要求变形很小和在一定耐热、耐蚀工作条件下的耐磨零件,如阀门、挤出机的螺杆等。

氰化是向钢件表层同时渗碳和渗氮的过程,也称为碳氮共渗。氰化可用于低碳钢和中碳钢零件,以提高表面硬度、耐磨性和疲劳强度,也可用于高碳合金钢以提高表面硬度和热硬性。

渗金属是利用价格便宜的碳素钢和低合金钢制成零件,然后在高温下向零件表层渗入各种合金元素使表面合金化,从而获得某些特殊性能,不仅满足了零件的使用要求,而且可以代替某些高合金钢,如不锈钢、耐热钢等。化工上常用的有渗铬、渗铝、渗硅等。渗铬可以提高钢件表面硬度、耐磨性和抗腐蚀性;渗铝可提高零件的耐热和抗氧化性等;渗硅可以提高钢件表面的耐酸性能。化学热处理与金属镀层的根本区别在于金属镀层是把金属均匀镀于钢材表面而不进入钢材金属晶格之中,而化学热处理则是使合金元素扩散渗入钢材金属晶格之中,从而改善零件表面层的性能。

2.3　碳素钢

按化学成分的不同,钢可以分为碳素钢(新分类法称之为非合金钢)、低合金钢与合金钢。现代冶金的基本产品是钢,其中碳素钢占 90% 左右,合金钢仅占 10%,因此,工业上基本的金属材料是碳素钢。

1. 碳及常存杂质对钢材性能的影响

碳素钢的含碳量小于 2.0%。在常用的碳素钢中,一般含碳量为 0.05%~1.4%。同时,由于炼钢方法的限制,钢不可避免地含有硫、磷、锰、硅等常存杂质。现在讨论碳及常存杂质对钢的性能的影响。

(1) 碳(C)

碳是钢中主要元素之一,对钢的性能影响也最大。图 2-6 表示碳对钢的力学性能的影响。从图可以看出,随着含碳量的增加,钢的强度极限(σ_b)和硬度(HB)不断提高,而塑性(δ, ψ)和韧性(A_K)则不断降低。但是当含碳量超过 0.9% 时,钢的强度极限反而降低。

(2) 硫(S)

硫是炼钢时由矿石与燃料带到钢中来的杂质,一般来说它是钢中的一种有害元素。硫在钢中与铁化合形成 FeS,它

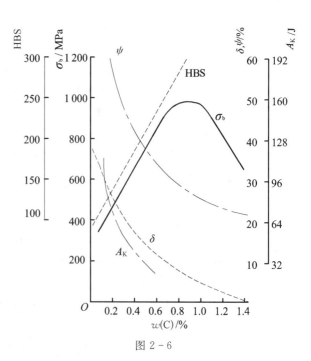

图 2-6

的熔点低(985℃),使钢材在热加工时容易开裂,这种现象称为"热脆"。因此,钢中硫的含量必须严格控制如下:高级优质钢,$w(S) \leqslant 0.025\%$;优质钢,$w(S) \leqslant 0.035\%$;普通钢,$w(S) \leqslant 0.050\%$。

(3) 磷(P)

磷是炼钢时由矿石带到钢中来的。一般来说,磷在钢中也是一种有害元素。磷虽能使钢的强度、硬度增加,但引起塑性、冲击韧性显著降低,特别是在低温时使钢材显著变脆,这种现象称为"冷脆"。因此,钢中磷的含量也必须严格控制如下:高级优质钢,$w(P) \leqslant 0.025\%$;优质钢,$w(P) \leqslant 0.035\%$;普通钢,$w(P) \leqslant 0.045\%$。

(4) 锰(Mn)

锰是炼钢时作为脱氧剂而加入钢中的元素。由于锰可以与硫形成高熔点(1 600℃)的MnS,能消除硫的有害作用,并能提高钢的强度和硬度,因此,锰在钢中是一种有益的元素。碳素钢中含锰量为 $0.25\% \sim 0.8\%$。

(5) 硅(Si)

硅也是炼钢时作为脱氧剂而加入钢中的元素。硅能使钢的强度、硬度增加。由于钢中硅的含量一般不超过 0.4%,因此它对钢的性能影响不大。

从以上介绍可以看出,碳素钢中这些元素的含量,直接影响钢材的力学性能。在一般情况下,适当提高碳、锰、硅的含量可以提高钢材的强度,但不同程度地降低塑性、冲击韧性和可焊性。硫、磷在大多数情况下是有害杂质,而在某些特殊用途的钢中,它们又是获得特殊性能的有利元素。例如含磷的铜钢,可以提高在大气中的耐蚀性,目前我国生产的 09MnCuPTi 之类的低合金高强度钢就是其中的一例。不过在这些钢中,磷是合金元素,不再是杂质了。

2. 碳素钢的性能、用途和牌号

根据实际生产和应用的需要,通常将碳素钢进行分类和编号。按钢的质量等级,碳素钢可分为普通钢、优质钢和高级优质钢。钢的质量等级主要是按有害杂质(S、P 等)及非金属类杂物的含量多少而定。

下面主要按质量等级及用途来介绍碳素钢的编号和用途。

(1) 普通碳素结构钢(普通质量非合金钢)

普通碳素结构钢的牌号以"Q"加三位数字表示,如 Q215、Q235 等。"Q"代表结构钢屈服点"屈"字的汉语拼音首字母,后面的三位数字表示该钢种在厚度小于 16 mm 时的最低屈服点(MPa)。在钢的牌号尾部可用 A、B、C、D 表示钢的质量等级。其中,A 为普通级(供货时不保证 A_K 值),B、C、D 表示硫、磷含量较低的优等级别。D 级质量最高,A 级质量最低。在牌号的最后面可用符号标志其冶炼时的脱氧程度,如对未完全脱氧的沸腾钢标以符号"F";而对已完全脱氧的镇静钢则标以"Z"或不标符号,"TZ"则为特别镇静钢的符号,也可不予标记。如 Q235B 表示最低屈服点 235MPa 的 B 级碳素钢(镇静钢);Q215AF 表示最低屈服点 215MPa 的普通等级碳素结构钢(沸腾钢)。所谓沸腾钢是指钢在冶炼末期,仅用弱脱氧剂脱氧,钢液中保留有相当数量的 FeO,在浇注和凝固时,由于碳和 FeO 发生下列反应:

$$FeO + C \rightleftharpoons Fe + CO \uparrow$$

钢液中不断析出 CO,产生类似沸腾的现象,故称为沸腾钢。沸腾钢成本低,但某些力学性能比镇静钢差。

Q235 是用途最广的碳素结构钢,属于低碳钢,因其铁素体含量多,故其塑性、韧性优良,通常热轧成钢板、型钢、钢管、钢筋等。Q235A 钢是该类钢中最常用的一个牌号。因为它有良好的加工工艺性,其板材常用来焊制常温常压容器的外壳,棒料常用来制作螺栓、螺母和支架等。Q235B、Q235C 钢可以用来制作不重要的压力容器。

碳素结构钢的牌号、力学性能(部分)与用途等可参见表 2-4。

表 2-4　碳素结构钢的牌号、力学性能(部分)与用途

牌号	统一数字代号	质量等级	脱氧方法	σ_a/MPa 厚度或直径/mm ≤16	>16~40	σ_b/MPa	冲击试验 温度/℃	A_{KV}/J	用　途
Q195	U11952	—	F、Z	195	185	315~430	—	—	用于载荷小的零件、铁丝、垫铁、垫圈、开口销、拉杆、冲压件及焊接件
Q215	U12152	A	F、Z	215	205	335~450	—	—	用于拉杆、套圈、垫圈、渗碳零件及焊接件
	U12155	B					+20	27	
Q235	U12352	A	F、Z	235	225	370~500	—	—	用于金属结构件、心部强度要求不高的渗碳或氰化零件、拉杆、连杆、吊钩、车钩、螺栓、螺母、套筒轴、焊接件;C、D级用于重要的焊接件
	U12355	B					+20	27	
	U12358	C	Z				0		
	U12359	D	TZ				−20		
Q275	U12752	A	FZ	275	265	410~540	—	—	用于转轴、心轴、吊钩、拉杆、摇杆、楔、键等,这类零件的强度要求不高时,焊接性尚可
	U12755	B	Z				+20	27	
	U12758	C	Z				0		用于轴类、链轮、齿轮、吊钩等强度要求较高的零件
	U12759	D	TZ				−20		

表 2-4 中列出的统一数字代号是推荐性国家标准 GB/T 221—2008《钢铁产品牌号表示方法》中规定的钢铁产品牌号表示方法。必要时应同时给以列出,相互对照,并列使用,以便材料的统一数字化管理。代号中第一字母"U"表示非合金钢;"L"表示低合金钢;"S"表示不锈钢等。

表 2-4 中列出的质量等级:A 级不要求冲击试验;B 级要求 20℃冲击试验;C 级要求 0℃冲击试验;D 级要求−20℃冲击试验。

(2) 优质碳素结构钢(优质非合金钢)

优质碳素结构钢与普通碳素结构钢不同之处在于前者必须同时保证钢材的化学成分和力学性能,而且所保证的化学成分中的有害元素 S、P 较少(小于或等于 0.04%),冶炼工艺也比较严格,故质量高,但成本较贵。

优质碳素结构钢的牌号仅用两位数字来表示,此两位数字表示钢中平均含碳量的万分之几。例如 20 钢的平均含碳量为 0.20%,即万分之二十。对每一个牌号,国家标准都规定了化学成分范围和应达到的力学性能指标。牌号按顺序有 08、10、15、20、25、30、35、40、45、50 等。较高含锰量(一般指含锰 0.7%~1.0%)的优质碳素结构钢则在牌号后加注"Mn",如 15Mn。并且根据材质不同,又可区分为优质钢、高级优质钢(牌号后加标"A",如 50A)、特级优质钢(牌号后加标"E")。

优质碳素结构钢按含碳量的不同,分为三类:

① 低碳钢：含碳量低于 0.25%，牌号有 08、10、15、20、25。这类钢强度较低，但塑性好，焊接性能良好。钢厂有圆钢、板材、无缝钢管、锻件等供应。化工设备中常用作垫片包皮(08、10 钢)、换热器列管、设备接管(10、20 钢)、法兰等。

② 中碳钢：含碳量在 $0.30\%\sim0.55\%$，牌号有 30、35、40、45、50、55。这类钢强度较高，韧性较好，但焊接性能较差，不适合做设备的壳体。钢厂常以圆钢、锻件供应用户。其中 35 钢在化工设备上常用作管板，强度要求较高的螺栓、螺母等；45 钢常用作传动轴。

③ 高碳钢：含碳量在 0.6% 以上，牌号有 60、65、70、80。这类钢强度与硬度较高。60、65 钢主要用来制造弹簧，70、80 钢用来制造钢丝绳等。

优质碳素结构钢的牌号、力学性能与应用举例可见表 2－5。

表 2－5 优质碳素结构钢的牌号、力学性能与应用举例

牌号	统一数字代号	$w(C)/\%$	应用举例	力学性能				
				σ_b/MPa	σ_s/MPa	$\delta_s/\%$	$\psi/\%$	A_{KU2}/J
				不小于				
08F	U20080	0.05～0.11	冷拉钢丝	295	175	35	60	
10F	U20100	0.07～0.13	冷轧、冷压件	315	185	33	55	
15F	U20150	0.12～0.18	螺钉、拉杆	355	205	29	55	
08	U20082	0.05～0.11	薄板、薄带	325	195	33	60	
10	U20102	0.07～0.13	汽车车身	335	205	31	55	
15	U20152	0.12～0.18	焊接容器	375	225	27	55	
20	U20202	0.17～0.23	杠杆轴、变速叉	410	245	25	55	
25	U20252	0.22～0.29	焊接件、压铸件	450	275	23	50	71
30	U20302	0.27～0.34	低温、低载荷件	490	295	21	50	63
35	U20352	0.32～0.39	曲轴、坚固件	530	315	20	45	55
40	U20402	0.37～0.44	轴、齿轮	570	335	19	45	47
45	U20452	0.42～0.50	轴、齿轮、蜗杆	600	355	16	40	39
50	U20502	0.47～0.55	轧辊、主轴	630	375	14	40	31
55	U20552	0.52～0.60	机车轮箍	645	380	13	35	
60	U20602	0.57～0.65	弹簧、钢丝绳	675	400	12	35	
65	U20652	0.62～0.70	弹簧件	695	410	10	30	
70	U20702	0.67～0.75	弹簧、轮圈	715	420	9	30	
75	U20752	0.72～0.80	板弹簧	1 080	880	7	30	
80	U20802	0.77～0.85	抗磨零件	1 080	930	6	30	
85	U20852	0.82～0.90	铁道车辆	1 130	980	6	30	
15Mn	U21152	0.12～0.18	齿轮、曲轴	410	245	26	55	
20Mn	U21202	0.17～0.23	铆焊结构件	450	275	24	50	
25Mn	U21252	0.22～0.29	与 25 钢及 20Mn 相近	490	295	22	50	71
30Mn	U21302	0.27～0.34	螺栓、螺母	540	315	20	45	63

续表

牌号	统一数字代号	w(C)/%	应用举例	力学性能				
				σ_b/MPa	σ_s/MPa	δ_s/%	ψ/%	A_{KU2}/J
				不小于				
35Mn	U21352	0.32~0.39	轴、齿轮	560	355	18	45	55
40Mn	U21402	0.37~0.44	耐疲劳件	590	355	17	45	47
45Mn	U21452	0.42~0.50	轴、离合器	620	375	15	40	39
50Mn	U21502	0.48~0.56	高耐磨件	645	390	13	40	31
60Mn	U21602	0.57~0.65	大弹簧、发条	695	410	11	35	
65Mn	U21652	0.62~0.70	铁道钢条	735	430	9	30	
70Mn	U21702	0.67~0.75	大应力磨损件	785	450	8	30	

注：如果是高级优质钢，在牌号后面加"A"（统一数字代号最后一位数字改为"3"）；如果是特级优质钢，在牌号后面加"E"（统一数字代号最后一位数字改为"6"）；对于沸腾钢，牌号后面为"F"（统一数字代号最后一位数字为"0"）；对于半镇静钢，牌号后面为"b"（统一数字代号最后一位数字为"1"）。

为了适应各行各业用钢的特殊要求，我国冶金工业又发展了许多专门用途的钢材，如锅炉和压力容器用钢等。压力容器用钢在牌号末尾标上"R"字样。这类钢要求质地均匀，杂质含量较低，且需要进行某些力学性能方面特殊项目的检验。

由铸造而得的碳钢件，其材料牌号前须标注"ZG"字样，其后两组数字则是屈服极限与强度极限的数值（N/mm² 即 MPa），如 ZG200—400、ZG310—570 等。

2.4 低合金高强度结构钢

低合金钢中的低合金高强度结构钢，是一类可焊接的低碳低合金工程结构用钢。其含碳量在 0.1%~0.25%，含有少量合金元素（其总量一般不超过 5%）。与相同含碳量的碳素结构钢相比，有较高的强度和屈强比，并有较好的韧性和焊接性，因此经常用来制造受压容器。其牌号有 Q345、Q390、Q420、Q460、Q500、Q550、Q620、Q690 等。牌号的表示方法与碳素结构钢相同。

压力容器常用的低合金高强度结构钢是在普通碳素结构钢的基础上，加入少量或微量我国富产的合金元素如 Mn（锰）、Si（硅）、Mo（钼）、V（钒）、Nb（铌）、RE（混合稀土元素）等，从而使钢的强度和综合力学性能得到明显改善，用以代替碳素结构钢使用，能大大节约钢材。近几年来，我国还研制成功许多耐蚀、耐热、耐低温等具有特殊用途的低合金高强度结构钢，从而大大扩大它的使用范围。

低合金高强度结构钢在化工设备设计和制造中推广使用以来，已取得了显著成绩。它不仅节约钢材，减轻设备自重 20%~30%，而且提高负载能力，延长寿命，并满足一些特殊要求，因此越来越显示出它的经济效果。

用于化工设备的低合金高强度结构钢，除要求强度外，还要有较好的塑性和焊接性，以利设备的加工制造。用于化工容器的低合金高强度结构钢板，其强度较高者，则其塑性和焊接性能将有所下降，这是由于强度较高，则其合金元素含量较多，硬化作用也就较大的缘故。因此必须根据容器的具体操作条件（如温度、压力）和制造加工条件（如卷板、焊接）来选用适当强度级别的钢材。

低合金高强度结构钢板的牌号、化学成分、力学性能(部分)及用途摘录如表 2-6 所示。

表 2-6　低合金高强度结构钢板的牌号、化学成分、力学性能(部分)与用途(摘录)

牌号	质量等级	化学成分(质量分数)/%			σ_s/MPa 以下厚度(直径、边长)/mm		σ_b/MPa		δ_s/%		与旧标准对应的牌号	特性与用途
		C	Si	Mn	≤16	≥16~40	≤40	>40~63	≤40	>40~63		
Q345	A B C D E	≤0.20（A,B,C） ≤0.18（D,E）	≤0.50	≤1.70	≥345	≥335	470~630	470~630	≥20 ≥21	≥19 ≥20	12MnV、16Mn、14MnNb、16MnRE、18Nb	综合力学性能良好,低温性能尚可,塑性和焊接性良好,用于制作中低压容器、油罐、车辆、起重机、矿山设备、电站、桥梁等承受动荷的结构、机械零件。热轧或正火状态使用,可用于-40℃以下寒冷地区的各种结构
Q390	A B C D E	≤0.20	≤0.50	≤1.70	≥390	≥370	490~650	490~650	≥20	≥19	15MnV、15MnTi、16MnNb	
Q420	A B C D E	≤0.20	≤0.50	≤1.70	≥420	≥400	520~680	520~680	≥19	≥18	15MnVN、14MnVTiRE	综合力学性能、焊接性良好,低温韧性很好,用于大型船舶、桥梁、车辆、高压容器、重型机械及其他焊接结构
Q460	C D E	≤0.20	≤0.60	≤1.80	≥460	≥420	550~720	550~720	≥17	≥16	—	主要用于各种大型工程结构及要求强度高、载荷大的轻型结构
Q500	C D E	≤0.18	≤0.60	≤1.80	≥560	≥470	610~770	600~760	≥17	≥17	—	主要用于各种工程结构及工程机械制造,可满足工程构件大型化、轻量化的要求

2.5　合金钢

随着现代化工业和科学技术的不断发展,对钢铁材料也提出更高的要求。要求钢材有更高的强度,并且还具有耐温(高、低)、耐高压、耐腐蚀等特性。例如,大型氮肥厂中所用的金属材料,用天然气或石油气制氢的转化炉,其燃烧温度高达 1 050℃,压力高达 3 MPa,这就要求金属材料能耐高温氧化和具有高温强度等性能;用深冷法制氮的设备,则要求金属材料在-196℃时有冷韧性(低温不脆)的特性;在氨合成塔中,氮和氢是在高温高压下进行反应而合成氨,因而制造合成塔的材料,必须具有高温高压下抗氢氮腐蚀的特性。大型氮肥厂的单机设备很大,如瓶式合成塔高达 27 m,外径 3.2 m,壁厚近 200 mm,总质量有三百多吨,这种既重又大的设备,给制造、运输、安装造成很大困难,因而对制造这些大型设备的金属材料要求强度高,综合力学性能好,以减小设备的壁厚和自重。如果用碳素钢制造,无论怎样改善热处理工艺也不易淬透,因而不能达到良好的综合力学性能的要求。至于高温抗氧化性、热强性、冷韧性、在高温高压下耐氢氮腐蚀的性能，碳素钢就更不具备了。面对这一系列的实际问题，就迫使人们去研制新的金属材料。

为了解决上述问题，人们很快注意到这样一个事实：这就是钢中除碳外，其他杂质（硅、锰、硫、磷、氧、氢、氮等）的含量稍有变化，钢材的性能则产生明显的改变。是否能在碳素钢中再另外加入一种或几种元素来改变钢的组织和性能，以满足工业上提出的各种要求呢？从近年来的生产实践和科学实验积累的经验资料证明，这种办法是行之有效的。在这种思想指导下，已经成功地生产了大量的各种类型的钢材。例如在 40 号钢中加入 0.80% ～ 1.10%Cr，则这种铬钢在水中淬透的直径可以从 40 号钢的 20 mm 提高到 45 mm。又如在低碳素钢中加入高于 13%Cr，这种钢就具有不生锈的特殊性能。上述这些为改善钢的组织和性能而特意加入的元素，称为合金元素。含有合金元素的钢称为合金钢。硅、锰作为杂质存在于钢中时，其含量分别不超过 0.37% 和 0.80%，若其含量超出这一限度时，就算合金元素了。目前常用的合金元素有：锰（Mn）、硅（Si）、铬（Cr）、镍（Ni）、铝（Al）、硼（B）、钨（W）、钼（Mo）、钒（V）、钛（Ti）、铌（Nb）和混合稀土元素（RE）等。这些元素的加入，可提高钢的综合力学性能、淬透性等，而且还使某些钢种具有特殊的物理性能与化学性能如耐蚀和耐热性能等。但从另一方面看，由于这些元素的加入使钢的成本提高。因此，合金钢只用于重要的、碳素钢不能满足其性能需要的工件上。

2.5.1 合金元素在钢中的作用

与碳素钢相似，在合金钢中，合金元素主要以两种形式存在，即溶入铁素体内，形成合金铁素体（固溶体），或与碳化合，形成合金碳化物。加入合金元素后，钢的性能所以能得到改善，主要由于下面一些规律。

1. 固溶强化铁素体

钢中加入固溶于 α-Fe 的合金元素都能使铁素体强化，即强度提高，这主要是由于溶入铁素体内合金元素（溶质）的原子使铁素体晶格歪扭从而阻碍晶体滑移的结果。图 2-7(a) 为溶质原子直径小于溶剂原子、图 2-7(b) 为溶质原子直径大于溶剂原子的固溶强化示意图。属于此类的合金元素有 Mn、Si、P 等。如常用的低合金钢 Q345（旧牌号为 16Mn），就是在 Q235 钢的基础上加入 1.2% ～ 1.6%Mn，从而使屈服极限 σ_s 由 Q235 钢的 235 MPa 提高到 Q345 钢的 345 或 335 MPa。Si、Mn、Ni 等对铁素体的强化效果最显著，Cr、Mo、W、V 较弱些。

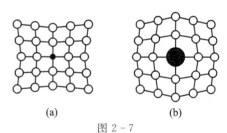

(a)   (b)

图 2-7

2. 弥散强化铁素体

在钢中加入能与碳形成碳化物或与其他合金元素形成金属间化合物的元素，当这些碳化物或金属间化合物以极小的质点（或薄片）析出，并呈弥散状分布于铁素体上时，便能阻止铁素体在塑性变形时沿滑移面滑动，从而增加对外力作用的抗力（变形抗力），故强度可提高。低合金钢 Q390（旧牌号为 15MnV）就是根据这一原理，在 15MnTi 的基础上发展起来的，即用 0.40% ～ 0.12%V 取代 0.12% ～ 0.2%Ti，从而使得 15MnV 钢中的 V 与 C 化合成碳化钒 V_4C_3，细化了晶粒并呈现微小的薄片弥散（有时称沉淀）分布于铁素体内，故能使铁素体强化，并使钢的强度提高。

3. 细化晶粒

钢中加入与碳亲和力强的合金元素如 Ti、V、Nb、B、Mo、Cr 等,这些元素能与碳结合成碳化物,在热处理加热时能阻止奥氏体晶粒变粗,冷却后便能细化晶粒,故强度、韧性提高。如低合金钢 15MnTi(相应新牌号为 Q390)就是根据这一原理在 16Mn(相应新牌号为 Q345)的基础上发展起来的屈服极限 σ_s 为接近 400 MPa 级的钢种。

4. 改善钢的热处理性能

除钴(Co)、硫(S)等极少元素外,大多数合金元素如 Mn、Cr、Al、Si、Ni、B、P 等都能使钢在较缓慢冷却速度下,就能得到淬火组织,故多数合金钢都是在油中淬火的,这大大减少了工件在急剧冷却的水中淬火时容易产生变形和开裂的风险。如上所述,在相同的冷却速度下,合金钢的淬硬层深度比碳素钢大,也即合金钢的淬透性好,故在设计中压、高压容器上直径较大或受力较大的螺栓时,应选用合金结构钢。

2.5.2 合金钢的牌号

我国合金钢的有关标准一般是按用途来分类的。按钢材的用途,可划分为结构钢、工具钢、特殊性能钢三大类。结构钢用于制作各种机器零件及钢结构,一般是低、中碳钢;工具钢用于制造工具,如切削刀具、量具和冷、热模具;特殊性能钢具有各种特殊物理化学性能,如不锈钢、耐热钢、低温用钢等。

我国合金钢牌号的标记方法一般是按照钢材的含碳量、所含合金元素的种类和数量以及质量级别来进行。化工行业常用钢材的标记规则如下:

① 牌号的首部数字表示含碳量。对于合金结构钢,其含碳量的表示方法和优质碳素结构钢一样,以万分之一的碳作为一个数字单位,其数字是两位。如 35CrMo 表示这种钢的平均含碳为万分之三十五,铬和钼的含量分别为 1%左右(含量低于 1.5%的合金元素不标注含量)。对于合金工具钢,则以千分之一的碳作为一个数字单位,其数字为一位。如 9CrSi,表示平均含碳为 0.9%,各含有约 1%的铬和硅。如果有些合金工具钢含碳量超过 1.0%,那么在牌号中将会出现两位数字,为了避免与结构钢编号相混,对含碳量超过 1.0%者,在牌号中不表示其含碳量,如 CrWMn,表示含碳量超过 1.0%的铬、钨、锰三元合金工具钢。

② 在表示含碳量的数字后面,标以所含合金元素的化学符号。当某一元素的上限含量超过 1.5%时,则在元素符号后面注出其近似百分比,否则只写上化学符号。例如,09Mn2V,表示平均含碳量为 0.09%,含锰量大约 2%,以及含有少量钒的低碳合金结构钢。

③ 特殊性能高合金钢的编号方法视具体钢种而定,有些钢种的旧牌号曾与合金工具钢相似,例如 20Cr13(旧牌号为 2Cr13),表示其平均含碳量为 0.2%,含铬量为 13%的不锈钢。06Cr13(旧牌号为 0Cr13),表示含碳量低于或等于 0.08%,含铬量约为 13%的微碳铬不锈钢。022Cr17Ni14Mo2(旧牌号为 00Cr17Ni14Mo2),表示含碳量低于或等于 0.03%,并含有17%Cr、14%Ni 和 2%Mo 的超低碳铬镍钼不锈钢。

④ 对于含硫、磷较低的高级优质钢,在牌号末尾加一个"A"字例如 35CrMoA,表示平均含碳量为 0.35%的铬钼高级优质合金结构钢。

2.5.3 不锈钢

不锈钢是合金钢中的一种特殊性能钢。由于在化学工业生产中,设备的制造材料不仅要求有一定的力学性能和工艺性能,而且还要求有耐蚀(不锈)性能。因为这些设备往往在酸、碱、盐以及各种活性气体等介质中工作,其失效的原因,多是由腐蚀所致。在化学工业中广泛地应用各种类型的不锈钢。

在许多腐蚀性介质中,用铬、镍、钼、硅等合金元素合金化的不锈钢具有很高的化学稳定性,因而不锈钢是广泛使用的耐蚀材料。不锈钢不仅具有耐蚀性,还具备较好的耐热性(抗氧化性和高温强度),因此也是一种重要的耐热材料。稳定的奥氏体不锈钢,在液态氢(−253℃)低温下,仍能保持很高的韧性,所以又是很好的低温结构材料。总之,不锈钢具有许多优良性能,在化工、石油、原子能、航天、海洋开发、国防工业和其他一些科学技术领域,以及日常生活中都得到广泛的应用。

不锈钢在使用条件下,可以具备奥氏体、铁素体或马氏体(铁在铁素体中形成过饱和的固溶体)组织结构。所以,按其组织结构划分,有奥氏体类不锈钢、铁素体类不锈钢和马氏体类不锈钢三大类。各类不锈钢尽管都有不完全相同的优良性能,但其共性是耐蚀(不锈)。所谓"耐蚀性"是相对的,它是指在一定的外界条件下,在腐蚀介质中工作时,具有高的化学稳定性的特性。一般在弱腐蚀介质(如大气)中耐腐蚀的钢称为不锈钢,而在各种强腐蚀介质中耐腐蚀的钢称为耐酸钢。但是,往往将两者统称为不锈钢。

1. 金属腐蚀的基本知识

金属腐蚀是金属在周围介质(大气、水、酸、盐类溶液等)的作用下所引起的破坏。根据腐蚀作用的过程,可分为化学腐蚀和电化学腐蚀。

(1) 化学腐蚀

化学腐蚀是指金属表面与周围介质直接发生纯化学作用而引起的腐蚀,其特点是在腐蚀进行过程中不产生电流,其腐蚀后的产物能形成一层膜覆盖在金属表面。膜的力学、化学和物理的性能直接影响腐蚀速度。有的膜能抑制腐蚀过程,具有良好的保护作用。这类腐蚀现象常见于金属与干燥气体或与非电解质溶液相接触的场合。

碳素钢在加热时形成氧化铁皮,就是比较常见的一种化学腐蚀现象。当金属在高温下氧化,形成的氧化物能致密地覆盖在金属的表面,并能阻碍氧原子向金属内部扩散时,这种氧化物就成为防止金属继续氧化的保护膜,从而达到防护的目的。

(2) 电化学腐蚀

电化学腐蚀是指金属在周围介质中因发生电化学作用而产生的腐蚀,例如金属与酸、碱、盐等电解质溶液接触时发生作用而引起的腐蚀。它与化学腐蚀不同,在腐蚀过程中有电流产生,即所谓微电池作用。以锌和铜在稀硫酸溶液中的表现为例,说明电化学的腐蚀过程。

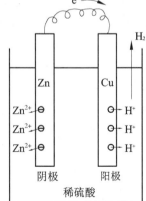

图 2-8 是锌-铜电池示意图。锌和铜在 H_2SO_4 稀溶液中构成了一个电池,因为锌的电极电位低于铜的电位,所以构成为阳极。阳极反应是锌被溶解:

$$Zn \longrightarrow Zn^{2+} + 2e^-$$

阳极释放出的电子经过外部导线移动到阴极。在铜质的阴极上,流来的电子被能吸收电子的物质所吸收,在这里即被溶液中的阳离子(H^+)所吸收,而在阴极上放出氢气:

$$2H^+ + 2e^- \longrightarrow H_2 \uparrow$$

图 2-8

整个电池的反应：

$$Zn+2H^+ \longrightarrow Zn^{2+} + H_2 \uparrow$$

若阳、阴两极的反应能继续不断地进行下去，则锌将不断地被溶解，也即锌被稀硫酸腐蚀了。

金属材料内部组织成分的不均匀性，在电解液中也可构成腐蚀电池而被腐蚀，这种腐蚀电池习惯上常称为微电池，因为它是属于微观的。例如钢的基体与杂质之间，常因杂质的电极电位高于基体，而使钢基体受到严重的腐蚀。又如钢中的铁素体与渗碳体之间，也常因渗碳体的电极电位较高而形成微电池，使钢受到腐蚀。

电化学腐蚀的过程比化学腐蚀要复杂得多，也是危害比较大的一种腐蚀，金属和合金的破坏大多数属于电化学腐蚀的结果。在大部分情况下，电化学腐蚀反应如能被阻止，腐蚀就能减缓或被抑制。

2. 提高钢材抗腐蚀性能的措施

金属抗腐蚀性的好坏，首先是与金属或合金的性质有关。不同金属因其化学活性不同，故其抗腐蚀性也各不相同。例如贵金属中的 Cu、Ag 和 Au 都有良好的抗腐蚀能力，而化学活性极高的 Li、Na、K 等其抗腐蚀能力极差。但有一些金属，其化学活性虽然也很高，例如铝（Al），可是由于铝表面容易生成保护膜，所以它也具有良好的抗腐蚀性。

钢材的抗腐蚀性能与钢材的化学成分、金相组织、设备结构有关，故要提高钢材的抗腐蚀性能可以从以下这三方面采取措施。

（1）提高电极电位

当两种金属相互连接而放入电解质溶液时，由于两者的电极电位不同，彼此之间就会形成一个腐蚀电池。电极电位较低的金属为阳极，将不断被腐蚀；而电极电位较高的金属为阴极，将受到保护。由此可知，欲提高金属的抗蚀性，就必须提高金属本身的电极电位。为了达到这一目的，一般在碳素钢中常加入较多的 Cr、Ni 等合金元素。

钢中加入一定量的合金元素铬，就会使电极电位提高。实践证明，在大气条件下向铁中加入大于 11.7% 的铬后，则铁的电极电位由 -0.56 V 突然跃升至 $+0.2$ V（图 2-9），因此其抗蚀性显著提高。

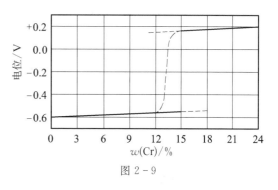

图 2-9

（2）使金属呈单一相组织

金属材料内部组织的不均匀性，在电解质溶液中也可因形成腐蚀微电池而被腐蚀。例如碳素钢中的铁素体与渗碳体之间，也常因渗碳体的电极电位较高，而形成腐蚀微电池，使钢受到腐蚀。因此，从微电池腐蚀的观点看，钢的组织为单一的奥氏体或单一的铁素体时，将是比较耐腐蚀的。为了达到这一目的，在碳素钢中同时加入铬和镍，使其形成单一的奥氏体组织来提高钢的抗腐蚀能力。

（3）设计合理的设备结构

化工设备的腐蚀在很多场合下与它们的结构有关，不合理的结构通常引起机械应力、热应力、液体的停滞、局部过热等，它们都能引起或加剧金属的腐蚀。因此，设计较合理的设备结构，往往也是减轻腐蚀的一种有效措施。

焊缝处通常最容易发生腐蚀。因为焊接是在高温下进行的,由于加热、冷却不均匀,容易产生焊接残余应力,并由于焊缝附近的化学成分与主体金属不同,在接触化学介质时,容易形成应力腐蚀。这种腐蚀可通过热处理(退火)或选择适当焊条加以解决。例如,大型合成氨装置的 CO_2 再生塔与碱性溶液接触,未经退火的焊缝在使用了六个月后,由于溶液中的初生态氢渗入钢中,与焊接时产生的残余应力相互结合,促使焊缝处发生裂纹,而经过消除焊接残余应力的焊缝就不会发生裂纹。

在设计设备焊缝时,应尽可能采用对接焊缝,而搭接焊或角焊由于局部过热较严重,易引起腐蚀。不同厚度的钢材焊接时,厚度相差不能太大。设备与接管的焊接,从防腐蚀角度考虑,最好不采用角焊缝,而采用对接焊缝(图 2-10)。

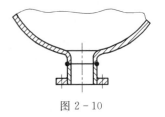

图 2-10

在设计设备结构时,应尽量避免形成死角(图 2-11)。有了死角,就会造成液体停滞,形成浓度差,促进腐蚀;不均匀的污垢和沉淀也可能加速腐蚀。

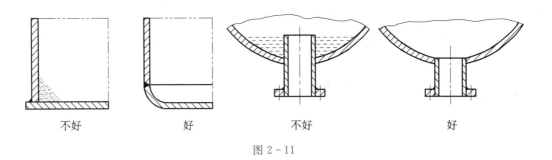

不好　　　　　好　　　　　不好　　　　　好

图 2-11

提高金属抗腐蚀性能的措施除上述三种外,还可采用涂料、非金属衬里、耐蚀金属衬里等隔绝层的方法,使金属不与腐蚀介质接触;或者在腐蚀性介质中加入少量的缓蚀剂,以使金属的腐蚀速度大为降低,甚至停止。由于缓蚀剂技术具有使用简便、见效迅速、成本低、可以把腐蚀速度控制到很低水平等优点,故近年来发展较快。也可采用电化学的方法来保护设备的金属材料,使其免于或减缓腐蚀。

3. 不锈钢的品种及性能

根据所含主要合金元素的不同,不锈钢常分为以铬为主的铬不锈钢,以铬、镍为主的铬镍不锈钢,目前还发展了节镍(无镍)不锈钢。化工上常用不锈钢的新旧牌号对照、化学成分摘录如表 2-7 所示。

(1) 铬不锈钢

在铬不锈钢中,起耐腐蚀作用的主要元素是铬,铬能固溶于铁的晶格中形成固溶体。在氧化性介质中,铬能生成一层稳定而致密的钝化膜,对钢材起着保护作用而耐腐蚀,但这种耐腐蚀作用的强弱常与钢中的含碳、含铬量有关。上面已指出,当含铬量大于 11.7% 时,钢的耐蚀性就有显著的提高,而且含铬量越多则越耐蚀。但由于碳是钢中必须存在的元素,它能与铬形成铬的碳化物(如 $Cr_{23}C_6$ 等),因而可能消耗过多的铬,致使铁固溶体中的有效铬含量减少,使钢的耐蚀性降低,故不锈钢中含碳量越少则越耐腐蚀。为了使铁固溶体中的含铬量不低于 11.7%,以保证耐腐蚀性能,就要把不锈钢的总铬量适当地提高一些,所以实际应

表 2 - 7 不锈钢的牌号与化学成分（摘录）

类别	新牌号	旧牌号	统一数字代号	化学成分（质量分数）/%								
				C≤	Si≤	Mn≤	P≤	S≤	Ni	Cr	Mo	其他
奥氏体型	12Cr18Ni9	1Cr18Ni9	S30210	0.15	1.00	2.00	0.035	0.030	8.00~10.00	17.00~19.00		
	06Cr19Ni10	0Cr18Ni9	S30408	0.07	1.00	2.00	0.035	0.030	8.00~11.00	17.00~19.00		
	022Cr19Ni10	00Cr19Ni10	S30403	0.030	1.00	2.00	0.035	0.030	8.00~12.00	18.00~20.00		
	06Cr25Ni10	0Cr25Ni20	S31008	0.08	1.00	2.00	0.035	0.030	19.00~22.00	24.00~26.00		
	06Cr17Ni12Mo2	0Cr17Ni12Mo2	S31608	0.08	1.00	2.00	0.035	0.030	10.00~14.00	16.00~18.50	2.00~3.00	
	06Cr17Ni12Mo2Ti	0Cr18Ni12Mo2Ti	S31668	0.08	1.00	2.00	0.035	0.030	11.00~14.00	16.00~19.00	1.80~2.50	$w(Ti)=5×[w(C)-0.70]$
	022Cr17Ni14Mo2	00Cr17Ni14Mo2	S30603	0.030	1.00	2.00	0.035	0.030	12.00~15.00	16.00~18.00	2.00~3.00	
	06Cr19Ni13Mo3	0Cr19Ni13Mo3	S31708	0.08	1.00	2.00	0.035	0.030	11.00~15.00	18.00~20.00	3.00~4.00	
	022Cr19Ni13Mo3	00Cr19Ni13Mo3	S31703	0.030	1.00	2.00	0.035	0.030	11.00~15.00	18.00~20.00	3.00~4.00	
	06Cr18Ni11Ti	0Cr18Ni10Ti	S32168	0.08	1.00	2.00	0.035	0.030	9.00~13.00	17.00~19.00		$w(Ti)≥5×w(C)$
奥氏体-铁素体型	022Cr19Ni5Mo3Si2N	00Cr18Ni5Mo3Si2	S21953	0.030	1.30~2.00	1.00~2.00	0.035	0.030	4.50~5.50	18.00~19.50	2.50~3.00	
铁素体型	06Cr13Al	0Cr13Al	S11348	0.08	1.00	1.00	0.035	0.030		11.50~14.50		$w(Al)=0.10~0.30$
马氏体型	12Cr13	1Cr13	S42020	0.15	1.00	1.00	0.035	0.030		11.50~13.50		
	06Cr13	0Cr13	S11306	0.08	1.00	1.00	0.035	0.030		11.50~13.50		

用的不锈钢,其平均含铬量都在13%以上。常用的铬不锈钢如下:

① 12Cr13(1Cr13)、20Cr13(2Cr13)等。这些钢种,在淬火之后焊接性能较差,故常经调质使用。调质后有较高的强度与韧性,并在温度低于30℃时,对弱腐蚀介质(如盐水溶液、硝酸、浓度不高的某些有机酸等)有良好的耐蚀性。在淡水、海水、蒸汽、潮湿大气条件下,也具有足够的耐蚀性;但在硫酸、盐酸、热硝酸、熔融碱中耐蚀性低,故多用作化工机器中受力大的耐蚀零件,如轴、活塞杆、阀件、螺栓、浮阀(塔盘零件)等。

② 06Cr13(0Cr13)等钢种。因形成奥氏体元素的碳含量少(都小于0.1%),含铬多,且铬、钛(少量)都是形成铁素体的元素,故在高温与常温下都是铁素体组织,因而常在退火状态下使用。它们具有较好的塑性,而且耐氧化性酸(如稀硝酸)和硫化氢气体腐蚀,故常用来部分代替高铬镍型不锈钢用于化工设备上,如用于维纶生产中耐冷醋酸和防铁锈污染产品的耐蚀设备上。

(2) 铬镍不锈钢

为了改变钢材的组织结构,并扩大铬钢的耐蚀范围,在铬钢中加入镍就成了铬镍钢。压力容器中常用铬镍不锈钢的牌号有12Cr18Ni9(1Cr18Ni9)、06Cr18Ni11Ti(0Cr18Ni10Ti)和06Cr17Ni12Mo2(0Cr17Ni12Mo2)等。其中因12Cr18Ni9(1Cr18Ni9)含C量小于0.14%,含Cr量为17%～19%,含Ni量为8%～11%,故常以其Cr、Ni平均含量"18-8"来标志这种钢的代号。这种钢经固溶处理(加热至1 000～1 100℃,在空气中或水中淬冷)后,形成单一的奥氏体组织,可得到良好的耐蚀性、耐热性、低温和高温力学性能及焊接性能。

铬镍不锈钢在500～800℃极易引起晶间腐蚀。这种腐蚀主要是由于在晶界上析出碳化物,形成碳化铬$Cr_{23}C_6$使晶界附近的铬含量降低到低于抗腐蚀所需的最小含量11.7%以下,从而使腐蚀集中在晶界附近的贫铬区。这种沿晶界附近产生的腐蚀现象称为晶间腐蚀,其结果使钢材发生脆性破坏。

为了防止晶间腐蚀,可在钢中加入与碳亲和力比Cr更强的Ti、Nb等元素以形成稳定的TiC和NbC,把碳固定住,从而防止碳与铬生成碳化铬,故可大大减少晶间腐蚀的倾向。如06Cr18Ni11Ti(0Cr18Ni10Ti)就是根据上述原理而制成的。减少钢中的含碳量以减少铬的析出,也能减少晶间腐蚀的倾向,如06Cr19Ni10(0Cr18Ni9),含碳量$w(C) \leqslant 0.06\%$。当$w(C) < 0.02\%$时,即使在缓冷条件下,也不会析出碳化铬,这就是所谓超低碳铬镍钢,如022Cr19Ni10(00Cr19Ni10)。但超低碳铬镍钢冶炼比较困难,价格更高。

高铬镍不锈钢在强氧化性介质(如硝酸)中具有很高的耐蚀性,但在还原性介质(如盐酸、稀硫酸)中则是不耐蚀的。为了扩大在这方面的耐蚀范围,常在铬镍钢中加入合金元素Mo、Cu,如022Cr17Ni14Mo2(00Cr17Ni14Mo2)。一般含Mo的钢对氯离子Cl^-的腐蚀具有较大的抵抗力,而同时含Mo和Cu的钢在室温、浓度为50%以下的硫酸中具有较高的耐蚀性,在低浓度盐酸中也比不含Mo、Cu的钢具有较高的化学稳定性。

(3) 铬锰氮不锈钢

镍在自然界中是一种稀缺元素,为减少奥氏体不锈钢中镍的用量,在钢中加入稳定奥氏体组织的元素Mn和N代替稀缺元素Ni,可以得到少镍的奥氏体不锈钢及无镍的Cr-Mn-N系奥氏体不锈钢等。

各种不锈钢的主要使用特性对比可参见表2-8。

表 2 - 8　不锈钢的主要使用特性对比

特 性		奥氏体型不锈钢	奥氏体-铁素体型不锈钢	铁素体型不锈钢	马氏体型不锈钢	备 注
耐蚀性能	耐大气腐蚀性能	良好	良好	良好	一般	与合金元素有关
	耐酸腐蚀性能	良好	良好	良好	一般	与合金元素有关
	耐孔蚀、间隙腐蚀	良好	良好	良好	一般	与合金元素有关
	耐应力腐蚀裂纹	一般	良好	良好	一般	与合金元素有关
耐热性能	高温强度	良好	稍差	稍差	良好	高温脆性
	高温氧化、硫化	良好	—	良好	一般	—
	热疲劳	一般	—	良好	一般	—
加工性能	焊接性能	良好	良好	一般	一般	
	冷加工(深冲)	良好	稍差	良好	稍差	
	冷加工(胀形)	良好	稍差	一般	稍差	
	切削性能	一般	一般	一般	一般	
强度	室温强度	一般	良好	一般	良好	
	低温强度、韧性	良好	差	差	稍差	
	疲劳、切口敏感性	良好	一般	一般	一般	
其他	非磁性能	良好	差	差	差	
	电热性能	一般	—	良好	—	

2.5.4　耐热钢

石油和天然气工业中,在原油加热、裂解、催化设备中,常需用到许多能耐高温的钢材,例如裂解炉管,在工作时就要求能承受650~800℃的高温。在这样高的温度下,一般碳素钢是无法胜任的,必须采用耐热钢。这主要是因为一般碳素钢在较高的温度下,抗氧化腐蚀性能和强度变得很差。以20号钢为例,在500℃时,化学性能还是稳定的,但大于540℃时,在氧化性的气体中就不稳定了,钢的表面就会被氧腐蚀而生成氧化皮,并层层剥落,在不长时间内,就被氧化腐蚀掉。在强度方面,20号钢在500℃时屈服极限只有50 MPa,比在室温时低得多。这是因为20号钢在480~500℃时,钢中的Fe_3C开始分解出石墨碳(此过程称为石墨化过程),而石墨的强度是极低的。另外,钢在再结晶温度(20号钢的T_{rc}约为400℃)以上受力变形时,没有冷作硬化作用,因而使钢变得很软、强度很低、塑性极好、抗蠕变性能很差。

由上述分析,从强度与抗氧化腐蚀两方面来考虑,一般碳素钢大多只能用于400℃以下的温度。当使用温度要求更高时,就应选用其他更耐热的钢种。

总的说来,高温设备对钢材的要求有两个方面:良好的化学稳定性,主要是抗氧化性;热强性。因此,化工设备上常用的耐热钢,按耐热要求的不同,可分为抗氧化钢与热强钢。抗氧化钢主要能抗高温氧化,但强度并不高,常用作直接着火但受力不大的零部件,如热裂解管、热交换器等。热强钢主要能抗蠕变,但也有一定的抗氧化能力,常用作高温下受力的零部件,如加热炉管、再热蒸汽管等。

实验证明,在钢中加入Cr、Al、Si、Mn、Ni、Mo、Ti等元素,可提高钢的高温强度和抗氧化能力。常见耐热钢有12Cr13(1Cr13)、12Cr13Si3(1Cr13Si3)、12Cr18Ni9Ti(1Cr18Ni9Ti)等。

2.5.5 低温用钢

在化工生产中,有些设备(如深冷分离、空气分离、润滑油脱脂、液化天然气贮存等)常处于低温状态下工作,因而其零部件必须采用能承受低温的金属材料制造。普通碳素钢在低温(−20℃以下)变脆,冲击韧性显著下降,这就促使人们寻求耐低温的金属材料。对低温用钢的基本要求是具有良好的韧性(包括低温韧性),良好加工工艺性和可焊性。为了保证这些性能,低温用钢的含碳量应尽可能降低,其平均含碳量为 0.08%~0.18%,以形成单相铁素体组织,再加入适量的 Mn、Al、Ti、Nb、Cu、V、N 等元素以改善钢的综合力学性能。但在深低温使用条件下,铁素体低温用钢还是不能满足上述基本要求,于是就从钢材的金相组织结构出发,寻求低温韧性更好的金相组织——单相奥氏体组织,我国研制成功的 15Mn26Al4 钢就是这一类型低温用钢,其中 Mn 是形成奥氏体的基本元素,Al 作为稳定奥氏体组织的元素。

目前国外低温设备用的钢材,主要是以高铬镍钢为主,其次是使用镍钢和铝镇静钢等。结合我国的资源情况,近年我国研制成功无铬镍的低温用钢系列,并逐步应用于生产。这些钢的主要牌号和力学性能列于表 2-9 中。牌号表示方法与合金结构钢相同,其中"D"表示"低温"中"低"的汉语拼音首字母。"R"表示"容器用钢"中"容"的汉语拼音首字母。

表 2-9 低温用钢的主要牌号和力学性能

牌号	钢板公称厚度/mm	拉伸试验[1]			冲击试验		180°弯曲试验[2]弯心直径 ($b \geqslant 35$ mm)
		抗拉强度 $\sigma_b(R_m)$ /(N/mm²)	屈服强度 $\sigma_s(R_{eL})$ /(N/mm²)	伸长率 $\delta(A)$ /%	温度 /℃	冲击吸收能量 KV_2/J	
		不小于				不小于	
16MnDR	6~16	490~620	315	21	−40	34	$d=2a$ [3]
	>16~36	170~600	295				
	>36~60	460~590	285				$d=3a$
	>60~100	450~580	275		−30	34	
	>100~120	440~570	265				
15MnNiDR	6~16	490~620	325	20	−45	34	$d=3a$
	>16~36	480~610	315				
	>36~60	470~600	305				
09MnNiDR	6~16	440~570	300	23	−70	34	$d=2a$
	>16~36	430~560	280				
	>36~60	430~560	270				
	>60~120	420~550	260				

注:① 当屈服现象不明显时,采用 $R_{p0.2}$。
② 弯曲试验仲裁试样宽度 $b=35$ mm。
③ a 为钢板厚度。

我国研制的无铬镍低温用钢的共同点:(1) 综合利用我国富有的 Mn、Nb、V、Al、Ti、Cu 等合金元素;(2) 合金元素少,冶炼加工工艺简单;(3) 含碳量较低,可焊性良好;(4) 一般为正火供货和使用,价廉。

2.5.6　抗氢腐蚀钢

氢在常温下对钢没有明显的腐蚀,但当温度在 $200\sim300℃$、压力为 30 MPa 时,氢会扩散入钢内,与渗碳体进行化学反应而生成甲烷,使钢脱碳并产生大量的晶界裂纹和鼓泡,从而使钢的韧性和塑性显著降低,并且产生严重的脆化。因此,在高温高压及富氢气体中工作的设备,在选材时首先要考虑抗氢腐蚀。

为防止氢对钢的腐蚀,一方面可以在钢中加入与碳的亲和力较氢强的合金元素,如 Cr、Ti、W、V、Nb、Mo 等,以形成稳定的碳化物,从而把碳固定住,以免生成甲烷。而另一方面,尽量降低钢中碳的含量。如"微碳纯铁",其含碳量低于或等于 0.01%,它抗 H_2、N_2、NH_3 的腐蚀性都很好,但其强度低,故使用上常受到限制。

根据上述原则,我国目前生产的抗氢钢种有下列几种:

① 16MoR:0.5Mo 类型的钢,可制作使用温度在 $475℃$ 以下的容器。

② 12CrMo:0.5Cr - 0.5Mo 型的铬钼钢,可制作使用温度在 $540℃$ 以下的容器。

③ 12Cr2Mo1R:2.25Cr - 1Mo 类型钢,可作正火、正火加回火及调质处理,所获得的力学性能差别较大。这种钢材的焊接性能差,焊前需要预热,焊后需要回火。

2.5.7　抗氮化腐蚀钢

干燥的氮气在温度低于 $500℃$ 时,对大多数金属是不起作用的。因为 N_2 是一种不易离解的气体分子,不易溶于钢,也不易与金属生成化合物,因此氮肥厂合成气中的 N_2 对钢是没有腐蚀作用的。不过,合成氨在 $300\sim500℃$ 时(合成塔内件的工作温度即在此范围内),却能在铁表面上分解,并形成初生态的氮,而这种初生态的氮几乎能和碳化物的所有金属元素(如 Fe、Mn、Cr、W、V、Ti、Nb 等)形成氮化物。这种氮化物性质很脆,当腐蚀严重时,钢材就极容易发生脆裂。但氮化腐蚀与氢腐蚀不同,氮化腐蚀首先是在金属表面开始形成一层薄的氮化层,并随着时间增加,由于氮与金属原子的不断扩散,氮化层也越来越深,以致深化到钢材的整个截面。而且温度越高,氮化腐蚀的速度也越快。在钢的氮化腐蚀过程中,氮化速度的大小还与形成氮化物的组织状况有关。例如 18 - 8Ti 钢之所以比 15CrMo 耐氮化腐蚀,并不是由于 18 - 8Ti 不锈钢的表面不形成氮化层,而是 18 - 8Ti 钢表面所形成的氮化层的组织比 15CrMo 的紧密得多,这就使氮化过程中原子扩散的阻力大大增加,从而使氮化速度变得很慢,故常用 18 - 8Ti 钢作氨合成塔的内件,就是这个道理。

除 18 - 8Ti 钢外,12Cr18Mn9Ni5N(1Cr18Mn8Ni5N)不锈钢也可作合成塔的内件。它是一种节镍的不锈钢,其力学性能与制造工艺性能都和 18 - 8Ti 钢相近,在氮化腐蚀试验中表现也很好,但因其含 Cr、Ni 量也不少,故其使用价值受到了限制。

2.6　有色金属及其合金

在工业上,除铁外的金属,都称为有色金属或非铁金属。有色金属及其合金常常具有极为可贵的各种特殊性能。例如,导电性、导热性良好,摩擦系数低,质轻、耐磨,在空气、海水及酸碱介质中的耐蚀性好,以及可塑性及铸造性良好等。但是,有色金属及其合金大多数稀有贵重,价格要比黑色金属及其合金高得多,因此,应在满足使用要求的条件下,尽量以黑色金属代替有色金属及其合金。

应用于化工机械及设备制造的有色金属,主要有铜、铝、铅、镍及其合金。

1. 铜及其合金

铜及其合金具有高的导电性、导热性、塑性、冷韧性以及在许多介质中具有高的耐蚀性,因此,在化学工业中应用甚广。

(1) 纯铜

纯铜又称紫铜,有良好的导电性、导热性和塑性,在低温时可保持较好的塑性和冲击韧性。铜耐浓度不高的硫酸、亚硫酸,低浓度和中浓度的盐酸、醋酸、氢氟酸及其他非氧化性酸等介质的腐蚀。对淡水、大气、碱类溶液的耐蚀能力很好。铜不耐各种浓度的硝酸、氨和铵盐溶液。

我国生产的工业纯铜牌号有 T1、T2、T3 三种。"T"为"铜"的汉语拼音首字母。T1 是高纯度铜,含杂质的量小于 0.05%,用于制造电线和配制高纯度合金。T2、T3 含杂质的量分别为 0.1%、0.3%,用来制造深度冷冻设备(如制氧机)、有机合成和有机酸工业用的蒸发器、蛇管等。但是,由于纯铜强度低,同时在许多介质中的耐蚀性不高,在化工上广泛应用的是它的合金——黄铜和青铜,尤其青铜是经常选用的耐蚀结构材料。

(2) 黄铜

铜和锌的合金称为黄铜。铜锌二元合金称为普通黄铜。为了改善黄铜的性能,除锌以外,还向其中加一定数量的 Sn、Al、Si、Ni、Mn 等其他合金元素的黄铜称为特种黄铜。

铜锌系合金的普通黄铜由于其价格较低,含锌量小于 45% 时又具有良好的压力加工性和较高的力学性能,同时耐蚀性和纯铜相似,特别是大气中耐蚀性要比纯铜好,因此,它在化工上应用很广。

不过普通黄铜在中性或弱酸性的溶液中,会出现脱锌的选择性腐蚀。这种现象是由于锌比铜更易于溶解在溶液中,因而使合金中的铜含量相对增多,并且使这种脱锌而形成的海绵态铜覆于黄铜表面,它与内部黄铜(阳极)构成微电池,加速电解,使黄铜进一步被腐蚀。为了防止脱锌作用,可在黄铜中加入 0.01%～0.02% 砷(As)。

普通黄铜的牌号用 H 加数字表示。"H"是黄铜的"黄"字汉语拼音首字母,其后面的数字代表平均含铜量的百分数。如 H62 即表示含铜 62% 的铜锌合金。化工上常用的普通黄铜牌号是 H80、H68、H62 等。H80、H68 塑性好,可在常温下冲压成型,制成容器的零件。H62 在常温下塑性较差,力学性能较高,价格低廉,可做深冷设备的筒体、管板、法兰及螺母等。

特种黄铜具有比普通黄铜好的力学性能和耐蚀性、抗磨性。特种黄铜可分为压力加工黄铜和铸造黄铜两种。压力加工黄铜加入的合金元素较少,塑性好,具有较高塑性变形能力,常用的有铅黄铜 HPb59-1、铝黄铜 HAl59-3-2 等。HPb59-1 为加入 1% 铅的黄铜,其含铜量为 59%,其余为锌。铅黄铜有良好的切削加工性能,常用来制作各种结构零件,如销子、螺钉、衬套、垫圈等。HAl59-3-2 含铝 3%、镍 2%、铜 59%,其余为锌,其耐蚀性较好,用于制造耐腐蚀零件。常用的铸造黄铜有 ZHSi80-3-3 和 ZHAl67-2.5 等。ZHSi80-3-3 为加入 3% 硅、3% 铅,其含铜量为 80%,其余为锌的铸造黄铜,具有很好的减摩性,可用作轴承衬套等。ZHAl67-2.5 为加入 2.5% 铝、含铜量 67%,其余为锌的铸造黄铜,其耐蚀性好,可用于化工设备制造中的耐蚀零件。

(3) 青铜

青铜是人类历史上最早使用的一种合金。铜合金中除紫铜、黄铜、白铜外,其余的均称为青铜。一般按铜中第一添加元素(如锡、铝、铍等)分别命名为锡青铜、铝青铜、铍青铜等,如 QSn4-3、QAl9-2 等。按生产方式又可分为压力加工青铜(变形青铜)和铸造青铜。

锡青铜中主要合金元素为锡。压力加工锡青铜通常锡含量在 10% 以下,常又加入 Zn、Pb、P 等元素以改善其耐磨性和切削性。

压力加工青铜的牌号用青铜的"青"字汉语拼音首字母"Q"加第一个主添加元素符号及除基元素铜外的成分数字组(百分之几)表示。如 QSn4-3 表示含锡 4%,锌 3%,其余为铜的青铜。铸造青铜的牌号表示方法,除相应按上列标记规定表示外,并在代号前冠以铸造的"铸"字的汉语拼音首字母"Z"。如 ZQSn10-1 表示含锡 10%、磷 1%,其余为铜的铸造青铜。

锡青铜有和纯铜相类似的化学稳定性,在大气和海水中耐蚀性较好。在普通大气中腐蚀率为 0.001 mm/a。在滨海和工业大气中腐蚀率分别为 0.002 mm/a 和 0.002～0.006 mm/a。在常温静海水中腐蚀率为 0.004～0.012 mm/a。锡青铜耐冲刷腐蚀,常用于制造耐腐蚀的各种零件,如泵、阀门中的某些零件等;在海水中,锡青铜的耐蚀性能比紫铜和黄铜优良;由于它还具有良好的减摩性与耐磨性,所以常用于制造蜗轮或其齿圈,以及轴瓦与轴套等。

2. 铝及其合金

铝的特点是相对密度小(2.72),导电性、导热性、塑性、冷韧性都好,强度低,可承受各种压力加工。铝在氧化性介质中极易生成 Al_2O_3 保护膜,因此铝在干燥或潮湿的大气中,甚至在有硫化物存在的大气或溶液中,在氧化剂的盐溶液中,在浓硝酸以及干氯化氢、氨气中都是稳定的。含有卤素离子的盐类、氢氟酸以及碱溶液都会破坏铝表面的保护膜。如在碱中,Al_2O_3 与碱作用而生成能溶解的 $NaAlO_3$;在 HCl 中,Al_2O_3 生成挥发的 $AlCl_3$,使保护膜受到破坏。所以铝不宜在上述介质中使用。

显然,铝对许多介质有良好的耐蚀性,但是其强度低,不宜做结构材料,为此多采用铝合金。

纯铝及其合金的牌号用数字及字母表示。牌号的第一位数字表示纯铝及其合金的不同组成的"1"至"9"系列。例如"1"表示铝含量不少于 99.00% 的纯铝,"2"表示以铜为主要合金元素的铝合金,"3"为以锰为主要合金元素的铝合金,等等。牌号的第二位字母表示原始纯铝或铝合金的改型情况:字母"A"表示原始纯铝或原始合金,字母"B"～"Y"则表示已改型。牌号的最后两位数字用以标识同一组中不同的铝合金或表示铝的纯度。

化工上常用的铝及其合金的种类及用途如下。

(1) 工业纯铝

工业纯铝不像化学纯铝那么纯,它或多或少含有杂质,最常见的杂质为铁和硅。铝中所含杂质的数量越多,其导电性、导热性、塑性以及抗大气腐蚀性就越低。

工业纯铝广泛应用于制造硝酸、含硫石油工业、橡胶硫化和含硫的药剂等生产所用设备(反应器、热交换器、槽车、管件),同时也用于食品工业和制药工业中要求耐蚀而不要求强度的用品。常用的工业纯铝牌号为 1305 和 1060。

(2) 硬铝

基本上是 Al-Cu-Mg 合金,还含有少量的 Mn。按照所含合金元素数量的不同与热处理强化效果的不同,大致可将各种硬铝再分为三类:

① 低合金硬铝,如 2A01。这类硬铝中 Mg-Cu 含量较低,因而具有很好的塑性,但其强度较低。这类合金主要用来制作铆钉,故有"铆钉硬铝"之称。

② 标准硬铝,如 2A11。这是一种应用最早的硬铝,其中含有中等数量的合金元素。其

强度、塑性和抗蚀性均属中等水平。经退火后，工艺性能良好，可以进行冷弯、轧压等工艺过程，切削加工性也比较好。这类合金主要用于制造各种半成品，如轧材、锻材、冲压件等。

③ 高合金硬铝，如 2A12。其中含有较多的 Cu 和 Mg 等合金元素。强度和硬度较高，但塑性和承受冷热压力加工的能力较差。高合金硬铝可以用于制作航空模锻件和重要的销轴等零部件。

硬铝合金由于含有较高的铜，而含铜的固溶体和化合物的电极电位比晶粒边界高，促成晶间腐蚀，因此抗蚀性差，在海水中尤甚。因此需要防护的硬铝部件，其外部都包一层高纯度铝，制成包铝硬铝材。但是包铝的硬铝热处理后强度较未包铝的为低。

（3）防锈铝

常用防锈铝有 3A21，是含有 1.0%～1.6%锰的 Al - Mn 合金，锰能消除杂质铁降低材料塑性的有害作用，而且在加入锰后，能形成高熔点的(Mn,Fe)Al$_6$，其耐蚀性比纯铝高，故称防锈铝，它可用作空气分离的蒸馏塔、热交换器等。5A02 是含 2%～2.8%的镁，0.15%～0.4%锰的 Al - Mg - Mn 合金。它的特性是强度高，在海水中能形成不溶性的 Mg(OH)$_2$ 和 MnO 的保护膜，从而提高对海水的耐蚀性。它也能耐潮湿大气腐蚀，常用来制造各式容器、热交换器、防锈蒙皮等。

（4）铸铝

是铝硅合金，其典型牌号是 ZL107。它具有优良的铸造性：流动性好、线收缩率小、生成裂纹倾向小等。另外还具有比重轻、耐蚀性好（由于表面生成 SiO$_2$、Al$_2$O$_3$ 的保护膜）、焊接性能好等优点。可用来铸造形状复杂的耐蚀零件，如化工管件、气缸、活塞等。其典型牌号是 ZAlSi12Cu2Mg1。

3. 铅及其合金

铅在许多介质中，特别是在 80%热硫酸，以及在 92%冷硫酸中，具有很高的耐蚀性。由于铅的强度和硬度低，不耐磨，非常软，比重大等缺点，不适宜单独制化工设备，只能用作设备衬里。

铅耐硫酸、亚硫酸、磷酸（低于 85%）、铬酸、氢氟酸等介质腐蚀，不耐蚁酸、醋酸、硝酸和碱溶液等的腐蚀。

铅中加锑，会增加铅的硬度、强度和在硫酸中的稳定性，因此，加入锑（含量有 4%、6%、8%、10%）的铅锑合金称为硬铅，其牌号为 PbSb4、PbSb6、PbSb8、PbSb10。

铅和硬铅在化肥、化学纤维、农药、电气设备中作耐酸、耐蚀和防护材料。铅在工业上还用作 X 射线和 γ 射线的防护材料、配制低熔点合金（保险丝）、焊接、印刷合金和轴承合金。

4. 镍及其合金

镍具有高强度、高塑性和冷韧的特性。它能压延成很薄的板和拉成细丝。它在许多介质中有很好的耐蚀性，尤其是在碱类中。在各种温度、任何浓度的碱溶液和熔碱中，镍具有特别高的耐蚀性。无论在干燥或潮湿大气中，镍总是稳定的。氨气和氨的稀溶液对镍也没有作用。镍在氯化物、硫酸盐、硝酸盐的溶液中，在大多数有机酸中，以及染料、皂液、糖等介质中也相当稳定。但是镍在含硫气体、浓氨水和强烈充气氨溶液、含氧酸和盐酸等介质中，耐蚀性很差。

由于镍的稀贵，在化工上主要用于制造在碱性介质中的工作设备，如苛性碱的蒸发设备，以及铁离子在反应过程中会发生催化影响而不能采用不锈钢的那些过程设备，如有机合成设备等。

在化工应用的镍合金,是含有 $21\%\sim29\%Cu$、$2.0\%\sim3\%Fe$、$1.7\%\sim1.8\%Mn$ 的 Ni - Cu 合金(NiCu28 - 2.5 - 1.5)通常称为蒙乃尔合金。它有很高的力学性质,$\sigma_s=180\sim280$ MPa,$\delta=25\%\sim40\%$,在 750℃ 以下的大气中是稳定的,在 500℃ 时还保持足够的高温强度。它在熔融的碱中,在碱、盐、有机物质的水溶液中,以及在非氧化性酸中也是稳定的。高温高浓度的纯磷酸和氢氟酸,对这种合金也不腐蚀。但有硫化物和氧化剂存在时,它是不稳定的。此种合金主要用于高温并有载荷下工作的耐蚀零件和设备。

含有 $28\%Mo$、$5\%Fe$、$1\%Si$、$0.1\%C$ 的 Ni - Mo 合金 NS321(ONi65Mo28FeV),具有高的力学性质,$\sigma_s=390$ MPa,$\delta=50\%$,以及良好的工艺性,便于铸造和焊接,也可冷轧。这种合金在室温下对所有无机酸和有机酸都耐蚀,但是在 70℃ 时,只有在盐酸和硫酸的介质中是稳定的。这种材料性能很好,但镍、钼都昂贵稀缺,一般情况尽量少用。

5. 钛及其合金

钛是地球上蕴藏量占第四位的金属元素。钛中加入 Al、Sn、V、Mn 等固溶强化及稳定元素,形成钛合金。

钛的特点是密度低、强度高,其相对密度是 4.4～4.6,比钢轻 43%,而强度比铁高 1 倍,比纯铝几乎高出 7 倍。钛的耐腐蚀性强,尤其是抗氯离子的孔蚀能力近乎或超过不锈钢。钛合金能耐高温,在 300～400℃ 的高温下,它的比强度(强度/密度)优于别的合金;其低温性能好,在 -253℃ 的超低温(液氢温度)下,钛合金不仅强度升高,还保持良好的塑性及韧性。由于钛及其合金具有上述的重量轻、强度高、耐腐蚀、耐高温及良好的低温韧性等优点,因而在化工、航天、医疗工业中,得到广泛应用。但是钛及其合金的切削加工及焊接性能较差,价格比较昂贵。

2.7 非金属材料

非金属材料具有优良的耐腐蚀性能,原料来源丰富,品种多样,适于因地制宜,就地取材,是有广阔发展前途的化工材料。非金属材料既可以单独做设备材料,又可做金属设备的保护衬里、涂层,也可做设备的密封材料和保温材料。

2.7.1 无机非金属材料

1. 化工陶瓷

化工陶瓷化学稳定性很高,除对氢氟酸和强碱等介质外,对各种介质都是耐蚀的,具有足够的不透性、耐热性和一定的机械强度。其缺点是脆性大,不耐冲击,在骤冷下容易开裂。常用它来制作塔、泵、管道、耐酸瓷砖和设备衬里等。在连接时可采用承插式或用金属法兰连接。这类材料来源极为丰富,制造简便,成本低,建厂周期可大大缩短。

2. 玻璃

玻璃的耐蚀性好,除氢氟酸和盐酸、碱液等介质外,对大多数酸类、稀碱液和有机溶剂等都耐蚀,而且具有表面光滑、流动阻力小、清洗容易、质地透明、检查内部情况方便、价廉等优点。但质脆、耐温度急变性差、不耐冲击和振动。

在化工生产上常见的为硼-硅酸玻璃(耐热玻璃)和石英玻璃,用来制造管道、离心泵、热交换器、精馏塔等设备。采用较高的 SiO_2 玻璃料喷涂于设备里面,再经高温灼烧后制成的搪玻璃设备,如聚合釜和高压釜等,表面光滑、清洗容易,由于无结垢现象,因而提高了传热效率;由于不存在铁离子污染问题,因而特别适用于有机及制药用的化工设备。

铝镁玻璃制的玻璃纤维,具有优良的耐蚀性能,可用来作滤布或制作如玻璃钢等增强塑料。

3. 水泥

水泥为较容易实现就地取材的非金属材料之一。由水泥、碎石、砂、水和其他配料搅拌制成的各类混凝土可用于化工生产设备,如脱气塔、气柜、丙烯腈装置中的氨中和塔等,从而大量节约钢材。

耐酸水泥是由结合剂(硅酸钠)、填充剂(辉绿岩)和凝固硬化加速剂(硅氟酸钠)所组成,它用来衬砌设备作为黏结剂。耐酸水泥要求随调随用,一般要求调好后 15 min 以内用完,能耐温 200℃。

耐酸混凝土比耐酸水泥有更多大粒填料(砂子和碎石),它具有较大的力学强度、化学耐蚀性能和不渗透性能等。耐酸混凝土的最适宜硬化温度为 20～30℃,常用的耐酸混凝土设备有塔、贮酸槽、结晶器、沉降槽等。

耐热混凝土的填料可采用耐火黏土、中性长石、铬铁矿、石英、高岭土及含有大量氧化铝的高炉渣。耐热混凝土可以采用整体捣灌和小块砌。某化肥厂有一个 $\phi 7\,800$ mm × 24 000 mm 的沸腾炉($t = 800 \sim 1\,000℃$)采用了耐热混凝土和珍珠岩的耐热保温层,使用效果好,共节约钢材 80 t。

4. 天然耐酸材料

化工厂常用的天然耐酸材料有花岗石、中性长石、铸石和石棉等,它们在一定温度下对任何浓度的无机酸(氢氟酸除外)都是耐蚀的,并且我国这方面的资源极为丰富。

花岗石耐酸性高,对硝酸和盐酸具有很高的耐蚀性,常用以砌制硝酸和盐酸吸收塔,以替代不锈钢和某些贵重金属。石砌的设备要求在周向加箍防止开裂,耐温 200～250℃。

中性长石有良好的热稳定性,耐温 800～900℃,硬度低,容易加工,在硫酸、盐酸和硫酸及硝酸的混酸中具有很高的耐蚀性。可以衬砌设备或作为配制耐酸水泥和耐酸混凝土的原料。

铸石由天然岩石(辉绿岩、玄武岩等)或工作废渣经熔化、浇注、结晶、退火而成。铸石具有耐磨、耐酸、耐碱和比原石料组织致密的特点,据有关部门计算,5 万吨的铸石制品可以代替 100 万吨的钢材,可见以铸石制造设备的潜力很大。

石棉常见的品种有保温石棉和角闪石石棉。前者耐稀酸、耐碱,一般作为绝热(保温)和耐火材料。后者耐酸性能良好,多作为耐酸衬里材料。石棉也可制成板、绳等,用于设备密封上的衬垫和填料。

2.7.2　有机非金属材料

1. 工程塑料

工程塑料一般都具有良好的耐腐蚀性能、一定的力学强度、相对密度不大及容易加工制造等特点,因而在化工生产中得到广泛应用。工程塑料品种很多,主要有耐酸酚醛、硬聚氯乙烯、聚乙烯、聚四氟乙烯塑料和玻璃钢等。

(1) 耐酸酚醛塑料

它是以酚醛树脂作黏结剂,以耐酸材料(石墨、玻璃纤维等)作填料的一种热固性塑料。

它有良好的耐腐蚀性,能耐多种酸、盐和有机溶剂的腐蚀,使用温度为$-30\sim130℃$。它可以卷制或模压成型,制作搅拌器、管件、阀门、设备衬里等,目前在氯碱、染料、农药等工业上应用较多。它的主要缺点是冲击韧性低,易损坏。

(2) 硬聚氯乙烯塑料

它由氯乙烯和稳定剂硬脂酸铅在$155\sim163℃$下加压而成。它有良好的耐蚀性,能耐稀硝酸、稀硫酸、盐酸、碱、盐。它成型方便,可以进行机械加工和焊接,也有一定的机械强度。它的缺点是冲击韧性低,导热系数小,耐热性较差。使用温度为$-15\sim60℃$。当温度在$60\sim90℃$时,强度显著下降。它是化工生产中应用最广的一种有机材料,可以制造塔器、贮槽、尾气烟囱、离心泵、管道、管件、阀门等。

(3) 聚乙烯塑料

它是乙烯的高分子聚合物,有优良的绝缘性、防水性、化学稳定性。它在室温下除硝酸外,对各种酸、碱、盐溶液均稳定,对氢氟酸特别稳定。

(4) 聚四氟乙烯塑料

它具有优异的耐蚀性,能耐强腐蚀介质(硝酸、浓硫酸、王水、盐酸、苛性钠等)的腐蚀,耐蚀性能超过贵重金属和银,而且耐磨性能和机械性能较好,有"塑料王"之称。它的使用温度为$-100\sim250℃$,常用作耐蚀、耐温的密封元件,无油润滑的轴承、活塞环及管道。

(5) 玻璃钢

它又被称为玻璃纤维增强塑料,它是用合成树脂为黏结剂,以玻璃纤维为增强材料,按各种方法成型,在一定的温度及压力下使树脂固化而制成。它是新型的非金属防腐蚀材料,它强度高,耐腐蚀性好,并具有良好的耐热性及加工工艺性能。它的耐腐蚀性能及其他性能随所采用的树脂而异,如酚醛玻璃钢耐酸、耐溶剂性好,成本低;环氧玻璃钢耐水、耐碱性好,耐酸、耐溶剂性较好,与金属黏结力强,机械强度高;呋喃玻璃钢耐酸、耐碱、耐溶剂性好,耐温较高;聚酯玻璃钢耐稀酸、耐油性好,施工方便(冷固化),韧性好。在化工生产中,它可用来制作整体设备、设备零件及管道;也可作为设备的贴衬材料和增强材料,使聚氯乙烯塑料、玻璃、陶瓷等非金属制品增加强度,延长使用寿命。

2. 不透性石墨

它由各种树脂浸渍石墨消除孔隙得到。它具有特别高的化学稳定性,在有机溶剂中和无机溶剂中均不溶解,酸和碱在通常条件下对它也不起作用,并且具有高的导电性和导热性,热膨胀系数小,耐温度急变性能好,不污染介质,可保证产品纯度,加工工艺性好,比重小等优点。其缺点是机械强度低、性脆。它可作换热设备,如氯乙烯车间的石墨换热器等。

3. 涂料

它是一种高分子胶体混合液,涂在设备表面,固化成薄涂层后,用来保护设备免遭腐蚀。它品种多,选择范围广,适应性强,价格低廉,使用方便,可用于现场施工。常用涂料有防锈漆、底漆、大漆、酚醛树脂漆、环氧树脂漆,以及聚乙烯涂料、聚氯乙烯涂料等。

习 题 2

2-1 化工设备对材料的基本要求是什么?

2-2 在化工设备制造中,钢材为什么能获得非常广泛的应用?

2-3　钢中硫、磷对钢材的性能有什么影响？

2-4　平衡状态的 10、20、30、45、65、80 等钢的强度、硬度、塑性和冲击韧性，哪个大、哪个小，原因何在，其变化规律如何？

2-5　试指出下列牌号代表什么钢，其符号和数字的含义是什么？

Q215AF、Q235B、10、20、45、ZG200-400、08F、Q245R、Q345R、Q390、06Cr13、06Cr19Ni10、022Cr19Ni10、12Cr13、16MnDR。

2-6　试指出第 2-5 题所列的牌号中，哪些是碳素结构钢，哪些是优质碳素结构钢，哪些是容器用钢，哪些是铬不锈钢，哪些是铬镍不锈钢，哪些是铸钢？

2-7　判断下列说法正确性：

高碳钢的质量优于中碳钢，中碳钢的质量优于低碳钢，45 钢的质量优于 Q275A，Q235C 的质量优于 Q235A。

2-8　什么叫作同素异构转变？试以纯铁的冷却曲线来说明铁的同素异构转变。

2-9　碳钢在平衡状态下的基本组织是什么？

2-10　根据下表所列的要求，归纳对比几种铸铁的特点。

种　类	牌号表示	显微组织	机械性能特点	用途举例
灰铸铁				
可锻铸铁				
球墨铸铁				

2-11　试指出 HT200、KT300-06 等铸铁牌号中符号和数字的含义是什么？

2-12　什么叫作热处理？为什么热处理会改变钢的性能？

2-13　简述下列热处理方法的工艺过程以及热处理后所达到的目的：

(1) 退火的工艺过程是_____，其目的是_____。

(2) 正火的工艺过程是_____，其目的是_____。

(3) 淬火的工艺过程是_____，其目的是_____。

(4) 低温回火的工艺过程是_____，其目的是_____。

(5) 中温回火的工艺过程是_____，其目的是_____。

(6) 调质处理的工艺过程是_____，其目的是_____。

2-14　举例说明低温、中温、高温回火的主要用途。

2-15　合金钢与碳素结构钢相比，具有哪些优越的性能？

2-16　试述改善碳素钢性能的主要途径有哪些。

2-17　电化学腐蚀与化学腐蚀的主要区别是什么？提高钢材耐蚀性能的主要途径是什么？

2-18　为什么铬镍不锈钢的含碳量都很低？铬镍不锈钢通常是经过何种形式的处理后使用的？

2-19　12Cr13，06Cr19Ni9 等不锈钢是否在任何一种腐蚀性介质中都能耐蚀，为什么？

2-20　什么叫作晶间腐蚀？12Cr18Ni9 不锈钢在什么情况下容易产生晶间腐蚀，通常防止晶间腐蚀的方法有哪些？

2-21　12Cr13 钢和 40Cr 钢中都含有 Cr，不过，只有 12Cr13 属于不锈钢，而 40Cr 却不能作不锈钢使用，这是为什么？

2-22　常见的非金属化工材料有哪些？分别适用于哪些设备？

3 化工设备的传动装置

3.1 V带传动

3.1.1 概述

1. 带传动的类型

V带传动是带传动中的一种。图 3-1 的带传动,通常是靠张紧在带轮 1、带轮 2 上的环形带 3 与带轮间的摩擦力来传递运动和动力的。常用的带传动有 V带传动[图 3-2(a)]和平带传动[图 3-2(b)]。近年来,为了适应工业发展的需要,出现了一些新型的带传动,如多楔带传动[图 3-3(a)]、同步齿形带传动[图 3-3(b)]等。

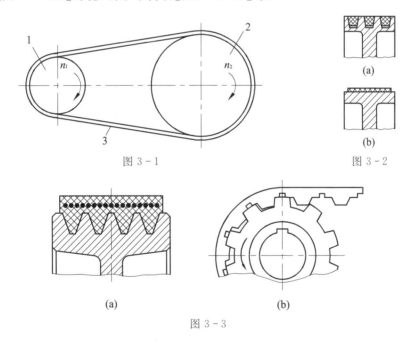

图 3-1   图 3-2

图 3-3

截面为梯形的 V带,其工作面是两个侧面。它与平带相比,由于截面的楔形效应,摩擦力较大,能传递较大的功率,因此应用较广。多楔带是以平带为基体,内侧制有若干纵向楔,可以在结构要求紧凑的情况下取代若干根 V带。同步齿形带可保持两带轮的圆周速度同步,优点较多,惟轮、带的制造麻烦,安装要求也较高。

2. 带传动的优缺点

带传动的优点:能用于两轴中心距较大的场合;传动带有一定的弹性,因此可缓和冲击和吸收振动;过载时,带在轮上打滑,可防止损坏其他零件;结构简单、成本低廉。

带传动的缺点:传动的外廓尺寸较大;带的滑动现象使传动比不能保证固定不变;有时

需要安装带的张紧结构；带的寿命较短；传动效率 η 较低（$\eta = 0.94 \sim 0.97$）；传动比 i 不能太大，一般 i 不大于7。

3. 包角与带长

带传动主要用于两轴平行，且回转方向相同的场合（图 3-4）。带与带轮接触弧所对应的中心角称为包角 α，在其他条件相同时，包角越大，带的摩擦力和能传递的功率也越大，它是带传动的一个重要参数。若小轮、大轮的直径分别为 d_1 和 d_2；两轮中心距为 a；带长为 L，则小轮的包角

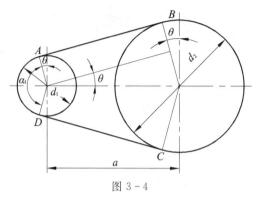

$$\alpha_1 = 180° - 2\theta \qquad (3-1)$$

图 3-4

θ 角一般较小，为

$$\theta \approx \sin\theta(\mathrm{rad}) = \frac{d_2 - d_1}{2a} \cdot \frac{180°}{\pi}$$

代入式（3-1）得

$$\alpha_1 = 180° - \frac{d_2 - d_1}{a} \times 57.3° \qquad (3-1a)$$

带长

$$L = 2\,\overline{AB} + \overset{\frown}{BC} + \overset{\frown}{AD} = 2a\cos\theta + \frac{\pi}{2}(d_1 + d_2) + \theta(d_2 - d_1) \qquad (3-2)$$

将 $\cos\theta \approx 1 - \dfrac{1}{2}\theta^2$ 及 $\theta = \dfrac{d_2 - d_1}{2a}$ 代入式（3-2）得

$$L \approx 2a + \frac{\pi}{2}(d_1 + d_2) + \frac{(d_2 - d_1)^2}{4a} \qquad (3-2a)$$

4. V 带的标准

V 带传动已标准化，带的截面尺寸和带长（无接头的环形长度）都有系列规格。V 带的主要结构有以下两类。

(1) 帘布结构［图 3-5(a)］

它由包布层 1（胶帆布）、伸张层 2（胶料）、承载层 3（胶帘布）和压缩层 4（胶料）组成。

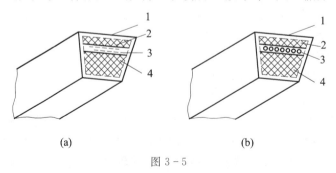

(a)   (b)

图 3-5

（2）线绳结构[图3-5(b)]

它由包布层1(胶帆布)、伸张层2(胶料)、承载层3(胶线绳)和压缩层4(胶料)组成。

一般传动大都采用帘布结构的V带。线绳结构的V带比较柔软,弯曲强度高,但拉伸强度仅为帘布结构的80%左右,因此,适用于转速较高、载荷不大和带轮直径较小的场合。

国家标准规定的V带规格有普通V带和窄V带等的区别,这里主要介绍普通V带,其截面尺寸由小到大共有Y、Z、A、B、C、D、E七种型号,如表3-1所示,普通V带的基准长度系列如表3-2所示,基准长度L_d即表3-1附图中宽度为b_p处的周长。

表3-1 V带截面尺寸(GB/T 11544—2012)

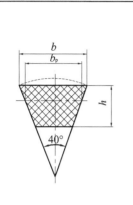

项目		普通V带型号						
		Y	Z	A	B	C	D	E
截面尺寸/mm	b_p	5.3	8.5	11	14	19	27	32
	b	6.0	10.0	13.0	17.0	22.0	32.0	38.0
	h	4.0	6.0	8.0	11.0	14.0	19.0	23.0
每米质量 $q/(kg/m)$		0.02	0.06	0.10	0.17	0.30	0.62	0.90
项目		基准宽度制窄V带型号				有效宽度制窄V带型号		
		SPZ	SPA	SPB	SPC	9N	15N	25N
截面尺寸/mm	b_p	8	11	14	19	—	—	—
	b	10.0	13.0	17.0	22.0	9.5	16.0	25.5
	h	8.0	10.0	14.0	18.0	8.0	13.5	23.0

表3-2 普通V带基准长度L_d(GB/T 11544—2012) （单位：mm）

基准长度L_d	Y	Z	A	基准长度L_d	Z	A	B	C	基准长度L_d	A	B	C	D	E	基准长度L_d	C	D	E
200	+			710	+	+			2 240	+	+	+			7 100	+	+	+
224	+			800	+	+			2 500	+	+	+			8 000	+	+	+
250	+			900	+	+	+		2 800	+	+	+			9 000		+	+
280	+			1 000	+	+	+		3 150	+	+	+			10 000		+	+
315	+			1 120	+	+	+		3 550	+	+	+			11 200			+
355	+			1 250	+	+	+		4 000	+	+	+			12 500			+
400	+	+		1 400	+	+	+	+	4 500		+	+	+		14 000			+
450	+	+		1 600	+	+	+	+	5 000		+	+	+		16 000			+
500	+	+		1 800		+	+	+	5 600			+	+		18 000			+
560		+		2 000		+	+	+	6 300			+	+		20 000			+
630		+	+															

注：1. 本表是根据GB/T 321—2005/ISO 3:1973从优先数系R20常用数值中选取的基准长度系列,应优先采用。
2. 标记示例：

A　　　1400　　　GB/T11544—2012
型号　基准长度,mm　标准号

3.1.2 带传动的基本理论

1. 带的受力分析

在带轮静止时,张紧在带轮两边的带都受到相等初拉力F_0的作用,如图3-6(a)所示。传动时,由于带与带轮接触面间摩擦力的作用,带轮两边带的拉力就不再相等[图3-6(b)]。即将进入主动轮的一边,拉力由 F_0 增至 F_1,称为紧边;进入从动轮的一边,拉力由 F_0 减为 F_2,称为松边。设带的总长度不变,则紧边拉力的增加量 F_1-F_0 应等于松边拉力的减少量 F_0-F_2,即

$$F_0=\frac{1}{2}(F_1+F_2) \tag{3-3}$$

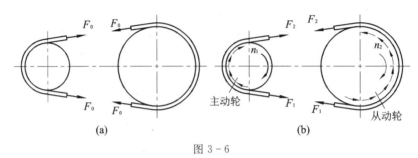

图 3-6

两边拉力之差称为带传动的有效拉力,即带所传递的圆周力

$$F=F_1-F_2 \tag{3-4}$$

圆周力 F/N、带速 $v/(\mathrm{m/s})$ 和传递功率 P/kW 之间的关系为

$$F=\frac{1\,000P}{v} \tag{3-5}$$

当带压向带轮的压力为 Q 时,平带的极限摩擦力[图 3-7(a)]为

$$Rf_0=Qf_0$$

式中,f_0 为平带与带轮的摩擦系数。

而 V 带的极限摩擦力[图 3-7(b)]为

$$Rf_0=\frac{Qf_0}{\sin\frac{\varphi}{2}}=Qf$$

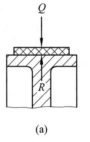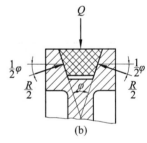

图 3-7

式中,φ 为 V 带轮轮槽的楔角;f 为 V 带与带轮的当量摩擦系数。

$$f=\frac{f_0}{\sin\frac{\varphi}{2}}$$

显然 $f>f_0$,故在相同条件下 V 带能传递较大的功率。

在忽略带的离心力影响时,则 V 带传动的紧边和松边拉力之间的关系,可用欧拉公式予以描述:

$$\frac{F_1}{F_2}=\mathrm{e}^{fa} \tag{3-6}$$

式中,α 为带轮包角(弧度);e 为自然对数的底,e≈2.718。

公式表明紧边和松边拉力之比取决于包角和当量摩擦系数。

联解式(3-4)和式(3-6)可得

$$\left.\begin{array}{l} F_1 = F\,\dfrac{\mathrm{e}^{f\alpha}}{\mathrm{e}^{f\alpha}-1} \\[3mm] F_2 = F\,\dfrac{1}{\mathrm{e}^{f\alpha}-1} \\[3mm] F = F_1\left(1-\dfrac{1}{\mathrm{e}^{f\alpha}}\right) \end{array}\right\} \tag{3-7}$$

由式(3-3)和式(3-7)可得带传动所必需的初拉力

$$F_0 = \frac{1}{2}(F_1 + F_2) = \frac{F}{2}\left(\frac{\mathrm{e}^{f\alpha}+1}{\mathrm{e}^{f\alpha}-1}\right) \tag{3-8}$$

变换式(3-8)可得

$$F = 2F_0\,\frac{\mathrm{e}^{f\alpha}-1}{\mathrm{e}^{f\alpha}+1} \tag{3-9}$$

由式(3-9)可以看出:最大圆周力 F 与 F_0 成正比,但 F_0 过大将使皮带发热和磨损加剧;如 F_0 过小,则带传动的工作能力不能正常发挥,运转时易跳动和打滑;F 随包角 α 和摩擦系数 f 的增大而增大。

2. 带的应力分析

传动时,带中应力由以下三部分组成:

(1)由于传递圆周力而产生的拉应力

紧边
$$\sigma_1 = \frac{F_1}{A}$$

松边
$$\sigma_2 = \frac{F_2}{A}$$

式中,A 为带的横截面积,mm^2。

(2)由于离心力而产生的拉应力

当带绕过带轮时,作用于带的微弧段 $\mathrm{d}l$(图3-8)的离心力为

$$\mathrm{d}c = (r\mathrm{d}\alpha)q\cdot\frac{v^2}{r} = qv^2\mathrm{d}\alpha$$

式中,q 为每米带长的质量,$\mathrm{kg/m}$;v 为带速,$\mathrm{m/s}$。

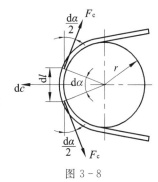

图 3-8

设因离心力使该微弧段两边产生拉力 F_c,则微弧段上各力的平衡可得

$$2F_0\sin\frac{\mathrm{d}\alpha}{2} = qv^2\mathrm{d}\alpha$$

取 $\sin\dfrac{\mathrm{d}\alpha}{2}\approx\dfrac{\mathrm{d}\alpha}{2}$,则

$$F_c = qv^2$$

拉力 F_c 与 q 的一次方和 v 的二次方成正比,而且 F_c 变大,传动带与轮面间的压力和摩擦力会随之减小,使传动带的工作能力降低,所以设计时一般带速不宜过高。离心力虽只发生在带做圆周运动的部分,但由此产生的拉力却作用于带的全长。

由离心力引起的拉应力

$$\sigma_c = \frac{F_c}{A} = \frac{qv^2}{A}$$

离心拉应力越大,不仅会降低带的工作能力,而且影响带的强度,使带容易损坏。

（3）由带的弯曲而产生的弯曲应力

由前面的"平面弯曲"中可知

$$M = \frac{EI}{\rho}, \quad \sigma_w = \frac{M}{W}$$

故有

$$\sigma_w = \frac{EI}{\rho W} = \frac{Eh}{2\rho}$$

式中, h 为带厚,与轮径 d 相比,其值很小,可取

$$\rho = \frac{d}{2} + \frac{h}{2} \approx \frac{d}{2}$$

因此

$$\sigma_w = \frac{Eh}{d}$$

带中产生的弯曲应力随着带厚增大、轮径减小而增大,带厚的变化不会太大,因此带轮直径太小,会导致 σ_w 太大。显然,两轮直径不相等时,带在两轮上的弯曲应力也不相等。因此,对于 V 带传动,为了减小带的弯曲应力,条件允许时,小带轮 d_1 应尽量取较大值。

图 3-9 所示为带在传动时的应力分布情况,各截面应力的大小用自该处引出的径向线（或垂直线）的长短来表示。从图中可知,带在运转过程中经受变应力作用,最大应力发生在紧边与小轮接触处的横截面中,其值为

$$\sigma_{max} = \sigma_1 + \sigma_c + \sigma_{w1} = \frac{F_1}{A} + \frac{qv^2}{A} + \frac{Eh}{d_1}$$

$$(3-10)$$

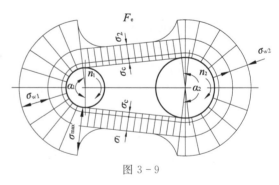

图 3-9

3. 带的弹性滑动

在带传动的运转过程中,如对图 3-6(b)进行分析,则可以看出:当带刚绕上主动轮时,带和带轮相应表面的速度是相等的,但绕上后,由于带的拉力由 F_1 减小到 F_2,所以带的伸长变形随着运转过程而逐步减小,也就是说,带在逐渐缩短,因而带速小于轮速,带与带轮表面间即产生相对滑动。这种由于带的弹性变形引起的滑动称为弹性滑动。同样现象也发生在从动轮上,只是情况恰好相反,带速大于轮速。

从动轮与主动轮线速度的相对降低率称为滑动系数,用 ε 表示,即

$$\varepsilon = \frac{v_1 - v_2}{v_1} = \frac{\pi d_1 n_1 - \pi d_2 n_2}{\pi d_1 n_1}$$

由此得出带传动的传动比

$$i = \frac{n_1}{n_2} = \frac{d_2}{d_1(1-\varepsilon)} \tag{3-11}$$

或从动轮的转速

$$n_2 = \frac{n_1 d_1 (1-\varepsilon)}{d_2} \tag{3-12}$$

通常 V 带传动的滑动系数 ε＝0.01～0.02,在一般计算中可不予考虑。

4. 带传动的失效形式与设计准则

带传动的失效形式主要是打滑和疲劳损坏。设计准则是保证不打滑,且有一定的疲劳强度和使用寿命。

(1) 打滑

若带所传递的圆周力超过带与带轮接触面间的极限摩擦力的总和时,带就会沿着轮面发生全面的显著滑动,这种现象称为打滑。由于打滑,传动带将剧烈发热,迅速磨损,并且此时从动轮的转速急剧下降,致使带传动丧失正常工作能力。如打滑是由短期过载引起的,只要负载正常即可消除。增大带的初拉力 F_0,也可阻止打滑的出现。但 F_0 的值是有一定限度的,因此在设计带传动时,应保证带在小轮上有一定大小的包角(一般大于或等于 120°),使带与轮间在传动时具有足够的摩擦力,以避免发生打滑现象。

(2) 疲劳损坏

从图 3-9 可以看出,带每绕过带轮一次,应力就由小至大,再由大至小地变化一次。带绕过带轮的次数越多(如带轮转速越高或带越短时),带上的应力变化也越频繁,工作一段时间以后传动带就会出现胶皮脱层、撕裂或拉断等,这就是带的疲劳损坏。疲劳损坏出现得越早,带的寿命就越短,为此设计时应限制带的转速($v < 25 \text{ m/s}$)和疲劳应力 σ_{max}。

由式(3-10)可知,三角带的疲劳强度条件为

$$\sigma_{max} = \sigma_1 + \sigma_c + \sigma_{w1} \leqslant [\sigma]$$

或

$$\sigma_1 \leqslant [\sigma] - \sigma_c - \sigma_{w1} \tag{3-13}$$

式中,$[\sigma]$ 是由疲劳实验确定的带的许用应力。

由式(3-5)、式(3-7)可以得到单根 V 带所能传递的功率即额定功率

$$P_1 = \frac{Fv}{1\,000} = F_1 \left(1 - \frac{1}{e^{f\alpha}}\right) \frac{v}{1\,000} = \sigma_1 A \left(1 - \frac{1}{e^{f\alpha}}\right) \frac{v}{1\,000}$$

即

$$P_1 = ([\sigma] - \sigma_{w1} - \sigma_c) \left(1 - \frac{1}{e^{f\alpha}}\right) \frac{Av}{1\,000} \tag{3-14}$$

5. V 带的许用功率

V 带传动计算是以试验为基础的。在一定的试验条件下:载荷平稳、$i=1$、包角 $\alpha =$

180°、带长一定、承载层材质为棉质纤维时，由式(3-14)求得的 Z、A、B、C 型单根 V 带所能传递的额定功率 P_1 可参见表 3-3。

表 3-3　普通 V 带的额定功率　　　　　　　　　　(单位：kW)

型号	n_1/(r/min)	\$d_{d1}\$/mm 50	56	63	71	80	90	i 1.02~1.04	1.05~1.08	1.09~1.12	1.13~1.18	1.19~1.24	1.25~1.34	1.35~1.50	1.51~1.99	≥2.00	v/(m/s)≈
		P_1						ΔP_1									
Z型	200	0.04	0.04	0.05	0.06	0.10	0.10				0.00						
	400	0.06	0.06	0.08	0.09	0.14	0.14										
	700	0.09	0.11	0.13	0.17	0.20	0.22										
	800	0.10	0.12	0.15	0.20	0.22	0.24										
	960	0.12	0.14	0.18	0.23	0.26	0.28										5
	1200	0.14	0.17	0.22	0.27	0.30	0.33										
	1450	0.16	0.19	0.25	0.30	0.35	0.36		0.01								
	1600	0.17	0.20	0.27	0.33	0.39	0.40						0.02				
	2000	0.20	0.25	0.32	0.39	0.44	0.48										10
	2400	0.22	0.30	0.37	0.46	0.50	0.54					0.03					
	2800	0.26	0.33	0.41	0.50	0.56	0.60										15
	3200	0.28	0.35	0.45	0.54	0.61	0.64										
	3600	0.30	0.37	0.47	0.58	0.64	0.68					0.04					
	4000	0.32	0.39	0.49	0.61	0.67	0.72										20
	4500	0.33	0.40	0.50	0.62	0.67	0.73							0.05			
	5000	0.34	0.41	0.50	0.62	0.66	0.73	0.02								0.06	
	5500	0.33	0.41	0.49	0.61	0.64	0.65										
	6000	0.31	0.40	0.48	0.56	0.61	0.56										

型号	n_1/(r/min)	\$d_{d1}\$/mm 75	90	100	112	125	140	160	180	i 1.02~1.04	1.05~1.08	1.09~1.12	1.13~1.18	1.19~1.24	1.25~1.34	1.35~1.51	1.52~1.99	≥2.00	v/(m/s)≈
		P_1								ΔP_1									
A型	200	0.15	0.22	0.26	0.31	0.37	0.43	0.51	0.59	0.00	0.01	0.01	0.01	0.01	0.02	0.02	0.02	0.03	
	400	0.26	0.39	0.47	0.56	0.67	0.78	0.94	1.09	0.01	0.01	0.02	0.02	0.03	0.03	0.04	0.04	0.05	5
	700	0.40	0.61	0.74	0.90	1.07	1.26	1.51	1.76	0.01	0.02	0.03	0.04	0.05	0.06	0.07	0.08	0.09	
	800	0.45	0.68	0.83	1.00	1.19	1.41	1.69	1.97	0.01	0.02	0.03	0.04	0.05	0.06	0.08	0.09	0.10	
	950	0.51	0.77	0.95	1.15	1.37	1.62	1.95	2.27	0.01	0.03	0.04	0.05	0.06	0.07	0.08	0.10	0.11	10
	1200	0.60	0.93	1.14	1.39	1.66	1.96	2.36	2.74	0.02	0.03	0.05	0.07	0.08	0.10	0.11	0.13	0.15	
	1450	0.68	1.07	1.32	1.61	1.92	2.28	2.73	3.16	0.02	0.04	0.06	0.08	0.09	0.11	0.13	0.15	0.17	15
	1600	0.73	1.15	1.42	1.74	2.07	2.45	2.54	3.40	0.02	0.04	0.06	0.09	0.11	0.13	0.15	0.17	0.19	
	2000	0.84	1.34	1.66	2.04	2.44	2.87	3.42	3.93	0.03	0.06	0.08	0.11	0.13	0.16	0.19	0.22	0.24	20
	2400	0.92	1.50	1.87	2.30	2.74	3.22	3.80	4.32	0.03	0.07	0.10	0.13	0.16	0.19	0.23	0.26	0.29	25
	2800	1.00	1.64	2.05	2.51	2.98	3.48	4.06	4.58	0.04	0.08	0.11	0.15	0.19	0.23	0.26	0.30	0.34	30
	3200	1.04	1.75	2.19	2.68	3.16	3.65	4.19	4.50	0.04	0.09	0.13	0.17	0.22	0.26	0.30	0.34	0.39	
	3600	1.08	1.83	2.28	2.78	3.26	3.72	4.17	4.40	0.05	0.10	0.15	0.19	0.24	0.29	0.34	0.39	0.44	35
	4000	1.09	1.87	2.34	2.83	3.28	3.67	3.98	4.00	0.05	0.11	0.16	0.22	0.27	0.32	0.38	0.43	0.48	
	4500	1.07	1.83	2.33	2.79	3.17	3.44	3.48	3.13	0.06	0.12	0.18	0.24	0.30	0.36	0.42	0.48	0.54	40
	5000	1.02	1.82	2.25	2.64	2.91	2.99	2.67	1.81	0.07	0.14	0.20	0.27	0.34	0.40	0.47	0.54	0.60	
	5500	0.96	1.70	2.07	2.37	2.48	2.31	1.51	—	0.08	0.15	0.23	0.30	0.38	0.46	0.52	0.60	0.68	
	6000	0.80	1.50	1.80	1.96	1.87	1.37	—	—	0.08	0.16	0.24	0.32	0.40	0.49	0.57	0.65	0.73	

续表 （单位：kW）

B 型

型号	n_1/(r/min)	\multicolumn{8}{c}{d_{d1}/mm}								\multicolumn{9}{c}{i}									v/(m/s)≈
		125	140	160	180	200	224	250	280	1.02~1.04	1.05~1.08	1.09~1.12	1.13~1.18	1.19~1.24	1.25~1.34	1.35~1.51	1.52~1.99	≥2.00	
		\multicolumn{8}{c}{P_1}								\multicolumn{9}{c}{ΔP_1}									
B 型	200	0.48	0.59	0.74	0.88	1.02	1.19	1.37	1.58	0.01	0.01	0.02	0.03	0.04	0.04	0.05	0.06	0.06	5
	400	0.84	1.05	1.32	1.59	1.85	2.17	2.50	2.89	0.01	0.03	0.04	0.06	0.07	0.08	0.10	0.11	0.13	10
	700	1.30	1.64	2.09	2.53	2.96	3.47	4.00	4.61	0.02	0.05	0.07	0.10	0.12	0.15	0.17	0.20	0.22	
	800	1.44	1.82	2.32	2.81	3.30	3.86	4.46	5.13	0.03	0.06	0.08	0.11	0.14	0.17	0.20	0.23	0.25	
	950	1.64	2.08	2.66	3.22	3.77	4.42	5.10	5.85	0.03	0.07	0.10	0.13	0.17	0.20	0.23	0.26	0.30	15
	1 200	1.93	2.47	3.17	3.85	4.50	5.26	6.04	6.90	0.04	0.08	0.13	0.17	0.21	0.25	0.30	0.34	0.38	20
	1 450	2.19	2.82	3.62	4.39	5.13	5.97	6.82	7.76	0.05	0.10	0.15	0.20	0.25	0.31	0.36	0.40	0.46	
	1 600	2.33	3.00	3.86	4.68	5.46	6.33	7.20	8.13	0.06	0.11	0.17	0.23	0.28	0.34	0.39	0.45	0.51	25
	1 800	2.50	3.23	4.15	5.02	5.83	6.73	7.63	8.46	0.06	0.13	0.19	0.25	0.32	0.38	0.44	0.51	0.57	
	2 000	2.64	3.42	4.40	5.30	6.13	7.02	7.87	8.60	0.07	0.14	0.21	0.28	0.35	0.42	0.49	0.56	0.63	30
	2 200	2.76	3.58	4.60	5.52	6.35	7.19	7.97	8.53	0.08	0.16	0.23	0.31	0.39	0.46	0.54	0.62	0.70	35
	2 400	2.85	3.70	4.75	5.67	6.47	7.25	7.89	8.22	0.08	0.17	0.25	0.34	0.42	0.51	0.59	0.68	0.76	40
	2 800	2.96	3.85	4.89	5.76	6.43	6.95	7.14	6.80	0.10	0.20	0.29	0.39	0.49	0.59	0.69	0.79	0.89	
	3 200	2.94	3.83	4.80	5.52	5.95	6.05	5.60	4.26	0.11	0.23	0.34	0.45	0.56	0.68	0.79	0.90	1.01	
	3 600	2.80	3.63	4.46	4.92	4.98	4.47	5.12	—	0.13	0.25	0.38	0.51	0.63	0.76	0.89	1.01	1.14	
	4 000	2.51	3.24	3.82	3.92	3.47	2.14	—	—	0.14	0.28	0.42	0.56	0.70	0.84	0.99	1.13	1.27	
	4 500	1.93	2.45	2.59	2.04	0.73	—	—	—	0.16	0.32	0.48	0.63	0.79	0.95	1.11	1.27	1.43	
	5 000	1.09	1.29	0.81	—	—	—	—	—	0.18	0.36	0.53	0.71	0.89	1.07	1.24	1.42	1.60	

C 型

型号	n_1/(r/min)	\multicolumn{8}{c}{d_{d1}/mm}								\multicolumn{9}{c}{i}									v/(m/s)≈
		200	224	250	280	315	355	400	450	1.02~1.04	1.05~1.08	1.09~1.12	1.13~1.18	1.19~1.24	1.25~1.34	1.35~1.51	1.52~1.99	≥2.00	
		\multicolumn{8}{c}{P_1}								\multicolumn{9}{c}{ΔP_1}									
C 型	200	1.39	1.70	2.03	2.42	2.84	3.36	3.91	4.51	0.02	0.04	0.06	0.08	0.10	0.12	0.14	0.16	0.18	5
	300	1.92	2.37	2.85	3.40	4.04	4.75	5.54	6.40	0.03	0.06	0.09	0.12	0.15	0.18	0.21	0.24	0.26	
	400	2.41	2.99	3.62	4.32	5.14	6.05	7.06	8.20	0.04	0.08	0.12	0.16	0.20	0.23	0.27	0.31	0.35	10
	500	2.87	3.58	4.33	5.19	6.17	7.27	8.52	9.81	0.05	0.10	0.15	0.20	0.24	0.29	0.34	0.39	0.44	
	600	3.30	4.12	5.00	6.00	7.14	8.45	9.82	11.29	0.06	0.12	0.18	0.24	0.29	0.35	0.41	0.47	0.53	15
	700	3.69	4.64	5.64	6.76	8.09	9.50	11.02	12.63	0.07	0.14	0.21	0.27	0.34	0.41	0.48	0.55	0.62	
	800	4.07	5.12	6.23	7.52	8.92	10.46	12.10	13.80	0.08	0.16	0.23	0.31	0.39	0.47	0.55	0.63	0.71	20
	950	4.58	5.78	7.04	8.49	10.05	11.73	13.48	15.23	0.09	0.19	0.27	0.37	0.47	0.56	0.65	0.74	0.83	25
	1 200	5.29	6.71	8.21	9.81	11.53	13.31	15.04	16.59	0.12	0.24	0.35	0.47	0.59	0.70	0.82	0.94	1.06	30
	1 450	5.84	7.45	9.04	10.72	12.46	14.12	15.53	16.47	0.14	0.28	0.42	0.58	0.71	0.85	0.99	1.14	1.27	35
	1 600	6.07	7.75	9.38	11.06	12.72	14.19	15.24	15.57	0.16	0.31	0.47	0.63	0.78	0.94	1.10	1.25	1.41	40
	1 800	6.28	8.00	9.63	11.22	12.67	13.73	14.08	13.29	0.18	0.35	0.53	0.71	0.88	1.06	1.23	1.41	1.59	
	2 000	6.34	8.06	9.62	11.04	12.14	12.59	11.95	9.64	0.20	0.39	0.59	0.78	0.98	1.17	1.37	1.57	1.76	
	2 200	6.26	7.92	9.34	10.48	11.08	10.70	8.75	4.44	0.22	0.43	0.65	0.86	1.08	1.29	1.51	1.72	1.94	
	2 400	6.02	7.57	8.75	9.50	9.43	7.98	4.34	—	0.23	0.47	0.70	0.94	1.18	1.41	1.65	1.88	2.12	
	2 600	5.61	6.93	7.85	8.08	7.11	4.32	—	—	0.25	0.51	0.76	1.02	1.27	1.53	1.78	2.04	2.29	
	2 800	5.01	6.08	6.56	6.13	4.16	—	—	—	0.27	0.55	0.82	1.10	1.37	1.64	1.92	2.19	2.47	
	3 200	3.23	3.57	2.93	—	—	—	—	—	0.31	0.61	0.91	1.22	1.53	1.85	2.14	2.44	2.75	

注：1. Y型，i=1~1.02，ΔP_1=0；其他型号，i=1~1.01，ΔP_1=0。

2. P_1 为包角180°（i=1）、特定基准长度、载荷平稳时，单根普通V带基本额定功率的推荐值；ΔP_1 为 $i \neq 1$ 时单根普通V带额定功率的增量。

3. 增速转动时，基本额定功率增量按传动比的倒数从表中选取。

实际工作条件与上述特定条件不同时,应对 P_1 值加以修正。修正后即得实际工作条件下,单根 V 带所能传递的功率,称为许用功率 $[P_1]$,故

$$[P_1]=(P_1+\Delta P_1)K_aK_L \qquad (3-15)$$

式中,ΔP_1 为功率增量,考虑 $i\neq 1$ 时,带在大轮上的弯曲应力较小,故在寿命相同条件下,许用功率应增加 ΔP_1,其值可见表 3-3(仅摘录 Z、A、B、C 型);K_a 为包角修正系数,考虑 $\alpha\neq 180°$ 时对传动能力的影响,见表 3-4;K_L 为带长修正系数,考虑带长不为特定长度时对传动能力的影响,见表 3-5。

表 3-4 包角修正系数 K_a

包角 $\alpha_1/(°)$	180	175	170	165	160	155	150	145	140
K_a	1.00	0.99	0.98	0.96	0.95	0.93	0.92	0.91	0.89
包角 $\alpha_1/(°)$	135	130	125	120	115	110	105	100	95	90
K_a	0.88	0.86	0.84	0.82	0.80	0.78	0.76	0.74	0.72	0.69

表 3-5 普通 V 带带长修正系数 K_L

基准长度 L_d/mm	型号 Y	型号 Z	基准长度 L_d/mm	型号 Z	型号 A	型号 B	型号 C	基准长度 L_d/mm	型号 A	型号 B	型号 C	型号 D	型号 E	基准长度 L_d/mm	型号 C	型号 D	型号 E
	K_L			K_L					K_L						K_L		
200	0.81		630	0.96	0.81			2 000	1.03	0.98	0.88			6 300	1.12	1.00	0.97
224	0.82		710	0.99	0.83			2 240	1.06	1.00	0.91			7 100	1.15	1.03	1.00
250	0.84		800	1.00	0.85			2 500	1.09	1.03	0.93			8 000	1.18	1.06	1.02
280	0.87		900	1.03	0.87	0.82		2 800	1.11	1.05	0.95	0.83		9 000	1.21	1.08	1.05
315	0.89		1 000	1.06	0.89	0.84		3 150	1.13	1.07	0.97	0.86		10 000	1.23	1.11	1.07
355	0.92		1 120	1.08	0.91	0.86		3 550	1.17	1.09	0.99	0.89		11 200		1.14	1.10
400	0.96	0.87	1 250	1.11	0.93	0.88		4 000	1.19	1.13	1.02	0.91		12 500		1.17	1.12
450	1.00	0.89	1 400	1.14	0.96	0.90		4 500		1.15	1.04	0.93	0.90	14 000		1.20	1.15
500	1.02	0.91	1 600	1.16	0.99	0.92	0.83	5 000		1.18	1.07	0.96	0.92	16 000		1.22	1.18
560		0.94	1 800	1.18	1.01	0.95	0.86	5 600			1.09	0.98	0.95				

3.1.3 V 带传动的设计计算

1. 设计依据和设计内容

设计 V 带传动时的原始条件和数据一般依据传动用途、载荷性质、传递的功率 P,带轮的转速 n_1、n_2(或传动比 i_{12})以及传动外廓尺寸的要求等。

设计内容包括:选择合理的传动参数,确定 V 带的型号、长度和根数,确定带轮的材料、结构和尺寸。

2. 设计步骤和方法

(1) 确定设计功率 P_d,选择 V 带型号

设计功率 P_d 系根据要求传递的名义功率 P,并考虑其工作情况而确定的。

$$P_d=K_A P$$

式中,K_A 为工况系数,见表 3-6。

根据设计功率 P_d 和小轮转速 n_1,按图 3-10 的推荐,选择普通 V 带的型号。

表 3-6 工况系数 K_A

工 况	原 动 机 类 型					
	交流电动机(普通转矩、鼠笼式、同步、分相式),直流电动机(并激)内燃机			交流电动机(大转矩、大滑差率、单相、滑环式、串激),直流电动机(复激)		
	每天连续运转时间/h					
	≤6	>6~16	>16~24	≤6	>6~16	>16~24
	K_A					
液体搅拌器,鼓风机和排气装置,离心泵和压缩机,风扇(≤7.5 kW),轻型输送机	1.0	1.1	1.2	1.1	1.2	1.3
带式输送机(砂子、尘物等)和面机,风扇(>7.5 kW),发电机,洗衣机,机床,冲床,压力机,剪床,印刷机,往复式振动筛,正排量旋转泵	1.1	1.2	1.3	1.2	1.3	1.4
制砖机,斗式提升机,激磁机,活塞式压缩机,输送机(链板式、盘式、螺旋式),锻压机床,造纸用打浆机,柱塞泵,正排量鼓风机,粉碎机,锯床和木工机械	1.2	1.3	1.4	1.4	1.5	1.6
破碎机(旋转式、颚式、滚动式),研磨机(球式、棒式、圆筒型式),起重机,橡胶机械(压光机、模压机、轧制机)	1.3	1.4	1.5	1.5	1.6	1.8
节流机械	2.0					

注: 使用张紧轮[见图 3-16(b)]时,K_A 应视张紧轮位置的不同增加下列数值:位于松边内侧为 0,松边外侧为 0.1,紧边内侧为 0.1,紧边外侧为 0.2。

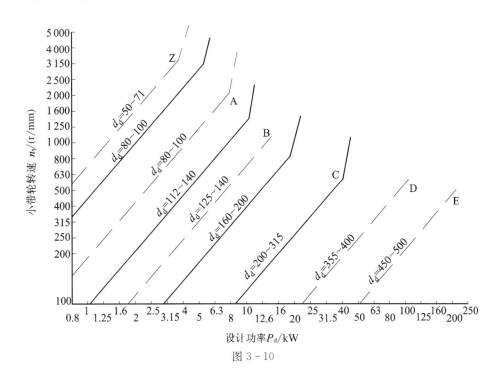

图 3-10

（2）确定带轮基准直径 d_{d1}、d_{d2}，并验算带速 v

小轮直径 d_{d1} 应大于或等于表 3-3 或表 3-7 所示的最小直径 d_{d1min}。若 d_{d1} 过小，则带的弯曲应力较大；反之，则传动的外廓尺寸增大。

表 3-7　V 带轮的基准直径系列　　　　　　　　　（单位：mm）

带型	基 准 直 径 d_d
Y	20,22.4,25,28,31.5,35.5,40,45,50,56,63,71,80,90,100,112,125
Z	50,56,63,71,75,80,90,100,112,125,132,140,150,160,180,200,224,250,280,315,355,400,500,630
A	75,80,85,90,95,100,106,112,118,125,132,140,150,160,180,200,224,250,280,315,355,400,450,500,560,630,710,800
B	125,132,140,150,160,170,180,200,224,250,280,315,355,400,450,500,560,600,630,710,750,800,900,1 000,1 120
C	200,212,224,236,250,265,280,300,315,355,400,450,500,560,600,630,710,750,800,900,1 000,1 120,1 250,1 400,1 600,2 000
D	355,375,400,425,450,475,500,560,630,710,750,800,900,1 000,1 060,1 120,1 250,1 400,1 500,1 600,1 800,2 000
E	500,530,560,600,630,710,800,900,1 000,1 120,1 250,1 400,1 500,1 600,1 800,2 000,2 240,2 250

由式（3-11）得大轮直径

$$d_{d2} = \frac{n_1}{n_2} d_{d1} (1-\varepsilon)$$

d_{d1}、d_{d2} 均应符合带轮的基准直径尺寸系列，见表 3-7。

带速

$$v = \frac{\pi d_{d1} n_1}{60 \times 1\,000}$$

一般应使 v 在 5～25 m/s。$v = 20$ m/s 时，可以充分发挥带的传动能力。

（3）确定中心距 a 和带长 L_d，并验算包角 α_1

一般可在推荐的范围内初步确定中心距 a_0，即

$$0.7(d_{d1} + d_{d2}) \leqslant a_0 \leqslant 2(d_{d1} + d_{d2})$$

V 带基准长度可由式（3-2a）初定，即

$$L_{d0} = 2a_0 + \frac{\pi}{2}(d_{d1} + d_{d2}) + \frac{(d_{d2} - d_{d1})^2}{4a_0}$$

根据 L_{d0} 由表 3-2 选取接近的基准长度 L_d。最后再按式（3-16）近似计算所需的中心距

$$a \approx a_0 + \frac{L_d - L_{d0}}{2} \tag{3-16}$$

为了张紧胶带，尚应给中心距留出 $+0.03L_d$ 的调整余量。

小轮包角按式（3-1a）可近似计算得

$$\alpha_1 \approx 180° - \frac{d_{d2} - d_{d1}}{a} \times 60°$$

一般应使 $\alpha_1 \geqslant 120°$。否则应加大中心距或增设张紧轮。

（4）按许用功率计算 V 带根数 z

根据式（3-15），V 带根数应为

$$z = \frac{P_d}{[P_1]} = \frac{P_d}{(P_1 + \Delta P_1)K_a K_L} \tag{3-17}$$

（5）确定初拉力 F_0 及作用在轴上的力 Q

考虑到离心力的不利影响时，式（3-8）中单根 V 带所需的初拉力应为

$$F_0 = \frac{F}{2}\left(\frac{e^{fa}+1}{e^{fa}-1}\right) + qv^2$$

以式（3-5）代入，并引用包角修正系数 K_a

$$F_0 = 500\left(\frac{2.5}{K_a} - 1\right)\frac{P_d}{zv} + qv^2 \tag{3-18}$$

式中，q 为 V 带的每米质量，可从表 3-1 中查得。

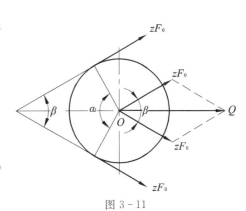

图 3-11

作用在轴上的力 Q，如图 3-11 所示，为

$$Q = 2zF_0\cos\frac{\beta}{2} = 2zF_0\cos\left(\frac{\pi}{2} - \frac{\alpha_1}{2}\right) = 2zF_0\sin\frac{\alpha_1}{2} \tag{3-19}$$

此力为设计安装带轮的轴和轴承的依据。

3.1.4　V 带轮的结构及张紧装置

3.1.4.1　V 带轮的结构

1. 带轮材料

带轮常用铸铁制造，因其铸造性能好，摩擦系数较钢为大。用 HT150、HT200 牌号铸铁制成的带轮，允许最大圆周速度 25 m/s，速度更高时可采用铸钢，速度小时也可使用铸铝或塑料。

2. 结构尺寸

铸铁带轮的典型结构（图 3-12）由下列三部分组成：

① 轮缘——带轮外圈的环形部分，制有楔形环槽，槽数等于 V 带的根数 z。轮槽断面及其尺寸应与 V 带相适应，可参见表 3-8。

② 轮毂——带轮与轴配合的部分。

③ 轮辐——把轮缘与轮毂连成一体的部分。根据带轮直径的大小，可以是辐板、辐条（椭圆截面）和实心三种型式。图 3-13 所示是带轮直径较小时采用的实心式结构；图 3-14 所示是中等直径带轮采用的辐板式结构；

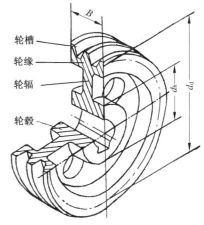

图 3-12

图 3-15 所示是带轮直径较大时采用的辐条式结构。结构型式的具体选择及各部尺寸确定须查阅有关设计手册。

表 3-8　V 带轮轮缘尺寸　　　　　　　　　（单位：mm）

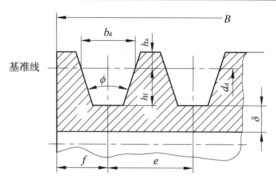

项　　目	符号	槽　型						
		Y	Z	A	B	C	D	E
基准宽度	b_d	5.3	8.5	11.0	14.0	19.0	27.0	32.0
基准线上槽深	h_{amin}	1.6	2.0	2.75	3.5	4.8	8.1	9.6
基准线下槽深	h_{fmin}	4.7	7.0	8.7	10.8	14.3	19.9	23.4
槽间距	e	8 ± 0.3	12 ± 0.3	15 ± 0.3	19 ± 0.4	25.5 ± 0.5	37 ± 0.6	44.5 ± 0.7
第一槽对称面至端面的最小距离	f_{min}	6	7	9	11.5	16	23	28
最小轮缘厚	δ_{min}	5	5.5	6	7.5	10	12	15
带轮宽	B	$B=(z-1)e+2f$　z——轮槽数						
外　径	d_a	$d_a=d_d+2h_a$　d_d——基准直径						

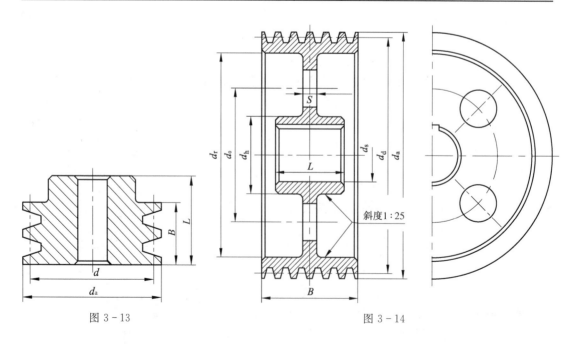

图 3-13　　　　　　　　　　　　图 3-14

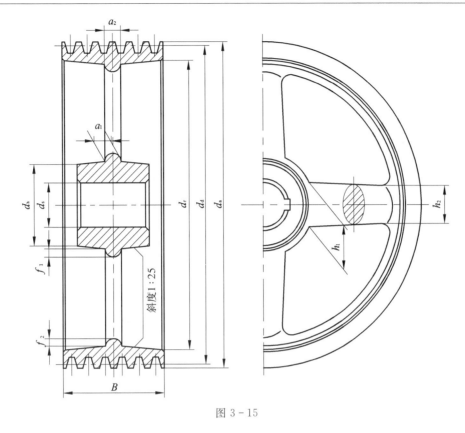

图 3 - 15

3.1.4.2 张紧装置

为了产生和调整带的初拉力,带传动应设有张紧装置。最常用的装置如图 3 - 16(a)所示,是靠调节螺钉 3 来改变电机在导轨 1 上的位置,然后用螺栓 2 来固定电机的。图 3 - 16(b)则是在 V 带松边内侧设置张紧轮,在内侧张紧使 V 带只受单方向的弯曲。张紧轮不能靠近小带轮,否则将使小轮包角 α_1 变得过于小。

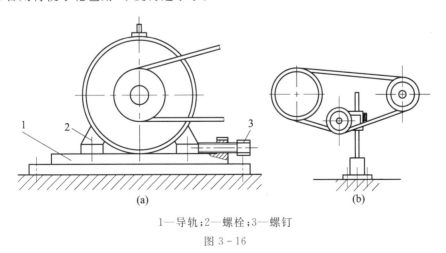

(a)   (b)

1—导轨;2—螺栓;3—螺钉

图 3 - 16

例 3 - 1 设计一摩擦压力机的 V 带传动装置,已选定电动机的功率 $P = 10 \text{ kW}$,转速 $n_1 = 970 \text{ r/min}$,传动比 $i = 3.75$,工作时有轻微振动,每天工作 10 h。

解　计算过程详见下表：

计 算 项 目	计 算 依 据	计 算 结 果	单 位
设计功率 P_d	表 3-6 查得 K_A $P_d=K_A P$	1.2 $P_d=1.2\times 10=12$	kW
V 带型号	图 3-10	B 型	
小带轮节圆直径 d_{d1}	图 3-10，表 3-3	$d_{d1}=125\sim 140$ 　　　　取 140	mm
大带轮节圆直径 d_{d2}	$d_{d2}=id_{d1}$ 按表 3-7 圆整	$d_{d2}=3.75\times 140=525$ 　　　　取 560	mm
带速 v	$v=\dfrac{\pi d_{d1}n_1}{60\times 1\,000}\leqslant 25\ \text{m/s}$	$v=\dfrac{\pi\times 140\times 970}{60\times 1\,000}=7.11$	m/s
实际传动比 i	$i=\dfrac{d_{d2}}{(1-\varepsilon)d_{d1}}\leqslant 7$ 帘布结构（$\varepsilon=0.02$）	$i=\dfrac{560}{(1-0.02)\times 140}=4.08$	
初定中心距 a_0	$0.7(d_{d1}+d_{d2})\leqslant a_0\leqslant 2(d_{d1}+d_{d2})$	$0.7\times(140+560)\leqslant a_0\leqslant 2\times(140+560)$ $490\leqslant a_0\leqslant 1\,400$ 　　　　取 640	mm
初定胶带节线长度 L_d	$L_{d0}\approx 2a_0+\dfrac{1}{2}(d_{d1}+d_{d2})$ $\quad +\dfrac{(d_{d2}-d_{d1})^2}{4a_0}$ 按表 3-2 选取标准的 L_d	$L_{d0}\approx 2\times 640+\dfrac{140+560}{2}+\dfrac{(560-140)^2}{4\times 640}\approx 1\,699$ 　　　　取 1 800	mm
中心距 a	$a\approx a_0+\dfrac{L_d-L_{d0}}{2}$	$a\approx 640+\dfrac{1\,800-1\,699}{2}=690.5$	mm
小带轮包角 α_1	$\alpha_1\approx 180°-\dfrac{d_{d2}-d_{d1}}{a}\times 60°$	$\alpha_1\approx 180°-\dfrac{560-140}{690.5}\times 60°=143.5°$	
单根胶带传动功率 P_1	表 3-3	2.12	kW
单根胶带传递功率的增量 ΔP_1	由表 3-3 查得 ΔP_1	0.31	kW
胶带根数 z	由表 3-4 查得 K_a 由表 3-5 查得 K_L $z=\dfrac{P_d}{K_a K_L(P_1+\Delta P_1)}$	0.904 0.95 $z=\dfrac{12}{0.904\times 0.95\times(2.12+0.31)}$ $=5.75$ 　　　　取 6	根
单根胶带的初拉力 F_0	$F_0=500\left(\dfrac{2.5}{K_a}-1\right)\dfrac{P_a}{zv}+qv^2$	$F_0=500\times\left(\dfrac{2.5}{0.904}-1\right)\times\dfrac{12}{6\times 7.11}+0.17\times 7.11^2$ $=256.9$	N
作用在轴上的力 Q	$Q=2zF_0\sin\dfrac{\alpha_1}{2}$	$Q=2\times 6\times 256.9\times\sin\dfrac{143.5°}{2}=2\,927.7$	N
带轮宽 B	由表 3-8 查得 e $\qquad\qquad\qquad f$ $B=(z-1)e+2f$	19 11.5 $B=(6-1)\times 19+2\times 11.5=118$	mm

上述计算结果提供了进一步设计绘制零件图的依据。

3.2 齿轮传动

3.2.1 概述

齿轮用来传递两轴间的运动和动力,是应用最广的一种传动零件。齿轮传动具有传动比恒定、工作平稳、传动速度和传动功率范围大、传动效率高、寿命长、结构紧凑等优点。但是齿轮制造和安装的精度要求较高,精度不高的齿轮在传动时噪声、振动和冲击都较大。齿轮传动无过载保护性能,也不适用于远距离的两轴间传动。

1. 齿轮传动的分类

(1) 按齿轮两轴线的相对位置分类

齿轮传动
- 平面齿轮(两轴平行)
  - 按轮齿方向
    - 直齿圆柱齿轮传动[图 3-17(a)]
    - 斜齿圆柱齿轮传动[图 3-17(b)]
    - 人字齿圆柱齿轮传动[图 3-17(c)]
  - 按啮合情况
    - 外啮合齿轮传动[图 3-17(a)(b)(c)]
    - 内啮合齿轮传动[图 3-17(d)]
    - 齿轮与齿条啮合传动[图 3-17(e)]
- 空间齿轮(两轴不平行)
  - 两轴相交的齿轮传动——圆锥齿轮传动[图 3-17(f)]
  - 两轴相错的齿轮传动——螺旋圆柱齿轮传动[图 3-17(g)]

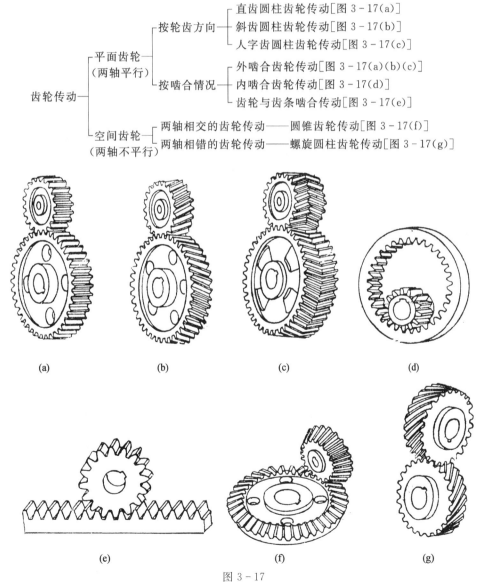

(a)　　　　(b)　　　　(c)　　　　(d)

(e)　　　　(f)　　　　(g)

图 3-17

（2）按齿轮传动的工作情况分类

① 开式齿轮传动。这种情况下齿轮是外露的，尘土、砂粒、污物等容易落入啮合齿面，所以轮齿易磨损，通常用于低速传动。

② 闭式齿轮传动。这种情况下齿轮全部装在润滑良好和密封良好的刚性箱体内，多数重要的齿轮传动都系闭式。

（3）按齿轮的齿廓曲线分类

分为渐开线齿轮、摆线齿轮和圆弧齿轮。

2. 齿轮传动的基本要求

齿轮传动要适应向高强度、高速度、高精度和高生产率的方向发展，要解决冲击、噪声、振动、轮齿折断、齿面损坏等问题。因此可归结为两个基本要求：

① 传动平稳，即齿轮传动过程中，任何瞬时的传动比要求恒定不变，以防止冲击、振动和噪声。

② 承载能力强，即齿轮传动过程中，轮齿不折断，齿面不损坏，以使齿轮尺寸小、重量轻、工作寿命长。

3.2.2 齿廓啮合基本定律和渐开线齿廓的特点

3.2.2.1 齿廓啮合基本定律

齿轮的啮合传动是靠主动轮的齿廓推动从动轮的齿廓来传递运动和动力的，这种传动方式称为齿廓啮合传动。

现设定与主动轮有关的量，标以下标"1"；与从动轮有关的量，标以下标"2"。

如图 3-18(a)所示，两齿廓在 K 点接触，ω_1 和 ω_2 分别为两轮的瞬时角速度。显然，齿廓 1 上的 K 点速度 $v_{K1} = O_1K \cdot \omega_1$，其方向垂直于 O_1K；齿廓 2 上的 K 点速度 $v_{K2} = O_2K \cdot \omega_2$，其方向垂直于 O_2K。现过两齿廓的啮合点 K 作公法线 nn，并与两轮中心连线 O_1O_2 交于 P 点。在局部放大图 3-18(b)上可以看出，v_{K1} 和 v_{K2} 在 nn 方向上的分量必须相等，即 $v_{K1}^n = v_{K2}^n$，其物理意义是齿廓啮合传动时两齿廓不能压入或分离，但 $v_{K1}^t \neq v_{K2}^t$，这说明两轮沿齿廓切线方向有滑动存在。

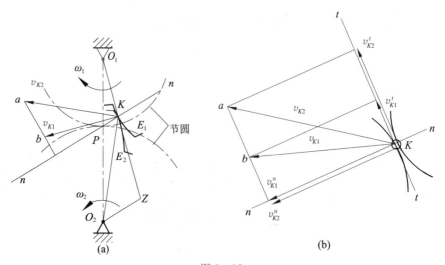

(a)　　　　　　　　　　(b)

图 3-18

在图 3-18(a)中,过 O_2 作 $O_2Z /\!/ nn$,与 O_1K 的延长线交于 Z 点,则 $\triangle Kab \backsim \triangle KO_2Z$,因为两三角形对应边互相垂直,从而有

$$\frac{KZ}{O_2K} = \frac{Kb}{Ka} = \frac{v_{K1}}{v_{K2}} = \frac{\omega_1 \cdot O_1K}{\omega_2 \cdot O_2K}$$

整理得

$$\frac{KZ}{O_1K} = \frac{\omega_1}{\omega_2}$$

而三角形 O_1O_2Z 内,因 $nn /\!/ O_2Z$

得

$$\frac{KZ}{O_1K} = \frac{O_2P}{O_1P}$$

最后得

$$i = \frac{\omega_1}{\omega_2} = \frac{O_2P}{O_1P} \tag{3-20}$$

式(3-20)表明,要保证齿轮传动比 i 在任一瞬时是一定值,齿轮的齿廓形状必须符合以下规则:不论齿轮齿廓在任何位置接触,过接触点所作齿廓的公法线都必须与连心线交于一定点 P(又称节点,参见图 3-22)。这就是**齿廓啮合基本定律**。由于渐开线齿廓能满足齿廓啮合基本定律,而且易于制造和安装,因此大多数齿轮采用渐开线作齿廓曲线。

在此只讨论应用最广的渐开线齿轮传动,并以直齿圆柱齿轮传动为重点。

3.2.2.2 渐开线齿廓的特点

现在研究渐开线的形成和特性,以及为什么渐开线齿廓能保证任何瞬时的传动比恒定不变。

1. 渐开线的形成和特性

当一根直线 AB 在一半径为 r_b 的圆周上做纯滚动时,如图 3-19 所示,此直线上任意一点 K 的轨迹 $\overset{\frown}{CKD}$,称为该圆的渐开线,该圆称为基圆,该直线称为发生线。

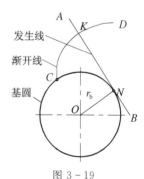

图 3-19

根据渐开线的形成过程可知,它具有下列特性:

① 发生线在基圆上做纯滚动,故

$$\overline{NK} = \overset{\frown}{NC}$$

② 渐开线上任一点的法线必与基圆相切,但渐开线上各点的曲率半径是变化的。

③ 同一基圆上的渐开线形状完全相同;大小不等的基圆上的渐开线形状不同。基圆越小,渐开线越弯曲;基圆越大,渐开线越平直;当基圆半径趋于无穷大时,渐开线成一直线,为渐开线齿条的齿廓,如图 3-20 中各不同基圆的齿廓曲线所示。

④ 基圆内无渐开线。

⑤ 渐开线上某点的法线与该点的速度方向线的夹角称为该点的压力角 α,根据以上定义,由图 3-21 可得在 K 点的压力角为

$$\alpha_K = \arccos \frac{r_b}{r_K} \tag{3-21}$$

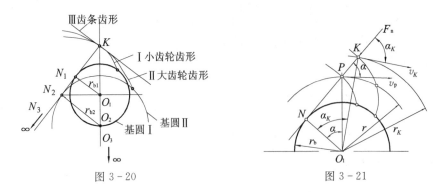

图 3－20　　　　　　　　　　　　　图 3－21

由式(3－21)可知,当 r_b 一定时,α_K 随点 K 的所在半径 r_K 而异,r_K 越大则 α_K 也越大。显然,渐开线齿廓在靠近齿顶部分接触时,压力角 α_K 较大;而靠近齿根部分接触时,压力角 α_K 较小。

　　2. 渐开线齿廓的瞬时传动比恒定

　　齿廓为渐开线的齿轮能满足齿廓啮合基本定律,证明如下:

　　设已知两轮的基圆半径分别为 r_{b1} 和 r_{b2},如图 3－22 所示。在此两基圆上各画一渐开线 C_1 和 C_2 作为两轮的齿廓,它们在任意点 K 接触。过 K 点作 C_1 和 C_2 的公法线,根据渐开线的特性可知,此公法线必同时与两基圆相切。此公法线就是两轮基圆的内公切线 N_1N_2,它与连心线 O_1O_2 交于 P 点。因为两基圆均为定圆,所以无论此两齿廓在何处接触(如在 K' 点接触),过其接触点所作两齿廓的公法线都与 N_1N_2 线重合(因两定圆在同一方向的内公切线只有一条),即 N_1N_2 为一定线。故它与连心线 O_1O_2 的交点 P 必为定点,即节点,其瞬时传动比与两基圆半径成反比,为一常数,即

$$i = \frac{\omega_1}{\omega_2} = \frac{O_2P}{O_1P} = \frac{r_{b2}}{r_{b1}} = 常数$$

所以,渐开线齿廓在啮合过程中每一瞬时的传动比都保持恒定不变。从理论上说,主动轮以某一角速度 ω_1 匀速回转时,从动轮以另一角速度 ω_2 匀速回转。从动轮没有角加速度,就不会产生冲击、振动和噪声,保证了传动的平稳性。但实际上齿轮是有制造误差的,瞬时传动比 i 多少有些变化,误差越小,i 的变化越小,传动越平稳,这就要求较高的制造精度;误差越大,i 的变化越大,传动越不平稳,因而转速高而精度低的齿轮,传动时会产生较大的冲击、振动和噪声。

　　渐开线齿廓在啮合过程中,两齿廓的接触点始终是沿着两基圆的内公切线 N_1N_2 移动的,因此称齿廓啮合点的轨迹 N_1N_2 为啮合线。啮合线既是基圆的公切线,又是各啮合点上齿廓的公法线,也是各啮合点上齿廓的压力线,三线合一。

　　在图 3－22 中,分别以 O_1、O_2 为圆心,以 O_1P 和 O_2P 为半径所作的两个相切于节点的圆,其圆周

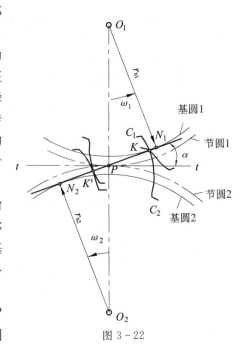

图 3－22

速度是相等的,即 $v=\omega_1 \cdot O_1P=\omega_2 \cdot O_2P$。这对相切并做纯滚动的假想圆称为节圆。

过节点 P 作两节圆的公切线 tt,它与啮合线 N_1N_2 的夹角称为啮合角,其值等于渐开线在节圆上的压力角 α。渐开线齿轮传动中啮合角为常数。啮合角不变,表示齿廓间压力方向不变,若齿轮传递的力矩恒定,则轮齿之间、轴与轴承之间压力的大小和方向均不变,这也是渐开线齿轮的一大优点。

3.2.3 直齿圆柱齿轮的各部分名称及其基本尺寸

本节主要介绍渐开线标准直齿圆柱齿轮的各部分名称及其基本尺寸。

3.2.3.1 齿轮各部分的名称

如图 3 - 23 所示为直齿圆柱齿轮的一部分,图中有轮齿、轮缘、轮辐、轮毂。

轮齿各部分的名称如下:

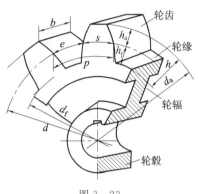

图 3 - 23

① 齿数。齿轮圆周上的轮齿总数,用 z 表示。

② 齿顶圆。过轮齿顶部所作的圆,齿顶圆直径用 d_a 表示。

③ 齿根圆。过齿槽底部所作的圆,齿根圆直径用 d_f 表示。

④ 分度圆。是把齿轮分为齿顶、齿根两部分的圆,在此圆上齿厚与槽宽相等,分度圆直径是为了便于设计、制造而引入的一个重要尺寸,用 d 表示。

⑤ 齿厚。轮齿两侧齿廓之间的弧长,分度圆上的齿厚用 s 表示。

⑥ 槽宽。分度圆上相邻两齿之间的空间弧长,用 e 表示。

⑦ 周节(齿距)。分度圆上相邻两齿对应点的弧长,用 p 表示。

⑧ 齿顶高。是分度圆到齿顶圆间的径向距离,用 h_a 表示。

⑨ 齿根高。是分度圆到齿根圆间的径向距离,用 h_f 表示。

⑩ 全齿高。是齿根圆与齿顶圆间的径向距离,用 h 表示,且 $h=h_a+h_f$。

⑪ 齿宽。轮齿沿轴向的宽度,用 b 表示。

3.2.3.2 标准直齿圆柱齿轮的基本参数和尺寸计算

标准直齿圆柱齿轮的尺寸参数较多,其中模数 m、压力角 α、齿数 z、齿顶高 h_a、径向间隙 c 是五个基本参数。此五个参数一经确定,齿轮的各部分尺寸都可由这五个参数计算出来。

1. 模数

从图 3 - 23 可以看出齿轮的分度圆 d、齿数 z 和周节 p 间的关系,用公式表示为

$$\pi d = zp$$

所以,分度圆直径

$$d = \frac{p}{\pi} z$$

因为 z 是整数,为了使分度圆能有比较完整的数值,因此把 p/π 这个比值人为地规定成一些

简单的数列,这比值称为模数,以 m 表示,即

$$m = \frac{p}{\pi}$$

得到　　　　　　　　$d = mz$　　　　　　（3-22）

模数是决定轮齿大小的重要参数,模数大,反映出周节 p 大,表示轮齿的尺寸大,所能承受的载荷就大,所以模数是齿轮强度设计的主要数据。图3-24表示了若干不同模数的齿形大小。

为了便于设计和制造,已制定了模数系列国家标准。表3-9做了整理、摘录,在设计标准齿轮时,其模数应符合国家标准。

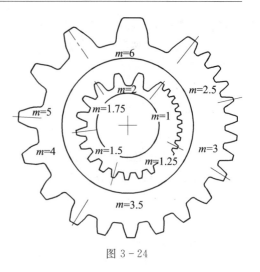

图3-24

表3-9　标准模数系列表　　　　　　　　（单位：mm）

第一系列	1	1.25	1.5	2	2.5	3	4	5	6	8	10
第二系列	1.125	1.375	1.75	2.25	2.75	3.5	4.5	5.5	(6.5)	7	9

注：1. 应优先采用第一系列,括号内的模数尽可能不用。
　　2. 本表适用于圆柱齿轮、圆锥齿轮及蜗杆传动。
　　3. 斜齿圆柱齿轮系指法面模数,圆锥齿轮系指大端模数,蜗轮系指端面模数。

2. 压力角

渐开线齿廓上各点的压力角是变化的,齿轮压力角一般是指渐开线齿廓在分度圆上的压力角 α。压力角 α 已标准化,国家标准中规定 $\alpha = 20°$。

3. 齿数

齿数 z 和传动比有关,也影响齿廓曲线形状。

从 $d = mz$ 可知：① 当模数 m 不变时,z 增多,则齿轮变大；② 当齿数 z 不变时,m 越大,则齿轮也越大；③ 当分度圆直径一定时,若 m 增大,则 z 必然减少；若 m 减小,则 z 增多。

在模数和压力角相同时,齿数越多,齿廓曲线的形状就越平直,齿根比较厚,不易断齿。

4. 齿顶高 h_a 和径向间隙 c

为了使齿形匀称,规定齿的高度和模数成正比。

一对相啮合的齿轮,一个齿轮的齿顶和另一个齿轮的齿根间应具有径向间隙,其作用是防止齿顶与齿根相碰,并可储存一些润滑油,它也和模数成正比。

国家标准规定：正常齿齿顶高 $h_a = m$,径向间隙 $c = 0.25m$。

应该注意,对单独一个齿轮而言,只有分度圆而无节圆；只有压力角而无啮合角。对一对齿轮啮合传动而言,有了节点之后,才有节圆和啮合角。当两齿轮的安装为标准安装,即一对标准齿轮的分度圆上齿厚与槽宽相等,即 $s_1 = s_2 = e_1 = e_2$,分度圆相切,此时节圆可以与分度圆重合,否则就不重合。

齿轮各部分尺寸的计算见表3-10。

表 3 - 10　外啮合标准直齿圆柱齿轮几何尺寸计算公式

名　称	代号	计　算　公　式
模数	m	根据强度计算或结构需要而定,须符合标准规定
压力角	α	$\alpha = 20°$
分度圆直径	d	$d_1 = mz_1, d_2 = mz_2$
齿顶高	h_a	$h_a = m$
齿根高	h_f	$h_f = 1.25m$
全齿高	h	$h = h_a + h_f = 2.25m$
径向间隙	c	$c = 0.25m$
齿顶圆直径	d_a	$d_{a1} = d_1 + 2h_a = m(z_1 + 2), d_{a2} = d_2 + 2h_a = m(z_2 + 2)$
齿根圆直径	d_f	$d_{f1} = d_1 - 2h_f = m(z_1 - 2.5), d_{f2} = d_2 - 2h_f = m(z_2 - 2.5)$
基圆直径	d_b	$d_{b1} = d_1 \cos\alpha, d_{b2} = d_2 \cos\alpha$
周节	p	$p = \pi m$
齿厚	s	$s = \frac{1}{2}\pi m$
齿宽	b	$b = (6 \sim 12)m$,通常取 $b = 10m$
中心距	a	$a = \frac{1}{2}(d_1 + d_2) = \frac{m}{2}(z_1 + z_2)$

3.2.4　渐开线齿轮的啮合

1. 渐开线齿轮的正确啮合条件

在图 3 - 25 中,前后两对齿廓同时参与啮合,前一对齿廓在啮合线的 K 点啮合,后一对齿廓在啮合线的 K' 点啮合,当正确啮合传动时 $K_1 K_1' = K_2 K_2'$,根据渐开线性质 $K_1 K_1' = p_{b1}, K_2 K_2' = p_{b2}$。且

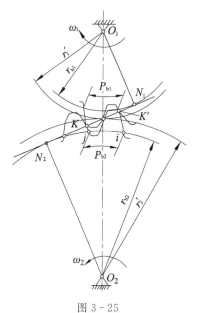

$$p_{b1} = \frac{\pi d_{b1}}{z_1} = \frac{\pi d_1 \cos\alpha_1}{z_1} = \pi m_1 \cos\alpha_1$$

$$p_{b2} = \frac{\pi d_{b2}}{z_2} = \frac{\pi d_2 \cos\alpha_2}{z_2} = \pi m_2 \cos\alpha_2$$

所以　　　　　　　　$m_1 \cos\alpha_1 = m_2 \cos\alpha_2$

由于模数和压力角已标准化,都有自己的标准值。所以渐开线齿轮的正确啮合条件是两轮在分度圆上的模数和压力角应分别相等,即

$$\left.\begin{array}{r} m_1 = m_2 = m \\ \alpha_1 = \alpha_2 = \alpha \end{array}\right\}$$

图 3 - 25

2. 中心距具有可分离性

当齿轮传动的中心距略有变动时，仍能保持传动比不变的这项特性称为可分离性。一对渐开线齿轮由于制造、安装的误差，或长期运转后轴承磨损的缘故，使实际工作中齿轮的中心距 a' 往往与标准中心距 a 有一微小的差量 Δa，此时 $a' \neq a$，但其传动比应保持不变。

如图 3-26(a)所示，标准安装时，分度圆与节圆重合，$r_1 = r'_1$，$r_2 = r'_2$。其传动比

$$i = \frac{\omega_1}{\omega_2} = \frac{r_2}{r_1} = \frac{r'_2}{r'_1} = \frac{r_{b2}}{r_{b1}}$$

式中，r_1、r_2 为分度圆半径；r'_1、r'_2 为节圆半径。

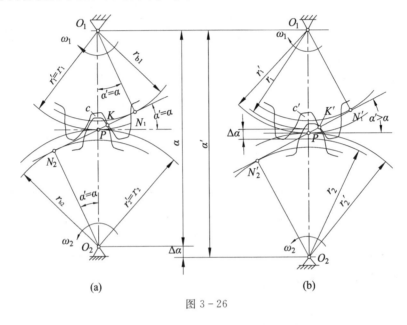

(a)　　　　　(b)

图 3-26

如图 3-26(b)所示，当中心距不标准时，节圆和分度圆不重合，$r_1 \neq r'_1$，$r_2 \neq r'_2$。此时传动比

$$i = \frac{\omega_1}{\omega_2} = \frac{r'_2}{r'_1} = \frac{r_{b2}}{r_{b1}}$$

因为一对齿轮一经制成，其基圆半径不变，所以中心距不标准时，其传动比仍为原值。齿轮中心距的可分离性是渐开线齿轮传动的突出优点。

3. 连续传动条件——重合度要大于1

图 3-27 表示一对齿廓啮合的全过程，开始啮合时，主动轮的齿根推动从动轮的齿顶；将脱离啮合时，主动轮的齿顶推动从动轮的齿根。A 是啮合起点，B 是啮合终点，AB 是实际啮合线长度，它由两轮齿顶圆割切啮合线 N_1N_2 而得，从渐开线特性知 $K_1K_2 = p_{b1} = p_{b2}$。

当 K_1K_2 小于实际啮合线长度 AB 时，则第一对轮齿脱离啮合前，第二对轮齿已进入啮合，所以连续传动条件为实际啮合线必须大于齿轮的周节。用重合度 ε 表示，即

$$\varepsilon = \frac{AB}{K_1K_2} = \frac{AB}{p_b} > 1 \tag{3-23}$$

标准齿轮标准安装时，其重合度恒大于1，不必验算。

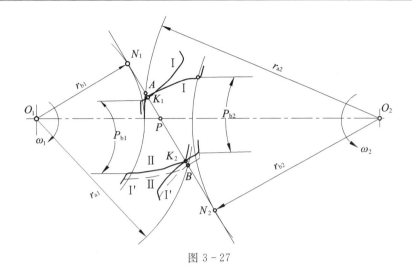

图 3 - 27

3.2.5 齿轮的失效形式和材料选择

3.2.5.1 齿轮的失效形式

分析齿轮失效原因,目的在于寻求齿轮设计的依据,并采取有效措施,以保证齿轮在预定寿命内能正常工作。齿轮传动的失效形式主要是轮齿折断和齿面损坏,其中齿面损坏又分为齿面的点蚀、胶合、磨损等。

1. 轮齿折断

轮齿折断主要有过载折断和疲劳折断两种。由脆性材料(灰铸铁、淬火钢)制成的齿轮,较常出现过载折断,这主要是由于轮齿受短时过载或过大冲击载荷而产生的;疲劳折断是由于轮齿承受多次重复弯矩作用,使轮齿根部产生交变的弯曲应力,且当弯曲应力超过材料的弯曲疲劳极限应力时,通常在轮齿受拉一侧的齿根圆角处产生疲劳裂纹,随着载荷循环次数增加,裂纹逐渐扩展,最后引起轮齿疲劳折断,如图 3 - 28 所示。

裂纹

图 3 - 28

为了防止轮齿的折断,应使齿根弯曲应力不超过许用值,这是轮齿弯曲强度计算的基本准则。

防止轮齿折断的办法:选择适当的模数和齿宽;采用合适材料和热处理方法,避免热处理裂纹;减少齿根应力集中等。

直齿齿轮轮齿的折断一般是全齿折断,但安装不良和操作不当,也会使轮齿局部折断,而斜齿和人字齿轮由于接触线倾斜的缘故,通常产生局部折断。

2. 齿面点蚀

轮齿啮合过程中,其接触面积甚小,而在载荷作用下产生的接触应力很大,所以轮齿的承载能力还取决于表面接触强度。

轮齿工作时,其啮合表面上任一点所产生的接触应力是按脉动循环变化的(轮齿未啮合时接触应力为 0,啮合时接触应力有最大值)。若齿面接触应力超过材料的接触持久极限,重复载荷次数超过一定次数之后,齿面表层就会产生细微的疲劳裂纹,裂纹扩展使表层金属微粒剥落下来而形成一些小坑,如图 3 - 29(a)所示,俗称点蚀麻坑。点蚀会使齿面减少承载面积,引起冲击和噪声。点蚀一般发生在节线附近的齿根表面。另外,润滑油的存在也会助长点蚀的形成,因为在另一轮齿的挤压下,封闭的裂缝中的油压增高,促使裂缝扩大,金属剥落形成小坑,如图 3-29(b)所示。

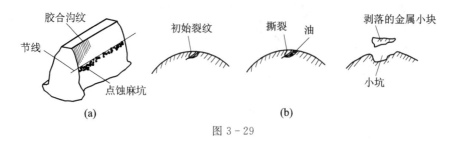

图 3-29

为了防止齿面发生点蚀,应使齿面接触应力不超过许用值,这是齿面接触强度计算的基本准则。

齿面抗点蚀能力主要与齿面硬度有关,齿面硬度越高,抗点蚀能力越强。

在闭式传动中,齿面硬度 HBS≤350 时,齿面疲劳点蚀是轮齿的主要失效形式。在开式传动中,由于齿面磨损较快,点蚀还来不及出现或扩展即被磨掉,所以一般看不到点蚀现象。

防止齿面发生点蚀损坏的办法:合理选择齿轮参数,采用合适的齿轮材料和齿面硬度,提高齿轮加工精度和减小齿面粗糙度,以及选用黏度较大的润滑油。

3. 齿面胶合

在高速重载的齿轮传动中,由于啮合齿廓的滑动摩擦,产生大量的热,使啮合温度升高,润滑失效,致使在局部轮齿齿面直接接触区发生高温软化或熔化,互相黏结。当轮齿齿面继续滑动时,较软的齿面沿滑动方向被撕下,形成胶合沟纹,如图 3-29(a)所示。在低速重载的齿轮传动中,齿面间压力很大,油膜不易形成,也可能出现胶合现象。

防止齿面胶合的办法:采用润滑油或加强冷却,以及提高齿面的硬度和减小齿面粗糙度。

4. 齿面磨损

齿轮运转时,齿面受有压力且齿廓间有相对滑动,因此齿面必有磨损。对闭式传动,齿轮润滑密封良好,齿面虽经长期运转,一般不会产生显著的磨损。对于开式传动,特别是尘土较多的场合,由于灰尘杂物经常落入齿面成为磨料,就会使齿面严重磨损。磨下来的金属屑又会加快磨损过程。齿轮磨损后,齿廓已不是渐开线,齿侧间隙加大,齿根变薄(图 3-30),就会降低齿轮传动的平稳性,引起大的附加动载荷和噪声,甚至发生轮齿折断。所以对于开式传动,齿面磨损也是主要的失效形式。改善润滑条件和工作环境,可以减轻齿面磨损。

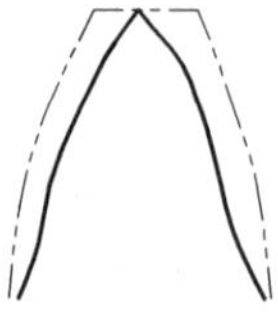

图 3-30

上述四种失效形式,概括地说:对于开式传动主要是齿面磨损和轮齿折断。对于闭式传动,当齿面硬度 HBS≤350 时,主要是齿面点蚀,其次是轮齿折断;当齿面硬度 HBS≥350 时,主要是轮齿折断,其次是齿面点蚀;高速重载齿轮传动,容易出现齿面胶合。当然,齿轮传动中如有严重冲击或过载,包括使用中违反操作规程,轮齿也可能折断。

3.2.5.2 齿轮材料

1. 锻钢

锻钢齿轮按齿面硬度可分为两类:

① 软齿面齿轮,齿面硬度 HBS≤350。这类齿轮常用材料为中碳钢和中碳合金钢,采用的热处理方法为正火或调质。由于硬度不高,因此可在热处理后进行切齿。

② 硬齿面齿轮,齿面硬度 HBS>350。这类齿轮齿面硬度很高,因此最终热处理只能在切齿后进行。由于热处理后轮齿会变形,故对于精度要求高的齿轮,还需进行磨齿。

2. 铸钢

铸钢齿轮的材料可为碳素钢或合金钢。铸钢的耐磨性及强度均较好,但强度及加工性不如锻钢,通常用来制造不易锻造的大型齿轮。轮坯在切齿前要经退火或正火处理,以消除铸造残余内应力和硬度不均匀等缺陷,必要时也可进行调质处理。

3. 铸铁

铸铁抗胶合及抗点蚀能力好,但弯曲强度、抗冲击及抗磨损性能较差,因此主要用于功率不大、载荷平稳及速度较低的齿轮传动中。高强度的球墨铸铁在一些场合可代替铸钢。

4. 非金属材料

对高速、轻载及精度要求不高的齿轮传动,为了减少噪声,常用非金属材料,如夹布胶塑齿轮。它是一种以布等层状物为基体,用热固性树脂压结而成的材料。用这种塑料制成的齿轮常与钢制齿轮配对使用,传动时噪声较小,称为无声齿轮。

常用齿轮材料及其应用范围列于表 3-11。在选择齿轮材料和热处理时,考虑到小齿轮根部齿厚较小,且应力循环次数较多,因此一般应使小齿轮齿面硬度比大齿轮稍高一些(高 20～50 HBS),传动比大时硬度差取大值。

表 3-11 常用的齿轮材料及其应用范围

类 别	牌 号	热 处 理	硬度(HBS 或 HRC)	应 用 范 围
调质钢	45	正火	170～217 HBS	低中速、中载的非重要齿轮
		调质	220～286 HBS	低中速、中载的重要齿轮
		表面淬火	45～50 HRC	低速、重载或高速、中载而冲击较小的齿轮
	40Cr	调质	240～285 HBS	低中速、中载的重要齿轮
		表面淬火	50～55 HRC	高速、中载、无猛烈冲击
	40MnB	调质	240～280 HBS	低中速、中载、中等冲击的重要齿轮
	35SiMn	调质	280～300 HBS	中速、重载有冲击载荷的齿轮
	35SiMnMoV	调质	320～340 HBS	
渗碳钢	15	渗碳—淬火	56～62 HRC(齿面)	高速、中载并承受冲击的齿轮
	20Cr	渗碳—淬火	56～62 HRC(齿面)	高速、中载并承受冲击的重要齿轮
	18CrMnTi	渗碳—淬火	56～62 HRC(齿面)	
铸钢	ZG270—500	正火	140～170 HBS	低中速、中载的大直径齿轮
	ZG310—570		160～200 HBS	
球墨铸铁	QT500—5	正火	140～241 HBS	低中速、轻载有冲击的齿轮
	QT420—10		<207 HBS	
	QT400—17		<179 HBS	
灰铸铁	HT200	低温退火	170～241 HBS	低速、轻载、冲击较小的齿轮
	HT300		187～255 HBS	
夹布胶塑	夹布胶塑		30～40 HBS	高速、轻载,要求声响小的齿轮
浇注尼龙	浇注尼龙		21 HBS	

3.2.6　直齿圆锥齿轮传动

1. 概述

圆锥齿轮又叫伞齿轮,用于相交轴的传动,最常用的是两轴线互相垂直的传动。圆锥齿轮的轮齿是沿圆锥面分布的,朝锥顶 O 的方向逐渐缩小。一对圆锥齿轮的传动相当于一对共顶点的节圆锥的纯滚动, Σ 为两轴间的夹角,称为轴交角。节圆锥与齿轮轴线的夹角称为节锥角,分别用 δ_1 和 δ_2 表示,一对标准安装的圆锥齿轮,其节圆锥与分度圆锥重合,如图 3-31所示。

$$r_1 = OP \cdot \sin\delta_1, \qquad r_2 = OP \cdot \sin\delta_2$$

$$i = \frac{\omega_1}{\omega_2} = \frac{z_2}{z_1} = \frac{r_2}{r_1} = \frac{\sin\delta_2}{\sin\delta_1}$$

当 $\Sigma = \delta_1 + \delta_2 = 90°$ 时, $i = \tan\delta_2 = \cot\delta_1$。

圆锥齿轮除了节圆锥与分度圆锥外,还有齿顶圆锥、齿根圆锥、前锥、背锥等,如图 3-32所示。

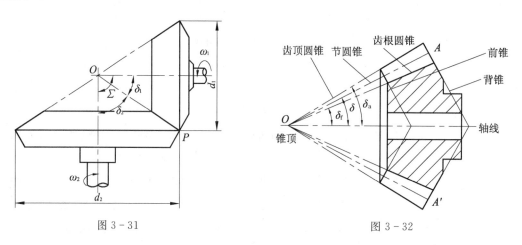

图 3-31　　　　　　　　　　　　　图 3-32

2. 背锥和当量齿数

如图 3-33(a)所示, OAA' 为分度圆锥, $O'A$ 垂直于 OA, $O'A'$ 垂直于 OA',则 $O'AA'$ 称为背锥。如果背锥上的齿形随同背锥展开,并补足成完整的齿轮,如图 3-33(b)所示,这个齿轮就是圆锥齿轮的当量齿轮,其当量齿数用 z' 表示。

圆锥齿轮大端的分度圆半径 $r = \dfrac{AA'}{2} = \dfrac{mz}{2}$,而当量齿轮的分度圆半径 r'(圆锥齿轮背锥母线长), $r' = O'A = \dfrac{mz'}{2}$。

由于

$$r' = \frac{r}{\cos\delta}$$

则

$$\frac{mz'}{2} = \frac{mz}{2\cos\delta}$$

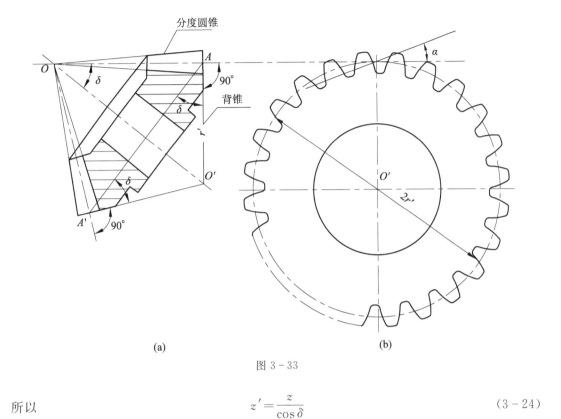

图 3-33

所以

$$z' = \frac{z}{\cos \delta} \qquad (3-24)$$

上式说明,齿数为 z 的圆锥齿轮,其大端齿形与同一模数、同一压力角而齿数为 z' 的圆柱齿轮的齿形相同。如要加工模数 $m=5$,齿数 $z=38$,节锥角 $\delta=40°$ 的标准圆锥齿轮,就需按当量齿数

$$z' = \frac{38}{\cos 40°} = 49.6 \approx 50$$

选用相应的刀具,才能得到所需圆锥齿轮的齿形。

3. 标准直齿圆锥齿轮的几何尺寸计算

圆锥齿轮的尺寸计算都以大端为基准,大端模数取标准值,压力角 $\alpha=20°$。在知道模数 m、当量齿数 z' 和节锥角 δ 后,就能算出直齿圆锥齿轮的各部分几何尺寸(表 3-12)。

表 3-12 标准直齿圆锥齿轮传动几何尺寸计算($\Sigma=90°$, $\alpha=20°$)

名　称	代号	计　算　公　式
模数	m	一般取大端模数为标准模数,其值应符合规定
传动比	i	$i = \frac{\omega_1}{\omega_2} = \frac{n_1}{n_2} = \frac{r_2}{r_1} = \frac{z_2}{z_1} = \tan\delta_2 = \cot\delta_1$
分度圆直径	d	$d_1 = mz_1$, $d_2 = mz_2$
锥距	R	$R = \frac{d_1}{2\sin\delta_1} = \frac{d_2}{2\sin\delta_2}$

续表

名　称	代号	计　算　公　式
齿宽	b	$b \leqslant \dfrac{R}{3}$，$b_{\min} \geqslant 4m$
齿顶高	h_a	$h_a = m$
齿根高	h_f	$h_f = 1.2m$
全齿高	h	$h = 2.2m$
齿顶圆直径	d_a	$d_{a1} = d_1 + 2h_a \cos \delta_1$，$d_{a2} = d_2 + 2h_a \cos \delta_2$
齿根圆直径	d_f	$d_{f1} = d_1 - 2h_f \cos \delta_1$，$d_{f2} = d_2 - 2h_f \cos \delta_2$
齿顶角	θ_a	$\tan \theta_a = \dfrac{h_a}{R}$
齿根角	θ_f	$\tan \theta_f = \dfrac{h_f}{R}$
齿顶圆锥角	δ_a	$\delta_{a1} = \delta_1 + \theta_a$，$\delta_{a2} = \delta_2 + \theta_a$
齿根圆锥角	δ_f	$\delta_{f1} = \delta_1 - \theta_f$，$\delta_{f2} = \delta_2 - \theta_f$

图 3-34 表示一对啮合的标准直齿圆锥齿轮。

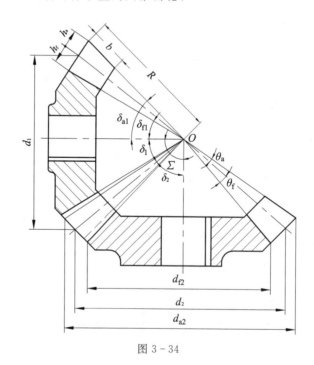

图 3-34

4. 直齿圆锥齿轮传动受力分析

（1）齿轮上作用的力

图 3-35 表示直齿圆锥齿轮受力情况，法向力 F_n 可分解为三个分力：

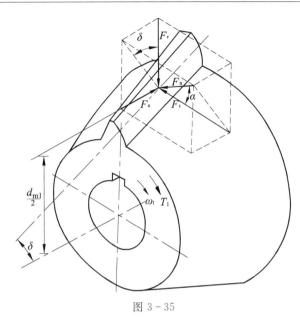

图 3 - 35

$$
\left.
\begin{array}{l}
\text{圆周力} \quad\quad F_t = \dfrac{2T_1}{d_{m1}} \\[4mm]
\text{径向力} \quad\quad F_r = F_t \tan\alpha\cos\delta \\[4mm]
\text{轴向力} \quad\quad F_a = F_t \tan\alpha\sin\delta
\end{array}
\right\} \tag{3-25}
$$

式中，d_{m1} 为小齿轮齿宽中点的分度圆直径，由几何关系可得

$$d_{m1} = d_1 - b\sin\delta_1$$

圆周力 F_t 的方向在主动轮上与运动方向相反，在从动轮上与运动方向相同；径向力 F_r 的方向垂直指向各自的齿轮轴线；轴向力 F_a 的方向都是背离锥顶。

当 $\delta_1 + \delta_2 = 90°$ 时，$\sin\delta_1 = \cos\delta_2$，$\cos\delta_1 = \sin\delta_2$。所以小齿轮上的径向力数值等于大齿轮的轴向力数值，小齿轮上的轴向力数值等于大齿轮的径向力数值。

（2）强度计算

可先按接触强度及弯曲强度求平均模数 m_m，再求大端模数，取标准值，具体设计计算方法此处从略。

3.3 蜗杆传动

3.3.1 概述

蜗杆是由蜗杆与蜗轮组成的（图 3-36），它用于传递交错轴线成直角的回转运动和动力，在化工设备上得到广泛的应用。

蜗杆传动的主要优点是传动比较大、结构紧凑、传动平稳和噪声较小等，传递动力时，用一级蜗杆传动，就可以得到传动比 $i = 8\sim80$。蜗杆传动的主要缺点是传动效率较低，为了减摩耐磨，蜗轮缘（或其上的齿圈部分）常需用贵重的青铜制造，因此成本较高。

蜗杆按形状不同，可分为圆柱蜗杆[图 3-37(a)]和圆弧面蜗杆[图 3-37(b)]。

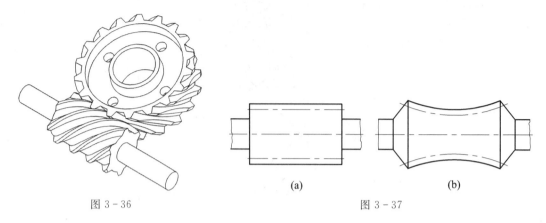

图 3 - 36　　　　　　　　　　　　　　　　　　图 3 - 37

　　蜗杆与螺杆相似,有右旋、左旋之别,蜗杆的齿数即螺旋线的头数,有单头和多头之分。

　　圆柱蜗杆按螺旋面的形状又分为普通圆柱蜗杆和渐开线蜗杆等。以梯形 $ABCD$ 沿螺旋线运动即成普通圆柱蜗杆螺旋面(图 3 - 38),因其加工容易,故应用广泛。这里主要介绍普通圆柱蜗杆传动。

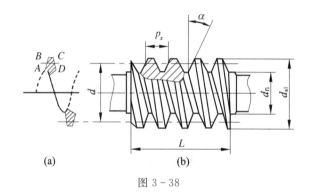

图 3 - 38

　　蜗轮的形状很像一个斜齿轮。为了改善轮齿的接触状况,蜗轮沿齿宽方向制成圆弧形,如图 3 - 39 所示。

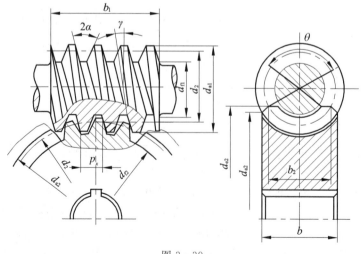

图 3 - 39

3.3.2 蜗杆传动的主要参数

1. 模数 m 和压力角 α

通过蜗杆轴线并垂直于蜗轮轴线的平面,称为主平面。由于蜗轮是用与蜗杆形状相仿的滚刀加工轮齿的,所以在主平面内蜗轮与蜗杆的啮合就相当于渐开线齿轮与齿条的啮合。蜗杆传动的设计计算都以主平面的参数和几何关系为准。它们的正确啮合条件:蜗杆轴面模数 m_{a1} 和轴面压力角 α_{a1} 应分别等于蜗轮端面模数 m_{t2} 和端面压力角 α_{t2},即

$$m_{a1} = m_{t2}$$

$$\alpha_{a1} = \alpha_{t2}$$

由于加工蜗轮的滚刀必须与蜗杆的形状相当,因此对同一模数的蜗杆,其分度圆直径大小不同时,就得有相应的不同滚刀来加工蜗轮。为了减少刀具数量并便于标准化,因此国家标准将普通圆柱蜗杆的基本参数做了适当的匹配,见表 3-13。压力角(又称齿形角)α 规定为 $20°$。

表 3-13 普通圆柱蜗杆传动的基本参数及其匹配

a/mm	i	m/mm	d_1/mm	z_1	z_2	γ
	4.83	2	22.4	6	29	28°10′43″
	7.25	2	22.4	4	29	19°39′14″
	9.5[①]	1.6	20	4	38	17°44′41″
	—		—		—	
40	14.5	2	22.4	2	29	10°07′29″
	19[①]	1.6	20	2	38	9°05′25″
	29	2	22.4	1	29	5°06′08″
	38[①]	1.6	20	1	38	4°34′26″
	49	1.25	20	1	49	3°34′35″
	62	1	18	1	62	3°10′47″
	4.83	2.5	28	6	29	28°10′43″
	7.25	2.5	28	4	29	19°39′14″
	9.75[①]	2	22.4	4	39	19°39′14″
	12.75	1.6	20	4	51	17°44′41″
	14.5	2.5	28	2	29	10°07′29″
	19.5[①]	2	22.4	2	39	10°07′29″
50	25.5	1.6	20	2	51	9°05′25″
	29	2.5	28	1	29	5°06′08″
	39[①]	2	22.4	1	39	5°06′08″
	51	1.6	20	1	51	4°34′26″
	62	1.25	22.4	1	62	3°11′38″
	—		—		—	
	82[①]	1	18	1	82	3°10′47″

a/mm	i	m/mm	d_1/mm	z_1	z_2	γ
	4.83	3.15	35.5	6	29	28°01′50″
	7.25	3.15	35.5	4	29	19°32′29″
	9.75①	2.5	28	4	39	19°39′14″
	12.75	2	22.4	4	51	19°39′14″
	14.5	3.15	35.5	2	29	10°03′48″
	19.5①	2.5	28	2	39	10°07′29″
63	25.5	2	22.4	2	51	10°07′29″
	29	3.15	35.5	1	29	5°04′15″
	39①	2.5	28	1	39	5°06′08″
	51	2	22.4	1	51	5°06′08″
	61	1.6	28	1	61	3°16′14″
	67	1.6	20	1	67	4°34′26″
	82①	1.25	22.4	1	82	3°11′38″
	5.17	4	40	6	31	30°57′50″
	7.75	4	40	4	31	21°48′05″
	9.75①	3.15	35.5	4	39	19°32′29″
	13.25	2.5	28	4	53	19°39′14″
	15.5	34	40	2	31	11°18′36″
	19.5①	3.15	35.5	2	39	10°03′48″
80	26.5	2.5	28	2	53	10°07′29″
	31	4	40	1	31	5°42′38″
	39①	3.15	35.5	1	39	5°04′15″
	53	2.5	28	1	53	5°06′08″
	62	2	35.5	1	62	3°13′28″
	69	2	22.4	1	69	5°06′08″
	82①	1.6	28	1	82	3°16′14″

注：1. ①为基本传动比。

2. $\gamma < 3°17′$ 者有自锁能力。

3. 标准中 a 可达 500 mm，本表只摘至 80 mm。

2. 传动比 i、蜗杆头数 z_1 和蜗轮齿数 z_2

设蜗杆头数为 z_1，蜗轮齿数为 z_2，则蜗杆旋转一周，蜗轮将转过 z_1 个轮齿。因此其传动比

$$i = \frac{n_1}{n_2} = \frac{z_2}{z_1} \qquad (3-26)$$

式中，n_1 和 n_2 分别为蜗杆和蜗轮的转速，r/min。

蜗杆头数 z_1 一般取 1，2，4，6。当要求传动比大时，可取 $z_1 = 1$，但效率较低；当要求转

动比不大,但效率要求较高时,可取 $z_1 \geqslant 2$。z_1 的选取可参见表 3-14。

表 3-14 蜗杆头数的选取

传动比 i	5~8	7~16	15~32	30~80
蜗杆头数 z_1	6	4	2	1

蜗轮齿数 z_2,对于普通圆柱蜗杆传动一般取 $z_2=27\sim80$。对于中小功率传动,常取 $z_2=30\sim50$;若功率大于 20 kW,多取 $z_2=50\sim70$,当 $z_2\leqslant22(z_1=1)$ 或 $z_2\leqslant26(z_1>1)$ 时,将产生根切现象,即齿数较少时,切削刀具的齿顶会切去轮齿根部的一部分;当 $z_2>80$ 时,会导致模数过小或蜗杆刚度降低。

3. 蜗杆轴向齿距 p_x 和导程角 γ

蜗杆传动中,蜗杆轴向齿距 p_x(图 3-39)也有齿轮传动中的如下关系:

$$p_x = \pi m \tag{3-27}$$

如图 3-40 所示,蜗杆螺旋和分度圆柱的交线是螺旋线。设 γ 为蜗杆分度圆上的导程角(螺旋线升角),p_x 为轴向齿距,$z_1 p_x = p_z$ 称为蜗杆导程。从图 3-40 可得

$$\tan\gamma = \frac{z_1 p_x}{\pi d_1} = \frac{z_1 m}{d_1} \tag{3-28}$$

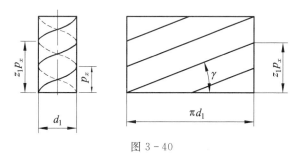

图 3-40

定出中心距 a 和 i(或 m、z_1 中之一者),蜗杆的导程角 γ 也可由表 3-13 查得,一般使 $\gamma<30°$。蜗杆头数 $z_1=1$ 时,常用于自锁蜗杆传动(只能由蜗杆带动蜗轮,蜗轮不能带动蜗杆),但效率低;对于动力传动蜗杆,宜选较大的导程角,以提高传动功率。

又因为蜗杆传动中两轴交错角为 90°,所以蜗杆分度圆柱上的导程角 γ 应等于蜗轮分度圆柱上的螺旋角 β,且两者的旋向必须相同,即

$$\gamma = \beta$$

4. 齿面间滑动速度 v_s

蜗杆传动即使在节点 P 处啮合,齿廓之间也有较大的相对滑动,滑动速度 v_s 沿蜗杆螺旋线方向。设蜗杆圆周速度为 v_1、蜗轮圆周速度为 v_2,由图 3-41 可得

$$v_s = \sqrt{v_1^2 + v_2^2} = \frac{v_1}{\cos\gamma} \tag{3-29}$$

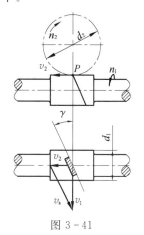

图 3-41

滑动速度的大小,对齿面的润滑情况、齿面失效形式以及传动效率等都有很大影响。

5. 中心距 a

蜗杆节圆与分度圆重合的传动称为标准传动,其中心距计算式为

$$a = 0.5(d_1 + d_2) \tag{3-30}$$

3.3.3　蜗杆传动的失效、材料与结构

1. 蜗杆传动的失效形式

蜗杆传动中,轮齿的失效形式和齿轮传动类似,有点蚀、胶合、磨损及折断等,但更容易出现胶合和磨损。因为蜗杆传动在齿面间有较大的相对滑动,所以容易产生热量而使润滑油温度升高而变稀,润滑条件随之变坏,增大了胶合的可能性。在闭式传动中,如果不能及时散热,往往因胶合而影响蜗杆传动的承载能力。在开式传动或润滑、密封不良的闭式传动中,则蜗轮轮齿的磨损显得较为突出。

2. 材料选择

蜗杆、蜗轮的材料主要根据传动的相对滑动速度来选择。当蜗杆传动的尺寸未确定时,可以初步估计蜗杆传动的滑动速度。

为了减少磨损和避免胶合,蜗轮材料应具有良好的减摩性和耐磨性,常用材料是青铜和铸铁。在滑动速度 v_s 较高(>5~15 m/s)的重要传动中,应选用含锡量较高的铸锡青铜 ZCuSn10Pb1 和 ZCuSn6Pb6Zn1,这些材料的减摩性和耐磨性都较好,但价格较贵。无锡青铜,如铸铝青铜 ZQAl9Mn2 的抗胶合能力较差,可用于滑动速度 $v_s \leqslant 8$ m/s 的场合。对于低速($v_s < 2$ m/s)、不重要的传动,蜗轮材料可采用灰铸铁,如 HT150、HT200 等。蜗轮材料也有采用高强度球墨铸铁、粉末冶金材料及非金属材料,如尼龙、增强尼龙等。

蜗杆材料主要是碳素钢和合金钢。蜗杆表面粗糙度越小,减摩性和耐磨性就越好。因此高速重载的蜗杆齿面都经淬硬并磨削。

在重要的传动中,蜗杆材料常采用 45、40、40Cr、40SiMn 等钢,经齿面淬火表面硬度达 45~55 HRC;或用 20、20Cr、20MnB 等钢,经渗碳淬火,表面硬度达 56~62 HRC。后者适用于有冲击载荷和精度要求高的场合,淬硬蜗杆要经磨削加工。在一般不太重要或中速中载传动时,可采用 45、40 等钢,经调质处理(220~250 HBS)后再进行最后加工。在一些不重要或低速传动中,可采用 Q275 等钢。

3. 蜗杆与蜗轮的结构

蜗杆绝大多数是和轴制成一体的,称为蜗杆轴,如图 3-42 所示。

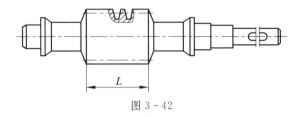

图 3-42

蜗轮可以制成整体的,如图 3-43(a)所示。但为了节约贵重的有色金属,对大尺寸的蜗轮通常采用组合式结构,即齿圈用有色金属制造,而轮芯用钢或铸铁制成,如图 3-43(b)所示。采用组合结构时,齿圈和轮芯间可用过盈配合,为工作可靠起见,沿配合面圆周并

装上 4～8 个固定螺钉。为便于钻孔,应将螺孔中心向材料较硬的一边偏移 2～3 mm。这种结构用于尺寸不大而工作温度变化又较小的地方。另外,轮圈与轮芯也可用铰制孔螺栓来连接,如图 3-43(c)所示。这种结构由于装拆方便,常用于尺寸较大或磨损后需要更换齿圈的场合。对于成批制造的蜗轮,常将青铜齿圈浇铸在铸铁轮芯上,如图 3-43(d)所示。

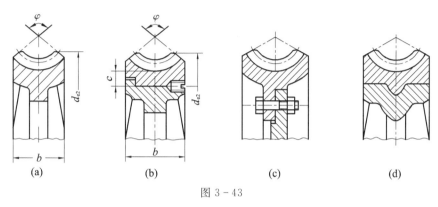

图 3-43

3.4 轴与联轴器

3.4.1 概述

轴在机器设备中是用来支持旋转的零件,如带轮、齿轮、搅拌器等,并传递运动和动力。根据所受载荷不同,轴可分为心轴、转轴、传动轴。心轴只承受弯矩,如图 3-44 中铁路车辆的轴;转轴可同时承受弯矩和扭矩,如图 3-45 蜗轮减速机中的轴;而传动轴主要承受扭矩,不承受或只承受较小的弯矩,如图 3-45 中的搅拌轴和图 3-46 中汽车的传动轴等。

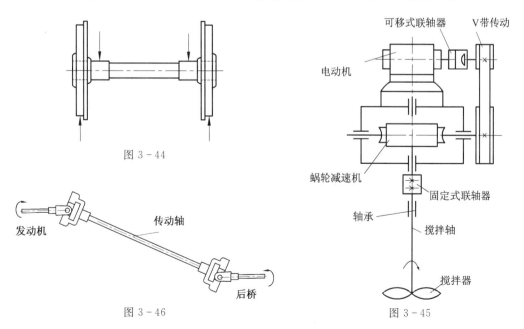

图 3-44

图 3-46

图 3-45

根据结构形状,轴又可分为光轴和阶梯轴、实心轴和空心轴、直轴和曲轴、圆形截面轴和非圆截面轴等。

轴和轴之间常用联轴器进行连接,使之一起回转并传递扭矩。图 3-46 中电机轴与带轮轴、减速机轴与搅拌轴之间都采用了联轴器。

联轴器可分为固定式和可移式两种。前者要求被连接两轴严格对中和工作时不发生相对移动,而后者允许两轴有一定的安装误差,并能补偿工作时可能产生的相对位移。

这里仅介绍化工设备上常用的圆形截面阶梯轴和几种已经标准化的联轴器。

3.4.2 轴径的计算

轴的强度计算应根据轴的承载情况,采用相应的计算方法。对于只传递扭矩的圆截面轴,其强度条件为

$$\tau = \frac{T}{W_\rho} = \frac{9.55 \times 10^6 \dfrac{P}{n}}{0.2 d^3} \leqslant [\tau] \tag{3-31}$$

式中,τ 为轴的扭剪应力,MPa;T 为扭矩,N·mm;W_ρ 为抗扭截面模量,mm³,对圆截面轴,$W_\rho = \pi d^3 / 16 \approx 0.2 d^3$;$P$ 为轴所传递的功率,kW;n 为轴的转速,r/min;d 为轴的直径,mm;$[\tau]$ 为轴的材料许用剪应力,MPa。

对于既传递扭矩又承受弯矩的轴,也可采用式(3-31)初步估算轴的直径;但应将轴的许用剪应力适当降低(表 3-15),以弥补弯矩对轴的影响。将降低后的许用应力代入式(3-31),可得如下设计公式:

$$d = \sqrt[3]{\frac{9.55 \times 10^6 (P/n)}{0.2 [\tau]}} = A \sqrt[3]{\frac{P}{n}} \tag{3-32}$$

式中,A 是由轴的材料和承载情况确定的系数,见表 3-15。

表 3-15 几种常用轴材料的 [τ] 及 A 值

轴的材料	Q235A,20	Q255A,35	06Cr19Ni10	45	40Cr,35SiMn,42SiMn,20CrMnTi,38SiMnMo,20Cr13
[τ]/MPa	12~20	20~30	15~25	30~40	40~52
A	160~135	135~118	148~125	118~107	100.7~98

注:1. 表中的 [τ] 是考虑了弯曲影响而降低了的许用剪应力值。

2. 在下列情况下 [τ] 取较大值,A 取较小值:弯矩较小或只受扭矩作用,载荷较平稳,无轴向载荷或只有较小的轴向载荷,减速机的低速轴,轴单向旋转;反之,[τ] 取较小值,A 取较大值。

应用式(3-32)求出的 d 值,一般作为轴最细处的直径。如果计算截面上开有一个键槽或浅孔,应将计算出的轴径值增加 3%~7%;开有两个键槽或浅孔,则增加 7%~15%;若轴上沿径向开有对穿销孔,孔径/轴径为 0.05~0.25 时,轴径至少应增加 15%。

一般在化工设备中不是很重要的轴,使用式(3-32)来确定轴径就可以了。此外,也可采用经验公式来估算轴的直径。例如在一般减速机中,高速输入轴的直径可按与其相关联

的直径 D 估算，$d = (0.8 \sim 1.2)D$；各级低速轴的轴径可按同级齿轮中心距 a 估算，$d = (0.3 \sim 0.4)a$。但是对于重要的轴、精密传动及对刚度有较高要求的轴，则需根据有关资料进行更精确的强度、刚度计算和校核。对于转速较高、跨度较大而刚性较小或外伸端较长的轴，一般应进行临界转速的校核计算。如反应釜中搅拌轴转速达 200 r/min 以上就得进行临界转速的验算。

3.4.3　轴的材料与结构

3.4.3.1　轴的材料

轴的常用材料是优质中碳钢，如具有较高综合力学性能的 35、45、50 等钢，其中尤以 45 号钢最为常用。为了进一步改善其机械性能，还应进行正火或调质处理。对于受载较小或不甚重要的轴可用 Q235A、Q275A 等碳素结构钢。

对于某些具有特殊要求的轴，如齿轮轴、装有滑动轴承的高速轴及其他重要的重载轴等，需要采用力学性能较高的合金钢，如 20Cr、40Cr、20Cr13（2Cr13）、35SiMn、42SiMn、12Cr18Ni9Ti（1Cr18Ni9）等，使用合金钢时，一般须进行热处理及化学热处理，以发挥合金钢的优点。但须注意的是：钢材的种类和热处理对其弹性模量的影响甚小，因此如欲采用合金钢或通过热处理来提高轴的刚度，并无实效，此外，合金钢对应力集中的敏感性较高，因此设计合金钢轴时，更应从结构上避免或减小应力集中，并降低其表面粗糙度。

在化工厂中，有时对某些轴要有耐腐蚀的性能，因此应根据腐蚀介质的性质及温度来选取合适的材料，如不锈钢、耐热钢等。也可应用碳素钢而采取各种防腐蚀措施。某些反应器中的轴还要考虑其铁离子污染产品的影响。

对一些形状复杂的轴，如曲轴等可应用球墨铸铁制造，使成本低廉、吸振性较好，应力集中的敏感性较低，且强度较好。

3.4.3.2　轴的结构设计

轴的结构设计就是使轴的各部分具有合理的形状和尺寸。主要要求：便于加工，轴上零件易于装拆，轴上零件在轴上可以得到准确的定位和可靠的固定，尽量减少应力集中等。下面分别予以讨论。

1. 制造安装上的考虑

为便于轴上零件的装拆，常将轴做成阶梯形。图 3 - 47 所示为一在剖分式减速机箱体（图中容有套筒、齿轮、滚动轴承的部位）中的轴，其直径从轴端逐渐向中间增大。这样可以依次将齿轮、套筒、左端滚动轴承、轴承盖和带轮从轴的左端装拆，另一滚动轴承从右端装拆。为使轴上零件易于安装，各轴段的端部都应有倒角。

轴上磨削的轴段，应有砂轮越程槽（图 3 - 47 轴段⑥、⑦的交界处）；车制螺纹的轴段，应有退刀槽。

在满足使用要求的情况下，轴的形状和尺寸应力求简单，以便于加工。

2. 轴上零件的固定方法

零件在轴上的轴向固定，可以通过轴肩以及附加套筒、轴端挡圈、螺母等结构来实现。图 3 - 47 中的带轮就是依靠轴肩以及轴端挡圈用螺钉与轴端连接来做轴向固定的，图中螺钉未画出，仅以中心线表示。齿轮是依靠轴肩和套筒轴向定位，套筒和轴段⑥、⑦处的轴肩又分别顶在左右滚动轴承的内圈上而进行轴向固定的。图 3－48 是应用轴端挡圈的另一种形式,垫板下端弯折部分先插入盖与轴端的孔中,螺钉旋紧后,使垫板另一端弯折向上,并紧贴螺钉的六角头侧边,以防螺钉松脱。图 3－49 是采用圆螺母的形式,同时使用两个螺母则是为了使螺母间存在足够的摩擦力以达到防松的目的。

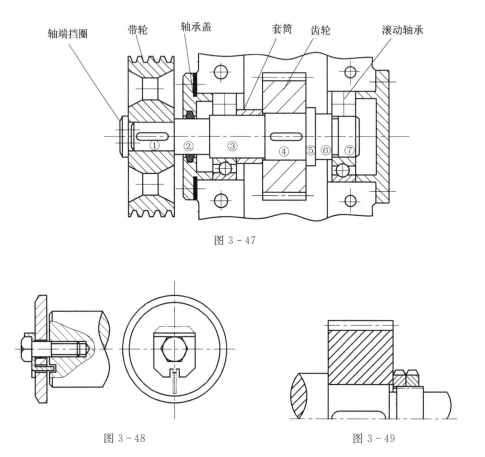

图 3－47

图 3－48　　　　　　　　　　　　　图 3－49

　　采用套筒、轴向挡圈、螺母等做轴向固定时,应把装零件的轴段长度做得比零件轮毂短 2～3 mm,如图 3－47 中轴段①和④所示,以使这些固定零件能紧靠零件的端面。

　　为了保证轴上零件紧靠轴肩定位面,轴肩的圆角半径 r 必须小于相配零件的圆角半径 R 或倒角 C_1,轴肩高 h 也必须大于 R 或 C_1(图 3－50)。

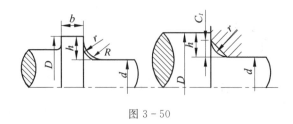

图 3－50

　　轴向力较小时,零件在轴上的固定可采用图 3－51 的弹性挡圈(挡圈可临时拉开后装入槽内)或图 3－52 的紧定螺钉。

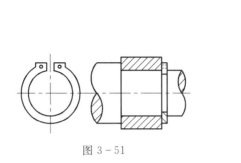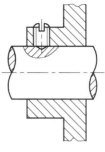

图 3-51   图 3-52

轴和轴上零件的周向固定,可以采用键、圆销、紧定螺钉、过盈配合等方法。

3. 减少应力集中的措施

零件截面发生突然变化的地方,受载后都会造成应力集中现象。因此阶梯轴的截面尺寸变化处应采用适当的圆角过渡,并尽量避免在轴上,特别是应力大的部位开横孔、切口或凹槽。必须开横孔时,孔边要倒圆。

例 3-2 试计算图 3-46 所示的搅拌轴直径。已知:搅拌轴的功率为 1.6 kW,轴的转数 $n=45$ r/min。

解 选轴的材料为 45 号钢,因搅拌轴主要承受扭矩,故由表 3-15 取 A 为较小值,即取 $A=110$。由式(3-32)得

$$d=A\sqrt[3]{\frac{P}{n}}=110\sqrt[3]{\frac{1.6}{45}}=36.2(\text{mm})$$

因考虑到搅拌时介质腐蚀等影响,故搅拌轴的最小直径取 40 mm。

3.4.4 联轴器的类型与性能

在 3.4.1 节中曾介绍过,由于安装要求上的不同,联轴器可以分成固定式与可移式两大类。下面分类介绍化工设备上常用的各种联轴器。

1. 固定式联轴器

这类联轴器用于要求严格同轴线的两轴连接。

(1) 凸缘联轴器

凸缘联轴器因其结构简单、制造方便而又能传递较大的扭矩,因此应用广泛。但其缺点是传递载荷时不能缓和冲击和吸收振动,安装要求较高。如图 3-53 所示,它由两个带毂的圆盘组成凸缘 1、2,两个凸缘用键分别装在两轴端;并用几个螺栓 3 将它们连接,主要依靠接触面的摩擦力传递扭矩;也可采用铰制孔用螺栓 3′ 连接,此时螺栓与孔为紧密配合(略带过盈),扭矩直接通过螺栓来传递,承载能力较用普通螺栓连接高。图 3-54 为化工设备中,立轴上常用的凸缘联轴器,凸缘依靠轴端锥面和锁紧螺母在轴上做轴向固定,依靠键及螺栓来传递扭矩。

凸缘联轴器用于连接传动平稳和刚度较大的轴。凸缘常用的材料是 HT200,一般圆周速度 $v<30$ m/s。使用 ZG270-500 或 35 号钢时圆周速度 $v<50$ m/s。YL、YLD 型国家标准系列的公称扭矩范围为 10~20 000 N・m。

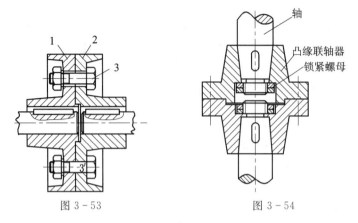

图 3-53　　　　　　　　　　　图 3-54

（2）夹壳联轴器

化工设备中立式搅拌轴的连接，也经常采用夹壳式联轴器（图 3-55）。它装拆方便，拆卸时无须轴向移动。适用低速（$v \leqslant 5$ m/s）、直径小于 200 mm 的轴，并不宜用于有冲击的重载荷转动。HG 标准系列传递的公称扭矩范围为 $83 \sim 8\,820$ N·m。

联轴器由两个半圆形的夹壳组成［图 3-55(a)］，被连接的上下两轴端部用剖分式的悬吊环定位后［图 3-55(b)］再装入夹壳中用螺栓、螺母锁紧，依靠轴与夹壳间的摩擦力来传递扭矩。有时轴端配以平键，以使连接可靠。

夹壳材料使用 HT200，悬吊环用 Q275A 钢。

（3）三分式联轴器

化工设备上的立式搅拌轴，其轴封装置如果采用机械密封结构，密封处发现泄漏时需要及时更换密封环，采用上述凸缘式和夹壳式联轴器来连接主、从动轴时，轴端间只留有很小的间隙，为此必须大幅度升高主动轴或降落从动轴才能卸脱密封环，装拆十分麻烦。三分式联轴器可以使轴端间留有较大间距（约 110 mm）的主、从动轴连接起来，它既保留凸缘联轴器容易对中的优点，又兼有夹壳联轴器装拆方便的长处，更主要的是更换密封环时有时只需将从动轴稍做下降即可。

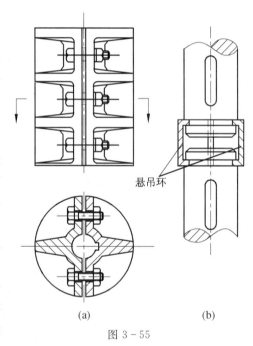

(a)　　　　　　(b)

图 3-55

三分式联轴器的结构如图 3-56(a)所示，上段为凸缘结构，与主动轴以轴端挡板、螺钉及键来固定；下段为夹壳结构，但两半夹壳的顶端均制成半凸缘结构，以使与上段连接，夹壳与从动轴以剖分式环形挡圈和键来定位，用螺栓、螺母夹紧。

（4）带短节联轴器

这种联轴器也适用于搅拌传动装置减速机的输出轴与传动轴的连接，如图 3-56(b)所示。也允许在不拆除减速机和机架的条件下，在联轴器的短节拆卸后，其留出的空间可供下半联轴器、机架中间轴承箱及传动密封装置的装卸之用。

三分式联轴器和带短节联轴器的公称扭矩范围与夹壳联轴器相同。

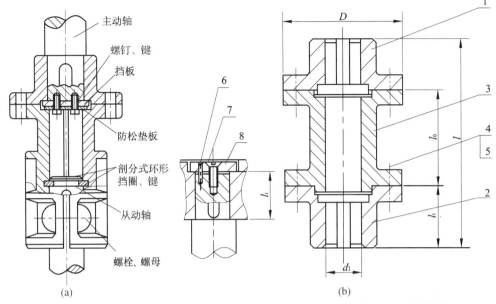

主动轴
螺钉、键
挡板
防松垫板
剖分式环形挡圈、键
从动轴
螺栓、螺母

(a)　　　　　　　　　　　　　(b)

1—上半联轴节;2—下半联轴节;3—短节联轴器;
4—铰制孔螺栓;5—螺母;6—圆柱销;7—螺钉;8—轴端挡圈

图 3 - 56

2. 可移式联轴器

这类联轴器用于因制造、安装误差或工作时零件的变形等原因而不可能保证严格对中的两轴连接。

(1) 弹性块式联轴器

这种联轴器适用于工作温度 −20～60℃,且有油或有弱酸、弱碱的介质浸蚀下的变载荷及频繁启动运转之同心轴的连接,并能缓和一部分冲击,以及补偿少量的轴线偏差,如径向位移小于或等于 1 mm,角位移小于或等于 0.5°。弹性块式联轴器已经作为化工设备用立式减速器 HG 标准的附件,应用较为广泛。公称扭矩范围为 $108～17\,150\,N \cdot m$。

弹性块式联轴器的结构如图 3 - 57 所示。上方与减速机轴相连的凸半联轴器,有 4～12 片弧形凸块。下方与搅拌轴相连的凹半联轴器上则制有凹槽,可以容放相应数量的弹性块和凸半联轴器上的凸块。联轴器与轴则以固定螺钉和键固定。当主动轴转动时,凸半联轴器即通过弹性块来带动凹半联轴器旋转。联轴器材料采用不比 HT200

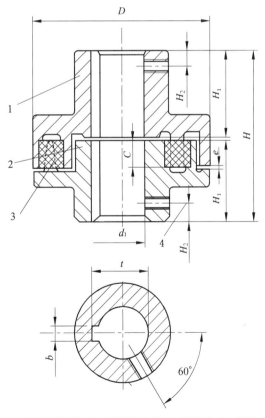

1—上半联轴节;2—下半联轴节;3—弹性块;4—螺钉

图 3 - 57

差的铸铁,弹性块采用能在 $-20\sim60℃$ 内工作,且耐油、弱酸及弱碱的橡胶制成。

弹性块式联轴器的标准系列规格见表 3-16(仅摘录至 $d_1=110$)。

表 3-16　弹性块式联轴器的标准系列规格　　　　（单位：mm）

d_1	D	H	H_1	H_2	M	e	c	b	t	许用扭矩/(N·m)	许用转速/(r/mim)	质量/kg
30	135	103	50	15	M8	2	30	8	33.3	150	4 200	6
35	150	123	60	15	M8	3	30	10	38.3	310	3 800	8
40								12	43.3			7.8
45	190	143	70	20	M12	3	35	14	48.8	600	3 000	15
50								14	53.8			14
55	200	173	85	20	M12	3	35	16	59.3	960	2 800	18
60								18	64.4			17.5
65	220	204	100	20	M12	4	40	18	69.4	1 580	2 600	26.5
70								20	74.9			26
75	250	224	110	30	M12	4	40	20	79.9	2 100	2 300	37
80								22	85.4			36
85	280	244	120	30	M16	4	50	22	90.4	3 050	2 000	56
90								25	95.4			54.5
95	300	264	130	30	M16	4	50	25	100.4	400	1 900	67
100								28	106.4			65
110	320	285	140	30	M16	5	60	28	116.4	6 200	1 790	82

（2）弹性套柱销联轴器

这种联轴器的优点也在于它装有弹性元件——带梯形凸环的橡胶衬套,如图 3-58 所示。因而它不但具有可移性,而且也有缓冲、吸振的能力,被广泛应用于电动机和机器的连接,它可被补偿 0.3 mm 的径向位移、$2\sim6$ mm 的轴向位移和 1°的角位移。轴上的扭矩是通过键、半联轴器、弹性套、柱销等传到另一轴上去的。应尽量采用图 3-58 中所示左半联轴器与主动轴装配,并需进行轴的端面固定。图中左半联轴器的下半图形表示与圆锥形轴端装配的结构;右半联轴器的下半图形则表示必须注意留出安装柱销的空间尺寸 B 和间隙尺寸 C。TL 型国家标准的公称扭矩范围为 $6.3\sim16\,000$ N·m。

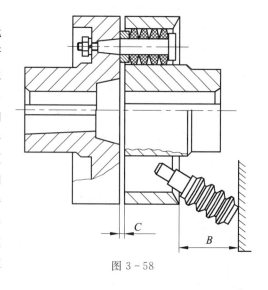

图 3-58

半联轴器的材料可用 HT200($v<25$ m/s)、ZG270-500 或 30 号钢($v<36$ m/s),柱销材料不低于 35 号钢。

（3）弹性柱销齿式联轴器

其结构与弹性套柱销联轴器相似(图 3 - 59)，采用简单的柱销(尼龙、橡胶棒等)来代替弹性套和柱销。国家标准 ZL、ZLD 型联轴器可允许 1.5～5 mm 的轴向位移，最大径向位移值约等于柱销孔中的径向间隙值，最大角位移 30′。它能传递较大的扭矩(100～2 500 000 N・m)，工作温度为－20～70℃，但不适用于对减震效果要求很高和对噪声需要严加控制的部位。由于启动时因柱销与销孔间隙较大而冲击较严重，因而对满载启动的设备是不利的。

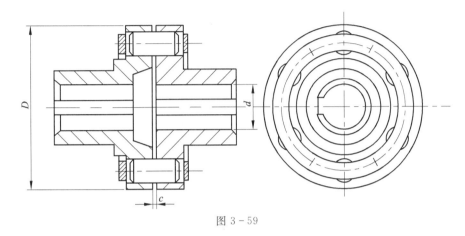

图 3 - 59

为了防止柱销脱落，在半联轴器上安装了用螺钉固定的挡板环。半联轴器材料用 35 号钢，柱销应采用有一定强度要求的尼龙、橡胶，也有采用酚醛布棒、榆木、胡桃木的。

3.4.5 联轴器的选择

化工设备上常用的几种联轴器，都已有标准系列规格，如无特殊需要，不必专门设计，可选用现成规格。

3.4.5.1 联轴器类型的选择

要按工作条件及各种联轴器的特性来选择合适的联轴器类型。前面已经讨论过的几种联轴器的特性，已汇总于表 3 - 17 中，选用时可根据具体工作情况，参考表中所列特性，进行类型选择。

表 3 - 17 化工设备上常用联轴器的特性

	类 型	轴径/mm	公称扭矩/(N・m)	圆周速度/(m/s)	特 点
固定式	凸缘联轴器	10～180	10～20 000	<50	结构简单,不能缓和冲击和吸收振动
	夹壳联轴器	30～110	83～8 820	<5	拆装方便,不宜用于有冲击的载荷和重载荷
	三分式联轴器、带短节联轴器	30～110	83～8 820	<5	适用于有机械密封结构的立轴连接,不宜用于重载、有冲击处
可移式	弹性块式联轴器	30～110	108～17 150	<11	可用于变载荷处,能缓和部分冲击以及补偿少量轴线偏差,不需精加工
	弹性套柱销联轴器	20～170	6.3～16 000	<36	有良好的可移性和缓冲、吸振能力
	弹性柱销齿式联轴器	12～850	100～2 500 000	<40	有一定的缓冲和吸振作用和良好的可移性,结构尺寸较大

注：表中所列圆周速度系根据有关联轴器标准计算而得。

一般情况下,电机轴与减速机轴以选择弹性套柱销联轴器为宜;化工设备上立式蜗轮减速机输出轴与搅拌轴的连接,在搅拌平稳、无大振动时常选用图 3-54 所示的凸缘联轴器;其他立式减速机在轻载时也可选用夹壳联轴器;有机械密封结构或机架中间轴承箱等可选用三分式联轴器或带短节联轴器;如搅拌过程中可能有变载荷,可选用弹性块式联轴器。有些减速机标准已规定所附联轴器的类型,需要时可在订货时注明。

3.4.5.2　联轴器型号及尺寸的确定

联轴器类型选定以后,即可根据轴的直径、转速及计算扭矩,从有关的标准系列中选择所需的型号和尺寸。

计算扭矩 T_c 应将机器启动时的惯性力和工作中的过载等因素考虑在内。联轴器的计算扭矩可按式(3-33)确定:

$$T_c = kT \tag{3-33}$$

式中,T 为名义扭矩;k 为载荷系数,列于表 3-18 中,对于固定式联轴器取表中较大值,对于可移式联轴器则取较小值。

表 3-18　载荷系数 k

机 械 类 型	应 用 举 例	k
扭矩变化极小,平衡运转的机械	胶带运输机、小型离心泵、小型通风机	1~1.5
扭矩有变化的机械	链式运输机、纺织机械、起重机、鼓风机、离心泵	1.25~2
中型和重型机械	带飞轮的压缩机、洗涤机、重型升降机	2~3.5
重型机械	制胶粉磨机、带飞轮的往复泵、压缩机、水泥磨	2.5~4
扭矩变化很大的重型机械	无飞轮的往复式压缩机、压延机械	3~5

注:本表中的 k 适用于电动机驱动的机器。

3.4.5.3　零件强度的验算

必要时,须对联轴器的主要零件进行受力分析和强度验算。

例 3-3　试选择一个化工设备上搅拌轴与减速机轴之间的联轴器,已知:电动机容量为 4.0 kW,搅拌轴直径为 55 mm,搅拌轴转速为 85 r/min,工作时扭矩有变化。

解　搅拌轴工作时扭矩有变化,似以选择弹性块式联轴器为宜。而弹性块式联轴器属于可移式,故按表 3-18 取载荷系数 $k=1.5$。由式(3-33)得

$$T_c = kT = 1.5 \times 9\,550\,\frac{P}{n} = 1.5 \times 9\,550 \times \frac{4}{85} = 674.1 (\text{N·m})$$

查表 3-16,取 $d_1 = 55$ 的弹性块式联轴器,其许用最大扭矩为 960 N·m$>T_c$,故选用。

3.5　轴承

3.5.1　概述

轴承的功用有两种:一是支承轴及轴上零件,并保持轴的旋转精度;二是减少转轴与支承之间的摩擦与磨损。轴上被支承的部分,称为轴颈。

根据轴承工作表面间的摩擦性质,轴承分为滑动摩擦轴承(简称滑动轴承)和滚动摩擦轴承(简称滚动轴承)。

滑动轴承根据其摩擦状态,又可分为液体摩擦滑动轴承和非液体摩擦滑动轴承。当轴颈和轴承的工作表面间完全被一层润滑油膜隔开,摩擦主要发生在润滑油的分子之间时,称为液体摩擦滑动轴承[图3-60(a)]。由于两相对滑动表面不直接接触,几乎没有磨损,摩擦阻力和功率损耗也很小,润滑油层又具有一定的吸振能力,所以这种轴承比较理想。但要保证液体摩擦状态,必须具备特殊的结构条件,制造精度和维护要求都较高,因此液体摩擦滑动轴承多用于一些比较重要的、高速重载的机器(如发电机、汽轮机、空气压缩机等)中。若轴承和轴颈的工作表面间虽有润滑油存在,但不能把两表面完全隔开,金属表面间有直接接触的地方,则称为非液体摩擦滑动轴承[图3-60(b)]。这种轴承磨损较严重,摩擦阻力和功率损耗也较大,但结构简单,对安装调整的精度要求不高,所以大量用于低速和低精度的机械传动中。

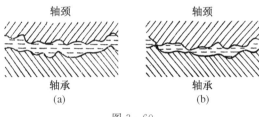

图 3-60

在一般的工作情况下,滚动轴承的摩擦阻力较滑动轴承的摩擦阻力小,其功率损耗也小,容易起动,润滑与维护简单,而且滚动轴承是标准件,可由专门工厂大批生产,选用方便,所以在各种机械设备中应用广泛。但由于滚动轴承工作元件间的接触面积很小,所以在高速重载情况下使用受到限制。

这里主要介绍化工设备上应用较多的非液体摩擦滑动轴承和滚动轴承的类型、选用、润滑及结构设计等问题。

3.5.2 滑动轴承的结构与材料

3.5.2.1 滑动轴承的主要型式

滑动轴承根据所能承受载荷的方向,可分为两类:向心滑动轴承——承受与轴心线相垂直的载荷;推力滑动轴承——承受与轴心线方向相一致的载荷。下面分别介绍其主要型式。

1. 向心滑动轴承

(1) 整体式滑动轴承

其典型结构有座式(图3-61)和凸缘式(图3-62)。为了减少磨损、延长寿命,有时在座孔内压入用减摩材料做成的轴套。整体式轴承结构简单,制造方便,但磨损以后,轴颈和孔

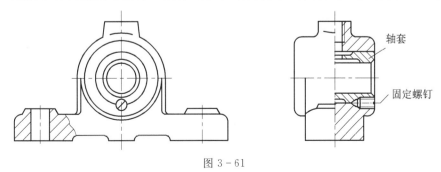

图 3-61

之间增大了的径向间隙无法调整,而且轴的装拆不方便,所以只用于低速、轻载场合。

(2) 对开式滑动轴承

图 3-63 是一种普通的对开式轴承,它由轴承座 1、轴承盖 2、轴套剖分而成两半的轴瓦 3、4 及螺栓 5 等组成。轴承盖上的孔是安装油杯以输送润滑油的,孔下端的轴瓦固定套 6 是防止轴瓦转动用的。当轴瓦工作面磨损较大时,通过修刮工作面和适当调整剖分面间预置的垫片厚薄,并拧紧螺栓,即可重新获得轴承所需的径向间隙。这种轴承克服了整体式轴承的缺点,因此应用较广。

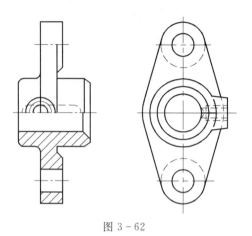

图 3-62

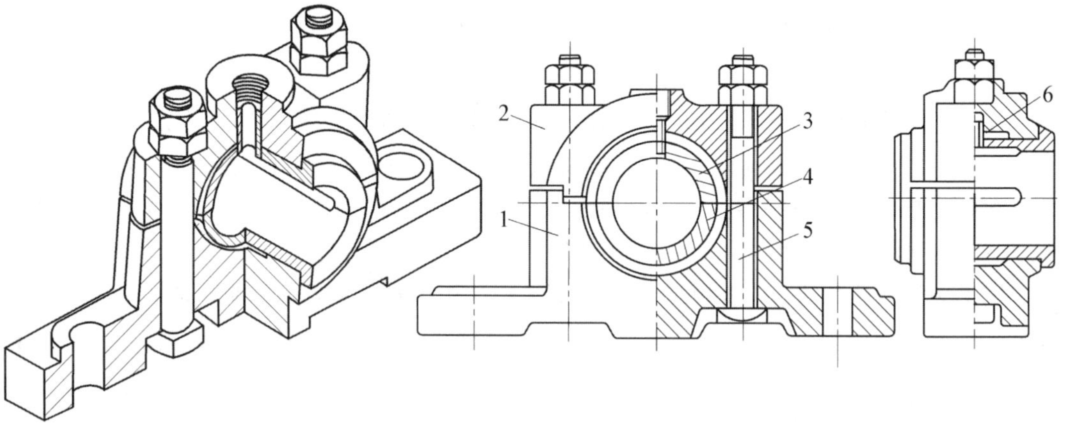

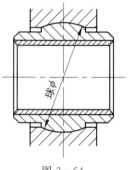

1—轴承座;2—轴承盖;3,4—轴瓦;5—螺栓;6—轴瓦固定套

图 3-63

整体式和对开式滑动轴承已有标准,选用时可查阅有关设计手册。

(3) 自动调位滑动轴承

当轴径较长,如长径比(轴颈长度 l 与直径 d 之比)$l/d > 1.5 \sim 1.75$时,或轴的刚性较小,或两端轴承不易精确对中时,最好采用自动调位轴承(图 3-64),它是利用轴套与轴承座间的球面配合,以适应轴的变形。轴承座一般制成剖分式的,以便轴套的安装。轴套内镶以轴承衬,以改善减摩性能。

2. 推力滑动轴承

推力滑动轴承可以是由轴承座和推力轴瓦组成的结构,图 3-65 为其基本型式。为了便于对中和使轴瓦沿圆周受力均匀,轴瓦底部做成球面。轴承座上装有销钉,以防止轴瓦转动。

推力滑动轴承也可做成用以支承环形轴颈的结构,其工作表面可以是单环形[图 3-66(a)]和多环形[图 3-66(b)]的,后者可承受较大的轴向载荷。

图 3-64

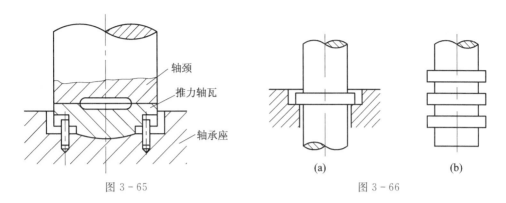

图 3 - 65   图 3 - 66

3.5.2.2　轴瓦的结构和材料

1. 轴瓦结构

轴瓦(或轴套)是与轴颈直接接触的零件,其结构是否合理对滑动轴承的性能有决定性影响。其基本结构型式如图 3 - 67、图 3 - 68 所示。图 3 - 67 所示是两种用于整体式向心滑动轴承的轴套;图 3 - 68 为对开式轴瓦,用于对开式向心滑动轴承。

轴瓦必须可靠地固定在轴承中,图 3 - 68 中对开轴瓦两端的凸缘是用以防止轴瓦轴向移动的,上轴瓦顶上直径为 d 的孔用来放置轴瓦固定套(从图 3 - 63 中可以看出),可以防止轴瓦随轴转动。

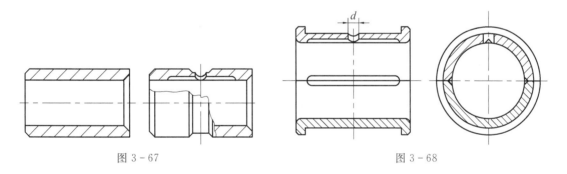

图 3 - 67   图 3 - 68

为了使润滑油能分布到整个工作面上,轴瓦上要开出油孔和油沟。油孔要开在油膜压力最小的地方,油沟一般沿轴向布置并应有一定的长度,但不能通至端面。

为了提高轴承性能和节约有色金属,一些重要轴承的轴瓦上常浇铸一层减摩性很好的轴承合金材料,称为轴承衬。其厚度在 0.5～6 mm。为了使轴承衬和轴瓦更好地贴合,轴瓦内表面可预制出各种沟槽(图 3 - 69)。

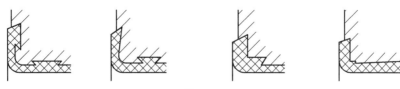

图 3 - 69

轴套与轴瓦的结构尺寸,可从有关标准中查阅。

2. 轴瓦、轴承衬的材料

滑动轴承的主要失效形式是与轴颈直接接触的轴瓦或轴承衬表面的磨损和胶合,也可能由于强度不足而出现疲劳破坏。

通常对轴瓦、轴承衬材料的要求如下:(1)有良好的减摩性、耐磨性、导热性和跑合性,即摩擦系数小、耐磨损,由摩擦产生的热量能较快地散掉,轴颈和轴瓦的表面经短期的相对滑动能很快地相互磨合。(2)有一定的强度和塑性。强度包括抗冲击、抗压和疲劳强度,塑性是指可容纳硬屑使不致严重磨损轴颈和适应轴弯斜的能力。(3)有良好的工艺性和经济性,要易于加工制造,价格适宜。

常用的轴瓦、轴承衬材料有:轴承合金(又称巴氏合金或白合金)、青铜、黄铜、铸铁、金属陶瓷以及某些非金属材料。

常用的轴承合金有锡基合金,如 ZSnSb11Cu6、ZSnSb8Cu4;铅基合金,如 ZPbSb15Sn15Cu3Cd2、ZPbSb16Sn16Cu2,其减摩性、跑合性都很好,且不易产生胶合,但强度较低,价格较贵,因此常用作轴承衬,将其浇铸在钢、黄铜或铸铁的轴瓦上。青铜是常用的轴瓦材料,具有较高的强度,较好的导热性,但比巴氏合金硬,跑合性较差。黄铜也可用作轴瓦,但其减摩性、耐磨性不如青铜,所以应用不如青铜广泛。铸铁则性脆,跑合性差。

金属陶瓷由粉末冶金制成,内部呈多孔状,轴承浸入油中,油即贮存在微孔内,故又称为含油轴承。这种材料制造容易,成本低,能节省有色金属,但不够坚固。

塑料、硬橡胶等非金属材料的减摩性、耐磨性、耐压强度等都较好,但导热性差,使用时必须有良好的散热系统。

轴承座应该具有足够的强度和刚度,常用灰铸铁制造,重载时用铸钢,少数大型轴承座还可用焊接结构。

3.5.3 滑动轴承的润滑

轴承润滑的目的主要在于:降低摩擦系数,减小功率损耗;减小磨损;冷却轴承;吸收振动,缓和冲击等。所以滑动轴承的性能,在很大程度上取决于润滑剂的性能和润滑方法及装置的可靠性。

1. 润滑剂

滑动轴承常用的润滑剂为润滑油和润滑脂。有些情况下,还使用固体润滑剂(如石墨、二硫化钼)和气体润滑剂(如空气等),一些非金属轴承也可用水润滑。

润滑油以矿物油应用得最为广泛。润滑油的主要性能指标是黏度,它表示流体流动时内摩擦阻力的大小,是影响轴承工作能力的重要因素。一般高速轻载时,可选黏度较低的润滑油;低速重载和工作温度高于 60℃ 时,可选黏度较大的润滑油。

润滑脂实际上是稠化了的润滑油,在常温下呈油膏状,由矿物油和稠化剂调制而成。它不易流失,密封简单,但摩擦阻力较大,所以用于低速、重载场合。

2. 润滑方法和装置

润滑油的润滑方法和装置有很多种,常用的有以下几种。

(1)手注润滑

每隔适当时间,用油壶将油注入轴承的油孔中。此法最简单,仅用于低速、轻载、间歇运动或不重要的轴承上。

（2）滴油润滑

这种润滑方法所使用的润滑装置有针阀式油杯和弹簧盖油杯。图3-70是一种针阀式油杯。当轴承需要润滑时，可将手柄扳至直立位置，从而提起针阀（阻塞针），油即通过油孔自动流入轴承。停止给油时，将手柄扳倒，针阀即堵住油孔。油量大小可通过转动螺母来调节。图3-71是弹簧盖油杯（芯捻油杯），利用棉纱毛细管的吸油作用而将油滴入轴承。注意不要将芯捻碰上轴颈。此种装置无法调节供油量。

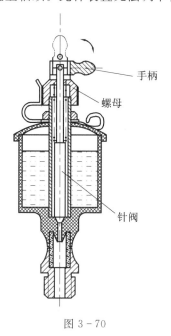

图3-70

图3-71

（3）油环润滑

轴颈上套有油环，油环下部浸在油池中，轴颈旋转时，靠摩擦力带动油环转动，把油带入轴承（图3-72）。油环的供油量和轴的转速、油环剖面形状、油的黏度有关。它只能用于水平装置的轴承，且轴颈转速在100 r/min< n <2 000 r/min者。

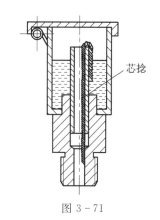

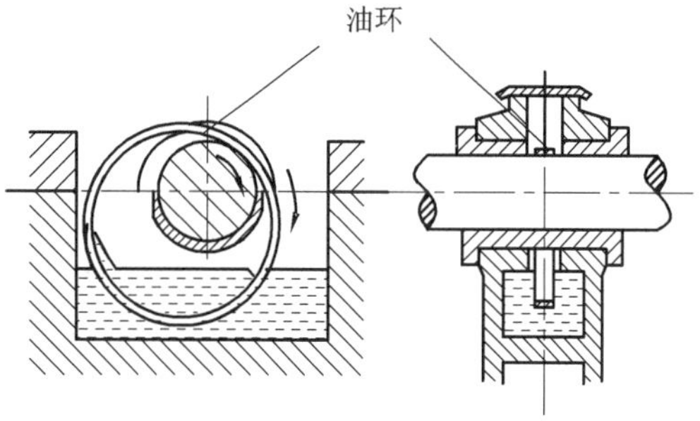

图3-72

（4）飞溅润滑

在闭式传动中，利用转动件（例如齿轮）将油池中的油飞溅成油滴或雾状，直接溅入或汇集到油沟中，然后流入轴承，使之得到润滑。采用此法时，对转动件的转速和浸油深度都有一定的要求。

（5）压缩润滑

它是利用油泵的压力造成循环供油，是一种完善的自动润滑方式，但整个润滑装置构造较复杂，所以适用于高速、重载和要求连续供油的重要设备中。

润滑脂的供油方式，一般是间歇供油，常用的润滑装置有旋盖式油杯[图3-73（a）]和压注油杯[图3-73（b）]。旋盖式油杯的杯体内充满润滑脂，旋下杯盖即可将润滑脂挤压到油孔中去。压注油杯必须定期用油枪顶下钢珠注入润滑脂。

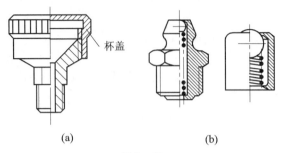

图 3-73

3.5.4　滚动轴承的结构、类型及代号

3.5.4.1　滚动轴承的结构

滚动轴承属于标准件,由专门的轴承工厂成批生产。它通常由四种元件组成,即外圈1、内圈3、滚动体2和保持架4(图3-74)。外圈和内圈上都制有一定形状的滚道,以保证滚动体在其间作精确的运转。滚动体有球形、圆柱形、圆锥形、针形等,保持架的作用是把滚动体彼此隔开并沿滚道均匀分布,通常内圈装配在轴颈上,随轴一起转动;外圈装在轴承座里不转动。但也可以外圈转动而内圈不转动。

由于滚动体和内圈、外圈的接触面积很小,接触应力很大,所以它们都是由合金钢制造的,经热处理使硬度达到60 HRC以上,保持架多用软钢冲压而成,也有用铜合金、塑料和其他材料制成的。

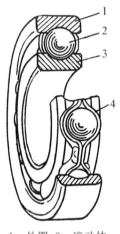

1—外圈;2—滚动体;
3—内圈;4—保持架

图 3-74

3.5.4.2　滚动轴承的类型及代号

1. 滚动轴承的基本类型及特点

滚动轴承按照承受载荷的方向可分为以下三类:

① 径向接触轴承。主要承受径向载荷,其类型有深沟球轴承、圆柱滚子轴承、调心球轴承、调心滚子轴承。

② 向心角接触轴承。能同时承受径向和轴向(单向)载荷,其类型有角接触球轴承、圆锥滚子轴承。

③ 轴向接触轴承。只能承受轴向载荷,如推力球轴承。

按滚动体的形状,滚动轴承又可分为球轴承、滚子(圆柱、圆锥等)轴承、滚针轴承。

表3-19择要列出了滚动轴承的基本类型、特点和应用。结构简单的深沟球轴承主要用来承受径向载荷,也可同时承受不大的轴向载荷。当只承受径向载荷 F_r 时,球与内、外圈滚道的接触点处于与轴线垂直的对称平面内[图3-75(a)]。当同时又承受轴向载荷 F_a 时,由于球和滚道间存在着微量的径向间隙,必然引起内、外圈间的轴向偏移,使球与滚道的接触点也偏斜了(通过球的中心与接触点所作的直线和垂直于轴承轴线的平面所夹的角度叫作接触角 α),因此通过接触点的反力 R 也相应地

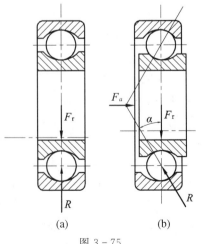

图 3-75

偏斜了 α 角,从而产生轴向分力来平衡轴向载荷[图3-75(b)]。角接触球轴承(以及圆锥滚子轴承)则在结构上保证滚动体和外圈滚道间一定的接触角 α,以承受径向载荷和轴向载荷的联合作用。显然,α 角越大,承受轴向载荷的能力也越大。当 $\alpha = 90°$ 时,即为轴向接触轴承,它只能用以承受纯轴向载荷。

表 3-19   滚动轴承的基本类型、特点和应用

类型名称及代号		结构简图及承载方向	特 点 及 应 用
径向接触轴承	深沟球轴承 6		主要用于承受径向载荷,也可以同时承受一定的轴向载荷(两个方向都可以)。在转速很高而轴向载荷不大时,可代替推力轴承。 　适用于高速、高精度处。 　工作时,内、外圈轴线相对偏斜不能超过 $2'\sim10'$,因此适用于刚性较大的轴
	调心球轴承 1		主要用于承受径向载荷,也可同时承受微量的轴向载荷; 　外圈滚道表面是以轴承中点为中心的球面,内、外圈允许有较大的轴线相对偏斜(小于 $4°$),因能自动调心,故适用于多支点轴、挠度较大的轴及不能精确对中的支承
	圆柱滚子轴承 NU		用于承受纯径向载荷,完全不能承受轴向载荷; 　安装时,内外圈可分别安装; 　对轴的偏斜很敏感,内、外圈轴线相对偏斜不能超过 $2'\sim4'$,适用于刚度很大,对中良好的轴
	调心滚子轴承 2		用于承受径向载荷,其承载能力比相同尺寸的调心球轴承大一倍。也能承受不大的轴向载荷。 　具有调心球轴承相同的调心特性
	滚针轴承 NA		受径向载荷能力很大,但完全不能承受轴向载荷; 　一般无保持架,适用于径向载荷很大,而径向尺寸又受限制的地方
向心角接触轴承	角接触球轴承 7		用于同时承受中等的径向载荷和一个方向的轴向载荷; 　球和外圈接触角 α 有 $15°$、$25°$、$40°$ 三种,α 角越大,承受轴向载荷的能力越大; 　通常成对使用,一般应反向安装以承受两个方向的轴向载荷,内、外圈轴线相对偏斜允许为 $2'\sim10'$
	圆锥滚子轴承 3		与角接触球轴承性能相似,但承载能力较大; 　锥面的 α 角有 $15°$、$25°$ 两种,内外圈也分别安装,内、外圈轴线偏斜允许小于 $2'$

续表

类型名称及代号		结构简图及承载方向	特 点 及 应 用
轴向接触轴承	单向推力球轴承 5		用于承受纯轴向载荷(单向); 两个圈的内孔不一样大,一个与轴配合,另一个与轴有间隙; 高速时离心力大,不适用于高速

2. 滚动轴承代号

滚动轴承代号是一组用字母和数字组成的产品符号,用以表示滚动轴承的结构、尺寸、公差等级和技术性能等特征。

常用滚动轴承代号由基本代号、前置代号和后置代号组成,见表3-20,本节重点介绍基本代号。

表 3-20　滚动轴承代号

基 本 代 号			前 置 代 号	后 置 代 号							
				1	2	3	4	5	6	7	8
类型代号	尺寸系列代号	内径代号	成套轴承分部件	内部结构	密封与防尘及套圈变型	保持架及其材料	轴承材料	公差等级	游隙	配置	其他
	配合安装特征尺寸代号										

(1) 基本代号

基本代号表示轴承的类型、结构和尺寸,是轴承代号的核心。普通轴承(滚针轴承除外)的基本代号由类型代号、尺寸系列代号和内径代号组成,格式如下:

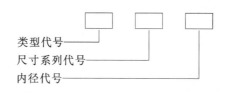

类型代号————
尺寸系列代号————
内径代号————

① 类型代号:由数字和字母表示,代号及意义见表3-21和表3-19。

表 3-21　类型代号

代号	轴 承 类 型	代号	轴 承 类 型
0	双列角接触球轴承	6	深沟球轴承
1	调心球轴承	7	角接触球轴承
2	调心滚子轴承和推力调心滚子轴承	8	推力圆柱滚子轴承
		N	圆柱滚子轴承
3	圆锥滚子轴承	NN	双列或多列圆柱滚子轴承
4	双列深沟球轴承	U	外球面球轴承
5	推力球轴承	QJ	四点接触球轴承

注:在表中代号后或前加字母或数字表示该类轴承中的不同结构。

② 尺寸系列代号：尺寸系列代号的两位数字由轴承的宽(高)度代号和直径系列代号组成(表 3-22)。轴承的宽度系列、高度系列和直径系列分别见图 3-76 和图 3-77。宽度系列是指径向接触轴承或向心角接触轴承的内径相同，而宽度有一个递增的系列尺寸。高度系列是指轴向接触轴承的内径相同，而高度有一个递增的系列尺寸。直径系列是表示同一类型、内径相同的轴承，其外径有一个递增的系列尺寸。

表 3-22　轴承的尺寸系列代号

直径系列代号	向心轴承							推力轴承				直径系列代号	向心轴承							推力轴承			
	宽度系列代号							高度系列代号					宽度系列代号							高度系列代号			
	8	0	1	2	3	4	5	6	7	9	1	2		8	0	1	2	3	4	5	6	7	9	1	2
	尺寸系列代号													尺寸系列代号											
7	—	—	17	—	37								2	82	02	12	22	32	42	52	62	72	92	12	22
8	—	08	18	28	38	48	58	68					3	83	03	13	23	33	—			73	93	13	33
9	—	09	19	29	39	49	59	69					4	—	04		24					74	94	14	24
0	—	00	10	20	30	40	50	60	70	90	10		5									—	95		
1	—	01	11	21	31	41	51	61	71	91	11														

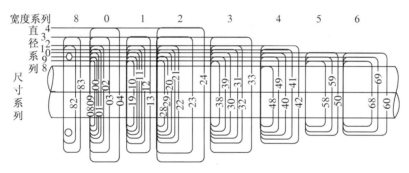

图 3-76　向心轴承的尺寸系列示意图(圆锥滚子轴承除外)

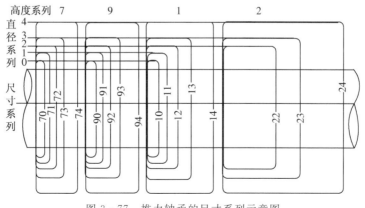

图 3-77　推力轴承的尺寸系列示意图

类型代号与尺寸系列代号的组合，如表 3-23 所示。

表 3-23　轴承类型代号与尺寸系列代号的组合

轴承类型	类型代号	尺寸系列代号	组合代号	轴承类型	类型代号	尺寸系列代号	组合代号
调心球轴承	1 (1) 1 (1)	(0)2 22 (0)3 23	12 22 13 23	深沟球轴承	6	18 19 (1)0 (0)2 (0)3 (0)4	618 619 60 62 63 64
调心滚子轴承	2	22 23 31 32	222 223 231 232	角接触轴承	7	(1)0 (0)2 (0)3 (0)4	70 72 73 74
圆锥滚子轴承	3	02 03 13 20	302 303 313 320	圆柱滚子轴承 （外圈无挡边）	N	10 (0)2 22 (0)3 23 (0)4	N10 N2 N22 N3 N23 N4
推力球轴承	5	22 32 11 12 13 14	522 523 511 512 513 514				

注：表中带"（ ）"的数字在组合代号中省略。

③ 内径代号：表示轴承公称内径的大小，用数字表示，见表 3-24。

表 3-24　轴承内径代号

轴承（内径）/mm	10	12	15	17	代号数×5	0.6～10（非整数）、22、28、32、≥500
内径代号	00	01	02	03	04～96	直接用内径尺寸毫米数表示，与尺寸系列代号用"/"分开

（2）前（后）置代号

① 前置代号：代号及含义如表 3-25 所示。

表 3-25　前置代号

代号	含 义	示 例	代号	含 义	示 例
F	凸缘外圈的向心球轴承（d≤6 m）	F618/4	QS	推力圆柱滚子轴承座圈	QS81107
L	可分离轴承的可分离内圈和外圈	LNU207、LN207	KOW	无轴圈推力轴承	KOW-81107
R	不带可分离内圈或外圈的轴承（滚针轴承 NA 型）	RNU207	KIW	无座圈推力轴承	KIW-81107
			K	滚子和保持架组件	K81107
WS	推力圆柱滚子轴承轴圈	RNA6904			

② 后置代号：从表 3-20 中可以看到其顺序及含义，较常用的公差等级及代号见表 3-26，其他代号不再一一介绍。

表 3-26 轴承公差等级及其代号

代 号		/P0	/P6	/P6x	/P5	/P4	/P2
公差	等级	0级	6级	6x级	5级	4级	2级
	含义	代号中省略	高于0级	高于0级 (适用于圆锥滚子轴承)	高于6、6x级	高于5级	高于4级

例 3-4 说明轴承代号 6215、30208/P6x、7310c/P5 的意义。

解

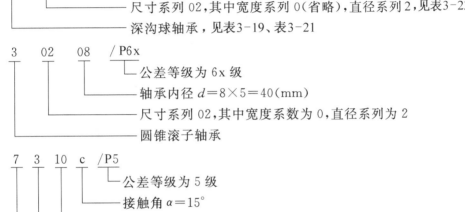

6 2 15
- 公差等级为0级(省略),见表3-26
- 轴承内径 $d=15\times5=75$(mm),见表3-24
- 尺寸系列02,其中宽度系列0(省略),直径系列2,见表3-23
- 深沟球轴承,见表3-19、表3-21

3 02 08 /P6x
- 公差等级为6x级
- 轴承内径 $d=8\times5=40$(mm)
- 尺寸系列02,其中宽度系数为0,直径系列为2
- 圆锥滚子轴承

7 3 10 c /P5
- 公差等级为5级
- 接触角 $\alpha=15°$
- 轴承内径 $d=10\times5=50$(mm)
- 尺寸系列03,其中宽度系列为0(省略),直径系列为3
- 角接触球轴承

3.6 轮系及减速机

3.6.1 概述

由一对齿轮组成的机构是齿轮传动的最简单形式。但是在实际生产中,或是为了获得很大的传动比,或是将主动轴的一种转速变换为从动轴的多种转速,常采用一系列互相啮合的齿轮将主动轴和从动轴连接起来。这种由一系列齿轮组成的传动系统称为轮系。

将一对或几对相啮合的齿轮、蜗轮等组成的轮系,装在密封的刚性箱体中,作为机器设备中的一个独立部件,成为原动机和工作机之间用以降低转速并相应地增大转矩的传动装置,称之为减速机(又名减速器或减速箱)。在某些场合,也可用以增加转速,称之为增速机。

轮系可以分为两种类型:定轴轮系和动轴轮系(又称周转轮系)。

图 3-78(a)所示的轮系,传动时每一齿轮的几何轴线都是固定的,这种轮系称为定轴轮系。

图 3-78(b)所示的轮系,内齿轮1固定不转。当摇动手柄H时,因为齿轮2是和齿轮1相啮合的,所以双联齿轮 2-2′一方面绕自身的几何轴线 O_2 转动,同时又随同 O_2 绕位置固定的轴线 O_1 转动。齿轮 2′的这种运动,又使得与它相啮合的齿轮3转动。与定轴轮系不同,在这个轮系传动时,齿轮 2-2′的几何轴线并不固定,它围绕齿轮1和齿轮3的固定几何轴线转动。

这种至少有一个齿轮的几何轴线绕另一齿轮的几何轴线转动的轮系,称为动轴轮系或周转轮系。

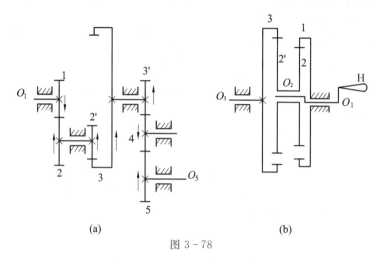

图 3 - 78

减速机也可相应分成两种类型:齿轮和蜗杆减速机(又称普通减速机);行星减速机。

图 3 - 79 所示为普通减速机中的几种常见型式。其中图 3 - 79(a)为单级圆柱齿轮减速机,图 3 - 79(b)为双级圆柱齿轮减速机,图 3 - 79(c)为单级圆锥齿轮减速机,图 3 - 79(d)为双级圆锥、圆柱齿轮减速机,图 3 - 79(e)为单级蜗杆减速机,图 3 - 79(f)为双级蜗杆-圆柱齿轮减速机。行星减速机将在 3.6.5 节中详细介绍。

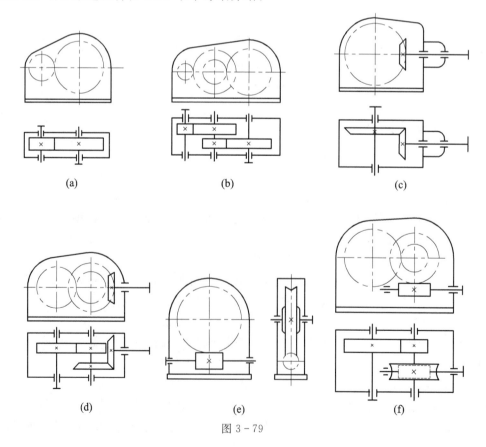

图 3 - 79

这里仅就化工设备上常用的轮系和减速机进行讨论。

3.6.2　定轴轮系

在轮系中,首末两齿轮的角速度之比称为该轮系的传动比,用 i 表示,并在其右下角附注两个角标表示所属的两个齿轮,例如 i_{15} 即表示齿轮 1 和齿轮 5 的角速度之比。计算轮系的传动比,不但要确定它的数值大小,而且要确定它的正负号,这样才能完全表达从动轮转速与主动轮转速之间的关系。

由一对圆柱齿轮啮合组成的传动,其传动比为

$$i_{12} = \frac{\omega_1}{\omega_2} = \frac{n_1}{n_2} = \pm \frac{z_2}{z_1}$$

外啮合[图 3-80(a)]时,从动齿轮 2 和主动齿轮 1 转向相反,i_{12} 取负号,或在图上以反方向的箭头来表示;内啮合[图 3-80(b)]时,两轮转向相同,i_{12} 为正号,或在图上以同方向的箭头来表示。

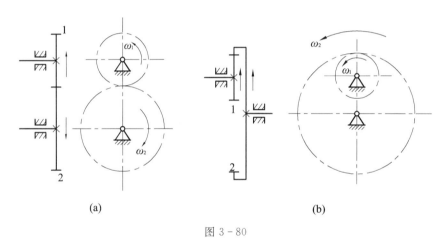

(a)　　　　　　　　　　　　　　(b)

图 3-80

图 3-78(a)所示的定轴轮系中,1 为第一主动轴,5 为最末从动轴,其传动比 i_{15} 可由各对相啮合的齿轮求出。

设 z_1、z_2、$z_{2'}$、z_3、$z_{3'}$、z_4 及 z_5 为各齿轮的齿数;n_1、n_2、$n_{2'}(=n_2)$、n_3、$n_{3'}(=n_3)$、n_4 及 n_5 为各齿轮的转速。

由轮系中各对齿轮传动比的关系可得

$$i_{12} = \frac{n_1}{n_2} = -\frac{z_2}{z_1}, \qquad n_2 = n_1\left(-\frac{z_1}{z_2}\right)$$

$$i_{23} = \frac{n_{2'}}{n_3} = \frac{z_3}{z_{2'}}, \qquad n_3 = n_{2'}\left(\frac{z_{2'}}{z_3}\right) = n_1\left(-\frac{z_1}{z_2}\right)\left(\frac{z_{2'}}{z_3}\right)$$

$$i_{34} = \frac{n_{3'}}{n_4} = -\frac{z_4}{z_{3'}}, \qquad n_4 = n_{3'}\left(\frac{z_{3'}}{z_4}\right) = n_1\left(-\frac{z_1}{z_2}\right)\left(\frac{z_{2'}}{z_3}\right)\left(-\frac{z_{3'}}{z_4}\right)$$

$$i_{45} = \frac{n_4}{n_5} = \frac{z_5}{z_4}, \qquad n_5 = n_4\left(-\frac{z_4}{z_5}\right) - n_1\left(-\frac{z_1}{z_2}\right)\left(\frac{z_{2'}}{z_3}\right)\left(-\frac{z_{3'}}{z_4}\right)\left(-\frac{z_4}{z_5}\right)$$

从而得到轮系的传动比为

$$i_{15} = \frac{\omega_1}{\omega_5} = \frac{n_1}{n_5} = \left(-\frac{z_2}{z_1}\right)\left(\frac{z_3}{z_{2'}}\right)\left(-\frac{z_4}{z_{3'}}\right)\left(-\frac{z_5}{z_4}\right)$$

$$= i_{12}i_{2'3}i_{3'4}i_{45} = (-1)^3 \frac{z_2 z_3 z_4 z_5}{z_1 z_{2'} z_{3'} z_4} = -\frac{z_2 z_3 z_5}{z_1 z_{2'} z_{3'}}$$

由以上计算可以看出,该定轴轮系的传动比等于组成轮系的各对啮合齿轮传动比的连乘积,也等于各对齿轮传动中的从动轮齿数的乘积与主动轮齿数的乘积之比;而首末两轮转向之相同或相反(传动比的正负)则取决于外啮合的次数。

传动比的正负号,还可采用在图上画出箭头的方法确定,如图 3 - 78(a)所示。从图中可以看出齿轮 5 和齿轮 1 的转向相反,所以 i_{15} 为负。

图 3 - 78(a)所示轮系中的齿轮 4 和两个齿轮同时啮合,它既是前一级的从动轮,又是后一级的主动轮,它的齿数不影响传动比的大小,但它却使外啮合的次数改变,从而改变传动比的符号。这种齿轮称为惰轮或过桥齿轮。

将以上所论推广到一般情况,设 1、N 为定轴轮系的第一主动齿轮和最末从动齿轮,m 为外啮合次数,则

$$i_{1N} = \frac{n_1}{n_N} = (-1)^m \frac{\text{所有从动轮齿数的乘积}}{\text{所有主动轮齿数的乘积}} \qquad (3 - 34)$$

如果定轴轮系中有圆锥齿轮、蜗杆蜗轮等空间齿轮,其传动比的大小仍可用式(3 - 34)来计算,但由于一对空间齿轮的轴线不平行,不存在转动方向相同或相反的问题,也就不可能根据外啮合的次数来确定转向关系,所以这类轮系中各齿轮的转向必须在图上用箭头表示。如果轮系的第一主动轮和最末从动轮的轴线平行,显然,仍可用传动比的正负号来表示两轮的转向相同或相反。

例 3 - 5 在如图 3 - 81 所示的定轴轮系中,除圆柱齿轮 3'、4 外,还有圆锥齿轮 2'、3,以及蜗杆 1、蜗轮 2。已知各轮齿数 $z_1 = 2$,$z_2 = 50$,$z_{2'} = z_{3'} = 20$,$z_3 = z_4 = 40$。采用右旋蜗杆。若蜗杆 1 为主动轮,其转速 $n_1 = 1\,500$ r/min。试求齿轮 4 的转速和转向。

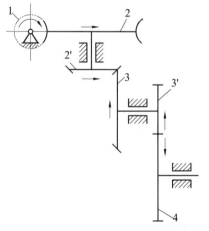

1—蜗杆;2—蜗轮;
2′,3—圆锥齿轮;3′,4—圆柱齿轮
图 3 - 81

解 因为轮系中有圆锥齿轮和蜗杆、蜗轮等,所以只能用式(3 - 34)计算轮系传动比的大小。

$$i_{14} = \frac{n_1}{n_4} = \frac{z_2 z_3 z_4}{z_1 z_{2'} z_{3'}} = \frac{50 \times 40 \times 40}{2 \times 20 \times 20} = 100$$

$$n_4 = \frac{n_1}{i_{14}} = \frac{1\,500}{100} = 15(\text{r/min})$$

由于圆锥齿轮和蜗杆、蜗轮的几何轴线不平行,其转向只能用箭头表示。当蜗杆 1 作顺时针方向转动时,齿轮 4 的转向如图中箭头所示。

定轴轮系大致可应用于下列场合:① 为获得较大的传动比;② 改变从动轴的转向;③ 在相距较远的两轴间传动;④ 为获得多种传动比(用拨叉来变动齿轮的啮合情况等)。

3.6.3 动轴轮系

在如图 3-82(a)(b)所示的轮系中,齿轮 1 和 3 以及构件 H 各绕固定的几何轴线 O_1、O_3(与 O_1 重合)及 O_H(也与 O_1 重合)转动;齿轮 2 空套在构件 H 的小轴上。当构件 H 转动时,齿轮 2 一方面绕自己的几何轴线 O_2 转动(自转),同时又随构件 H 绕固定的几何轴线 O_H 转动(公转)。因此,这是一个动轴轮系。在动轴轮系中,轴线位置变动的齿轮,即既做自转又做公转的齿轮,称为行星轮,支持行星轮作自转和公转的构件称为转臂或系杆;轴线位置固定的齿轮则称为中心轮或太阳轮。每个单一的动轴轮系具有一个系杆,中心轮的数目不超过两个。应当注意,单一动轴轮系中系杆与两个中心轮的几何轴线必须重合,否则不能传动。

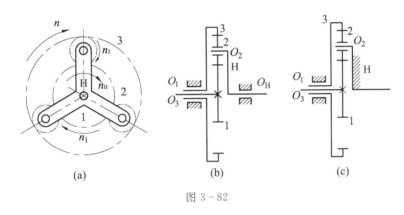

图 3-82

为了使转动时的惯性力平衡,以及减轻齿轮上的载荷,常常采用几个完全相同的行星轮[图 3-82(a)所示为三个]均匀地分布在中心轮的周围同时进行传动。因为这种行星齿轮的个数对研究动轴轮系的运动没有任何影响,所以在机构简图中可以只画出一个,如图 3-82(b)(c)所示。

图 3-82(b)所示的动轴轮系,它的两个中心轮都能转动,这种动轴轮系称为差动轮系。图 3-83 所示的行星轮系,只有一个中心轮能转动,另一个中心轮是固定的,这种动轴轮系称为行星轮系。

动轴轮系传动比的计算,由于其中行星轮的运动不是绕固定轴线的简单转动,所以不能用求解定轴轮系传动比的方法来计算。但是,如果能使转臂变为固定不动,并保持动轴轮系中各个构件之间的相对运动不变,则动轴轮系就转化成为一个假想的定轴轮系,便可由式(3-34)列出该假想定轴轮系传动比的计算式,从而求出定轴轮系的传动比来。

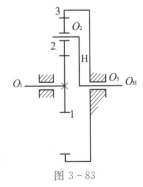

图 3-83

在图 3-83 所示的动轴轮系中,设 n_H 为转臂 H 的转速。根据相对运动原理,当给整个动轴轮系加上一个绕轴线 O_H 的转速大小为 n_H、而方向与之相反的公共转速($-n_H$)后,转臂 H 便静止不动了,而各构件间的相对运动并不改变。这样,所有齿轮的几何轴线的位置全部固定,原来的动轴轮系便成了定轴轮系[图 3-82(c)],这一定轴轮系就称为原来动轴轮系的转化轮系。现将各构件转化前后的转速列于表 3-27。

表 3-27　各构件转化前后的转速

构　件	转化前的转速	转化轮系中的转速
1	n_1	$n_1^{\mathrm{H}} = n_1 - n_{\mathrm{H}}$
2	n_2	$n_2^{\mathrm{H}} = n_2 - n_{\mathrm{H}}$
3	n_3	$n_3^{\mathrm{H}} = n_3 - n_{\mathrm{H}}$
H	n_{H}	$n_{\mathrm{H}}^{\mathrm{H}} = n_{\mathrm{H}} - n_{\mathrm{H}} = 0$

　　转化轮系中各构件的转速 n_1^{H}、n_2^{H}、n_3^{H} 及 $n_{\mathrm{H}}^{\mathrm{H}}$ 的右上方都带有角标 H，表示这些转速是各构件对转臂 H 的相对转速。既然动轴轮系的转化轮系是一个定轴轮系，就可应用求解定轴轮系传动比的方法，求出其中任意两个齿轮的传动比来。

　　转化轮系中齿轮 1 对齿轮 3 的传动比 i_{13}^{H}，根据传动比定义为

$$i_{13}^{\mathrm{H}} = \frac{n_1^{\mathrm{H}}}{n_3^{\mathrm{H}}} = \frac{n_1 - n_{\mathrm{H}}}{n_3 - n_{\mathrm{H}}}$$

由定轴轮系传动比的计算式(3-34)又可得

$$i_{13}^{\mathrm{H}} = (-1)^1 \frac{z_2 z_3}{z_1 z_2} = -\frac{z_3}{z_1}$$

故　　　　　　　　　　　　$$\frac{n_1 - n_{\mathrm{H}}}{n_3 - n_{\mathrm{H}}} = -\frac{z_3}{z_1} \qquad (3-35)$$

等式右边的"一"号表示轮 1 与轮 3 在转化轮系中的转向相反。

　　现将以上讨论推广到一般情况。设 n_{G} 和 n_{K} 为动轴轮系中任意两个齿轮 G 和 K 的转速，则有

$$i_{\mathrm{GK}}^{\mathrm{H}} = \frac{n_{\mathrm{G}} - n_{\mathrm{H}}}{n_{\mathrm{K}} - n_{\mathrm{H}}} = (-1)^m \frac{\text{从齿轮 G 至 K 间所有从动轮齿数的乘积}}{\text{从齿轮 G 至 K 间所有主动轮齿数的乘积}} \qquad (3-36)$$

式中，m 为齿轮 G 至 K 间外啮合的次数。

　　应用式(3-36)时，应令 G 为主动轮，K 为从动轮，中间各轮的主从地位亦按此假设判定。

　　必须注意，在推导过程中对各构件所加上的公共转速($-n_{\mathrm{H}}$)与各构件的原来转速是代数相加的，所以 n_{G}、n_{K} 和 n_{H} 必须是平行向量，或者说式(3-35)只适用于齿轮 G、K 和转臂 H 的轴线互相平行的场合。

　　将已知转速代入上式以求解未知转速时，要特别注意转速的正负号，在假定了某一方向的转动为正以后，其相反方向的转动就是负，必须将转速的大小连同它的符号一同代入式(3-35)进行计算。

　　例 3-6　在图 3-83 所示的行星轮系中，各轮的齿数为 $z_1 = 27$，$z_2 = 17$，$z_3 = 61$。已知 $n_1 = 6\,000$ r/min，求传动比 $i_{1\mathrm{H}}$ 和转臂 H 的转速 n_{H}。

　　解　由式(3-35)　　　　　　$$\frac{n_1 - n_{\mathrm{H}}}{n_3 - n_{\mathrm{H}}} = -\frac{z_3}{z_1}$$

从图可知 $n_3 = 0$，从而　　　　　　$$\frac{n_1 - n_{\mathrm{H}}}{0 - n_{\mathrm{H}}} = -\frac{61}{27}$$

解得
$$i_{1H} = \frac{n_1}{n_H} = 1 + \frac{61}{27} \approx 3.26$$

设 n_1 的转向为正,则

$$n_H = \frac{n_1}{i_{1H}} = \frac{6\,000}{3.26} \approx 1\,840 (r/min)$$

n_H 的转向和 n_1 相同。

利用式(3-35)还可以计算出行星齿轮 2 的转速 n_2,因为

$$\frac{n_1 - n_H}{n_2 - n_H} = -\frac{z_2}{z_1}$$

从而
$$\frac{6\,000 - 1\,840}{n_2 - 1\,840} = -\frac{17}{27}$$

解得
$$n_2 \approx -4\,767 \ r/min$$

负号表示 n_2 的转向与 n_1 相反。

由定轴轮系和动轴轮系或几个单一的动轴轮系可以组合成为混合轮系。由于整个混合轮系不可能转化成一个定轴轮系,所以不能只用一个公式来求解。计算混合轮系时,首先必须将各个单一的动轴轮系和定轴轮系正确区分开来,然后分别计算这些轮系的方程式,最后联立解出所要求的传动比。

动轴轮系广泛应用于如下场合:① 为获得更大的传动比;② 在结构紧凑的条件下实现大功率传动;③ 用作运动的合成或分解;④ 为获得可靠的多种传动比等。

3.6.4 齿轮和蜗杆减速机

齿轮和蜗杆减速机在工业生产中应用很广泛,为了提高质量和降低制造费用,某些类型的减速机已有了标准系列产品,可以根据传动比、工作条件、转速、载荷以及在机械设备总体布置中的要求等,参阅产品目录和有关资料现成选用。若选用不到适当的标准减速机时,就需自行设计制造了。

3.6.4.1 减速机的类型

减速机的类型很多,一般可分为齿轮(圆柱齿轮、圆锥齿轮)减速机、蜗杆减速机和齿轮-蜗杆减速机等三类。按照减速机的级数不同,又分为单级、两级和三级减速机等。另外还有立式和卧式之分。可参见图 3-79。

当传动比 $i < 8$ 时,可采用单级圆柱齿轮减速机,$i = 8 \sim 30$ 时宜采用二级减速机,$i > 30$ 时宜采用三级减速机。

输出输入轴必须布置成相交位置时,可采用圆锥齿轮减速机。如化工设备上搅拌器的传动装置,在选用不到其他合适的减速机时,可直接或改装后采用这类减速机。二级以上常用圆锥圆柱齿轮减速机,由于圆锥齿轮常以悬臂形式装在轴端,为使其受力小些,一般将圆锥齿轮布置在高速级。

蜗杆减速机由于传动比合适($i = 8 \sim 80$),机构紧凑,虽然其传动效率较低,但为了化工设备搅拌器的传动需要,还专门设计和制造了各种型号的立式蜗杆减速机,以补充其他结构

釜用立式减速机标准型号在输出轴转速和速比方面的不足,具体可参见后面的"反应釜机械
设计"部分。

3.6.4.2　减速机的构造

1. 圆柱齿轮减速机

图 3-84、图 3-85 是两个类似的单级圆柱齿轮减速机的结构图。

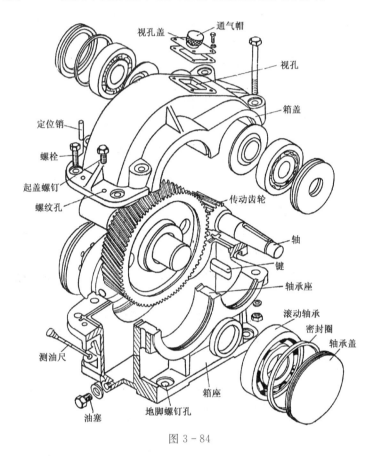

图 3-84

　　箱体是减速机中用来支承和固定轴及其有关零件,保证传动零件的啮合精度、良好润滑
和密封的重要组成部分。箱体本身要具有足够的刚度,以免产生过大的变形。箱体外侧附
有的加强筋既可增加箱体刚度,又可增加散热面积。

　　为了便于安装,箱体一般剖分成箱盖 1 和箱座 2 两部分。在剖分面上通常涂一层薄薄
的硅酸钠或紫胶片,以保证箱体的密封性。但不能在箱盖和箱座之间采用垫片密封,否则将
破坏轴承与孔的配合。

　　箱体通常用灰铸铁(HT150 或 HT200)铸成,对于受冲击载荷的重型减速机箱体可采用
高强度铸钢(ZG200—400 或 ZG230—450)铸造。单件生产时,也可用钢板焊接制成。

　　箱盖与箱座通常用一定数量的螺栓 3 和螺母 5 连接成一体,用两个圆锥销 4 精确固定其相对
位置。螺栓的位置应尽量靠近轴承,并在安装螺栓处做出凸台,以提高轴承座的连接刚度。

　　箱盖上方开有视孔,以便检查齿轮啮合情况及往箱内注入润滑油。平时用盖板 6 盖住。
盖板下可用垫片密封。为防止工作时温度升高,导致箱内空气体积膨胀而将润滑油从剖分面

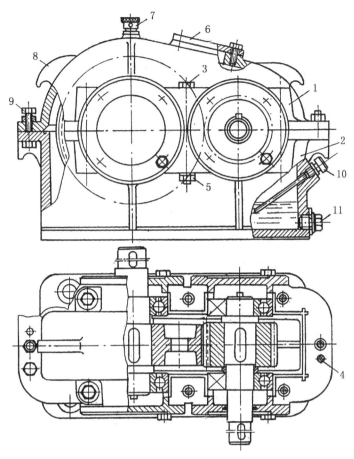

1—箱盖;2—箱座;3—螺栓;4—圆锥销;5—螺母;6—盖板;
7—通气帽;8—吊钩;9—起盖螺钉;10—测油尺;11—油塞

图 3-85

处挤出,因此常在箱盖顶部或视孔盖板上开有通气孔或安装通气帽 7,使箱内空气可自由逸出。

与箱盖铸成一体的吊钩 8(或是装在箱盖上方的吊环螺钉)是用来提升箱盖的。而整个减速机的提升,则需利用与箱座铸成一体的吊钩。

为了便于揭开箱盖,常在箱盖凸缘上专门加工两个螺纹孔,拆卸箱盖时先旋下起盖螺钉 9,即可顶开箱盖。

在中小型减速机中常采用滚动轴承,其优点是:润滑比较简单,可用润滑脂也可用同时润滑齿轮的润滑油;效率高,发热量少;径向间隙小,能维持齿轮的正常啮合等。

为保证减速机的正常工作,齿轮、蜗杆蜗轮与轴承的润滑是非常重要的。在齿轮圆周速度适中(2.5 m/s<v<12~15 m/s)的减速机中,可用浸油润滑。箱底盛有润滑油,齿轮浸入一定深度,转动时既将油带至啮合部分,又溅至其他零件上进行润滑。箱座的剖分面上加工有回油沟,可将油汇集流入轴承处(或箱底),同时也可防止油从剖分面处外渗。圆周速度过大或过小时,则采用压力供油或润滑脂润滑。

箱座上装有测油尺 10 或油面指示器,以便随时检查油面高度。油使用一定时期后需要更换,箱座底部开有放油孔以便放油,平时则用油塞 11 堵住。

2. 圆柱蜗杆减速机

图 3-86 是一种单级立式圆柱蜗杆减速机的结构图。

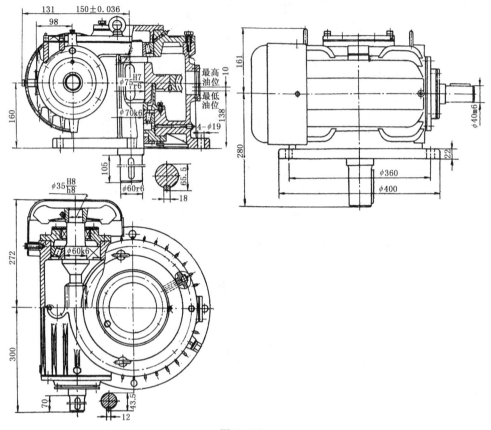

图 3-86

箱座的外壳基本由两个相交的圆柱体组合而成,外侧同时铸出大量散热片。箱座底部的凸台为蜗轮的下轴承座,凹坑为油池。右侧有油位显示镜,左侧为容纳蜗杆的部位,其前后端为蜗杆的轴承座。

箱盖基本为圆盘形,与箱座用螺钉连接。中间为蜗轮的上轴承座,盖上装有两个吊环螺钉用以起吊。箱盖和箱座的轴承座处都有注油孔,以便加入润滑剂。

蜗杆轴后端连有风扇,使工作时强制通风。风扇外有风扇罩,用螺栓固定在箱座上。

立式蜗杆减速机虽有磨损发热大的缺点,但有时因速比合适,结构也较紧凑,所以在化工设备上仍有应用。

3.6.5　行星减速机

行星减速机与齿轮和蜗杆减速机相比,具有体积小、重量轻、承载能力大、效率高和工作平稳等优点。因此在化工设备中,只要条件许可,往往就以行星减速机替代普通减速机。其缺点是有些结构比较复杂,制造较为困难。随着制造工艺的改进,行星减速机将在化工生产中得到日益广泛的应用。

1. 行星齿轮减速机

图 3-87 为图 3-83 所示行星轮系的具体结构图。在输入轴上装着太阳轮(中心轮),当输

入轴回转时,由太阳轮将运动传给三个均布的行星轮。行星轮除与太阳轮啮合外,还与固定的内齿轮(固定的太阳轮)啮合。这样行星轮一方面绕自身轴线回转(自转),另一方面还绕太阳轮的轴线回转(公转)。行星轮公转时带动了行星架(转臂),行星架运动时又带动与它固装在一起的输出轴回转。输入轴和输出轴都用滚动轴承支承,轴承和齿轮都装在减速机箱体内。

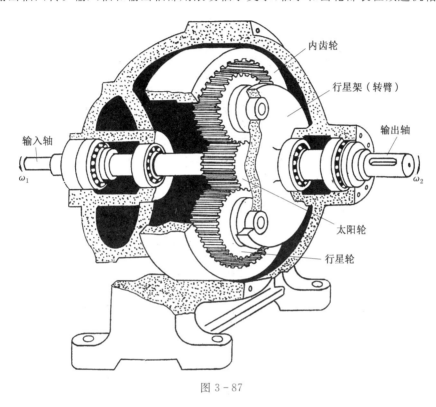

图 3-87

2. 摆线针轮减速机

摆线针轮减速机(也称摆线针齿减速机)是一种新型的行星减速机,它以摆线齿形代替常用的渐开线齿形,以取得某些普通行星渐开线齿轮减速机所达不到的性能。

摆线针轮减速机已经标准化,标准机型分单级和两级两种,其中又分立式和卧式;双轴型和直联型(与电机直接,在电机行业中称为"摆针轮减速电机")。输入功率:单级为 0.6～75 kW,两级为 0.052～13.41 kW。传动比:单级 9～87,共 11 种,两级 121～7 569,共 18 种,详情见有关标准。

图 3-88 所示为一单级双轴型摆针轮减速机的结构图。图 3-89 则是其主要元件的结构及排列示意情况。它由四个主要部分组成:

① 输入轴。它由主动轴 1 和偏心套 13 组成。偏心套由两个互成 180° 的偏心部分组成(图 3-88 中只画出了一个偏心部分),并用键与主动轴相连。

② 行星摆线轮。为了使输入轴达到静平衡和提高支承零件的承载能力,在偏心套 13 上安装两个完全相同但相互转位 180° 的奇数齿的摆线轮 5(图 3-88 中只画出一个)。为了减摩,在偏心套与摆线轮间装有滚柱,以形成滚动轴承的结构。

③ 针轮(针齿)。由针齿销 6(图 3-88 中未画出)和针齿销套 7 组成,针齿销固定在针齿壳 9 上,装以针齿销套也是为了减摩。

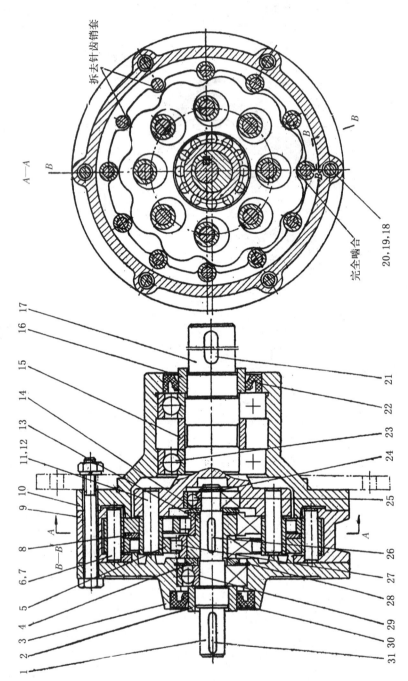

图 3-88

1—主动轴；2—紧固环；3—端盖；4、14—挡圈；5—摆线轮；6—针齿销；7—针齿销套；8—间隔环；9—针齿壳；10—机座；11—销轴；12—销轴；13—偏心套；15—轴套；16—紧固圈；17—输出轴；18—螺栓；19—螺母；20—垫圈；21、26、31—键；22、30—密封圈；23、25、27、29—滚动轴承；24—轴；28—孔用弹簧挡圈用弹性挡圈

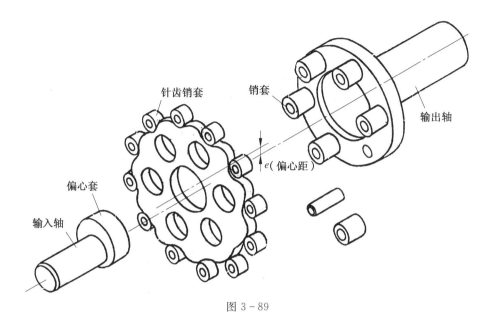

图 3 - 89

④ 输出机构。由输出轴 17 和装在轴上的一组销轴 11 组成,为了减少销轴与摆线轮间的摩擦,其间装以销套 12。摆线轮的自转运动通过销套、销轴即可由输出轴输出。

由于摆线针轮减速机的传动比大、体积小、重量轻、效率高、传动平稳、有较大的过载能力、寿命长、故障少、装卸方便、维护简单,因而得到日益广泛的应用,在化工设备上已取代了大量的蜗杆减速机。但其主要零件需用较好的钢材,加工工艺复杂。

习　题　3

3－1　带传动是利用_____来传递运动和动力的。

3－2　带传动的失效形式主要是_____,要防止它们的过早出现,在设计中应采取如下措施:_____。

3－3　V 带传动时,带中应力由以下三部分组成:(1) 由于_____而产生的拉应力;(2) 由于_____而产生的拉应力;(3) 由于_____而产生的弯曲应力。带在运转过程中,其最大应力出现在_____处的横截面内。

3－4　V 带的截面尺寸以_____型为最大,以_____型为最小。

3－5　V 带型号 B2240:表示带型为_____,基准长度 $L_d=$_____。

3－6　最常用的带轮材料为_____,带轮的典型结构由_____、_____和_____三部分组成。

3－7　弹性滑动和打滑两者有何本质上的区别? 为什么说弹性滑动是不可避免的?

3－8　V 带传动的设计步骤与校验过程有何区别?

3－9　聚乙烯生产中气流干燥塔使用螺旋加料器,由功率为 $P=1.7$ kW,转速 $n_1=1\,450$ r/min 的电机带动,$n_2=945$ r/min,螺旋加料器转速 $n_3=30$ r/min,三班制连续工作,载荷较平衡,传动方案如图所示。试设计该 V 带传动,并确定小带轮的轮宽。

题 3 - 9

3－10　试校验某一空气压缩机上的 V 带传动。已知

电机功率 $P=2.8\text{ kW}$，转速 $n_1=1\,440\text{ r/min}$，V带型号 A1400，4 根，带轮直径 $d_{d1}=140\text{ mm}$，$d_{d2}=630\text{ mm}$，中心距 $a=485\text{ mm}$，两班制工作，载荷有中度振动。

3-11　齿轮啮合基本定律可以叙述为：如欲使一对齿轮的瞬时传动比为常数，则其齿廓的形状必须满足_____。

3-12　渐开线齿廓_____满足齿轮啮合基本定律，根据渐开线的形成过程，可知渐开线具有如下特性：_____。

3-13　单个齿轮上的分度圆是_____。一对标准齿轮啮合时，过节点有两个相切的节圆，若属非标准安装，则两齿轮的分度圆_____，也即分度圆与节圆_____。

3-14　若已知直齿圆柱齿轮传动：$m=2$、$z_1=36$、$z_2=64$、安装中心距 $a=102\text{ mm}$，求齿轮传动的各分度圆直径和节圆直径。

3-15　渐开线齿轮正确啮合的条件是什么，为什么要满足这些条件？为什么渐开线齿轮中心距有可分离性？

3-16　已知某反应釜用标准渐开线直齿圆柱齿轮传动：$m=3$、$z_1=23$、$z_2=76$、$\alpha_0=20°$、$h_a=m$、$c=0.25m$。试计算各部尺寸（d、d_a、d_f、h_a、h_f、h、a）。

3-17　搞技术革新需要一对传动比 $i=3$ 的齿轮，现从旧品库里找到两个齿轮，其压力角 α 都是 20°，且 $z_1=20$、$d_{a1}=44\text{ mm}$，$z_2=60$、$d_{a2}=139.5\text{ mm}$，问这两个齿轮能否应用，为什么？

3-18　齿轮轮齿的损坏形式有哪几种，如何避免或减轻这些破坏？

3-19　开式传动和闭式传动其设计观点和方法有什么不同？

3-20　齿面硬度 HBS≤350 和 HBS>350 的闭式齿轮传动，两者的设计观点和方法有什么不同？

3-21　试初步设计一对直齿圆柱齿轮传动。已知输入轴转速 $n_1=720\text{ r/min}$，传动功率 $P=4\text{ kW}$，传动比 $i=3$，用作减速装置，齿轮在封闭的箱体内工作，单向连续运转，载荷稳定。（小齿轮材料用 45 号钢调质，HBS=220，大齿轮材料用 45 号钢正火，HBS=180）

3-22　试用简化计算方法验算胶带输送机用的单级圆柱齿轮减速器的齿轮强度。已知小齿轮传递的功率 $P=9\text{ kW}$，小齿轮转速 $n_1=196\text{ r/min}$，齿数 $z_1=28$，材料 45 钢调质，HBS=220，齿宽 $b_1=110\text{ mm}$；大齿轮齿数 $z_2=137$，材料为 45 钢正火，HBS=180，齿宽 $b_2=100\text{ mm}$，大小齿轮的模数均为 4 mm，$\alpha=20°$。

3-23　直齿圆锥齿轮用在什么场合，它的哪端模数规定为标准模数？

3-24　什么是节锥角，它与传动比之间有何关系？

3-25　蜗杆传动的主要优点：_____；主要缺点：_____。

3-26　蜗杆传动的设计计算都以_____的参数和几何关系为准，该平面通过_____并垂直于_____。

3-27　蜗杆传动的正确啮合条件：_____。

3-28　什么是蜗杆导程角 γ？γ 值如何确定？

3-29　蜗杆传动的失效形式与齿轮传动有何异同？针对其失效形式应如何选择蜗杆和蜗轮的材料？

3-30　一蜗轮齿数 $z_2=31$，分度圆直径 $d_2=80\text{ mm}$，与一双头蜗杆啮合，求：

(1) 蜗杆的轴面模数 m_{a1}；

(2) 蜗杆的轴向齿距 p_x；

(3) 蜗杆的分度圆直径 d_1；

(4) 传动的中心距 a；

(5) 传动比 i 和 a、蜗杆导程角 γ。

3-31　试判断蜗轮的回转方向及蜗轮轮齿上作用力的方向，已知蜗杆主动，其转向如图所示。

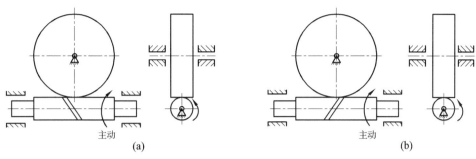

题 3 - 31

3 - 32　根据所受载荷不同,轴可分为_____。只承受弯矩的为_____;同时承受弯矩和扭矩的为_____;主要承受扭矩,不承受或兼受较小弯矩的为_____。

3 - 33　轴和轴之间常用联轴器进行连接,使之一起回转并传递_____。联轴器是通过分别装在两轴端部的_____等零件,利用_____等将其连接起来以达到目的。

3 - 34　轴的常用材料有哪些?

3 - 35　常见的轴上零件固定方法有哪些? 各有何特点?

3 - 36　为什么轴常做成阶梯状? 拟订各段直径和长度应根据什么条件?

3 - 37　试校验某搅拌器上轴的强度。已知:轴的直径 $d=45$ mm,材料是 45 号钢,转速 $n=100$ r/min,传递的功率 $P=4.5$ kW。

3 - 38　试计算某染料生产用高压釜上搅拌轴的直径。该轴由电动机并经蜗轮减速机带动的,电动机功率为 4.5 kW,转速为 1 450 r/min,该搅拌轴材料为 12Cr18Ni9Ti(1Cr18Ni9Ti),传递功率为 3.2 kW,转速为 80 r/min。

3 - 39　固定式联轴器和可移式联轴器有何不同,在什么情况下应用可移式联轴器?

3 - 40　有一带搅拌的反应釜,釜内介质无腐蚀性,工作温度为 40℃。操作时搅拌功率为 2.2 kW。搅拌轴转速为 100 r/min,启动频繁,试确定搅拌轴径及选择联轴器。

3 - 41　液体摩擦滑动轴承和非液体摩擦滑动轴承有何区别?

3 - 42　滑动轴承有哪几种主要型式? 它们结构如何,各适用于什么场合?

3 - 43　对轴瓦(轴承衬)材料有什么要求? 常用的轴瓦(轴承衬)材料有哪几种?

3 - 44　轴瓦上的油孔、油沟应布置在什么地方,为什么?

3 - 45　非液体摩擦滑动轴承通常需验算_____和_____,其目的是_____。

3 - 46　根据滚动轴承的代号,填写下表:

代　　号	轴承类型	宽(高)度系列	尺寸系列	内径/mm
6206				
7305				
1312				
2210				
NA6900				
3417				
5311				

3-47 选择滚动轴承类型时,主要考虑哪些问题?

3-48 滚动轴承常用的润滑和密封有哪些方法?

3-49 试验算某胶带运输机滚筒上的滑动轴承。已知作用在轴承上的负荷 $F=8$ kN,轴承直径 $d=50$ mm,长 $l=80$ mm,轴颈转速 $n=125$ r/min,两班制工作,轴瓦材料是锡锌铅青铜 ZCuSn5Pb5Zn5。

3-50 试比较滑动轴承与滚动轴承的特点。

3-51 采用轮系的目的是＿＿＿＿＿＿＿＿＿＿＿＿＿。

3-52 所谓定轴轮系即是＿＿＿＿＿＿＿＿＿;所谓动轴轮系即是＿＿＿＿＿＿＿＿＿。

3-53 减速机有哪些主要类型,其特点如何?

3-54 转化轮系是何意义? 动轴轮系传动比如何计算?

3-55 试确定如图所示两级齿轮减速机输出轴的转速 n_2 及转向,已知: $n_1=980$ r/min。

3-56 试确定如图所示定轴轮系中总传动比 i_{15},蜗轮的转速 n_5 及方向(用箭头表示)。已知: $n_1=1\,450$ r/min、$z_1=20$、$z_2=30$、$z_3=100$、$z_{3'}=25$、$z_4=40$、$z_{4'}=2$、$z_5=60$。

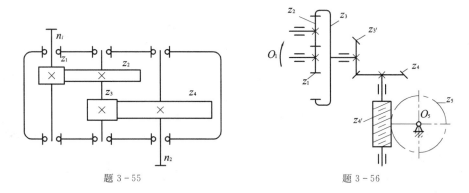

题 3-55   题 3-56

3-57 如图所示,已知: $z_1=30$、$z_2=20$、$z_3=120$、$n_1=1\,450$ r/min,求 n_H。

3-58 如图所示的行星轮系,已知: $z_1=29$、$z_2=30$、$z_3=29$、$z_4=30$,轮 1 固定不转动,试求行星轮系的传动比 i_{H4}。

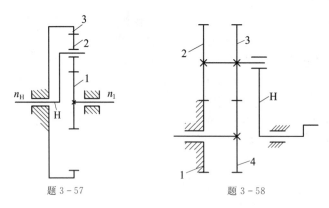

题 3-57   题 3-58

4 压力容器设计

4.1 内压容器设计

4.1.1 概述

1. 容器的结构

各种石油化工设备虽然大小不一、形状不同,内部构件更是多种多样,但都有一个称为容器的外壳的结构。容器一般可分解成筒体(或称壳体)、封头(又称端盖)、法兰、人孔、支座及管口等几种元件,如图 4-1(a)(b)所示。它们又被统称为化工设备通用零部件。承压不大的化工设备通用零部件大都已有标准,设计时尽可能直接选用。

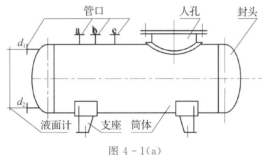

图 4-1(a)

2. 容器的分类

(1) 按容器形状分类

常见的有三类:

① 方形或矩形容器。由平板焊成,制造简便,但承压能力差,只用作小型常压贮槽。

② 球形容器。由若干块弧形板拼焊而成。承压能力好,但由于安置内件不便和制造稍难,一般仅用作贮罐。

③ 圆筒形容器。由圆柱形筒体和各种回转形封头(半球形、椭球形、碟形、圆锥形)组成。由于制造容易,内件安装方便,而且承压能力较好,因此这类容器应用最广。

(2) 按承压性质分类

可分为内压容器与外压容器两类。当容器内部介质压力大于外界压力时为内压容器。反之,则为外压容器。

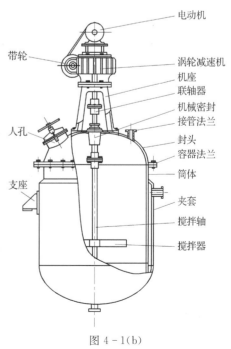

图 4-1(b)

内压容器习惯上又可分为：

① 常压容器。设计压力为 $p < 0.1$ MPa。

② 低压容器(代号 L)。设计压力为 0.1 MPa$\leqslant p < 1.6$ MPa。

③ 中压容器(代号 M)。设计压力为 1.6 MPa$\leqslant p < 10$ MPa。

④ 高压容器(代号 H)。设计压力为 10 MPa$\leqslant p < 100$ MPa。

⑤ 超高压容器(代号 U)。设计压力为 $p \geqslant 100$ MPa。

（3）按结构材料分类

从制造容器的材料来看,可分为：

① 金属容器。目前广泛应用低碳钢和低合金钢制造；在腐蚀严重或产品纯度要求较高等场合,使用不锈钢、不锈复合钢板或铝合金等制造；深冷操作时可用铜或铜合金。不承压的塔节或容器,可用铸铁；操作条件苛刻,必要时需采用特种钢材或钛等材质。

② 非金属容器。常用的材料有硬聚氯乙烯、玻璃钢、不透性石墨、化工陶瓷等,也可在钢制容器内以非金属材料衬里或涂层。

（4）按使用场合分类

按压力容器在化工工艺过程中的作用原理,可分为下列四种：

① 反应压力容器(代号 R)。主要用来完成介质的物理、化学反应,如反应器、反应釜、分解锅、分解塔、聚合釜、合成塔、变换炉、煤气发生炉等。

② 换热压力容器(代号 E)。主要用来完成介质的热量交换,如管壳式余热锅炉、热交换器、冷却器、冷凝器等。

③ 分离压力容器(代号 S)。主要用来完成介质的流体压力平衡和气体净化分离,如分离器、过滤器、集油器、缓冲器、洗涤器、吸收塔、干燥塔等。

④ 储存压力容器(代号 C,其中球罐代号 B)。主要用来盛装生产和生活用的原料气体、液体、液化气体等,如各种型式的储罐。

（5）按安全监察分类

为有利于安全技术管理和监督检查,国家质量监督检验检疫总局在 TSG 21—2016《固定式压力容器安全技术监察规程》中根据受压容器的压力高低、容积大小、介质的危害程度以及在生产过程中的重要作用,将该规程适用范围内的容器划分为 Ⅰ、Ⅱ、Ⅲ 三类。

压力容器类别的划分应先根据介质特性,按照以下要求选择类别划分图,见图 4-2(a)(b),再根据设计压力 p 和容积 V,标出坐标点,确定压力容器类别。其中：

① 第一组介质,包括毒性程度为极度危害(最高容许浓度小于 0.1 mg/m³)、高度危害(最高容许浓度 0.1~1.0 mg/m³)的化学介质,易爆介质(指气体或液体的蒸气、薄雾与空气混合形成的爆炸混合物,且其爆炸下限小于 10%,或爆炸上限与下限差值大于或等于 20% 的介质),液化气体等。其压力容器类别的划分见图 4-2(a)。

② 第二组介质,为第一组以外的介质,其压力容器类别的划分图见图 4-2(b)。

3. 容器机械设计的基本要求

容器的工艺尺寸,如反应釜的体积大小、釜体长度与直径的比例、传热面积,或如蒸馏塔的直径与高度、管口的数量、位置及大小等,一般需根据工艺要求,通过化工工艺计算及生产经验决定。

工艺尺寸初步确定以后,就可进行零部件的结构设计。容器零部件结构的机械设计应

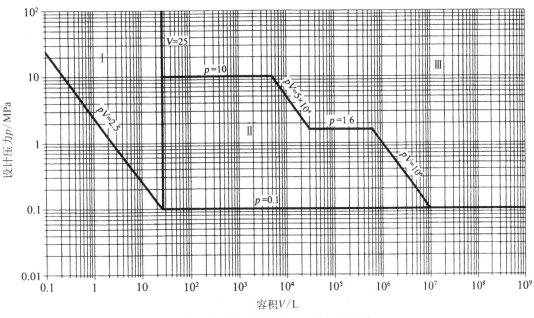

（a）压力容器类别划分图——第一组介质

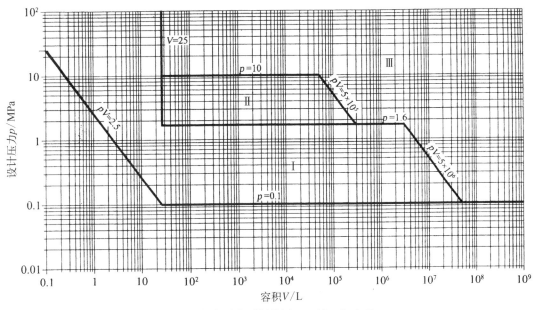

（b）压力容器类别划分图——第二组介质

图 4-2

满足如下要求：

① 强度。容器应有抵抗外力破坏的能力，以保证安全生产。

② 刚度。零部件应有抵抗外力使其变形的能力，以防止容器在使用、运输或安装过程中发生不允许的变形。

③ 稳定性。容器或其零部件在外力作用下应有维持其原有形状的能力，以防止容器被压瘪或出现褶皱。

④ 耐久性。容器应有一定的抵抗介质及大气腐蚀的能力,以保持一定的使用年限。

⑤ 气密性。容器在承受压力或处理有毒介质时,应有可靠的气密性,以提供良好的劳动环境及维持正常操作。

⑥ 其他。节约材料,便于制造、运输、安装、操作、维修方便,符合有关的国家标准和行业标准等的规定。

容器的机械设计一般应按国家标准 GB 150.1～150.4—2011《压力容器》及其他有关规定进行。GB 150.1～150.4—2011 标准适用于钢制容器不大于 35 MPa,但不低于 0.1 MPa,且真空度小于 0.02 MPa 的容器;设计温度为—269～900℃,但不得超过标准中列入的材料允许使用温度。

本书主要介绍设计压力低于 10 MPa,设计温度高于—20℃的中、低压容器的机械设计。

4.1.2　容器的受力分析

1. 薄壁容器的应力分析

(1) 薄壁容器的概念

按容器的外径 D_o 与内径 D_i 的比值 K 的不同,可分为如下两种:

① 厚壁容器,$K > 1.2$;

② 薄壁容器,$K \leqslant 1.2$。

因
$$K = \frac{D_o}{D_i} = \frac{D_i + 2\delta_n}{D_i} = 1 + \frac{2\delta_n}{D_i}$$

$K \leqslant 1.2$ 即 $\dfrac{\delta_n}{D_i} \leqslant 0.1$,$\delta_n$ 为容器的名义厚度。

中、低压容器属于薄壁容器,下面主要讨论薄壁容器的强度计算。

(2) 回转薄壁壳体的应力分析

化工上常用的圆筒形、圆锥形、球形等薄壁容器,都属于回转薄壁壳体。一般壳体的应力计算比较复杂,但对回转薄壁壳体通常可做如下简化和假定:

壳壁简化成薄膜,在内压作用下,均匀膨胀,薄膜的横截面几乎不能承受弯矩,因此壳体在内压作用下产生的主要内力是拉力。并假定这种压力沿着厚度方向是均匀分布的,称为薄膜应力。

图 4-3 所示为一承受内压的回转薄壁壳体,用两相邻经线截面(包含经线和轴线)ab 和 cd,和两垂直于经线的相邻截面 bc 与 ad,切割出一微体 abcd。由于壳体内压的作用,在微体的四个截面上都将承受拉应力。垂直于 bc 和 ad 的应力称为经向应力 σ_1,垂直于 ab 与 cd 的应力称为环向应力 σ_2。

由于内压力 p 的作用,在微体 abcd 上所受到的外力:

$$F = p \, \mathrm{d}l_1 \mathrm{d}l_2$$

而在微体四个截面上产生的拉力分别为

bc 与 ad 截面上的经向力　　　　　　$Q_1 = \sigma_1 \delta \mathrm{d}l_2$

ab 与 cd 截面上的环向力　　　　　　$Q_2 = \sigma_2 \delta \mathrm{d}l_1$

根据力的平衡原理,所有作用在微体上的力沿微体法线方向投影的代数和应为 0,故

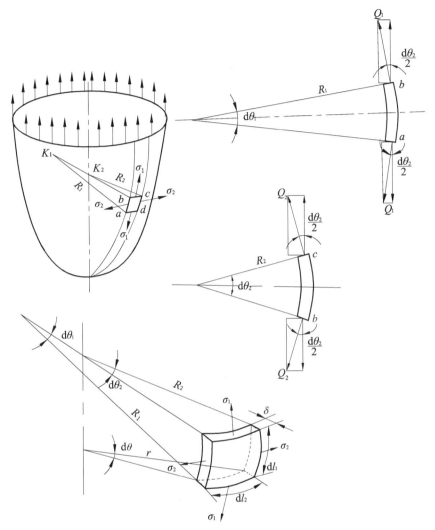

δ—壳体的计算厚度；dl_1—微体沿经线的长度；dl_2—微体沿法截线的长度；R_1—第一曲率半径；
R_2—第二曲率半径；$d\theta_1$—微体上第一曲率半径的夹角；$d\theta_2$—微体上第二曲率半径的夹角；
σ_1—经向应力；σ_2—环向应力；p—壳体的内压力

图 4-3

$$2\sigma_1\delta dl_2\sin\frac{d\theta_1}{2}+2\sigma_2\delta dl_1\sin\frac{d\theta_2}{2}-p\,dl_1\,dl_2=0$$

因为微体的曲率半径夹角 $d\theta_1$ 及 $d\theta_2$ 很小，因此可取：

$$\sin\frac{d\theta_1}{2}\approx\frac{d\theta_1}{2}=\frac{dl_1}{2R_1}$$

$$\sin\frac{d\theta_2}{2}\approx\frac{d\theta_2}{2}=\frac{dl_2}{2R_2}$$

把它们代入上式,整理后可得

$$\frac{\sigma_1}{R_1} + \frac{\sigma_2}{R_2} = \frac{p}{\delta} \qquad\qquad (4-1)$$

此式即为微体平衡方程式,也称为**拉普拉斯方程式**。它说明回转壳体上任一点处的 σ_1、σ_2 与内压力 p 及该点曲率半径 R_1、R_2 以及壳体厚度 δ 的关系。

在微体平衡方程式中,σ_1 和 σ_2 均为未知量,欲求此两值,尚需找出一补充方程——区域平衡方程式。

如图 4-4 所示,若采用截面法将壳体沿经线的法线方向切开(在纬圆半径 r_K 的 nn' 处用垂直于经线的法向圆锥面截开,则截面上仅有经向应力 σ_1),并取截面以下部分壳体为分离体,则可根据力的平衡条件列出区域平衡方程式。

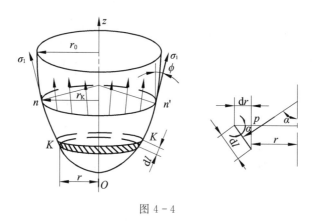

图 4-4

在这部分分离体 nOn' 中,取宽度为 dl 的环带 KK,则环带上受内压 p 的作用而产生沿 z 轴的分力为

$$dQ = p \cdot 2\pi r\, dl \cos\alpha$$

由图 4-4 可知:

$$\cos\alpha = \frac{dr}{dl}$$

故

$$dQ = 2\pi r p\, dr$$

所以整个分离体 nOn' 上所受的轴向力应为

$$Q = 2\pi \int_0^{r_K} pr\, dr \qquad\qquad (4-2)$$

如果壳体只承受气压,则 p 为常数,上式可写成

$$Q = 2\pi p \int_0^{r_K} r\, dr = \pi r_K^2 p$$

如果壳体承受液压,则 p 沿轴向是个变量,这就必须找出 p 和 r 的关系,然后代入式 $(4-2)$ 才能求得 Q 值。

在内压的作用下，nOn' 壳体的截面上必然会产生内力，其值在 z 轴方向上的分力为

$$Q' = 2\pi r_K \delta \sigma_1 \cos \phi$$

根据分离体 nOn' 的平衡条件，有

$$Q = Q'$$

故在一般情况下，仅受内压的回转壳体在纬圆半径为 r_K 处的经向应力为

$$\sigma_1 = \frac{2\pi \int_0^{r_K} pr\,dr}{2\pi r_K \delta \cos \phi} = \frac{\int_0^{r_K} pr\,dr}{r_K \delta \cos \phi} \tag{4-3a}$$

如仅有气压作用，则经向应力为

$$\sigma_1 = \frac{pr_K}{2\delta \cos \phi} \tag{4-3b}$$

应用微体平衡方程和区域平衡方程即可对工程上常用的几种壳体进行应力分析，以求出壳体中各点的经向应力和环向应力，为容器的设计提供理论根据。

2. 薄壁容器应力分析的实例

根据容器内物料性质的不同，容器有承受气压、液压或同时承受液、气压等几种可能，这里主要介绍只承受气压的薄壁容器。

（1）受气压的圆筒形壳体

对于圆筒形壳体，有 $R_1 = \infty$，$R_2 = R$，式（4-1）化为

$$\frac{\sigma_1}{\infty} + \frac{\sigma_2}{R} = \frac{p}{\delta}$$

故环向应力

$$\sigma_2 = \frac{pR}{\delta} = \frac{pD}{2\delta} \tag{4-4}$$

式中，D 为圆筒的中间面直径（平均直径）。

取圆筒体下半为分离体，则有 $r_K = R$，$\cos \phi = \cos 0° = 1$，故式（4-3b）经向应力（对于圆筒，又称轴向应力）化为

$$\sigma_1 = \frac{pR}{2\delta} = \frac{pD}{4\delta} \tag{4-5}$$

从式（4-4）、式（4-5）可以看出，$\sigma_2 = 2\sigma_1$。这说明圆筒形壳体中，环向应力是经向应力的两倍，因此在开设椭圆形人孔或手孔时，必须使短轴在纵向，长轴在环向，以尽量减少开孔对壳体强度削弱的影响。

（2）受气压的球形壳体

对于球形壳体，有 $R_1 = R_2 = R$，因而 $\sigma_1 = \sigma_2 = \sigma$，代入式（4-1）得

$$\frac{\sigma}{R} + \frac{\sigma}{R} = \frac{p}{\delta}$$

故
$$\sigma = \frac{pR}{2\delta} = \frac{pD}{4\delta} \qquad\qquad (4-6)$$

从式(4-6)可见,在直径、压力均相同的情况下,球形壳体的应力仅是圆筒形壳体环向应力的一半,也就是说球形壳体的厚度仅需圆筒形壳体厚度的一半。再则,同样体积的容器,球形面积最小,故可节省不少金属材料。但因制造麻烦等因素,以前使用并不广泛。近年来制造技术水平日益提高,因此球形容器的应用逐渐增多。

（3）受气压的锥形壳体

对于锥形壳体(图4-5),有

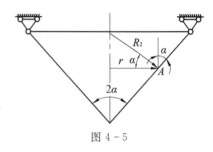

$$R_1 = \infty, \quad R_2 = \frac{r}{\cos\alpha}$$

式中,α 为圆锥形壳体的半锥角;r 为壳体在 A 点处的半径。

图 4-5

代入式(4-1)得

$$\frac{\sigma_1}{\infty} + \frac{\sigma_2}{R_2} = \frac{p}{\delta}$$

故
$$\sigma_2 = \frac{pR_2}{\delta} = \frac{pr}{\delta\cos\alpha} \qquad\qquad (4-7)$$

显然,根据式(4-3b)中 $r_K = r$,$\phi = \alpha$,可得

$$\sigma_1 = \frac{pr}{2\delta\cos\alpha} \qquad\qquad (4-8)$$

比较式(4-7)和式(4-8)可以看出:

$$\sigma_2 = 2\sigma_1$$

即锥形壳体的环向应力是经向应力的两倍,与圆筒形壳体相同。当 α 增大时,应力也随之增加;当 α 很小时,其应力值接近于圆筒形壳体的应力值。所以在制造锥形容器时,α 要合适,不要太大。另外还可以看出,σ_1 及 σ_2 是随着 r 改变的,故在锥形壳体大端 $r = R$ 处应力最大;而在锥顶端 $r = 0$ 处,应力为0。因此锥形壳体一般在锥顶部开孔。

（4）受气压的椭球形壳体

如图4-6所示,若椭球形长轴半径为 a,短轴半径为 b,则椭圆曲线方程为

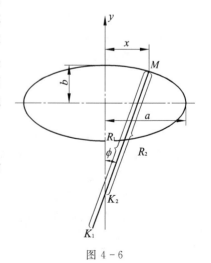

$$\frac{x^2}{a^2} + \frac{y^2}{b^2} = 1$$

根据高等数学所学知识可以求得:

图 4-6

$$R_1 = \frac{\left[a^4 - x^2(a^2 - b^2)\right]\sqrt{a^4 - x^2(a^2 - b^2)}}{a^4 b}$$

$$R_2 = \frac{\sqrt{a^4 - x^2(a^2 - b^2)}}{b}$$

根据式(4-1)、式(4-3),可以得出距旋转轴为 x 的 M 点处应力值:

$$\sigma_1 = \frac{p}{2\delta b}\sqrt{a^4 - x^2(a^2 - b^2)} \tag{4-9}$$

$$\sigma_2 = \frac{p}{2\delta b}\sqrt{a^4 - x^2(a^2 - b^2)}\left[2 - \frac{a^4}{a^4 - x^2(a^2 - b^2)}\right] \tag{4-10}$$

从式(4-9)、式(4-10)可以看出,椭球面上应力分布是随 x 的变化而变化的(图4-7),在顶点($x=0$,$y=b$)处,$\sigma_1 = \sigma_2 = \frac{pa}{2\delta}\left(\frac{a}{b}\right)$。同时还可看出,无论 x 为何值,经向应力都为正值,即 σ_1 都是拉应力,且在顶点处经向应力有最大值,即

$$\sigma_{1max} = \frac{pa}{2\delta}\left(\frac{a}{b}\right)$$

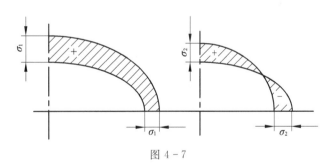

图 4-7

在椭球面边缘处($x=a$,$y=0$),经向应力有最小值,即

$$\sigma_{1min} = \frac{pa}{2\delta}$$

而在边缘上的环向应力为

$$\sigma_2 = \frac{pa}{2\delta}\left[2 - \left(\frac{a}{b}\right)^2\right]$$

化工设备上常用的椭圆形封头,即是一种椭球形壳体。标准椭圆形封头的 $\frac{a}{b} = 2$,因此封头顶点的经向应力比边缘处的经向应力值大一倍。而椭圆形封头顶点处的环向应力和边缘上的环向应力值相等,符号相反,前者为正值即拉应力,后者为负值即压应力。

以上讨论的均为受气压薄壁壳体的应力分析实例,如只受液压或兼受气、液压,则对其上各点应力分析时,应考虑液体静压力,其应力值可根据式(4-1)、式(4-3)来确定,这里从略。

3. 边缘应力的概念

以上的讨论是在将薄壁容器简化成薄膜,忽略了横截面上可能承受弯矩的基础上进行的,这种简便的计算方法在工程设计中完全可以满足精度要求。但当薄壁壳体的几何形状及载荷分布没有连续性,如壳体曲率半径有突变、厚度有突变、载荷不均匀等,此时就必须考虑弯矩的影响。

以筒体与封头连接部分为例。如图 4 - 8
所示,若平板盖具有足够的厚度,受内压作
用时因其刚度较大而变形很小;而筒体较薄
因而变形大,但两者又连接在一起,因此在
平盖与筒体连接处,即边缘部分,筒体的变
形受到平盖的约束,因而在边缘部分产生了
附加局部应力,即由边缘力和边缘力矩产生
的边缘应力。这种局部应力数值较高,有时
会导致容器失效,应该予以重视。

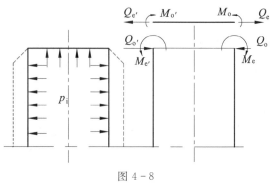

图 4 - 8

边缘应力的数值相当大,但其作用范围很小。研究表明,随着离开边缘处距离(图 4 - 9 中的 x)的增大,边缘应力迅速衰减,而且壳壁越薄,衰减得越快,这是边缘应力的一种特性——局限性。

边缘应力的另一个特性是自限性。边缘应力是由边缘部位的变形不连续以及由此产生的对弹性变形的互相约束作用所引起的。一旦材料产生了局部的塑性变形,这种弹性约束就开始缓解,边缘应力也就自动限制。根据设计准则,具有自限性的应力,对由塑性较好材料制成的容器,其破坏的危险性较小。

由于边缘应力具有局限性,因此在设计中,一般只在结构上作局部处理:如图 4 - 10 所示,改变连接处的结构,以降低结构几何突变的程度;边缘区局部的加强;保证边缘区的焊缝质量;降低边缘区的残余应力;在边缘区内尽可能避免附加其他局部应力或开孔等。

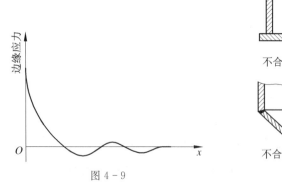

图 4 - 9

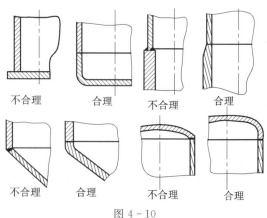

图 4 - 10

4.1.3 内压薄壁壳体的厚度设计

在薄壁壳体的受力分析基础上,可以推导出薄壁容器的设计计算公式,用以确定压力容器的厚度,或对已有的容器进行强度校核及最大允许操作压力的核算。但实际情况往往是复杂的,设计公式中还必须考虑科学实验、生产实践中的有关因素,以及有关标准的规定等。

4.1.3.1 强度设计

1. 内压圆筒的厚度计算

内压薄壁圆筒在压力为 p 的气压作用下,筒壁受两向应力作用,根据式(4-4)、式(4-5),有

经向应力
$$\sigma_1 = \frac{pD}{4\delta}$$

环向应力
$$\sigma_2 = \frac{pD}{2\delta}$$

$\sigma_2 = 2\sigma_1$。因此须使 $\sigma_2 \leqslant [\sigma]^{\mathrm{t}}$,即

$$\frac{pD}{2\delta} \leqslant [\sigma]^{\mathrm{t}}$$

式中,p 为计算压力,MPa;D 为圆筒中径(平均直径,见图 4-11),mm,$D = \dfrac{D_o + D_i}{2} = D_i + \delta$;$D_o$ 为圆筒外径,mm;D_i 为圆筒内径,mm;δ 为圆筒的计算厚度,mm;$[\sigma]^{\mathrm{t}}$ 为设计温度下圆筒材料的许用应力,MPa。

上式只是理想情况下的计算公式,实际应用时还须考虑以下几种因素:

① 焊接接头系数(也称焊缝系数)ϕ。圆筒除了采用无缝钢管外,一般均由钢板卷焊而成。焊缝内可能由于有夹渣、气孔、未焊透以及焊缝两侧过热区的影响,造成焊缝本身或焊缝两侧过热区的强度比圆筒钢板本体的强度为弱,所以要将钢材的许用应力适当降低,变为$[\sigma]^{\mathrm{t}}\phi$,$\phi \leqslant 1$,因此设计公式成为

$$\frac{pD}{2\delta} \leqslant [\sigma]^{\mathrm{t}}\phi$$

或
$$\frac{p(D_i + \delta)}{2\delta} \leqslant [\sigma]^{\mathrm{t}}\phi$$

因此
$$\delta = \frac{pD_i}{2[\sigma]^{\mathrm{t}}\phi - p}$$

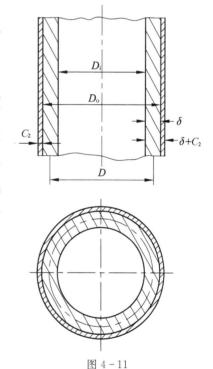

图 4-11

式中,ϕ 为圆筒的纵焊缝系数。此式适用于设计压力 $p \leqslant 0.4[\sigma]^{\mathrm{t}}\phi$ 的范围。

② 腐蚀裕量 C_2。考虑到筒体在工艺操作过程中各种介质的腐蚀等影响,上式的计算厚度必须增加一个腐蚀裕量 C_2(图 4-11),所以设计公式可以写成:

$$\delta_d = \delta + C_2$$

即
$$\delta_d = \frac{pD_i}{2[\sigma]^t\phi - p} + C_2 \qquad\qquad (4-11)$$

式中,δ_d 为设计厚度,mm。

2. 内压球壳的厚度计算

内压球形壳体承受气压时,其经向应力和环向应力相等,按式(4-6)为

$$\sigma = \frac{pR}{2\delta} = \frac{pD}{4\delta} \qquad\qquad (4-12)$$

若将 D 换算成 D_i,并考虑焊接接头系数及腐蚀裕量,则其厚度设计公式应为

$$\delta_d = \frac{pD_i}{4[\sigma]^t\phi - p} + C_2 \qquad\qquad (4-13)$$

此式适用于设计压力 $p \leqslant 0.6[\sigma]^t\phi$ 的范围。

比较式(4-11)和式(4-13),在相同压力及容积等情况下,球形容器表面积最小,厚度最薄,可以节省很多材料。

4.1.3.2 设计参数的确定

上述设计公式中的某些参数,应按国家标准 GB 150.1~150.4—2011《压力容器》的有关规定正确选定。下面分别予以介绍。

1. 载荷和设计压力 p

容器设计的基本载荷条件为设计压力与相应的设计温度。设计压力的数值应不低于在正常工作情况下容器顶部可能达到的最高压力(工作压力)。而在相应设计温度下用以确定元件厚度的压力为计算压力,包括液柱静压力等附加载荷。

（1）载荷

设计时应考虑以下载荷:

① 内压、外压或最大压差;

② 液柱静压力,当液柱静压力小于设计压力的 5%时,可忽略不计;

必要时,还应考虑下列载荷:

① 容器的自重(包括内件和填料等),以及正常工作条件下或耐压试验状态下内装介质的重力载荷;

② 附属设备及隔热材料、衬里、管道、扶梯、平台等的重力载荷;

③ 风载荷、地震载荷、雪载荷;

④ 支座、底座圈、支耳及其他型式支承件的反作用力;

⑤ 连接管道和其他部件的作用力;

⑥ 温度梯度或热膨胀量不同引起的作用力;

⑦ 冲击载荷,包括压力急剧波动引起的冲击载荷、流体冲击引起的反力等;

⑧ 运输或吊装时的作用力。

（2）压力

确定设计压力或计算压力时,应考虑:

① 容器上装有超压泄放装置(安全阀、爆破片等)时,应按 GB 150.1—2011 的附录 B 规

定确定设计压力,本书从略。

② 对于盛装液化气体的容器,如果具有可靠的保冷设施,在规定的装量系数范围内,设计压力应根据工作条件下容器内介质可能达到的最高温度确定;否则按相关法规确定。

③ 对于外压容器(例如真空容器、液下容器及埋地容器),确定计算压力时应考虑在正常工作情况下可能出现的最大内外压力差。

④ 确定真空容器的壳体厚度时,设计压力按承受外压考虑;当装有安全控制装置(如真空泄放阀)时,设计压力取 1.25 倍最大内外压力差或 0.1 MPa 两者中的低值;当无安全控制装置时,取 0.1 MPa。

⑤ 由 2 个或 2 个以上压力室组成的容器,应分别确定各压力室的设计压力;确定公用元件的计算压力时,应考虑相邻室之间的最大压力差。

内压容器的设计压力取值可参见表 4-1,外压容器及真空容器的设计压力取值可参见后文表 4-13。

表 4-1 内压容器的设计压力

类 型	设 计 压 力
无安全泄放装置	1.0~1.10 倍工作压力
装有安全阀	不低于(等于或稍大于)安全阀开启压力(安全阀开启压力取 1.05~1.10 倍工作压力)
装有爆破片	取爆破片设计爆破压力的上限
出口管线上装有安全阀	不低于安全阀的开启压力加上流体从容器流至安全阀处的压力降
容器位于泵进口侧,且无安全泄放装置时	取无安全泄放装置时的设计压力,且以 0.1 MPa 外压进行校核
容器位于泵出口侧,且无安全泄放装置时	取下面三者中最大值: (1) 泵的正常入口压力加 1.2 倍泵的正常工作扬程; (2) 泵的最大入口压力加泵的正常工作扬程; (3) 泵的正常入口压力加关闭扬程(泵出口全关闭时的扬程)
容器位于压缩机进口侧,且无安全泄放装置时	取无安全泄放装置时的设计压力,且以 0.1 MPa 外压进行校核
容器位于压缩机出口侧,且无安全泄放装置时	取压缩机出口压力

2. 设计温度和使用温度

设计温度是指容器正常工作情况下,设定的元件的金属温度(沿元件金属截面的温度平均值)。设计温度与设计压力一起作为载荷条件。

(1) 设计温度

设计温度的确定应遵循如下原则:

① 设计温度不得低于元件金属在工作状态可能达到的最高温度。对于 0℃ 以下的金属温度,设计温度不得高于元件金属可能达到的最低温度。

② 容器各部分在工作状态下的金属温度不同时,可分别设定每部分的设计温度。

③ 元件的金属温度通过以下方法确定:传热计算求得;在已使用的同类容器上测定;根据容器内部介质温度并结合外部条件确定。

④ 在确定最低设计金属温度时,应充分考虑在运行过程中,大气环境低温条件对容器壳体金属温度的影响。大气环境低温条件系指历年来平均最低气温(指当月各天的最低气

温值之和除以当月天数)的最低值。

对有不同工况的容器,应按最苛刻的工况设计,必要时还需考虑不同工况的组合,并在图样或相应文件中注明各工况操作条件和设计条件下的压力和温度值。

(2) 使用温度

受压元件用钢板,其使用温度下限可参考表4-2。其使用温度上限(相应受压元件的最高设计温度)即在下文中将要介绍的各许用应力表中各牌号许用应力所对应的最高温度。

表4-2 钢板的使用温度下限

牌 号	钢板厚度/mm	使用状态	冲击试验要求	使用温度下限/℃
中常温用钢板				
Q245R	<6	热轧、控轧、正火	免做冲击	−20
	6~12		0℃冲击	−20
	>12~16			−10
	>16~150			0
	>12~20	热轧、控轧	−20℃冲击(协议)	−20
	>12~150	正火		−20
Q345R	<6	热轧、控轧、正火	免做冲击	−20
	6~20		0℃冲击	−20
	>20~25			−10
	>25~200			0
	>20~30	热轧、控轧	−20℃冲击(协议)	−20
	>20~200	正火		−20
Q370R	10~60	正火	−20℃冲击	−20
18MnMoNbR	30~100	正火加回火	0℃冲击	0
			−10℃冲击(协议)	−10
13MnNiMoR	30~150	正火加回火	0℃冲击	0
			−20℃冲击(协议)	−20
07MnMoVR	10~60	调质	−20℃冲击	−20
12MnNiVR	10~60	调质	−20℃冲击	−20
低温用钢板				
16MnDR	6~60	正火,正火加回火	−40℃冲击	−40
	>60~120		−30℃冲击	−30
15MnNiDR	6~60	正火,正火加回火	−45℃冲击	−45
15MnNiNbDR	10~60	正火,正火加回火	−50℃冲击	−50
09MnNiDR	6~120	正火,正火加回火	−70℃冲击	−70
08Ni3DR	6~100	正火,正火加回火,调质	−100℃冲击	−100

牌　号	钢板厚度/mm	使用状态	冲击试验要求	使用温度下限/℃
06Ni9DR	6～40 (6～12)	调质 (或两次正火加回火)	−196℃冲击	−196
07MnNiVDR	10～60	调质	−40℃冲击	−40
07MnNiMoDR	10～50	调质	−50℃冲击	−50

3. 许用应力$[\sigma]^t$

确定许用应力的方法与1.2节所述基本相同,是针对已有成功使用经验的材料,按其力学性能$R_m(\sigma_b)$、$R_{eL}(\sigma_s)$、$R^t_{eL}(\sigma^t_D)$、$R^t_D(\sigma^t_D)$、$R^t_n(\sigma^t_n)$除以相应的安全系数$(n_b、n_s、n_D、n_n)$而得。表4-3摘录了国家标准GB 150.1—2011规定的钢材(螺栓材料除外)许用应力取值。表4-4和表4-5分别列出了国家标准GB 150.2—2011规定的压力容器受压元件所使用的钢板牌号及其许用应力。表4-6列出了GB 150.2—2011中的Q235B和Q235C钢板的许用应力。

设计温度低于20℃时,取20℃时的许用应力。

表4-3　钢材(螺栓材料除外)许用应力的取值

材　料	许用应力/MPa　取下列各值中的最小值
碳素钢、低合金钢	$R_m/2.7$, $R_{eL}/1.5$, $R^t_{eL}/1.5$, $R^t_D/1.5$, $R^t_n/1.0$
高合金钢	$R_m/2.7$, $R_{eL}(R_{p0.2})/1.5$, $R^t_{eL}(R^t_{p0.2})/1.5$, $R^t_D/1.5$, $R^t_n/1.0$

注:1. 对奥氏体高合金钢制受压元件,当设计温度低于蠕变范围,且允许有微量的永久变形时,可适当提高许用应力至$0.9R^t_{p0.2}$,但不超过$R_{p0.2}/1.5$。此规定不适用于法兰或其他有微量永久变形就产生泄漏或故障的场合。
2. 如果引用标准规定了$R_{p1.0}$或$R^t_{1.0}$,则可以选用该值计算其许用应力。
3. 表中R_m为材料标准抗拉强度下限值;$R_{eL}(R_{p0.2}、R_{p1.0})$为材料标准屈服强度(或0.2%、1.0%非比例延伸强度);$R^t_{eL}(R^t_{p0.2}、R^t_{p1.0})$为材料在设计温度下的屈服强度(或0.2%、1.0%非比例延伸强度);R^t_D为材料在设计温度下经10万小时断裂的持久强度的平均值;R^t_n为材料在设计温度下经10万小时蠕变率为1%的蠕变极限平均值。

4. 焊接接头系数(焊缝系数)ϕ

焊接接头系数应根据受压元件的焊接接头型式和无损检测的长度比例确定,一般可参考表4-7选取。筒体或其他受压元件的纵向、环向焊缝,包括筒体与封头连接的环向焊缝,都应尽可能采用双面对接焊。当筒体内径小于或等于600 mm和厚度小于16 mm的筒体环焊缝以及结构上无法进行双面对接焊时,可采用全焊透单面焊。

其他金属材料的焊接接头系数按相应引用标准的规定。

5. 厚度

1) 厚度附加量C

厚度附加量C包括材料厚度负偏差C_1和腐蚀裕量C_2两部分,即

$$C=C_1+C_2 \tag{4-14}$$

(1) 材料厚度负偏差C_1

应按相应钢材标准的规定选取,常用钢板厚度负偏差值见表4-8。当C_1不大于0.25 mm,且不超过名义厚度的6%时,可取$C_1=0$。

表 4 - 4　碳素钢和低合金钢板许用应力

牌号	钢板标准	使用状态	厚度/mm	R_m/MPa	R_{eL}/MPa	≤20	100	150	200	250	300	350	400	425	450	475	500	525	550	575	600	注及与旧标准对应的牌号
Q245R	GB 713	热轧、控轧、正火	3~16	400	245	148	147	140	131	117	108	98	91	85	61	41						20R 20g（g表示锅炉用钢）
			>16~36	400	235	148	140	133	124	111	102	93	86	84	61	41						
			>36~60	400	225	148	133	127	119	107	98	89	82	80	61	41						
			>60~100	390	205	137	123	117	109	98	90	82	72	73	61	41						
			>100~150	380	185	123	112	107	100	90	80	73	70	67	61	41						
Q345R	GB 713	热轧、控轧、正火	3~16	510	345	189	189	189	183	167	153	143	125	93	66	43						16MnR 16Mng 19Mng
			>16~36	500	325	185	185	183	170	157	143	133	125	93	66	43						
			>36~60	490	315	181	181	173	160	147	133	123	117	93	66	43						
			>60~100	490	305	181	181	167	150	137	123	117	110	93	66	43						
			>100~150	480	285	178	173	160	147	133	120	113	107	93	66	43						
			>150~200	470	265	174	163	153	143	130	117	110	103	93	66	43						
Q370R	GB 713	正火	10~16	530	370	196	196	196	196	190	180	170										15MnNbR
			>16~36	530	360	196	196	196	193	183	173	163										
			>36~60	520	340	193	193	193	180	170	160	150										
18MnMoNbR	GB 713	正火加回火	30~60	570	400	211	211	211	211	211	211	211	207	195	177	117						18MnMoNbR
			>60~100	570	390	211	211	211	211	211	211	211	203	192	177	117						
13MnNiMoR	GB 173	正火加回火	30~100	570	390	211	211	211	211	211	211	211	203									13MnNiMoNbR 13MnNiCrMoNbR
			>100~150	570	380	211	211	211	211	211	211	211	200									
15CrMoR	GB 713	正火加回火	6~60	450	295	167	167	167	160	150	140	133	126	122	119	117	88	58	37			15CrMoR 15CrMog
			>60~100	450	275	167	167	157	147	140	131	124	117	114	111	109	88	58	37			
			>100~150	440	255	163	157	147	140	133	123	117	110	107	104	102	88	58	37			

续表

牌号	钢板标准	使用状态	厚度/mm	室温强度指标 Rm/MPa	室温强度指标 ReL/MPa	在下列温度(℃)下的许用应力/MPa ≤20	100	150	200	250	300	350	400	425	450	475	500	525	550	575	600	与旧标准对应的牌号	注及
14Cr1MoR	GB 713	正火加回火	6~100	520	310	193	187	180	170	163	153	147	140	135	130	123	80	54	33				
			>100~150	510	300	189	180	173	163	157	147	140	133	130	127	121	80	54	33				
12Cr2Mo1R	GB 713	正火加回火	6~150	520	310	193	187	180	173	170	167	163	160	157	147	119	89	61	45	37		12Cr2MoVg	
12Cr1MoVR	GB 713	正火加回火	6~60	440	245	163	150	140	133	127	117	111	105	103	100	98	95	82	59	41			
			>60~100	430	235	157	147	140	133	127	117	111	105	103	100	98	95	82	59	41			
12Cr2Mo1VR	—	正火加回火	30~120	590	415	219	219	219	219	219	219	219	219	219	193	163	134	104	72				注1
16MnDR	GB 3531	正火,正火加回火	6~16	490	315	181	181	180	167	153	140	130											
			>16~36	470	295	174	174	167	157	143	130	120											
			>36~60	460	285	170	170	160	150	137	123	117											
			>60~100	450	275	167	167	157	147	133	120	113											
			>100~120	440	265	163	163	153	143	130	117	110											
15MnNiDR	GB 3531	正火,正火加回火	6~16	490	325	181	181	181	173														
			>16~36	480	315	178	178	178	167														
			>36~60	470	305	174	174	173	160														
15MnNiNbDR	—	正火,正火加回火	10~16	530	370	196	196	196	196														注1
			>16~36	530	360	196	196	196	193														
			>36~60	520	350	193	193	193	187														

续表

牌号	钢板标准	使用状态	厚度/mm	室温强度指标 Rm/MPa	室温强度指标 ReL/MPa	在下列温度(℃)下的许用应力/MPa ≤20	100	150	200	250	300	350	400	425	450	475	500	525	550	575	600	注及与旧标准对应的牌号
09MnNiDR	GB 3531	正火、正火加回火	6~16	440	300	163	163	163	160	153	147	137										
			>16~36	430	280	159	159	157	150	143	137	127										
			>36~60	430	270	159	159	150	143	137	130	120										
			>60~120	420	260	156	156	147	140	133	127	117										
08Ni3DR	—	正火、正火加回火、调质	6~60	490	320	181	181															注1
			>60~100	480	300	178	178															
06Ni9DR	—	调质	6~30	680	560	252	252															注1
			>30~40	680	550	252	252															
07MnMoVR	GB 19189	调质	10~60	610	490	226	226	226	226													
07MnNiVDR	GB 19189	调质	10~60	610	490	226	226	226	226													
07MnNiMoDR	GB 19189	调质	10~50	610	490	226	226	226	226													
12MnNiVR	GB 19189	调质	10~60	610	490	226	226	226	226													

注: 1. 该钢板的技术要求见 GB 150.2—2011 附录 A。
2. 表中粗线右侧的许用应力系由钢材 10 万小时的高温持久强度极限所确定。
3. 凡是不注日期的引用文件,其最新版本(包括所有的修改单)适用于本表。

表 4-5 高合金钢钢板许用应力

牌号			钢板标准	厚度/mm	在下列温度(℃)下的许用应力/MPa																						注
新牌号	旧牌号	统一数字代号			≤20	100	150	200	250	300	350	400	450	500	525	550	575	600	625	650	675	700	725	750	775	800	
06Cr13	0Cr13	S11306	GB 24511	1.5～25	137	126	123	120	119	117	112	109															
06Cr13Al	0Cr13Al	S11348	GB 24511	1.5～25	113	104	101	100	99	97	95	90															
019Cr19Mo2NiTi	0Cr18Mo2	S11972	GB 24511	1.5～8	154	154	149	142	136	131	125																
022Cr19Ni5Mo3Si2N	00Cr18Ni5Mo3Si2	S21953	GB 24511	1.5～80	233	233	223	217	210	203																	
06Cr19Ni10	0Cr18Ni9	S30408	GB 24511	1.5～80	137	137	137	130	122	114	111	107	103	100	98	91	79	64	52	42	32	27					1
					137	114	103	96	90	85	82	79	76	74	73	71	67	62	52	42	32	27					
022Cr19Ni10	00Cr19Ni10	S30403	GB 24511	1.5～80	120	120	118	110	103	98	94	91	88														1
					120	98	87	81	76	73	69	67	65														
07Cr19Ni10	—	S30409	GB 24511	1.5～80	137	137	137	130	122	114	111	107	103	100	98	91	79	64	52	42	32	27					1
					137	114	103	96	90	85	82	79	76	74	73	71	67	62	52	42	32	27					
06Cr25Ni10	0Cr25Ni10	S31008	GB 24511	1.5～80	137	137	137	137	134	130	125	122	119	115	113	105	84	61	43	31	23	19	15	12	10	8	1
					137	121	111	105	99	96	93	90	88	85	84	83	81	61	43	31	23	19	15	12	10	8	
06Cr17Ni12Mo2	0Cr17Ni12Mo2	S31608	GB 24511	1.5～80	137	137	137	134	125	118	113	111	109	107	106	105	96	81	65	50	38	30					1
					137	117	107	99	93	87	84	82	91	79	78	78	76	73	65	50	38	30					
06Cr17Ni12Mo2Ti	0Cr18Ni12Mo2Ti	S31668	GB 24511	1.5～80	137	137	137	145	125	118	113	111	109	107													1
					137	117	107	99	93	87	84	82	81	79													

注：1. 该行许用应力仅适用于允许产生微量永久变形之元件，对于法兰或其他有微量永久变形就引起泄漏或故障的场合不能采用。
2. 表中粗线右侧的许用应力由钢材 10 万小时的高温持久强度极限所确定。
3. 凡是不注日期的引用文件，其最新版本(包括所有的修改单)适用于本表。

表 4 - 6　Q235B、Q235C 钢板的许用应力

牌　号	厚度/mm	在下列温度(℃)下的许用应力/MPa					
		≤20	100	150	200	250	300
Q235B	3～16	116	113	108	99	88	81
	>16～30	116	108	102	94	82	75
Q235C	3～16	123	120	114	105	94	86
	>16～40	123	114	108	100	87	79

注：1. Q235B 所列许用应力已乘质量系数 0.85，Q235C 所列许用应力已乘质量系数 0.90。

2. 容器设计压力小于 1.6 MPa 且不得用于毒性程度为极度或高度危害的介质。

3. 钢板的使用温度：Q235B 为 20～300℃；Q235C 为 0～300℃。

4. 用于容器壳体的钢板厚度：Q235B 和 Q235C 不大于 16 mm。用于其他受压元件的钢板厚度：Q235B 不大于 30 mm，Q235C 不大于 40 mm。

表 4 - 7　钢制压力容器的焊接接头系数

接　头　型　式	结　构　简　图	焊接接头系数 ϕ	
		全部无损检测	局部无损检测
双面焊或相当于双面焊的全焊透对接焊缝		1.00	0.85
单面对接焊缝(沿焊缝根部全长有紧贴基本金属的垫板)		0.90	0.80

表 4 - 8　钢板厚度允许负偏差　　　　　　　(单位：mm)

钢板厚度(钢板宽度>1 500～2 500)	3～5	>5～8	>8～15	15～25	>25～40	>40～60	>60～100
负偏差 C_1	0.55	0.60	0.65	0.75	0.80	0.90	1.10

注：本表仅为部分摘录，不锈钢板另有规定。

（2）腐蚀裕量 C_2

为防止容器受压元件由于腐蚀、机械磨损而导致厚度削弱减薄，应考虑腐蚀裕量，具体规定如下：

① 对有均匀腐蚀或磨损的元件，应根据预期的容器设计使用年限和介质及金属材料的腐蚀速度（及磨蚀速度）确定腐蚀裕量；

② 容器各元件受到的腐蚀程度不同时，可采用不同的腐蚀裕量；

③ 介质为压缩空气、水蒸气或水的碳素钢或低合金钢制容器，腐蚀裕量不小于 1 mm。

壳体、封头的腐蚀裕量可按表 4 - 9 确定。

表 4 - 9　壳体、封头的腐蚀裕量

腐　蚀　程　度	不腐蚀	轻微腐蚀	腐　蚀	重腐蚀
腐蚀速度/(mm/a)	<0.05	0.05～0.13	0.13～0.25	>0.25
腐蚀裕量 C_2/mm	0	≥1	≥2	≥3

注：1. 表中的腐蚀率系指均匀腐蚀。

2. 最大腐蚀裕量不应大于 6 mm，否则应采取防腐措施。

容器接管、人(手)孔的腐蚀裕量。一般情况下应取壳体的腐蚀裕量。

容器内件与壳体材料相同时,容器内件的单面腐蚀裕量按表 4 − 10 选取。

表 4 − 10　容器内件的单面腐蚀裕量

内件		腐 蚀 裕 量
结 构 形 式	受 力 状 态	
不可拆卸或无法从人孔取出者	受力	取壳体腐蚀裕量
	不受力	取壳体腐蚀裕量的 1/2
可拆卸并可从人孔取出者	受力	取壳体腐蚀裕量的 1/4
	不受力	0

2) 最小厚度 $\delta_{\min}$

容器在低压或常压时,按照强度公式计算出来的厚度很薄,可能给焊接带来困难。另外,大型容器的厚度太薄时,可能导致刚度不够,容易变形,满足不了吊装和运输的要求,因此设计时不管按强度计算出来的厚度是多少,必须保证有一个不包括腐蚀裕量的最小厚度,以满足上述要求。

容器壳体的最小厚度 $\delta_{\min}$ 应符合以下规定:

① 碳素钢和低合金钢容器,$\delta_{\min} \geqslant 3$ mm;

② 高合金钢制容器,$\delta_{\min} \geqslant 2$ mm;

③ 碳素钢和低合金钢制塔式容器,$\delta_{\min}$ 为 2/1 000 的塔器内直径,且不小于 3 mm。

另外,不能认为壁厚越小就越能节省钢材,就可降低造价。越是薄的圆筒,在制造过程中为了维持必要的圆度、刚度,为了在运输过程不使变形过大,就必须使用大量的辅助钢材以制作临时支撑元件,把筒节撑圆,以保证有足够的刚度,特别是对接的两筒节边缘必须撑圆。待制造完毕后,这些辅助钢材仍须去掉。因而辅助钢材用得越多,制造费用也就增加了。

3) 计算厚度 δ

计算厚度 δ 是指按有关公式计算得到的厚度,不包括厚度附加量 C。

4) 设计厚度 δ_d

设计厚度 δ_d 是计算厚度与腐蚀裕量之和,即 $\delta_d = \delta + C_2$。

5) 名义厚度 δ_n

名义厚度 δ_n 是将设计厚度向上圆整至钢材标准规格的厚度,即图样标注的厚度。钢板的常用厚度见表 4 − 11。

表 4 − 11　钢板的常用厚度　　　　　　　　　　　　(单位:mm)

2、3、4、(5)、6、8、10、12、14、16、18、20、22、25、28、30、32、34、36、38、40、42、46、50、55
60、65、70、75、80、85、90、95、100、105、110、115、120

注:5 mm 为不锈钢板常用厚度。

对于容器壳体,在任何情况下均应使 $\delta_n \geqslant \delta_{\min} + C_2$。

6) 有效厚度 δ_e

有效厚度 δ_e 是名义厚度减去厚度附加量,即 $\delta_e = \delta_n - C$。

各项厚度之间的关系如下:

4.1.3.3　耐压试验与泄漏试验

容器按强度或刚度要求确定了厚度。容器制造时钢板经弯卷、焊接、拼装等工序以后，能否承受规定的工作压力？是否会发生过大的变形？在规定的工作压力作用下，焊缝等处又会不会发生局部渗漏？这些必须经过耐压试验或泄漏试验予以考核后给出答案。试验的项目和要求应在图样中注明。

1. 耐压试验

耐压试验包括液压试验、气压试验和气液组合试验。

（1）液压试验是最常用的压力试验，其中绝大部分为水压试验。首先，试验容器内的气体应当排净并充满液体，试验过程中应保持容器观察表面的干燥；其次，当试验容器器壁金属温度与液体温度接近时方可缓慢升至设计压力，确认无泄漏后继续升至规定的试验压力，保压时间一般不少于 30 min；然后降至设计压力，保压足够时间进行检查，检查期间压力应保持不变。

试验过程中，容器无渗漏，无可见的变形和异常的声响即为试验合格。试验完毕应将液体排净并用压缩空气将内部吹干。碳素钢和低合金钢制容器进行试验时，液体温度不得低于 15℃；Q345R、Q370R、07MnMoVR 钢制容器试验时，液体温度不得低于 5℃。

（2）气压试验或气液组合试验是在不宜采用液压试验的容器（如容器内不允许有微量残留液体，或由于结构原因不能充满液体的容器）时，可以改用气压试验或气液组合试验，但应增加试验场所的安全措施和在有关安全部门的监督下进行。试验所用气体应为干燥洁净的空气、氮气或其他惰性气体；试验液体与液压试验的规定相同。试验温度按液压试验的规定。试验时应先缓慢升压至规定试验压力的 10%，保压 5 min，并且对所有焊接接头和连接部位进行初次检查；确认无泄漏后，再继续升压至规定试验压力的 50%；如无异常现象，其后按规定试验压力的 10% 逐级升压，直到试验压力，保压 10 min；然后降至设计压力，保压足够时间进行检查，检查期间压力应保持不变。

对于气压试验，容器无异常声响，经肥皂液或其他检漏液检查无漏气，无可见变形；对于气液组合压力试验，容器外壁保持干燥，经检查无液体泄漏后，再以肥皂液或其他检漏液检查无漏气，无异常声响，无可见变形即为试验合格。

带夹套容器应先进行内筒耐压试验，合格后再焊夹套，然后再进行夹套内的耐压试验。

2. 泄漏试验

泄漏试验包括气密性试验、氨检漏试验、卤素检漏试验和氦检漏试验，是对介质的毒性程度为极度、高度危害（或者不允许有微量泄漏）的容器，在耐压试验合格后，方可进行的试验项目。试验时压力应缓慢上升，达到规定压力后保持足够长的时间，对所有焊接接头和连接部位进行泄漏检查。小型容器亦可浸入水中检查。无泄漏即为合格。气密性试验压力等于设计压力。

3. 试验压力 p_T

（1）内压容器耐压试验

液压试验：
$$p_T = 1.25 p \frac{[\sigma]}{[\sigma]^t} \tag{4-15}$$

气压试验或气液组合试验：
$$p_T = 1.1p\frac{[\sigma]}{[\sigma]^t} \tag{4-16}$$

式中，$[\sigma]$为试验温度下容器材料许用应力；$[\sigma]^t$为在设计温度下容器材料许用应力。

（2）气密性试验

$$p_T = p$$

4. 压力试验前的应力校核

由于压力试验时容器承受的压力p_T高于设计压力p，故在必要时需进行强度校核，要求在p_T的作用下，容器器壁产生的最大薄壁应力不超过器壁材料在试验温度时的$0.9\sigma_s$（对于水压试验，且应计入该点的液柱静压力）或$0.8\sigma_s$（对于气压试验），并且要考虑焊接接头系数的影响。

（1）液压试验强度条件

$$\sigma_T = \frac{p_T(D_i + \delta_e)}{2\delta_e\phi} \leqslant 0.9\sigma_s\phi \tag{4-17}$$

（2）气压试验强度条件

$$\sigma_T = \frac{p_T(D_i + \delta_e)}{2\delta_e\phi} \leqslant 0.8\sigma_s\phi \tag{4-18}$$

例 4-1　设计液氨贮罐的筒体。

已知条件：设计压力$p = 2.5$ MPa，操作温度为$-5\sim44$℃，贮罐内径$D_i = 1\,200$ mm。

设计要求：确定筒体厚度、钢材牌号。

解　纯液氨腐蚀性很小，贮罐可选用碳素钢的容器用钢，根据温度参考表4-2，可以考虑采用Q245R。贮罐选用卧式，液体静柱压力很低，可不计入设计压力中。按4.1.3.2节中所述，设计温度即为操作温度。

Q245R钢板在$-5\sim44$℃的许用应力由表4-4查取，先估计此筒体厚度小于16 mm，取$[\sigma] = 147$ MPa；焊接接头应为V形坡口双面焊接，采用局部无损检测，其焊接接头系数由表4-7查得，$\phi = 0.85$；钢板负偏差由表4-8查得，$C_1 = 0.8$ mm；腐蚀裕量由表4-9选得，$C_2 = 1$ mm，则壁厚附加量$C = 0.8 + 1 = 1.8$ mm。把上述已知数据代入式(4-11)，得

$$\delta_d = \frac{pD_i}{2[\sigma]^t\phi - p} + C_2 = \frac{2.5 \times 1\,200}{2 \times 147 \times 0.85 - 2.5} + 1 = 13.1\text{(mm)}$$

根据$C_1 = 0.8$ mm及钢板厚度规格表4-9，取$\delta_n = 14$ mm。其厚度圆整值$\Delta_i = \delta_n - \delta_d - C_1 = 14 - 13.1 - 0.8 = 0.1\text{(mm)}$。

液压试验强度校核：规定的试验压力由式(4-15)可知

$$p_T = 1.25p\frac{[\sigma]}{[\sigma]^t} = 1.25 \times 2.5 \times \frac{245}{147} = 5.21\text{(MPa)}$$

液压试验时的应力

$$\sigma_T = \frac{p_T[D_i + \delta_e]}{2\delta_e\phi} = \frac{5.21 \times [1\,200 + (14 - 1.8)]}{2 \times (14 - 1.8) \times 0.85} = 304.5\text{(MPa)}$$

Q245R 钢制容器在常温液压试验时的许可应力

$$[\sigma_{\mathrm{T}}]=0.9\sigma_{s}=0.9\times400=360(\mathrm{MPa})$$

因为 $\sigma_{\mathrm{T}}<[\sigma_{\mathrm{T}}]$，故筒体厚度满足水压试验时强度要求。

4.1.4 内压封头的厚度设计

封头是容器的重要组成部分。根据不同的工艺用途和制造条件，封头有如下几种形式：凸形（包括半球形、椭圆形、碟形）、圆锥形、平板等。下面分别讨论承受内压（气压）时各种封头的厚度设计方法。设计参数的确定则与壳体相同。

1. 半球形封头

（1）封头结构

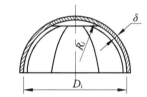

如图 4-12 所示，封头呈半球形，深度较大（$h_i=R_i$ 即 $h_i/D_i=0.5$）。因此冲压成型较为困难。直径较大时（如 $D_i>2.5$ m），可采用拼装焊接的方法。

（2）厚度设计

与球形容器一样，其设计厚度的计算公式为

$$\delta_{\mathrm{d}}=\frac{pD_i}{4[\sigma]^{\mathrm{t}}\phi-p}+C_2 \qquad (4-19)$$

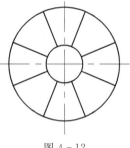

受内压时，与其他封头相比其薄膜应力最小，故所需厚度也最小。按设计规定，封头中只有球形封头的最小厚度可以小于筒体的最小厚度。有时为了焊接方便，也可取与筒体等厚。

图 4-12

2. 椭圆形封头

（1）封头结构

如图 4-13 所示，它由半个椭球壳体（长轴为 $2a=D_i$、短轴之半 $b=h_1$）和一段短圆筒节（内径为 D_i、高为 h）组成。这个短筒节可使截面曲率变化较大的分界线处边缘应力和封头与筒体焊缝处的焊接应力分开，以改善受力情况。

由于封头曲面深度 $h_i(h_1)$ 较半球形为浅（标准椭圆形封头：$h_1/D_i=0.25$），故冲压成型较为方便。但一种尺寸规格就得应用一套模压胎具。

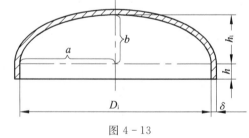

（2）厚度设计

椭圆形封头的最大薄膜应力可从式（4-1）、式（4-3b）导出，它们与椭圆的长短轴之比 a/b 有关，从上述椭球形壳体的应力分析中可以看出，其计算公式较复杂。而椭圆形封头上的最大综合应力（薄膜应力与边缘应力的合成应力）可由下列公式计算：

图 4-13

$$\sigma_{\max}=K\frac{pD}{2\delta}$$

式中，K 为椭圆形封头形状系数，与椭圆壳体形状特征有关：

$$K = \frac{1}{6}\left[2 + \left(\frac{D_i}{2h_i}\right)^2\right]$$

则椭圆形封头的强度条件为

$$K\,\frac{pD}{2\delta} = K\,\frac{p(D_i + \delta)}{2\delta} \leqslant [\sigma]^t \phi$$

上式引入腐蚀裕量 C_2，并适当简化，得

$$\delta_d = \frac{KpD_i}{2[\sigma]^t \phi - 0.5p} + C_2 \tag{4-20a}$$

对于标准椭圆形封头 $(a/b = 2)$，$K = 1$，则上式可写成

$$\delta_d = \frac{pD_i}{2[\sigma]^t \phi - 0.5p} + C_2 \tag{4-20b}$$

　　当椭圆形封头 $D_i < 1\,200$ mm 时，一般可用整块钢板冲压成型，此时 $\phi = 1$；当 $D_i \geqslant 1\,200$ mm 时，需要先把钢板拼焊成坯料，然后加热冲压成型，此时 ϕ 须视焊缝结构及无损检测情况而定。

　　从式(4-20b)可知，标准椭圆形封头的厚度与筒体基本相同，若因 ϕ 有所不同，则相差也不会很大，为焊接方便，常取两者等厚。一般情况下，$K \leqslant 1$ 时椭圆形封头的有效厚度 δ_e 应不小于 $0.001\,5D_i$，$K > 1$ 时椭圆形封头的 δ_e 应不小于 $0.003\,0D_i$。

　　3. 碟形封头

　　(1) 封头结构

　　结构如图 4-14 所示，碟形封头又称带折边球形封头，球形壳体(内径为 R_i)与短圆筒节(内径为 D_i、高为 h)之间以环形壳体(过渡半径为 r)连接，使光滑过渡，以减小曲率突变程度。但是在内压作用下，于连接处仍有较大的边缘应力产生，r/R_i 越小，则边缘应力越大。通常取 $r = 0.17D_i$、$R_i = 0.9D_i$。

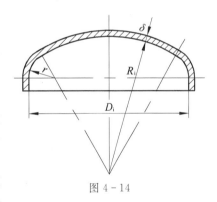

图 4-14

　　碟形封头的主要优点是加工制造比较容易，可以模压成型；也可用球面胎具人工打出一球形切片，然后用折边胎具打出所需的过渡区和折边。如此一来，制造不同直径和不同壁厚的碟形封头就不必像冲压椭圆形封头那样需要很多套模压胎具了。当然，人工锻打成型较费工时，生产率低，多次锻打，热加工减薄量也大。在制造条件许可的情况下，还是用椭圆形封头代替碟形封头为好。

　　(2) 厚度设计

　　为了设计方便，在椭圆形封头厚度设计的基础上，考虑碟形封头特征后，得出如下设计公式：

$$\delta_d = M\,\frac{pR_i}{2[\sigma]^t \phi - 0.5p} + C_2 \tag{4-21}$$

式中，M 为碟形封头形状系数，$M = \frac{1}{4}\left(3 + \sqrt{\frac{R_i}{r}}\right)$。它与 r/R_i 值有关，对于 $M \leqslant 1.34$ 时的碟形封头，其 δ_e 应不小于 $0.15\%D_i$，$M > 1.34$ 时碟形封头的 δ_e 应不小于 $0.003\,0D_i$。

4. 球冠形封头

球冠形封头又称无折边球形封头或拱形封头。

（1）封头结构

如图 4-15 所示，有些容器由于结构上的要求，需
降低凸形封头的高度，此时可用部分球壳直接焊在筒
体上，构成球冠形封头。这种封头的制造较为方便，封
头与筒体连接的 T 形焊缝，应采用全熔透焊缝。为保
证焊缝质量，应使封头与筒体厚度相近。由于与筒体
连接处的局部应力较大，一般只用于低压或直径不太
大的容器上。

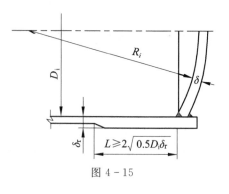

图 4-15

（2）厚度设计

封头的设计厚度可按式（4-22）计算：

$$\delta_d = \frac{Q p D_i}{2[\sigma]^t \phi - p} + C_2 \qquad\qquad (4-22)$$

式中，系数 Q 可由图 4-16 查出。

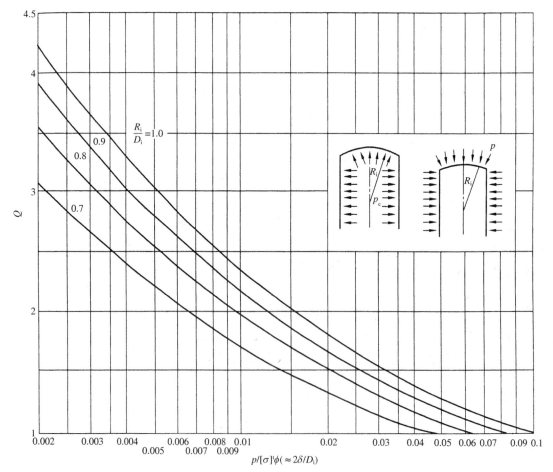

图 4-16

　　与球冠形封头连接的圆筒厚度应不小于封头厚度。否则,应在封头与圆筒间设置一短圆筒加强段来过渡连接。短圆筒加强段的厚度 δ_r 与其长度等确定方法,此处从略。

　　5. 锥形封头

　　(1) 封头结构

　　常见的结构有两种,如图 4-17 所示。当半顶角 $\alpha \leq 30°$ 时,可用无折边锥形封头;当 $\alpha \geq 30°$ 时,往往采用带折边的锥形封头。常用的折边锥形封头: $r = 0.15D_i$, α 有 $30°$、$45°$ 两种。以强度而论,锥形封头比凸形封头为差,但从有利于排出含有固体颗粒或晶粒的料液,和有利于流体均匀分布,改变流体流速而言,锥形封头又是经常被采用的。一般情况下,它的制造也较方便。但受压稍大时,其大小端可能需局部加强,此时结构就较复杂了。

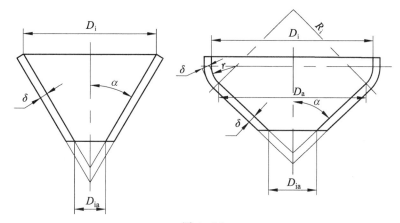

图 4-17

　　(2) 厚度设计

　　① 无折边锥形封头

　　由式(4-7)可知,最大的薄膜应力应为大端处的环向应力

$$\sigma_{2max} = \frac{pD}{2\delta\cos\alpha}$$

　　仿照筒体厚度设计的处理方法,可得锥形封头的厚度设计公式为

$$\delta_d = \frac{pD_i}{2[\sigma]^t\phi - p} \cdot \frac{1}{\cos\alpha} + C_2 \qquad (4-23)$$

当 $\alpha = 30°$ 时,按式(4-23)算出的锥形封头厚度比相应的筒体厚度要大 16% 左右。这样算出的厚度,尚未计入封头与筒体连接处因曲率突变而引起的可观的局部应力的影响,如需计入则应按有关设计规定进行计算,以确定是否需要局部加强,常见的局部加强结构如图 4-18 所示。

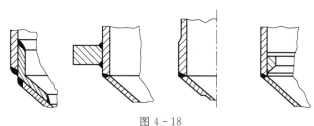

图 4-18

② 折边锥形封头

由于封头过渡部分与锥体部分受力情况不同,前者产生部分弯曲应力及边缘应力,后者主要是薄膜应力,因此两部分的厚度计算公式也不相同:

过渡部分
$$\delta_d = \frac{KpD_i}{2[\sigma]^t \phi - 0.5p} + C_2 \qquad (4-24)$$

式中,K 为过渡部分形状系数,与 r/D_i 及 α 有关。对于 $\alpha = 30°、45°$,$r/D_i = 0.15$ 的常用折边封头,K 分别为 0.68 和 0.82。对于非常用封头的 K 可从有关设计规定中查取。

锥体部分
$$\delta_d = \frac{fpD_i}{[\sigma]^t \phi - 0.5p} + C_2 \qquad (4-25)$$

式中,f 为锥形封头形状系数,与 r/D_i 与 α 有关。对于 $\alpha = 30°、45°$,$r/D_i = 0.15$ 的常用折边封头,f 分别为 0.554 和 0.645。非标准封头的 f 可从有关设计规定中查取。

将以上两式与圆筒体设计公式比较以后,可以看出过渡部分较圆筒体为薄,锥体部分较圆筒体为厚。通常折边封头由同一厚度的钢板制成,因此应取两式中较大者作为折边锥形封头的厚度。随着半锥角 α 的增大,锥体部分的厚度大大增加,因此 α 角不宜取得过大,仅在常、低压作用下,工艺上要求较大的 α 时,才取 $\alpha > 45°$。$\alpha > 60°$ 时应按平板封头设计。

③ 小端部分。需根据 α 和 p 的大小,从有关设计规定中确定该处是否要加强,或采用折边过渡部分,具体计算方法此处从略。

6. 平板封头(平盖)

圆平板作为筒体的封头或人、手孔的盖板,在制造上是很方便的,因此在化工容器上应用较多。但是在内压作用下,平盖不像凸形封头主要承受拉应力,而主要是受到数值大得多而且分布不均匀的弯曲应力,因此在相同条件下,平板封头比各种凸形封头和锥形封头的厚度要增加很多。由于这个缺点,平板封头的应用受到了很大的限制。平板的几何形状有:圆形、椭圆形、长圆形、矩形及正方形等,这里主要介绍最常用的圆形平盖。

平盖的周边与筒体连接如为铰支连接时,最大应力出现在平板的中央;当为刚性固定连接时,最大应力发生在周边处,但实际上连接是介于两者之间。圆形平盖的厚度可按下式计算:

$$\delta_p = D_c \sqrt{\frac{Kp}{[\sigma]^t \phi}} \qquad (4-26)$$

式中,D_c 为计算直径,见表 4-12 中简图;K 为结构特征系数,常用的平盖结构,其数值可查表 4-12。

表 4-12　平盖结构及系数 K

固定方法	序号	简　图	系　数　K	备　注
与筒体角焊及其他焊接	1		圆形平盖: $0.44m \left(m = \dfrac{\delta}{\delta_e} \right)$, 且不小于 0.3	$f \geqslant 1.4\delta_e$

固定方法	序号	简 图	系 数 K	备 注
与筒体角焊及其他焊接	2		$0.44m\left(m=\dfrac{\delta}{\delta_e}\right)$，且不小于 0.3	$\delta_1 \geqslant \delta_e + 3$ mm 只适用于圆形平盖
	3		圆形平盖：$0.5m\left(m=\dfrac{\delta}{\delta_e}\right)$ 且不小于 0.3，	$f \geqslant 0.7\delta_e$
螺栓连接	4		圆形平盖：0.25	
	5		圆形平盖：操作时 $0.30+\dfrac{1.78WL_G}{pD_c^3}$	
	6		预紧时 $\dfrac{1.78WL_G}{pD_c^3}$	

例 4-2 设计液氨贮罐的封头(与例 4-1 中的筒体相配)。

已知条件：设计压力 $p=2.5$ MPa；操作温度 $t=-5\sim44℃$；封头材料为 Q245R 钢；贮罐内径 $D_i=1\,200$ mm。

设计要求：确定合理的封头型式和壁厚。

解 为了对各种封头的强度和经济合理性进行比较，本例将逐一进行计算和分析。

① 椭圆形封头

$$\delta_d = \frac{pD_i}{2[\sigma]^t\,\phi-0.5p} + C_2 = \frac{2.5\times1\,200}{2\times147\times0.85-0.5\times2.5} + 1 = 13.07(\text{mm})$$

取 $\delta_n = 14$ mm。

② 碟形封头

$$\delta_{\mathrm{d}} = \frac{MpD_{\mathrm{i}}}{2[\sigma]^{\mathrm{t}}\phi - 0.5p} + C_2 = \frac{1.33 \times 2.5 \times 1\,200}{2 \times 147 \times 0.85 - 0.5 \times 2.5} + 1 = 17.05(\mathrm{mm})$$

根据碟形封头标准,取 $\delta_{\mathrm{n}} = 18\ \mathrm{mm}$。

③ 球形封头

$$\delta_{\mathrm{d}} = \frac{pD_{\mathrm{i}}}{4[\sigma]^{\mathrm{t}}\phi - p} + C_2 = \frac{2.5 \times 1\,200}{4 \times 147 \times 0.85 - 2.5} + 1 = 7.03(\mathrm{mm})$$

根据 C_1 及钢板规格,取 $\delta_{\mathrm{n}} = 8\ \mathrm{mm}$。

④ 平板封头

如果采用表 4-11 中第一种结构(参考例 4-1 中筒体的 δ 及 δ_{e} 值),则

$$K = 0.44m = 0.44 \times \frac{12}{12.2} = 0.433, D_{\mathrm{c}} = 1\,200\ (\mathrm{mm})$$

平板的厚度　　$\delta_{\mathrm{d}} = D_{\mathrm{c}}\sqrt{\frac{pK}{[\sigma]^{\mathrm{t}}}} + C_2 = 1\,200 \times \sqrt{\frac{2.5 \times 0.433}{147}} + 1 = 103.98(\mathrm{mm})$

取 $\delta_{\mathrm{n}} = 105\ \mathrm{mm}$。

现将上述计算列表进行比较如下表:

封 头 型 式	壁 厚/mm	质 量/kg	相对用钢量/%	制造难易程度
球形封头	8	144	74.2	较难
椭圆形封头	14	194	100	较易
碟形封头	18	245	126.4	较易
平板封头	105	931	486.1	低压、小尺寸时制造容易

由上表可以看出,从钢材耗用量考虑:球形封头用材最小,比椭圆形封头节约 25.8%;平板封头用材最多,是椭圆形封头的 4 倍多。

从制造考虑:椭圆形封头制造方便。平板封头则因直径和厚度较大,坯材的获得、车削加工、焊接等方面都要遇到不少困难,且封头与筒体厚度相差悬殊,结构也很不合理。

因此从强度、结构和制造等方面综合考虑,以采用椭圆形封头最为合理。

4.2　外压容器设计

4.2.1　概述

外压容器通常是指操作时作用在壁外的压力大于壁内压力的容器,如石油、化工厂中的减压蒸馏塔、真空冷凝器、带蒸汽加热夹套的反应釜等。外压容器的失效可能是因强度不足而导致破坏,更可能是发生类似压杆失稳的现象,因为容器的稳定性不足而失效。这里主要讨论常用的圆筒形容器在均匀外压作用时的稳定性计算。

薄壁圆筒在均匀外压 p 作用下,它的环向应力已变为压应力,但仍然可按 $\sigma_2 = \dfrac{pD}{2\delta}$ 进行

计算,此时,圆筒的环向纤维发生压缩变形。由细长杆受压、薄壁圆筒在轴向或横向外压力作用下的大量实验表明,随着外压力逐步增大到超过临界值时,这些受压构件就丧失稳定性,即突然失去原来保持平衡状态时的几何形状。对于在横向均匀外压力作用下的薄壁圆筒,丧失稳定性时横截面由圆形突然变成图 4-19 所示的几何形状;对于在轴向压力作用下的薄壁圆筒,丧失稳定性时就变成图 4-20 所示的几何形状。

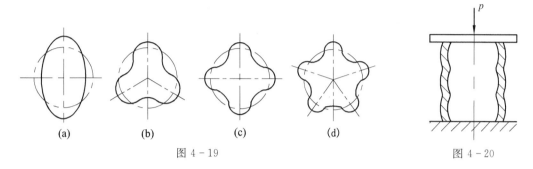

图 4-19 图 4-20

对于外压容器来说,可靠地保持原来的几何形状及尺寸是维持正常操作的基本条件。

细长杆丧失稳定性的条件主要是取决于外载荷(轴向压力)的大小,此外也取决于压杆的柔度(细长比)和材料的力学性能(主要是弹性模量 E)。容器丧失稳定性的条件也基本相似,首先取决于均布横向压力或轴向压力,此外也取决于薄壁圆筒几何尺寸特征、材料的力学性能等因素,如:① 圆筒的外径与有效厚度的比值 D_o/δ_e;② 圆筒的长度与外径的比值 L/D_o;③ 材料的力学性能(主要是弹性模量 E、泊松比 μ)。

4.2.2 外压薄壁圆筒的厚度设计

受外压的圆筒,有的仅横向均匀受压,有的则横向和轴向同时均匀受压,但失稳破坏总是在横断面内发生,也即失稳破坏主要为环向应力及其变形所控制。由理论计算或实验可知,对于两向均匀受压的筒体,如仅按横向均匀受压进行计算,则造成的误差很小,在工程上是允许的,因此本书主要讨论薄壁圆筒在横向受均布外压时的厚度设计计算方法。但也简略介绍圆筒在轴向受压时的稳定性计算方法,因为受均布外压的筒体,由于自重、风载等因素而产生很大轴向压缩应力时,则应同时考虑两向压缩载荷对稳定性的影响;而圆筒仅在轴向受压时的稳定性计算,也是第 6 章"塔设备的机械设计"所要涉及的问题。

计算外压圆筒的厚度时,一般要先假定一个名义厚度 δ_n(已圆整至钢板厚度规格),经反复计算校核后才能完成,工程设计也常常采用计算图来简化计算过程,下面分别介绍解析法和图算法。

4.2.2.1 横向受压圆筒的稳定性计算

1. 解析法

(1) 计算公式

实际使用的筒体,多少总存在着几何形状和材质不匀的缺陷,载荷也可能有波动,故理论公式不一定很精确。因此,决不允许外压容器在等于或接近于导致失稳的临界压力理论值的情况下操作。许用外压力 $[p]$ 应比临界压力 p_{cr} 小一定的倍数,设计外压力 p 只能小于或等于 $[p]$,即

$$p \leqslant [p] = \frac{p_{cr}}{m} \tag{4-27}$$

式中，m 为稳定系数，类似于强度计算中的安全系数。

从圆环的挠曲线微分方程和圆环的力矩平衡方程，经过整理和简化可以得到圆筒的计算公式。

① 长圆筒。受横向均布外压的筒体，当 L/D_o 和 D_o/δ_e 的值较大时，筒体不仅刚性较差，且两端封头对中间部分筒体也基本上不能起支承作用，从而筒体容易被压扁，失稳时将呈现两个波纹，如图 4-19(a)所示，这样的筒体称为长圆筒。其计算公式为

$$[p]=\frac{2.2E}{m}\left(\frac{\delta_e}{D_o}\right)^3 \tag{4-28}$$

或

$$\delta_n \geqslant D_o\sqrt[3]{\frac{mp}{2.2E}}+C_2 \tag{4-29}$$

② 短圆筒。当筒体的 L/D_o 和 D_o/δ_e 值较小时，筒体的刚性较大，两端封头对中间部分的支承作用也较显著，在失稳时将出现两个以上的波纹，如图 4-19(b)(c)(d)，它们常被称为短圆筒。其计算公式为

$$[p]=\frac{2.59E\delta_e^2}{mLD_o\sqrt{\frac{D_o}{\delta_e}}} \tag{4-30}$$

或

$$\delta_n \geqslant D_o\left(\frac{mpL}{2.59ED_o}\right)^{0.4}+C_2 \tag{4-31}$$

(2) 临界长度

圆筒的"长"和"短"是指其相对长度，也即与直径和厚度有关的计算长度。但长圆筒与短圆筒究竟如何划分，就取决于所谓临界长度 L_{cr}。如圆筒的长度刚好等于 L_{cr} 时，同时适用长、短圆筒的计算公式，从而可以推导得出

$$L_{cr}=1.17D_o\sqrt{\frac{D_o}{\delta_e}} \tag{4-32}$$

当圆筒计算长度 $L \geqslant L_{cr}$ 时，应按式(4-28)或式(4-29)计算；当圆筒计算长度 $L < L_{cr}$ 时，应按式(4-30)或式(4-31)计算。

(3) 设计参数

① 设计外压力 p。外压容器的设计外压力可由表 4-13 确定。

表 4-13　设计外压力

类　型	设　计　外　压　力　p
外压容器	取不小于正常工作过程中可能产生的最大内外压力差
真空容器	有安全控制装置时，取 1.25 倍最大内外压力差或 0.1 MPa 两者中的较小值； 无安全控制装置时，取 0.1 MPa
夹套容器	由两个或两个以上压力室组成的容器，如夹套容器，应分别确定各压力室的设计压力； 确定公用元件的计算压力时，应考虑相邻室之间的最大压力差

② 圆筒计算长度 L。当圆筒上焊有刚性构件时，其计算长度系是指两个相邻支撑线(刚性构件)之间的最大距离，封头、法兰、加强圈等均可视作刚性构件(图 4-21)，其截面有足够

的惯性矩,以确保外压作用下该处不出现失稳现象。在计算距离时,对于凸形封头,应计入直边高度(h)及封头其余部分的三分之一($h_i/3$)。

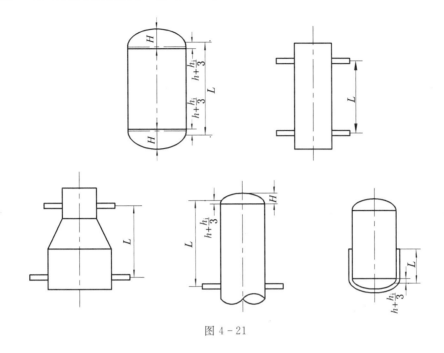

图 4-21

③ 稳定系数 m。稳定系数 m 的确定与所用公式的精确程度、制造技术所能保证的质量(如形状公差)、焊缝结构形式等因素有关。如果所取 m 太小,会对制造要求过高;若 m 取得太大,则将使设备笨重,造成浪费。综合考虑上述种种因素,我国有关标准规定取 $m=3$。但当筒体制造完毕时的椭圆度 $e>0.5\%$DN(DN 为筒体的公称直径),且大于 25 mm 时,其初始椭圆度会降低圆筒的临界压力值,就不能再用 $m=3$ 计算。

④ 试验压力 p_T。外压容器和真空容器的压力试验均以内压进行试验,其试验压力 p_T 可参阅表 4-14 确定。对于带夹套的容器,应在图样上分别注明内筒和夹套的试验压力,并注明应在内筒的液压试验合格后,再焊接夹套和进行夹套的液压试验。确定了夹套的试验压力值后,必须校核内筒在该试验压力下的稳定性。如果不能满足稳定要求,则应规定在做夹套的液压试验时,须在内筒保持一定压力,以使整个试压过程(包括升压、保压和卸压)中任一时间内内筒和夹套的压力差不超过设计压差。这一要求以及试验压力和允许压差值应在图样上予以说明。

表 4-14 外压容器和真空容器的试验压力

试 验 种 类	试 验 压 力 p_T
液压试验	$1.25p$
气压试验	$1.1p$

⑤ 弹性模量 E。钢材的弹性模量数值除可参考表 1-1 外,部分钢种在不同温度下的数值参见表 4-15。

表 4 - 15　钢材弹性模量

钢　种	在下列温度(℃)下的弹性模量 $E / \times 10^3$ MPa																
	−196	−100	−40	20	100	150	200	250	300	350	400	450	500	550	600	650	700
碳素钢、碳锰钢			205	201	197	194	191	188	183	178	170	160	149				
锰钼钢、镍钢	214	209	205	200	196	193	190	187	183	178	170	160	149				

（4）计算步骤

① 首先假设 δ_n（常取大于或等于强度计算所得的名义厚度），而 $\delta_e = \delta_n - C$。

② 以 δ_e 代入式（4-32），求 L_{cr}。

③ 比较 L 与 L_{cr}，确定计算公式，计算 $[p]$。

④ 比较 p 和 $[p]$，若 $p < [p]$ 且较接近，则所假定的 δ_n 符合要求。否则再另设 δ_n，重复以上步骤，直到满足要求为止。

需要指出：在应用本计算方法时，临界应力应在弹性范围之内，即

$$\sigma_{cr} = \frac{p_{cr} D}{2 \delta_e} \leqslant \sigma_s^t \qquad (4-33)$$

当 $\sigma_{cr} > \sigma_s^t$ 时，属非弹性失稳，应改用下列近似公式计算

$$p_{cr} = \frac{2 \delta_e}{D} \cdot \frac{\sigma_s^t}{1 + \frac{\sigma_s^t}{E} \left(\frac{D}{\delta_e} \right)^2} \qquad (4-34)$$

2. 图算法

圆筒或管子在外压作用下，保证不丧失稳定性的最小厚度可采用图 4-22～图 4-25 进行计算。

图 4-22 表示出均匀受压圆筒失稳时的环向应变 ε（图中标记为外压应变系数 A）与 L/D_o、D_o/δ_e 的关系。图的上部垂直线簇表示长圆筒的情况，失稳时应变与 L/D_o 无关，也即长圆筒的临界压力与 L/D_o 无关。图的下部斜线簇表示短圆筒的情况，失稳时的应变 ε 与 L/D_o、D_o/δ_e 都有关。图中垂直线与斜线的交接点所对应的 L/D_o 即是临界长度与圆筒外径的比值。此图与弹性模量 E 无关，因此对各种材料都能适用。

图 4-23～图 4-25 为不同材料的 $B-A$ 关系图，亦称厚度计算图。外压应力系数 B 为

$$B = \frac{2}{3} E \varepsilon = \frac{2}{3} \sigma_{cr} \qquad (4-35)$$

因此，B 与 A 的关系即是 $\frac{2}{3} \sigma_{cr}$ 与 ε 的关系，这可以用材料拉伸曲线在纵坐标方向按三分之二比例缩小而得。由于一般钢材的 E 值大致相等，故 σ_s 值相近的钢种可合用一张图。但同一材料的 E 值和拉伸曲线在不同温度时有所变化，所以每图中都有一组与温度相应的曲线来表示，此曲线亦称为材料温度线。由于弹性失稳可直接用公式计算许用压力，故材料温度线只放大画出了应力接近于屈服极限的弹性段直线及非弹性曲线的部分，而将大部分弹性段直线都予以省略。

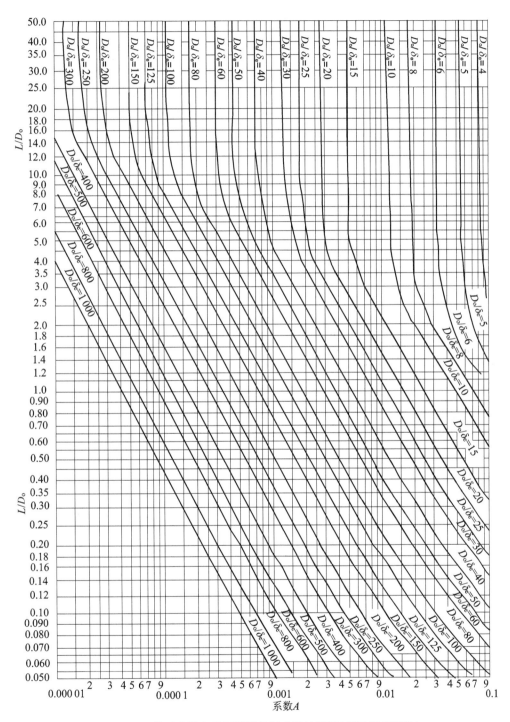

图 4 - 22　外压或轴向受压圆筒几何参数计算图(用于所有材料)

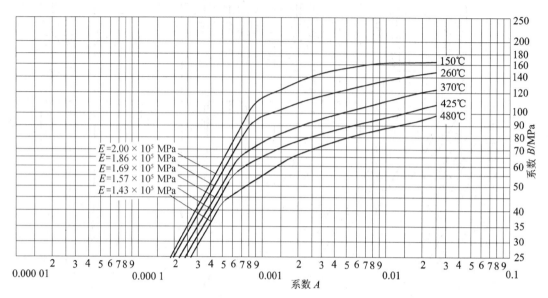

图 4-23　用于屈服点 $\sigma_s > 207$ MPa 的碳素钢（如 20、Q245R）、低合金钢和 06Cr13 钢

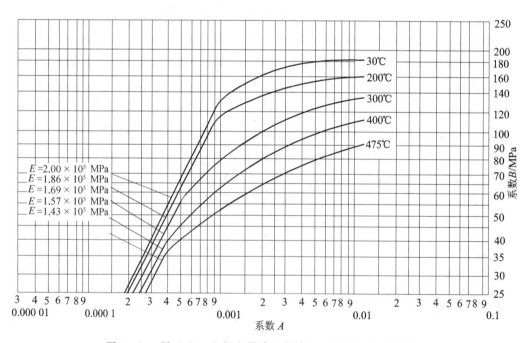

图 4-24　用于 Q345R 钢和设计温度低于 150℃ 的 16MnDR 钢

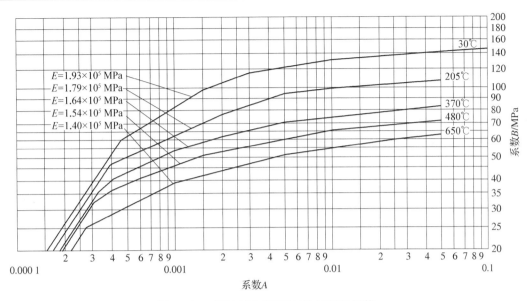

图 4 - 25　用于 06Cr18Ni9(0Cr18Ni9)钢等

应用计算图进行外压圆筒设计的方法和步骤如下。

(1) $(D_o/\delta_e) \geqslant 20$ 的圆筒与管子

① 假设 δ_n，则 $\delta_e = \delta_n - C$。

② 确定比值 L/D_o 和 D_o/δ_e。

③ 在图 4 - 22 的左方找到 L/D_o，由此点沿水平方向右移与 D_o/δ_e 线相交(遇中间值则用内插法)，若 $L/D_o > 50$，则用 $L/D_o = 50$ 查图；若 $L/D_o < 0.05$，则用 $L/D_o = 0.05$ 查图。

④ 由此点再沿垂直方向下移，在图的下方得到系数 A。

⑤ 根据不同的材料选用相应的图表，此处仅列出：$\sigma_s > 207$ MPa 的碳素钢、低合金钢和 S11306(06Cr13)等钢(图 4 - 23)；Q345R、16MnDR 等钢(图 4 - 24)；06Cr18Ni9(S30408 或 0Cr19Ni10)钢等(图 4 - 25)的计算图。在相应图表的下方找出由步骤④所得的系数 A。

若 A 处于该设计温度时材料曲线的右方，则由此点垂直上移，与材料温度线相交(遇中间温度值则用内插法)，再过此交点沿水平方向右移，在图的右方得到系数 B，并按下式计算许用外压力 $[p]$：

$$[p] = \frac{B}{D_o \delta_e} \tag{4 - 36}$$

若所得 A 处于材料温度线的左方，则表明属弹性失稳，可直接将 A 以及材料在设计温度下的 E 代入下式计算许用外压力 $[p]$：

$$[p] = \frac{2AE}{3D_o/\delta_e} \tag{4 - 37}$$

⑥ 比较 p 与 $[p]$，若 $p > [p]$，则须重新假设一较大的厚度 δ_n 重复上述计算步骤，直到 $[p]$ 大于且接近 p 时为止。

(2) $(D_o/\delta_e) < 20$ 的圆筒和管子

其设计方法大致同上，这里不再详细介绍，可参阅有关标准。

4.2.2.2　轴向受压圆筒的稳定性计算

仅轴向受压的圆筒,在弹性段内的稳定许用应力,在工程设计中可用下列公式计算:

$$[\sigma_{cr}]=\frac{\sigma_{cr}}{m}=\frac{1}{m}\times0.18\frac{E\delta_e}{R_i}=0.06E\frac{\delta_e}{R_i} \tag{4-38}$$

式中,R_i 为圆筒的内半径,mm。

在弹性与塑性转折段,也可应用 B - A 关系图,对于轴向受压缩圆筒规定:$B=[\sigma_{cr}]$,代入式(4 - 38),则有

$$B=\frac{2}{3}EA=0.06E\frac{\delta_e}{R_i} \tag{4-39}$$

$$A=\frac{0.09}{\dfrac{R_i}{\delta_e}} \tag{4-40}$$

求解[σ_{cr}]的步骤与上述近似:

初定圆筒厚度 δ_n,计算 $\delta_e=\delta_n-C$ 及 R_i/δ_e,并用以代入式(4 - 39)求 A。然后根据材料选择相应的 B - A 关系图(图 4 - 23~图 4 - 25)由 A 查得 B,即为[σ_{cr}],若在材料曲线的左方,则可按式(4 - 38)直接求[σ_{cr}]。

4.2.3　外压凸形封头的厚度设计

凸形封头与球壳在弹性段内的许用外压力可按式(4 - 41)计算:

$$[p]=\frac{p_{cr}}{m}=\frac{0.083\,3E}{(R_o/\delta_e)^2} \tag{4-41}$$

式中,m 为稳定系数,对于凸形封头和球壳,有关标准规定 $m=15$;R_o 为凸形封头球面部分外半径,mm。

在弹性和塑性转折段,则可应用 B - A 关系图。

1. 半球形封头(球壳)

不论是无缝或是有对接焊缝结构的外压半球形封头或球壳,所需最小厚度均按以下步骤决定:

① 假设 δ_n,则 $\delta_e=\delta_n-C_o$ 定出 $\dfrac{R_o}{\delta_e}$;

② 计算系数 A:

$$A=\frac{0.125}{\dfrac{R_o}{\delta_e}} \tag{4-42}$$

③ 根据所用材料选用图 4 - 23~图 4 - 25,在图的下方找出系数 A 的位置。

若 A 落在该设计温度时材料线的右方,则将此点垂直上移,与材料温度线相交(遇中间温度值则用内插法),再沿此交点水平右移,在图的右方得到系数 B,并按式(4 - 43)计算许用外压力[p]:

$$[p] = \frac{B}{R_o/\delta_e} \tag{4-43}$$

若所得 A 值落在材料温度线左方,则用式(4-42)计算许用外压力 $[p]$:

$$[p] = \frac{0.083\,3E}{(R_o/\delta_e)^2}$$

④ 比较 p 与 $[p]$,若 $p > [p]$,则需再设厚度 δ_n,重复上述计算步骤,直至 $[p]$ 大于且接近 p 时为止。

2. 椭圆形封头

凸面受压椭圆形封头的厚度计算,与球壳的计算步骤相同,也采用图 4-23～图 4-25 所示的图表,唯 R_o 改为椭圆形封头的当量球壳外半径,$R_o = K_1 D_o$。

K_1 为椭圆形长短轴比值决定的系数,标准椭圆形封头的 $D_i/2h_1 = a/b = 2$,则 $K_1 = 0.9$。

3. 碟形封头

凸面受压碟形封头的厚度计算,与球壳的计算步骤相同,也采用图 4-23～图 4-25 所示的图表,R_i 为碟形封头球面部分外半径。

4. 球冠形封头

受外压(凸面受压)球冠形封头的厚度计算方法与球壳相似,而封头为凸面受压的另一种情况:受压圆筒体连接在封头凸面的一侧(图 4-26),圆筒体受内压时,球冠形封头厚度计算方法可参见有关标准的规定。

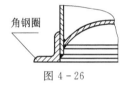

图 4-26

4.2.4　加强圈的设计

1. 加强圈的作用及结构

根据有关计算公式分析可知,如果在设计外压圆筒时,计算得到的许用压力小于工作压力,则可用增加厚度或缩短圆筒计算长度的方法来解决。在圆筒的外部或内部设置加强圈可以减小圆筒的计算长度(图 4-21),此方法往往比增加圆筒厚度所消耗的材料为省,且可减轻筒体重量。如圆筒由不锈钢或其他贵重有色金属制成,在筒体外部设置碳素钢制的加强圈,则经济上的意义更大。所以加强圈的结构在外压容器中得到广泛的应用。

加强圈应有足够的刚性,常用扁钢、角钢、工字钢或其他型钢制成。加强圈自身在环向的连接要用对接焊,加强圈与筒体连接时可用连续焊或间断焊。装在筒体外部的加强圈,其每侧间断焊的总长应不少于容器外圆周长度的二分之一;加强圈装在内部时则应不少于圆周长度的三分之一。

为了保证筒体的稳定性,加强圈不应任意削弱或断开。如必须削弱或断开,则须遵守有关设计规定。

2. 加强圈的计算方法及步骤

① 初定加强圈的数目和间距 L_s(也可在不同方案计算的基础上,经比较后确定)。

② 选择加强圈的材料并初定截面尺寸(按型钢规格),再计算它的横截面积 A_s 和加强圈与有效段筒体实际所具有的综合惯性矩 I_s。I_s 为加强圈与相近筒体也起加强作用的有效段的组合截面(图 4-27)

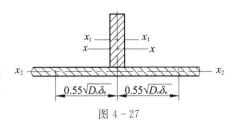

图 4-27

对通过与筒体轴线平行的该截面形心轴 x—x 的惯性矩。加强圈截面的形心轴为 x_1—x_1，筒体有效段截面的形心轴为 x_2—x_2。筒体有效段的宽度为加强圈中心线两侧各 $0.55\sqrt{D_o\delta_e}$ 的距离。若相邻两加强圈的筒体有效段相重叠，则重叠部分各按一半计算。

③ 求为满足稳定要求所需加强圈及有效段筒体组合截面的最小惯性矩 I，先以式 $(4-44)$ 计算 B：

$$B=\frac{pD_o}{\delta_e+\dfrac{A_s}{L_s}} \tag{4-44}$$

④ 应用外压圆筒与球壳厚度计算图 4-23～图 4-25，从图的右方找到已定的 B，由此点沿水平方向向左移动，若与图中设计温度的材料线相交，则从该交点垂直移动至图表的底部，读出 A。

若与图中设计温度的材料无交点，则按下式计算 A：

$$A=\frac{1.5B}{E} \tag{4-45}$$

⑤ 用式 $(4-46)$ 计算加强圈与筒体组合截面所需的惯性矩：

$$I=\frac{D_o^2 L_s\left(\delta_e+\dfrac{A_s}{L_s}\right)}{10.9}A \tag{4-46}$$

⑥ 比较 I 与 I_s，若 $I_s < I$，则必须另选一具有较大惯性矩的加强圈，重复上述步骤，直至计算所得 $I_s > I$ 为止。

例 4-3 减压塔稳定性的校核。

已知一减压塔的内径为 2 400 mm；筒体长度为 23 520 mm；封头为椭圆形，直边高度为 40 mm，长短轴的比值 $D_i/2h_1=2$，减压塔的真空度为 300 mmHg 柱（0.04 MPa）；设计温度为 150℃；塔体和封头材料均为 Q235B 钢；塔体厚度取 $\delta_n=10$ mm，封头取 $\delta_n=8$ mm；厚度附加量 $C=2$ mm。要求：

(1) 不考虑用加强圈时，用解析法校核塔的厚度是否足够。

(2) 在筒体外部设置 9 个 Q235A 钢的加强圈，截面尺寸各为 $\phi90$ mm×20 mm，用图算法校核此时塔的厚度及加强圈截面尺寸是否合理。

(3) 校核封头厚度与塔体厚度相同是否安全。

解　按表 4-13，对于无安全控制装置的真空容器，取设计压力 $p=0.1$ MPa。

(1) 无加强圈时筒体厚度的校核

筒体外径　　　　　　　$D_o=2\,400+2\times10=2\,420$(mm)

筒体计算厚度　　　　　$\delta_e=\delta_n-C=10-2=8$(mm)

筒体计算长度 L 按图 4-21，可得

$$L=23\,520+2\times\left(40+\frac{1}{3}\times\frac{2\,400}{4}\right)=24\,000\text{(mm)}$$

则
$$\frac{L}{D_o}=\frac{24\,000}{2\,420}=9.92$$

$$\frac{D_o}{\delta_e}=\frac{2\,420}{8}=302.5$$

筒体的临界长度 L_{cr}，按式(4-32)为

$$L_{cr}=1.17D_o\sqrt{\frac{D_o}{\delta_e}}=1.17\times2\,420\sqrt{302.5}=49\,245(\text{mm})>L$$

故筒体属短圆筒，可用式(4-30)求许用压力，从表 4-14 查得 150℃时材料的 $E=1.94\times10^5$ MPa，取 $m=3$，得

$$[p]=\frac{2.59E\delta_e^2}{mLD_o\sqrt{\dfrac{D_o}{\delta_e}}}=\frac{2.59\times1.94\times10^5\times8^2}{3\times24\,000\times2\,420\times\sqrt{302.5}}=0.011(\text{MPa})$$

$[p]<p$，如不设加强圈，筒体厚度取 10 mm 不够，不满足要求。

按理属弹性失效范围时还应校核 $\sigma_{cr}\leqslant\sigma_s^t$，但已得出厚度不够的结论，此处就无校核的必要了。

（2）有加强圈时筒体厚度的校核

① 筒体厚度校核

9 个加强圈在筒体上均匀设置，与两封头之间共有 10 个间隔，故计算长度为

$$L_s=\frac{24\,000}{10}=2\,400(\text{mm})$$

则
$$\frac{L_s}{D_o}=\frac{2\,400}{2\,420}=0.99$$

在图 4-22 中，由 $\dfrac{L_s}{D_o}$、$\dfrac{D_o}{\delta_e}$ 查得 $A=0.000\,25$。

根据材料为 Q235A 钢，选用计算图 4-23，由 A 查得 150℃时 $B=35$。

按式(4-36)求许用外压

$$[p]=\frac{B}{\dfrac{D_o}{\delta_e}}=\frac{35}{302.5}=0.116(\text{MPa})$$

$p<[p]$，所以设加强圈后筒体厚度取 10 mm 是合理的。

② 加强圈截面尺寸校核（图 4-28）加强圈中心线两侧有效段筒体宽度

$$b=0.55\sqrt{D_o\delta_e}=0.55\times\sqrt{2\,420\times8}=76.5(\text{mm})$$

设加强圈腐蚀裕量每侧 1 mm，则其厚度为

$$20-2=18(\text{mm})$$

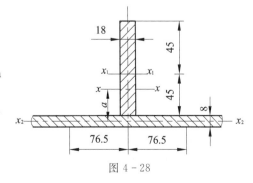

图 4-28

加强圈横截面积

$$A_s = 90 \times 18 = 1\,620(\text{mm}^2)$$

加强圈惯性矩

$$I_1 = \frac{18 \times 90^3}{12} = 1\,093\,500(\text{mm}^4)$$

有效段筒体截面积

$$A = 2b\delta_e = 2 \times 76.5 \times 8 = 1\,224(\text{mm}^2)$$

有效段筒体惯性矩

$$I_2 = \frac{2 \times 76.5 \times 8^3}{12} = 6\,528(\text{mm}^4)$$

组合截面形心离 $x_2 - x_2$ 轴的距离

$$a = \frac{A_s\left(45 + \dfrac{8}{2}\right)}{A_s + A} = \frac{1\,620 \times 49}{1\,620 + 1\,224} = 28(\text{mm})$$

组合截面的综合惯性矩

$$
\begin{aligned}
I_s &= I_1 + A_s(45 + 4 - a)^2 + I_2 + Aa^2 \\
&= 1\,093\,500 + 1\,620 \times (49 - 28)^2 + 6\,528 + 1\,224 \times 28^2 \\
&= 2\,774\,064(\text{mm}^4)
\end{aligned}
$$

要求出保证加强圈不失稳所需的最小惯性矩 I，须先算出系数 A 和 B。按式(4-44)计算 B，得

$$B = \frac{0.1 \times 2\,420}{8 + \dfrac{1\,620}{2\,400}} = 27.9$$

由加强圈材料选图 4-23，用 $B = 27.9$ 在图中查得 $A = 0.000\,21$。将 A 代入式(4-46)计算 I，得

$$
\begin{aligned}
I &= \frac{D_o^2 L_s\left(\delta_e + \dfrac{A_s}{L_s}\right)}{10.9} A \\
&= \frac{2\,420^2 \times 2\,400 \times \left(8 + \dfrac{1\,620}{2\,400}\right)}{10.9} \times 0.000\,21 = 2\,349\,115(\text{mm}^4)
\end{aligned}
$$

$I_s > I$，且较接近，因此所选加强圈截面尺寸合理。

（3）椭圆形封头厚度校核

椭圆形封头名义厚度 $\delta_n = 8\ \text{mm}$，厚度附加量为 $C = 2\ \text{mm}$，故有

$$\delta_e = 8 - 2 = 6(\text{mm})$$

标准椭圆形封头的当量球形半径为

$$R_i = 0.9D_i = 0.9 \times 2\,400 = 2\,160(\text{mm})$$

按式(4 - 42)求 A：

$$A = \frac{0.125}{\dfrac{R_i}{\delta_e}} = 0.125 \times \frac{6}{2\,178} = 0.000\,35$$

由 A 查图 4 - 23，得 $B = 45$。将 B 代入式(4 - 43)，有

$$[p] = \frac{B}{\dfrac{R_i}{\delta_e}} = 45 \times \frac{6}{2\,178} = 0.124(\text{MPa})$$

$[p] > p$，虽然许用压力稍大些，考虑到封头与筒体厚度差不宜过大，故可不再减薄。

习　题　4

4 - 1　凡属下列情况之一者为Ⅰ类容器：_____；

凡属下列情况之一者为Ⅱ类容器：_____；

凡属下列情况之一者为Ⅲ类容器：_____。

4 - 2　容器机械设计的基本要求：_____。

4 - 3　试比较各种形状薄壁容器在仅受气压时的经向应力和环向应力。

4 - 4　图示为一碟形顶盖，已知 R、r、D、ϕ，求碟形顶盖的公切点 a、b、c 所区分的三处不同曲面上的第一、第二曲率半径。

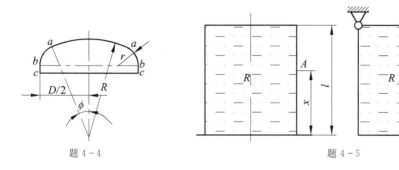

题 4 - 4　　　　　　　　　　　　　　　　　题 4 - 5

4 - 5　试写出图示圆柱形壳体在液体静压力作用下，点 A 处的 σ_1 和 σ_2 表达式。液体重量为 γ，不计壳体自重(容器是密闭的)。

4 - 6　某厂需要设计一台液氨贮槽，其内径为 $1\,800$ mm，总容积 12 m³，最大工作压力 1.6 MPa，工作温度为 $-10 \sim 40\,℃$，试选择筒体材料和型式，并计算确定筒体厚度。

4 - 7　某厂脱水塔的塔体内径为 700 mm，实际厚度为 12 mm，材料为 Q245R 钢，其 $200\,℃$ 时 $\sigma_s = 196$ MPa，塔的工作压力 $p = 2$ MPa，工作温度为 $180\,℃$，塔体采用单面对接焊(带垫板)，局部无损检测，腐蚀裕量为 1 mm，试校核塔体工作与试压时的强度。

4 - 8　设计一台不锈钢(06Cr18Ni10)制承压容器，最大工作压力为 1.6 MPa，装有安全阀，工作温度为 $150\,℃$，容器内径为 1.2 m，筒体纵向焊缝为双面对接焊，作局部透视，试确定器壁厚度。

4-9　一材质为 Q245R 钢的反应釜内径为 1 600 mm,正常操作压力为 1.3 MPa,安全阀的开启压力为 1.4 MPa,反应温度为 200℃,介质有轻微腐蚀性,取 C_2=1 mm,焊缝为双面对接焊,局部无损检测,经检修实测最小厚度为 12 mm,试判断该釜能否继续使用?

4-10　某化肥厂加压变换饱和热水塔内径为 800 mm,厚度为 12 mm,材料为 Q245R 钢,塔的工作压力为1.2 MPa,工作温度为 60℃,塔体采用带垫板单面对接焊,局部无损检测,因受硫化氢严重腐蚀,使用九年后突然爆炸,问此时塔体仅存厚度为多少? 介质对材料的腐蚀速度为多少?

4-11　有一反应器直径 D_i=2 000 mm,设计温度为 300℃,设计压力为 0.45 MPa,材料为 Q235C 钢,厚度附加量取 3 mm,焊缝系数取 ϕ=0.8,试比较采用球形、椭圆形、碟形、平板(表 4-11 中第 3 种固定方法)等四种封头型式的厚度计算结果。

4-12　轻油裂解气废热锅炉汽包的工作条件如下:工作压力为 10 MPa,工作温度为 350℃,汽包内径 D_i=450 mm。材料采用 Q345R 钢,焊缝采用带垫板单面对接焊,全部无损检测,试确定汽包筒体和封头的壁厚。

4-13　对于两向均匀受压的圆筒体,一般情况下如仅按横向均匀受压进行计算,其误差 _____,在工程上是 _____。

4-14　圆筒的计算长度大于临界长度,被称为 _____,失稳时横截面将呈现 _____个波纹;圆筒的计算长度小于临界长度,被称为 _____,失稳时横截面将呈现 _____波纹。

4-15　用 Q235B 钢制造一外压容器,已知外径 D_o=2 024 mm,筒体计算长度为 2 500 mm,在室温下操作,最大压力差为 0.15 MPa,试问有效厚度为 12 mm 时操作是否安全?(用解析法和图算法分别计算)

4-16　受压容器试件的尺寸为 L=100 mm,D_o=100 mm,δ_e=0.3 mm,试验温度 t=20℃,材料为 Q245R 钢,E=2.1×10⁵ MPa,试用解析法计算试件的临界压力。由于厚度很小,故取 D_o=D_i=D。

4-17　有一外径 D_o=1 000 mm,计算长度为 5 000 mm 的真空操作的筒体,用有效厚度 δ_e=4 mm 的钢板,是否能满足稳定性要求,可否采取其他措施?

4-18　大型减压塔内径为 6 000 mm,塔体长度为 17 000 mm,采用椭圆形封头。设计温度为 400℃,设计压力(绝对)为 40 mmHg(5.33 kPa)。材料为 Q235C 钢,试计算塔的厚度。(假设无加强圈)

4-19　一缩聚釜釜体直径为 1 m,釜身高 0.7 m,用 S30408 即 06Cr19Ni10(0Cr18Ni9)制造;釜体夹套内径为 1.2 m,用 Q235B 钢制造。该釜开始是常压操作,然后抽低真空,继之抽高真空,最后通 0.3 MPa 氮气。釜内物料温度低于或等于 275℃,夹套内载热体最大压力为 0.2 MPa。整个釜体及夹套均系局部无损检测的双面焊或全焊透单面对接焊。介质无腐蚀性。试确定釜体及夹套的厚度。

5 化工设备通用零部件

5.1 概述

为了方便化工设备的设计工作以及设备及其零部件的批量生产和施工安装,我国有关部门已经就某些化工设备及其常用零部件制定了系列标准。设备,如贮槽、换热器、搪瓷反应锅等;零部件,如封头、法兰、支座、人孔、手孔、视镜、液面计、填料箱、搅拌桨等,都有了相应的标准。

设备及零部件标准的最基本参数是公称直径 DN(nominal diameter)和公称压力 PN(nominal pressure)。

5.1.1 公称直径

1. 压力容器的公称直径

用钢板卷制而成的筒体,其公称直径的数值等于内径。当筒体直径较小时可直接采用无缝钢管制作,此时公称直径的数值等于钢管外径。

设计时应将工艺计算初步确定的设备直径,调整为符合表 5-1 所规定的公称直径。

表 5-1 压力容器的公称直径 DN (单位:mm)

筒体由钢板卷制而成	300	350	400	450	500	550	600	650	700	750	800	850
	900	950	1 000	1 100	1 200	1 300	1 400	1 500	1 600	1 700	1 800	1 900
	1 950	2 000	2 100	2 200	2 300	2 400	2 500	2 600	2 700	2 800	3 000	3 100
	3 200	3 300	3 400	3 500	3 600	3 700	3 800	3 900	4 000	4 200	4 400	4 500
	4 600	4 800	5 000	5 200	5 400	5 500	5 600	5 800	6 000	—	—	—
筒体由无缝钢管制作	159		219		273		325		377		426	

容器的公称直径标记示例:

(1) 直径为 1 200 mm 的容器:公称直径 DN 1200 GB/T 9019—2015;

(2) 直径为 273 mm 的容器:公称直径 DN 273 GB/T 9019—2015。

2. 管子的公称尺寸

管子的公称尺寸,它既不是管子的内径也不是管子的外径,而是一个略小于外径的数值。只要管子的公称尺寸一定,它的外径也就确定了,管子的内径则根据不同的壁厚有多种尺寸,对于常用的壁厚规格,管子的内径接近于公称尺寸。

我国石油化工部门广泛使用的钢管公称尺寸和钢管外径配有 A、B 两个系列:A 系列为国际通用系列(俗称英制管);B 系列为国内沿用系列(俗称公制管),详见表 5-2。

表 5-2　公称尺寸和钢管外径　　　　　　　(单位:mm)

公称尺寸		10	15	20	25	32	40	50	65	80	100	125	150	200	250
钢管外径	A	17.2	21.3	26.9	33.7	42.4	48.3	60.3	76.1	88.9	114.3	139.7	168.3	219.1	273
	B	14	18	25	32	38	45	57	76	89	108	133	159	219	273
公称尺寸		300	350	400	500	600	700	800	900	1 000	1 200	1 400	1 600	1 800	2 000
钢管外径	A	323.9	355.6	406.4	508	610	711	813	914	1 016	1 219	1 422	1 626	1 829	2 032
	B	325	377	426	530	630	720	820	920	1 020	1 220	1420	1 620	1 820	2 020

3. 其他零部件的公称直径

有些零部件,如压力容器法兰、鞍式支座等的公称直径,是指与它相配的筒体与封头的公称直径。还有些零部件,如管法兰、手孔等的公称直径,则是指与它相配的管子的公称尺寸。其他一些零部件,如视镜的视孔、填料箱的轴径等的公称直径往往是指结构上的某一重要尺寸。

5.1.2　公称压力

公称直径相同的同类零部件,由于工作压力不同,某些尺寸会有所不同。制定系列标准,就是规定若干压力等级,这种规定的标准压力等级就是公称压力的等级。

设计时若是选用标准零部件,则需将操作温度下的最高工作压力(或设计压力)调整到所规定的某一公称压力等级,然后根据 DN 与 PN 选定该零件的结构尺寸。如果不选用标准而自行设计,则设计压力不一定符合规定的公称压力。推荐性国家标准 GB/T 1048—2019 将管路元件的公称压力定为十个等级:0.25 MPa、0.6 MPa、1.0 MPa、1.6 MPa、2.5 MPa、4 MPa、6.3 MPa、10 MPa、16 MPa、25 MPa。

下面就化工设备上最常用的标准零部件及其设计方法进行介绍。

5.2　筒体和封头

化工设备中圆筒形容器应用广泛,无论是立式还是卧式,其主体一般是由筒体和两个封头组成的。

5.2.1　筒体

筒体有钢板卷焊而成和取自大口径无缝钢管的两种。直径较大的圆筒,一般用钢板卷制,其内径必须符合标准公称直径的数值,并且均为整数,如表 5-1 上半部分所示。直径较小的筒体,为方便计,可选用适当的无缝钢管,由于钢管内径会因不同厚度规格而变化,故取其外径为筒体的公称直径,如表 5-1 下半部分所示。设计时筒体的相应直径必须符合表 5-1 的规定,否则就没有标准的封头可与之相配。钢板卷制筒体 1 米高的容积、内表面积和质量列于表 5-3(GB/T 9019—2015《压力容器公称直径》中公称直径可至 13 200 mm,本表摘至 3 600 mm),可供设计时查阅。

表 5-3　筒体的容积、内表面积及质量(钢制)

公称直径 DN/mm	1米高的容积 V_1/m³	1米高的内表面积 F_1/m²	1米高筒节钢板质量/kg 厚度/mm															
			3	4	5	6	8	10	12	14	16	18	20	22	24	26	28	30
300	0.071	0.94	22	30	37	44	59											
350	0.096	1.10	26	35	44													
400	0.126	1.26	30	40	50	60	79	99	119									
450	0.159	1.41	34	45	56	67												
500	0.196	1.57	37	50	62	75	100	125	150	175								
550	0.238	1.73	41	55	68	82												
600	0.283	1.88	45	60	75	90	121	150	180	211								
650	0.332	2.04		65	81	97	130											
700	0.385	2.20		69	87	105	140	176	213	250								
750	0.442	2.36		74	93	111	149	187	225	263	302	340	379	418	457	496	536	576
800	0.503	2.51		79	99	119	159	200	240	280								
900	0.636	2.83		89	112	134	179	224	270	315	363	408						
1 000	0.785	3.14			124	149	199	249	296	348	399	450	503					
1 100	0.950	3.46			136	164	218	274										
1 200	1.131	3.77			149	178	238	298	358	418	479	540	602	662				
1 300	1.327	4.08			161	193	258	323										
1 400	1.539	4.40			173	208	278	348	418	487	567	630	700	770	840	914	986	1 058
1 500	1.767	4.71			186	223	297	372	446									
1 600	2.017	5.03			198	238	317	397	476	556	636	720	800	880	960	1 040	1 124	1 206
1 800	2.545	5.66				267	356	446	536	627	716	806	897	987	1 080	1 170	1 263	1 353
2 000	3.142	6.28				296	397	495	596	695	795	895	995	1 095	1 200	1 300	1 400	1 501
2 200	3.801	6.91				322	436	545	655	765	874	984	1 093	1 204	1 318	1 429	1 540	1 650
2 400	4.524	7.54				356	475	596	714	834	960	1 080	1 194	1 314	1 435	1 556	1 677	1 798
2 500	4.908	7.85				377	501	625	749	874	999	1 124	1 249	1 374	1 500	1 625	1 751	1 878
2 600	5.309	8.17					514	644	774	903	1 030	1 160	1 290	1 422	1 553	1 684	1 815	1 946
2 800	6.158	8.80					554	693	831	970	1 110	1 250	1 390	1 531	1 671	1 812	1 953	2 094
3 000	7.030	9.43					593	742	881	1 040	1 190	1 338	1 490	1 640	1 790	1 940	2 091	2 242
3 200	8.050	10.05					632	791	950	1 108	1 267	1 425	1 587	1 745	1 908	2 069	2 229	2 390
3 400	9.075	10.68					672	841	1 008	1 177	1 346	1 517	1 687	1 857	2 027	2 197	2 367	2 538
3 500	9.621	11.00					693	867	1 040	1 214	1 388	1 563	1 737	1 912	2 087	2 262	2 437	2 613
3 600	10.180	11.32					711	890	1 070	1 246	1 424	1 606	1 785	1 965	2 145	2 325	2 505	2 686

5.2.2　封头

有关标准已对碳素钢、低合金钢、高合金钢焊制的,用于压力容器的,由冲压、旋压及卷制成形的封头名称、断面形状、类型代号以及型式参数关系做出了规定,摘录如表 5-4 所示。由于椭圆形封头获得广泛应用,本书摘录了以内径作为公称直径的标准椭圆形封头(代号为 EHA)的总深度 H、内表面积 A 和容积 V 的系列尺寸(表 5-5),以及其名义厚度和封头质量(表 5-6)。其他封头可查阅相关标准。

表 5 - 4　封头的名称及型式参数(摘自 GB/T 25198—2010)

名　称		断　面　形　状	类型代号	型式参数关系
椭圆形封头	以内径为基准		EHA	$\dfrac{D_i}{2(H-h)}=2$　DN$=D_i$
	以外径为基准		EHB	$\dfrac{D_o}{2(H-h)}=2$　DN$=D_o$
碟形封头	以内径为基准		THA	$R_i=1.0D_i$　$r_i=0.10D_i$　DN$=D_i$
	以外径为基准		THB	$R_i=1.0D_o$　$r_o=0.10D_o$　DN$=D_o$
球冠形封头			SDH	$R_i=1.0D_i$　DN$=D_o$

表 5 - 5　EHA 椭圆形封头总深度、内表面积、容积(摘自 GB/T 25198—2010)

序号	公称直径 DN/mm	总深度 H/mm	内表面积 A/m²	容积 V/m³	序号	公称直径 DN/mm	总深度 H/mm	内表面积 A/m²	容积 V/m³
1	300	100	0.121 1	0.005 3	21	1 600	425	2.900 7	0.586 4
2	350	113	0.160 3	0.008 0	22	1 700	450	3.266 2	0.699 9
3	400	125	0.204 9	0.011 5	23	1 800	475	3.653 5	0.827 0
4	450	138	0.254 8	0.015 9	24	1 900	500	4.062 4	0.968 7
5	500	150	0.310 3	0.021 3	25	2 000	525	4.493 0	1.125 7
6	550	163	0.371 1	0.027 7	26	2 100	565	5.044 3	1.350 8
7	600	175	0.437 4	0.035 3	27	2 200	590	5.522 9	1.545 9
8	650	188	0.509 0	0.044 2	28	2 300	615	6.023 3	1.758 8
9	700	200	0.586 1	0.054 5	29	2 400	640	6.545 3	1.990 5
10	750	213	0.668 6	0.066 3	30	2 500	665	7.089 1	2.241 7
11	800	225	0.756 6	0.079 6	31	2 600	690	7.654 5	2.513 1
12	850	238	0.849 9	0.094 6	32	2 700	715	8.241 5	2.805 5
13	900	250	0.948 7	0.111 3	33	2 800	740	8.850 3	3.119 8
14	950	263	1.052 9	0.130 0	34	2 900	765	9.480 7	3.456 7
15	1 000	275	1.162 5	0.150 5	35	3 000	790	10.132 9	3.817 0
16	1 100	300	1.398 0	0.198 0	36	3 100	815	10.806 7	4.201 5
17	1 200	325	1.655 2	0.254 5	37	3 200	840	11.502 1	4.611 0
18	1 300	350	1.934 0	0.320 8	38	3 300	865	12.219 3	5.046 3
19	1 400	375	2.234 6	0.397 7	39	3 400	890	12.958 1	5.508 0
20	1 500	400	2.556 8	0.486 0	40	3 500	915	13.718 6	5.997 2

表 5-6　EHA 椭圆形封头质量(摘自 GB/T 25198—2010)

(单位：kg)

序号	公称直径 DN/mm	封头名义厚度 δ_n/mm																	
		2	3	4	5	6	8	10	12	14	16	18	20	22	24	26	28	30	32
1	300	1.9	2.8	3.8	4.8	5.8	7.8	9.9	12.1	14.3									
2	350	2.5	3.7	5.0	6.3	7.6	10.3	13.0	15.8	18.7	21.6								
3	400	3.2	4.8	6.4	8.0	9.7	13.1	16.5	20.0	23.6	27.3								
4	450	3.9	5.9	7.9	10.0	12.0	16.2	20.4	24.8	29.2	33.7								
5	500	4.8	7.2	9.6	12.1	14.6	19.6	24.7	30.0	35.3	40.7								
6	550	5.7	8.6	11.5	14.4	17.4	23.4	29.5	35.7	41.9	48.3								
7	600	6.7	10.1	13.5	17.0	20.4	27.5	34.6	41.8	49.2	56.7								
8	650	7.8	11.7	15.7	19.7	23.8	31.9	40.2	48.5	57.0	65.6	74.4	83.2	92.2						
9	700	9.0	13.5	18.1	22.7	27.3	36.6	46.1	55.7	65.4	75.3	85.2	95.3	105.5						
10	750	10.2	15.4	20.6	25.8	31.1	41.7	52.5	63.4	74.4	85.6	96.8	108.3	119.8						
11	800	11.6	17.4	23.3	29.2	35.1	47.1	59.3	71.5	83.9	96.5	109.2	122.0	135.0	148.2	161.4	174.9			
12	850		19.6	26.1	32.8	39.9	52.9	66.5	80.2	94.1	108.1	122.3	136.6	151.1	165.8	180.6	195.5			
13	900		21.8	29.2	36.5	44.0	58.9	74.1	89.3	104.8	120.4	136.1	152.0	168.1	184.4	200.8	217.3			
14	950		24.2	32.3	40.5	48.8	65.3	82.1	99.0	116.1	133.3	150.7	168.3	186.0	203.9	222.0	240.3			
15	1 000		26.7	35.7	44.7	53.8	72.1	90.5	109.1	127.9	146.9	166.0	185.3	204.8	224.5	244.4	264.4	284.6	305.0
16	1 100		32.1	42.9	53.7	64.6	86.5	108.6	130.9	153.3	176.0	198.9	221.9	245.2	268.6	292.2	316.1	340.1	364.3
17	1 200		38.0	50.7	63.5	76.4	102.2	128.3	154.6	181.1	207.8	234.7	261.8	289.1	316.6	344.4	372.3	400.5	428.9
18	1 300		44.3	59.2	74.2	89.2	119.3	149.7	180.3	211.1	242.2	273.4	304.9	336.7	368.6	400.8	433.2	465.9	498.7
19	1 400		51.2	68.4	85.6	102.9	137.7	172.7	208.0	243.5	279.2	315.2	351.4	387.9	424.6	461.5	498.7	536.2	573.8
20	1 500		58.5	78.2	97.9	117.7	157.4	197.4	237.6	278.1	318.9	359.9	401.1	442.7	484.4	526.5	568.8	611.4	654.2
21	1 600		66.4	88.7	111.0	133.4	178.4	223.7	269.2	315.0	361.1	407.5	454.1	501.1	548.3	595.7	643.5	691.5	739.8

续表（单位：kg）

序号	公称直径 DN/mm	封头名义厚度 δ_n/mm																	
		2	3	4	5	6	8	10	12	14	16	18	20	22	24	26	28	30	32
22	1 700		74.7	99.8	124.9	150.1	200.7	251.6	302.8	354.3	406.1	458.1	510.5	563.1	616.0	669.3	722.8	776.6	830.7
23	1 800		83.6	111.6	155.2	167.8	224.4	281.2	338.4	395.8	453.6	511.7	570.1	628.7	687.8	747.1	806.7	866.6	926.9
24	1 900			124.0	171.6	186.5	249.3	312.5	375.9	439.7	503.8	568.2	632.9	698.0	763.4	829.1	895.2	961.6	1 028.3
25	2 000			137.1	192.7	206.2	275.6	345.3	415.4	485.8	556.6	627.7	699.1	770.9	843.0	915.5	988.3	1 061.4	1 134.9
26	2 100			154.0	210.9	231.5	309.4	387.7	466.3	545.2	624.6	704.2	784.3	864.7	945.4	1 026.6	1 108.0	1 189.9	1 272.1
27	2 200			168.6	230.0	253.4	338.6	424.2	510.2	596.5	683.2	770.3	857.8	945.6	1 033.8	1 122.4	1 211.4	1 300.7	1 390.5
28	2 300			183.8	249.8	276.3	369.1	462.4	556.0	650.1	744.5	839.3	934.5	1 030.1	1 126.1	1 222.5	1 319.3	1 416.5	1 514.1
29	2 400					300.1	401.0	502.2	603.9	706.0	808.4	911.3	1 014.6	1 118.3	1 222.4	1 327.0	1 431.9	1 537.3	1 643.0
30	2 500					325.0	434.1	543.7	653.7	764.1	875.0	986.3	1 098.0	1 210.1	1 322.7	1 435.6	1 549.1	1 662.9	1 777.2
31	2 600					350.8	468.6	586.8	705.5	824.6	944.2	1 064.2	1 184.6	1 305.5	1 426.8	1 548.6	1 670.8	1 793.5	1 916.6
32	2 700					377.6	504.3	631.6	759.3	887.4	1 016.0	1 145.0	1 274.5	1 404.5	1 534.9	1 665.8	1 797.2	1 929.1	2 061.3
33	2 800					405.5	541.4	678.0	815.0	952.5	1 090.4	1 228.9	1 367.8	1 507.1	1 647.0	1 787.3	1 928.2	2 069.4	2 211.2
34	2 900					434.2	579.8	726.0	872.7	1 019.9	1 167.5	1 315.6	1 464.3	1 613.4	1 763.0	1 913.1	2 063.7	2 214.8	2 366.4
35	3 000						619.6	775.7	932.4	1 089.5	1 247.2	1 405.4	1 564.1	1 723.3	1 883.0	2 043.2	2 203.9	2 365.1	2 526.9
36	3 100						660.6	827.1	994.0	1 161.5	1 329.5	1 498.1	1 667.2	1 836.7	2 006.9	2 177.5	2 348.7	2 520.4	2 692.6
37	3 200						703.6	880.0	1 057.7	1 235.8	1 414.5	1 593.7	1 773.5	1 953.8	2 134.7	2 316.1	2 498.1	2 680.6	2 863.6
38	3 300						746.6	934.7	1 123.3	1 312.4	1 502.1	1 692.4	1 883.2	2 074.6	2 266.5	2 459.0	2 652.0	2 845.7	3 039.8
39	3 400						791.6	990.9	1 190.8	1 391.3	1 592.3	1 793.9	1 996.1	2 198.9	2 402.2	2 606.1	2 810.6	3 015.7	3 221.4
40	3 500						837.9	1 048.8	1 260.4	1 472.5	1 685.2	1 898.5	2 112.4	2 326.8	2 541.9	2 757.6	2 973.8	3 190.7	3 408.1

标记示例：椭圆形封头，DN 2 600 mm，$\delta_n = 20$ mm，材质为 Q345R 钢，其标记为

EHA 2600×20—Q345R　GB/T 25198—2010

5.3 法兰连接

考虑到生产工艺上的要求和制造、运输和安装检修时的需要，化工设备和管道、零部件间常采用可拆卸的法兰连接方法。法兰连接有如下特点：

① 密封可靠。在规定的工作压力、温度下和介质的腐蚀情况下能保证紧密不漏。

② 强度足够。附加法兰等结构后不致削弱整体的强度。

③ 适用面广。在设备和管道上都能应用，尺寸范围大。

④ 结构可拆。可多次重复装拆，但较费事。

⑤ 经济合理。小型法兰大批生产，成本较低，大型法兰则成本较高。

5.3.1 工作原理

法兰连接由一对法兰，若干个螺栓、螺母和一个垫片所组成，如图 5-1 所示。放置在法兰密封面间的环形垫片在螺栓预紧力的作用下被压紧而变形，从而填满了法兰密封面上的微观凹凸不平处，这样就达到了密封的要求。当设备或管道工作时，介质内压有将法兰分开，并降低密封面与垫片间压紧力的趋势。当这一压紧力被降低到某一数值以下时，密封就会失效。为此，设备或管道在开工操作以前，螺栓、螺母就需拧紧至给垫片以一个适当的预紧力。显然，所需的预紧力与垫片的材料及宽度有关。

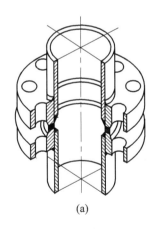

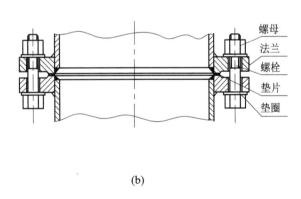

螺母
法兰
螺栓
垫片
垫圈

(a)　　　　　　　　　　　　　　　(b)

图 5-1

由合适材料制作的垫片，在适当的预紧力作用下，既能产生必需的变形，又不致被压坏或挤出；工作时，法兰密封面被拉大距离后，垫片的材料又应具有足够的回弹能力，以继续保持良好的密封性能。垫片的宽度也要适当，垫片越宽，所需的预紧力就越大，从而螺栓及法兰的尺寸也要求越大，否则不足以保持法兰与螺栓的强度与刚度。垫片的材料有非金属和金属两大类。非金属中用得最多的是石棉、橡胶、合成树脂等，与金属垫片相比，其耐温度和压力的性能较差，但耐蚀性及柔软性比金属为优，故适用于中、低压和常、中温设备与管法兰密封。金属垫片的材料有软铝、铜、软钢、铬钢等，用于中、高温和中、高压处

法兰连接中。还有一种组合式垫片,在非金属材料外包以金属薄片,以改善其强度和耐热性;或将薄钢带与石棉带一起绕制而成缠绕式垫片,其耐热性和弹性都较好,应用广泛。

5.3.2 法兰的结构与种类

1. 按法兰与设备(或管道)的连接型式分类

① 焊接法兰。每个法兰与筒体、封头或管段焊成一体,如图 5-2 所示。法兰与筒体、封头或管段以角焊方式连接的,通常称之为平焊法兰。图 5-2(a)所示为管道上采用的平焊法兰;图 5-2(b)所示为容器上采用的平焊法兰。法兰与筒体、封头或管段以对焊方式连接,常称之为对焊法兰,如图 5-2(c)所示。

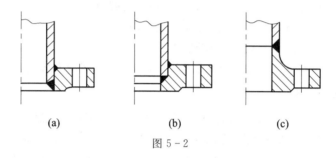

(a)　　　　(b)　　　　(c)

图 5-2

平焊法兰因制造容易而应用广泛,但刚性较差而仅应用于压力不高的场合,一般 PN≤4 MPa。对焊法兰又称高颈法兰,刚性好且对接焊缝的强度较角焊缝为好,所以适用于压力、温度较高和设备直径较大的场合。

② 松套法兰。法兰不与筒体、封头或管段连成一体,它可以套在翻边上[图 5-3(a)],也可以套在焊环上[图 5-3(b)]。它一般只用于压力较低的场合。但它可以采用与设备或管道不同的材料制造,因此铜、铝、不锈钢、陶瓷、石墨及其他非金属制造的设备和管道适宜采用这种碳钢制的松套法兰。

③ 螺纹法兰。法兰与管段用螺纹连接(图 5-4)。

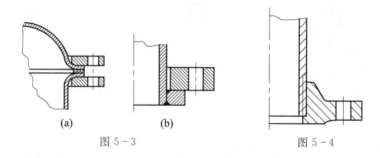

(a)　　　　(b)　　　　　　　　　　

图 5-3　　　　　　　　图 5-4

2. 按法兰密封面的形式分类

① 平密封面。密封面是一圈平面,有时在平面上车制出两圈或多圈 V 形沟槽[图 5-5(a)],其结构简单但密封性能较差,仅用于压力不高、介质无毒的场合。

② 凹凸密封面。一个法兰制成凸面,一个法兰制出凹面[图 5-5(b)],垫片放在凹面上,压紧时不会被挤出,故可用于压力稍高或介质易燃、易爆、有毒的场合。

③ 榫槽密封面。一个法兰上制成一圈凸榫、另一个法兰上制出一圈凹槽[图 5-5(c)],

垫片放在凹槽中,因较窄,易被压紧,密封性好。适用于压力较高、介质剧毒的场合。但制造比较复杂,更换垫片费时费力,装拆时要保证榫面不受碰撞。

④ 环密封面。在两连接法兰面上各车制一圈梯形槽[图 5-5(d)],中间配以截面为椭圆形或八角形的环形金属垫片。工作时,槽的锥面与垫片成线状或狭窄锥面接触密封,可用于温度、压力有波动,介质渗透大的场合。

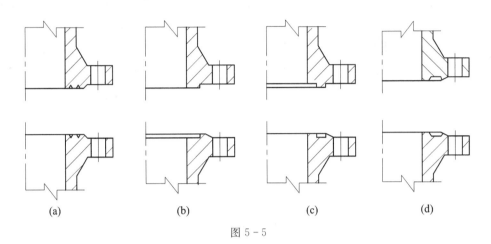

(a)　　　　　(b)　　　　　(c)　　　　　(d)

图 5-5

采用凹凸密封面或榫槽密封面法兰时,凹面或槽面必须向上,以便装入垫片;卧式容器法兰的凹面或槽面应位于筒体上;容器侧面管口的法兰,也应配置凹面或槽面。

3. 按法兰端面形状分类

① 圆形法兰。制造方便,最为常用,如图 5-6(a)所示。

② 方形法兰。便于管道排列紧凑,如图 5-6(b)所示。

③ 腰圆形法兰。常用于阀门和小直径高压管道上,如图 5-6(c)所示。

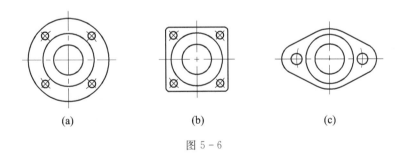

(a)　　　　　　　(b)　　　　　　　(c)

图 5-6

5.3.3 法兰的标准

为了设计与制造方便,各有关部门制定了压力容器法兰标准和管法兰标准。

1. 压力容器法兰标准

压力容器法兰标准分为平焊法兰与对焊法兰两类。

① 平焊法兰。有甲、乙两种型式。甲型法兰的结构如图 5-7(a)所示,密封面上制有两圈 V 形沟槽。乙型法兰的结构如图 5-7(b)所示,它带有一个短筒节,因此刚性较甲型法兰为好,可用于压力较高、直径较大的场合。

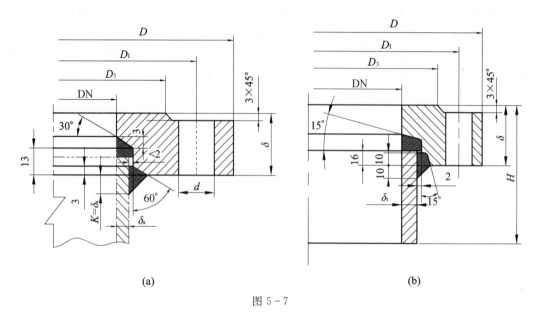

(a)　　　　　　　　　　　　　　(b)

图 5-7

② 对焊法兰。结构如图 5-8 所示,其刚性好,可用于压力更高处。

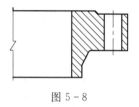

图 5-8

标准法兰及与之匹配的垫片、螺柱和螺母的材料见表 5-7。各类法兰的使用范围见表 5-8。

表 5-7　法兰、垫片、螺柱、螺母材料匹配表(摘自 NB/T 47020—2012)

法兰类型	垫片		匹配	法兰		匹配	螺柱与螺母		
	种类	适用温度范围/℃		材料	适用温度范围/℃		螺柱材料	螺母材料	适用温度范围/℃
甲型法兰	非金属软垫片	橡胶	按 NB/T 47024 表1	可选配右列法兰材料	板材 GB/T 3274 Q235B、Q235C	Q235B: 20~300 Q235C: 0~300	可选配右列螺柱螺母材料	GB/T 699 20	GB/T 700 15	−20~350
		石棉橡胶						GB/T 699 35	20	0~350
		聚四氟乙烯			板材 GB 713 Q245R Q345R	−20~450				
		柔性石墨							GB/T 699 25	0~350

续表

法兰类型	垫片		匹配	法兰		匹配	螺柱与螺母		
	种类	适用温度范围/℃		材料	适用温度范围/℃		螺柱材料	螺母材料	适用温度范围/℃
乙型法兰与长颈法兰	非金属软垫片 橡胶	按 NB/T 47024 表1	可选配右列法兰材料	板材 GB/T 3274 Q235B、Q235C	Q235B: 20～300 Q235C: 0～300	按 NB/T 47020—2012 表3 选定右列螺柱材料后选定螺母材料	35	20 25	0～350
	石棉橡胶			板材 GB 713 Q245R Q345R	−20～450		GB/T 3077 40MnB 40Cr 40MnVB	45 40Mn	0～400
	聚四氟乙烯								
	柔性石墨			锻件 NB/T 47008 20 16Mn	−20～450				
	缠绕垫片 石棉或石墨填充带	按 NB/T 47025 表1、表2		板材 GB 713 Q245R Q345R	−20～450	按 NB/T 47020—2012 表4 选定右列螺柱材料后选定螺母材料	40MnB 40Cr 40MnVB	45 40Mn	−10～400
	聚四氟乙烯填充带			锻件 NB/T 47008 20 16Mn	−20～450		GB/T 3077 35CrMoA	GB/T 3077 30CrMoA 35CrMoA	−70～500
				15CrMo 14Cr1Mo	0～450				
	非石棉纤维填充带		可选配右列法兰材料	锻件 NB/T 47009 16MnD	−40～350	选配右列螺柱螺母材料			
				09MnNiD	−70～350				
	金属包垫片 铜、铝包覆材料	按 NB/T 47026 表1、表2		锻件 NB/T 47008 12Cr2Mol	0～450	按 NB/T 47020—2012 表5 选定右列螺柱材料后选定螺母材料	40MnVB	45 40Mn	0～400
							35CrMoA	45、40Mn	−10～400
								30CrMoA 35CrMoA	−70～500
							GB/T 3077 25CrMoVA	30CrMoA 35CrMoA	−20～500
								25Cr2MoVA	−20～550
	低碳钢、不锈钢包覆材料			锻件 NB/T 47008 20MnMo	0～450	PN≥2.5	25Cr2MoVA	30CrMoA 35CrMoA	−20～500
								25Cr2MoVA	−20～550
						PN<2.5	35CrMoA	30CrMoA	−70～500

注：1. 乙型法兰材料按表列板材及锻件选用，但不宜采用 Cr-Mo 钢制作。相匹配的螺柱、螺母材料按表列规定。
2. 长颈法兰材料按表列锻件选用，相匹配的螺柱、螺母材料按表列规定。
3. 凡是不注日期的引用文件，其最新版本（包括所有的修改单）适用于本表。

表 5-8　压力容器法兰分类及参数表(摘自 NB/T 47020—2012)

类型	平焊法兰										对焊法兰					
	甲型				乙型						长颈					
标准号	NB/T 47021				NB/T 47022						NB/T 47023					
公称直径 DN/mm	公称压力 PN/MPa															
	0.25	0.60	1.00	1.60	0.25	0.60	1.00	1.60	2.50	4.00	0.60	1.00	1.60	2.50	4.00	6.40
300	按PN=1.00															
350																
400																
450	按PN=1.00			—												
500																
550							—									
600						—										
650											—					
700																
800																
900			—													
1 000																
1 100																
1 200																
1 300																
1 400			—													
1 500		—								—						
1 600															—	
1 700								—								
1 800																
1 900																
2 000									—							
2 200					按PN=0.60											
2 400							—									
2 600	—													—		
2 800						—										
3 000							—									

注：凡是不注日期的引用文件,其最新版本(包括所有的修改单)适用于本表。

当设备采用不锈钢制作时,法兰可采用带衬环的结构型式。衬环用不锈钢而法兰本体采用表 5-7 中的规定材料,从而可降低成本。图 5-9 所示为带平密封面衬环的甲型平焊法兰。衬环的材料还可根据工艺条件,由

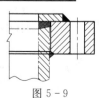

图 5-9

设计者自行决定。

　　乙型平焊法兰和对焊法兰无论带衬环与否,密封面尚有凹凸面和榫槽面的结构;而甲型平焊法兰则无论带衬环与否,密封面结构都只有平面与凹凸面两种。压力容器法兰名称及代号如表 5-9 所示,压力容器法兰密封面代号如表 5-10 所示。

<table>
<tr><td colspan="2">表 5-9　压力容器法兰名称及代号</td></tr>
<tr><td>法兰类型</td><td>名称及代号</td></tr>
<tr><td>一般法兰</td><td>法兰</td></tr>
<tr><td>衬环法兰</td><td>法兰 C</td></tr>
</table>

表 5-10　压力容器法兰密封面代号

密封面型式		代　号
平面密封面	平密封面	RF
凹凸密封面	凹密封面	F
	凸密封面	M
榫槽密封面	榫密封面	T
	槽密封面	G

　　选用标准法兰,必须已知设备的公称直径与公称压力,法兰的公称直径必须与其一致,法兰的公称压力须视法兰的材料与工作温度而定。表 5-11 摘录了甲型、乙型法兰的适用材料及在各级温度下的最大允许工作压力。例如已知设备的 DN = 1 200 mm、PN = 0.59 MPa、操作温度为 150℃,则法兰的 DN 必须是 1 200 mm,如选用甲型平焊法兰,则其 PN 须从表 5-11 确定,表中 150℃时如法兰材料采用 Q345R 的板材,则 PN 可用 0.60 MPa 级这一规格,因其允许工作压力为 0.60 MPa;如法兰材料选用 Q235B,则 PN 应选用 1.00 MPa 级的规格,因为 PN 如为 0.60 MPa 级,则 150℃时允许工作压力只有 0.40 MPa,不符合操作条件。确定了法兰的 DN、PN 和类型即可从有关标准中查得该规格的法兰具体尺寸。表 5-12 摘录了甲型平焊法兰的结构型式及系列尺寸,其图形可见图 5-7(a)。

表 5-11　甲型、乙型法兰适用材料及最大允许工作压力(摘自 NB/T 47020—2012)

公称压力 PN/MPa	法兰材料		工作温度/℃				备　注
			>-20~200	250	300	350	
0.25	板材	Q235B	0.16	0.15	0.14	0.13	工作温度下限 20℃ 工作温度下限 0℃
		Q235C	0.18	0.17	0.15	0.14	
		Q245R	0.19	0.17	0.15	0.14	
		Q345R	0.25	0.24	0.21	0.20	
	锻件	20	0.19	0.17	0.15	0.14	
		16Mn	0.26	0.24	0.22	0.21	
		20MnMo	0.27	0.27	0.26	0.25	
0.60	板材	Q235B	0.40	0.36	0.33	0.30	工作温度下限 20℃ 工作温度下限 0℃
		Q235C	0.44	0.40	0.37	0.33	
		Q245R	0.45	0.40	0.36	0.34	
		Q345R	0.60	0.57	0.51	0.49	
	锻件	20	0.45	0.40	0.36	0.34	
		16Mn	0.61	0.59	0.53	0.50	
		20MnMo	0.65	0.64	0.63	0.60	

公称压力 PN/MPa	法兰材料		工作温度/℃				备　注
			>-20～200	250	300	350	
1.00	板材	Q235B	0.66	0.61	0.55	0.50	工作温度下限 20℃ 工作温度下限 0℃
		Q235C	0.73	0.67	0.61	0.55	
		Q245R	0.74	0.67	0.60	0.56	
		Q345R	1.00	0.95	0.86	0.82	
	锻件	20	0.74	0.67	0.60	0.56	
		16Mn	1.02	0.98	0.88	0.83	
		20MnMo	1.09	1.07	1.05	1.00	
1.60	板材	Q235B	1.06	0.97	0.89	0.80	工作温度下限 20℃ 工作温度下限 0℃
		Q235C	1.17	1.08	0.98	0.89	
		Q245R	1.19	1.08	0.96	0.90	
		Q345R	1.60	1.53	1.37	1.31	
	锻件	20	1.19	1.08	0.96	0.90	
		16Mn	1.64	1.56	1.41	1.33	
		20MnMo	1.74	1.72	1.68	1.60	
2.50	板材	Q235C	1.83	1.68	1.53	1.38	工作温度下限 0℃ DN<1 400 DN≥1 400
		Q245R	1.86	1.69	1.50	1.40	
		Q345R	2.50	2.39	2.14	2.05	
	锻件	20	1.86	1.69	1.50	1.40	
		16Mn	2.56	2.44	2.20	2.08	
		20MnMo	2.92	2.86	2.82	2.73	
		20MnMo	2.67	2.63	2.59	2.50	
4.00	板材	Q245R	2.97	2.70	2.39	2.24	DN<1 500 DN≥1 500
		Q345R	4.00	3.82	3.42	3.27	
	锻件	20	2.97	2.70	2.39	2.24	
		16Mn	4.09	3.91	3.52	3.33	
		20MnMo	4.64	4.56	4.51	4.36	
		20MnMo	4.27	4.20	4.14	4.00	

表 5-12　甲型平焊法兰的结构型式及系列尺寸(摘自 NB/T 47021—2012)

公称直径 DN/mm	法　兰/mm							螺　柱	
	D	D_1	D_2	D_3	D_4	δ	d	规格	数量
PN=0.25 MPa									
700	815	780	750	740	737	36	18	M16	28
800	915	880	850	840	837	38	18	M16	32
900	1 015	980	950	940	937	40	18	M16	36
1 000	1 130	1 090	1 055	1 045	1 042	40	23	M20	32
1 100	1 230	1 190	1 155	1 141	1 138	40	23	M20	32
1 200	1 330	1 290	1 255	1 241	1 238	44	23	M20	36
1 300	1 430	1 390	1 355	1 341	1 338	46	23	M20	40
1 400	1 530	1 490	1 455	1 441	1 438	46	23	M20	40
1 500	1 630	1 590	1 555	1 541	1 538	48	23	M20	44
1 600	1 730	1 690	1 655	1 641	1 638	50	23	M20	48
1 700	1 830	1 790	1 755	1 741	1 738	52	23	M20	52
1 800	1 930	1 890	1 855	1 841	1 838	56	23	M20	52
1 900	2 030	1 990	1 955	1 941	1 938	56	23	M20	56
2 000	2 130	2 090	2 055	2 041	2 038	58	23	M20	60

公称直径 DN/mm	法 兰/mm							螺 柱	
	D	D_1	D_2	D_3	D_4	δ	d	规格	数量
PN＝0.6 MPa									
450	565	530	500	490	487	30	18	M16	20
500	615	580	550	540	537	30	18	M16	20
550	665	630	600	590	587	32	18	M16	24
600	715	680	650	640	637	32	18	M16	24
650	765	730	700	690	687	36	18	M16	28
700	830	790	755	745	742	36	23	M20	24
800	930	890	855	845	842	36	23	M20	24
900	1 030	990	955	945	942	44	23	M20	32
1 000	1 130	1 090	1 055	1 045	1 042	48	23	M20	36
1 100	1 230	1 190	1 155	1 141	1 138	54	23	M20	44
1 200	1 330	1 290	1 255	1 241	1 238	58	23	M20	52
PN＝1.0 MPa									
300	415	380	350	340	337	26	18	M16	16
350	465	430	400	390	387	26	18	M16	16
400	515	480	450	440	437	30	18	M16	20
450	565	530	500	490	487	34	18	M16	24
500	630	590	555	545	542	34	23	M20	20
550	680	640	605	595	592	38	23	M20	24
600	730	690	655	645	642	40	23	M20	24
650	780	740	705	695	692	44	23	M20	28
700	830	790	755	745	742	46	23	M20	32
800	930	890	855	845	842	54	23	M20	40
900	1 030	990	955	945	942	58	23	M20	48
PN＝1.6 MPa									
300	430	390	355	345	342	30	23	M20	16
350	480	440	405	395	392	32	23	M20	16
400	530	490	455	445	442	36	23	M20	20
450	580	540	505	495	492	40	23	M20	24
500	630	590	555	545	542	44	23	M20	28
550	680	640	605	595	592	48	23	M20	32
600	730	690	655	645	642	54	23	M20	40
650	780	740	705	695	692	58	23	M20	44

　　与压力容器相配合的还有标准化了的垫片和双头螺栓等,具体结构可参阅有关标准。非金属垫片的厚度一般取 δ＝3 mm。垫片的材料应根据设计压力、设计温度,按表 5-13 选用。标准中乙型法兰的适用腐蚀裕量为不大于 2 mm,当 C_2＞2 mm 时,短筒节厚度 δ_t 应增加 2 mm。对焊法兰的适用 C_2 不大于 3 mm。

　　标记示例:

　　① 标准法兰。公称压力 1.6 MPa、公称直径 800 mm 的衬环榫槽密封面乙型平焊法兰的榫面法兰,且考虑腐蚀裕量为 3 mm(应增加短筒节厚度 2 mm,δ_t 改为 18 mm),其标记为

$$法兰 \ C\text{-}T \quad 800\text{-}1.6/48\text{-}200 \quad NB/T \ 47022—2012$$

并在图样明细表备注栏中注明:δ_t＝18。其中“48”为法兰厚度、“200”为法兰总高度,均是标准值。

　　② 修改尺寸的标准法兰。公称压力 2.5 MPa、公称直径 1 000 mm 的平面密封面对焊法

兰,其中法兰厚度改为 78 mm、法兰总高度仍为 155 mm,其标记为

$$法兰—RF \quad 1000\text{-}2.5/78\text{-}155 \quad NB/T\ 47022—2012$$

表 5-13　容器法兰用非金属垫片的典型材料和代号

材料类别	名　称	代　号	使用压力/MPa	使用温度/℃
橡　胶	氯丁橡胶	CR	≤1.6	−20～100
	丁腈橡胶	NBR	≤1.6	−20～110
	三元乙丙橡胶	EPDM	≤1.6	−30～140
	氟橡胶	FKM	≤1.6	−20～200
石棉橡胶	石棉橡胶板	XB350	≤2.5	−40～300
		XB450	≤2.5	−40～300
	耐油石棉橡胶板	NY400	≤2.5	−40～300
聚四氟乙烯	聚四氟乙烯板	PTFE	≤4.0	−50～100
柔性石墨	增强柔性石墨板	RSB	1.0～6.4	−240～650

2. 管法兰标准

在我国大量引进国外先进技术与设备的同时,我国的管法兰标准也日趋完善,并与国际接了轨。制定了与欧洲体系接轨的以公称压力为 PN 标记的 12 个等级标准、与美洲体系接轨用 Class 标记的 6 个压力等级的标准(GB/T 9124.2—2019《钢制管法兰　第 2 部分:Class 系列》)。此外还有化工行业标准如 HG/T 20592—2009《钢制管法兰(PN 系列)》等。本书简要介绍使用较为广泛的部分内容,其他部分可查阅有关标准。

(1) 管法兰的类型

以 PN 标记管法兰的类型及代号见表 5-14 及表 5-15。表 5-16 摘录了较为常用的板式平焊法兰适用范围。

表 5-14　PN 标记管法兰的类型及代号

法兰类型	整体法兰	带颈螺纹法兰	对焊法兰
法兰类型代号	IF	Th	WN
法兰标准编号	GB/T 9124.1—2019	GB/T 9124.1—2019	GB/T 9124.1—2019
法兰简图 (EN 标准代号)	(21型)	(13型)	(11型)
法兰类型	整体法兰	带颈螺纹法兰	对焊法兰
法兰类型代号	SO	SW	PL
法兰标准编号	GB/T 9124.1—2019	GB/T 9124.1—2019	GB/T 9124.1—2019
法兰简图 (EN 标准代号)	(12型)		(01型)

法兰类型	A 型对焊环板式松套法兰	B 型对焊环板式松套法兰	平焊环板式松套法兰
法兰类型代号	PL/W-A	PL/W-B	PL/C
法兰标准编号	GB/T 9124.1—2019	GB/T 9124.1—2019	GB/T 9124.1—2019
法兰简图 (EN 标准代号)			

法兰类型	管端翻边板式松套法兰(A 型)	翻边短节板式松套法兰(B 型)
法兰类型代号	PL/P-A	PL/P-B
法兰标准编号	GB/T 9124.1—2019	GB/T 9124.1—2019
法兰简图 (EN 标准代号)		

法兰类型	法兰盖
法兰类型代号	BL
法兰标准编	GB/T 9124.1—2019
法兰简图 (EN 标准代号)	

注:表中法兰简图括号内为欧洲体系的标准(EN)及代号。

表 5 - 15　管法兰类型及代号

法兰类型	法兰类型代号	标准号
板式平焊法兰	PL	GB/T 9119
带颈平焊法兰	SO	GB/T 9116
对焊法兰	WN	GB/T 9115
整体法兰	IF	GB/T 9113
带颈承插焊法兰	SW	GB/T 9117
带颈螺纹法兰	Th	GB/T 9114
A 型/B 型对焊环板式松套法兰	PL/W-A 或 PL/W-B	GB/T 9120
平焊环板式松套法兰	PL/C	GB/T 9121
法兰盖	BL	GB/T 9123
管端翻边板式松套法兰	PL/P-A	GB/T 9122
翻边短节板式松套法兰	PL/P-B	GB/T 9122

注:凡是不注日期的引用文件,其最新版本适用于本表。

（2）管法兰的密封面型式

管法兰的密封面型式及代号如图5－10及表5－15所示；板式平焊法兰的公称压力、公称尺寸与密封面的适用关系如表5－16所示，适用钢管外径尺寸又分系列Ⅰ（英制）与系列Ⅱ（米制）两种（也可参见表5－20）；密封面型式的选用可参考表5－17、表5－18及表5－19。

（3）管法兰的结构尺寸

在PN0.25～0.6 MPa内的板式平焊钢制管法兰结构尺寸如图5－11及表5－20。

（4）管法兰的垫片及紧固件

垫片及紧固件可参考表5－21选配。

（5）管法兰的标记示例

① 公称通径1 200 mm，公称压力0.6 MPa、配用米制管（系列Ⅱ）的突面板式平焊钢制管法兰，材料为Q235A，其标记为

法兰 DN1200－PN6　PL RF Ⅱ Q235A　GB/T 9124.1－2019

② 公称通径600 mm，公称压力1.6 MPa、配用英制管（系列Ⅰ）的平面板式钢制管法兰，材料为06Cr19Ni10钢，其标记为

法兰 DN600－PN16　PL FF Ⅰ 06Cr19Ni10　GB/T 9124.1－2019

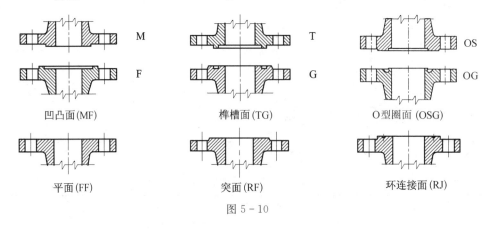

图 5－10

表 5－16　法兰类型和适用范围

法兰类型与标准编号	板式平焊法兰(PL) GB/T 9124.1—2019															
法兰密封面型式	平面(FF)								突面(RF)							
适用钢管外径系列	系列Ⅰ(英制)和系列Ⅱ(米制)															
公称压力 PN/×10 MPa	2.5	6	10	16	25	40	63	100	2.5	6	10	16	25	40	63	100
公称尺寸 DN/mm　10	√	√	√	√	√	√	√	√	√	√	√	√	√	√	√	√
15	√	√	√	√	√	√	√	√	√	√	√	√	√	√	√	√
20	√	√	√	√	√	√	√	√	√	√	√	√	√	√	√	√
25	√	√	√	√	√	√	√	√	√	√	√	√	√	√	√	√

续表

法兰类型与 标准编号	板式平焊法兰(PL) GB/T 9124.1—2019															
法兰 密封面型式	平面(FF)								突面(RF)							
适用钢管 外径系列	系列Ⅰ(英制)和系列Ⅱ(米制)															
公称压力 PN/×10 MPa	2.5	6	10	16	25	40	63	100	2.5	6	10	16	25	40	63	100
32	√	√	√	√	√	√	√	√	√	√	√	√	√	√	√	√
40	√	√	√	√	√	√	√	√	√	√	√	√	√	√	√	√
50	√	√	√	√	√	√	√	√	√	√	√	√	√	√	√	√
65	√	√	√	√	√	√	√	√	√	√	√	√	√	√	√	√
80	√	√	√	√	√	√	√	√	√	√	√	√	√	√	√	√
100	√	√	√	√	√	√	√	√	√	√	√	√	√	√	√	√
125	√	√	√	√	√	√	√	√	√	√	√	√	√	√	√	√
150	√	√	√	√	√	√	√	√	√	√	√	√	√	√	√	√
(175)	√	√	√	√	—	—	—	—	√	√	√	√	—	—	—	—
200	√	√	√	√	√	√	√	√	√	√	√	√	√	√	√	√
(225)	√	√	√	√	—	—	—	—	√	√	√	√	—	—	—	—
250	√	√	√	√	√	√	√	√	√	√	√	√	√	√	√	√
300	√	√	√	√	√	√	√	√	√	√	√	√	√	√	√	√
350	√	√	√	√	√	√	√	√	√	√	√	√	√	√	√	√
400	√	√	√	√	√	√	√	—	√	√	√	√	√	√	√	—
450	√	√	√	√	√	—	—	—	√	√	√	√	√	—	—	—
500	√	√	√	√	√	—	—	—	√	√	√	√	√	—	—	—
600	√	√	√	√	√	—	—	—	√	√	√	√	√	—	—	—
700	√	√	√	√	√	—	—	—	√	√	√	√	√	—	—	—
800	√	√	√	√	√	—	—	—	√	√	√	√	√	—	—	—
900	√	√	√	√	—	—	—	—	√	√	√	√	—	—	—	—
1 000	√	√	√	√	—	—	—	—	√	√	√	√	—	—	—	—
1 200	√	√	√	√	—	—	—	—	√	√	√	√	—	—	—	—
1 400	√	√	√	√	—	—	—	—	√	√	√	√	—	—	—	—
1 600	√	√	√	√	—	—	—	—	√	√	√	√	—	—	—	—
1 800	√	√	√	√	—	—	—	—	√	√	√	√	—	—	—	—
2 000	√	√	√	√	—	—	—	—	√	√	√	√	—	—	—	—

注:1. "√"表示适用,"—"表示不适用。
　　2. 带括号尺寸不推荐使用,并且仅适用于船用法兰。

表 5-17　密封面型式

密封面型式		代号	公称压力 PN/MPa									
			0.25	0.6	1.0	1.6	2.5	4.0	6.3	10.0	16.0	25.0
突　面		RF*	DN10~2 000				DN10~1 200	DN10~600	DN10~400		DN10~300	
凹凸面	MF											
	凹面	F	—		DN10~600				DN10~400		DN10~300	—
	凸面	M										
榫槽面	TG											
	榫面	T	—		DN10~600				DN10~400		DN10~300	—
	槽面	G										
全平面		FF	DN10~600	DN10~2 000		—						
环连接面		RJ	—						DN15~400		DN15~300	

注：PN≤4.0 MPa 的突面法兰采用非金属平垫片；采用聚四氟乙烯包覆垫和柔性石墨复合垫时，可车制密纹水线，密封面代号为 RF(A)。

表 5-18　法兰类型与密封面型式

法　兰　类　型	密封面型式	压力等级 PN/MPa
板式平焊法兰(PL)	突面(RF)	0.25~2.5
	全平面(FF)	0.25~1.6
带颈平焊法兰(SO)	突面(RF)	0.6~4.0
	凹凸面(MF)	1.0~4.0
	榫槽面(TG)	1.0~4.0
	全平面(FF)	0.6~1.6
对焊法兰(WN)	突面(RF)	1.0~25.0
	凹凸面(MF)	1.0~16.0
	榫槽面(TG)	1.0~16.0
	环连接面(RJ)	6.3~25.0
	全平面(FF)	1.0~1.6
整体法兰(IF)	突面(RF)	0.6~25.0
	凹凸面(MF)	1.0~16.0
	榫槽面(TG)	1.0~16.0
	环连接面(RJ)	6.3~25.0
	全平面(FF)	0.6~1.6
带颈承插焊法兰(SW)	突面(RF)	1.0~10.0
	凹凸面(MF)	1.0~10.0
	榫槽面(TG)	1.0~10.0

法 兰 类 型	密封面型式	压力等级 PN/MPa
带颈螺纹法兰(Th)	突面(RF)	0.6~4.0
	全平面(FF)	0.6~1.6
对焊环板式松套法兰(PL/W-A 或 PL/W-B)	突面(RF)	0.6~4.0
平焊环板式松套法兰(PL/C)	突面(RF)	0.6~1.6
	凹凸面(MF)	1.0~1.6
	榫槽面(TG)	1.0~1.6
法兰盖(BL)	突面(RF)	0.25~25.0
	凹凸面(MF)	1.0~16.0
	榫槽面(TG)	1.0~16.0
	环连接面(RJ)	6.3~25.0
	全平面(FF)	0.25~1.6

表 5-19　法兰密封面型式选用表

法 兰 类 型	使 用 工 况			
	一般	易燃、易爆、高度和极度危害	PN≥10.0 MPa 高压	配用铸铁法兰
整体法兰(IF) 对焊法兰(WN)	突面(RF)	突面(RF) 凹凸面(MF) 榫槽面(TG)	突面(RF) 环连接面(RJ)	全平面(FF)
带颈螺纹法兰(Th) 板式平焊法兰(PL)	突面(RF)	(注)	—	全平面(FF)
对焊环板式松套法兰 (PW/W-A 或 PL/W-B)	突面(RF)	突面(RF)	—	全平面(FF)
平焊环板式松套法兰 (PL/C)	突面(RF)	突面(RF) 凹凸面(MF) 榫槽面(TG)	—	—
带颈承插焊法兰(SW)	突面(RF)	突面(RF) 凹凸面(MF) 榫槽面(TG)	突面(RF)	—
带颈平焊法兰(SO)	突面(RF)	突面(RF) 凹凸面(MF) 榫槽面(TG)	—	全平面(FF)
法兰盖(BL)	突面(RF)	突面(RF) 凹凸面(MF) 榫槽面(TG)	突面(RF) 环连接面(RJ)	全平面(FF)

注：本表不推荐使用。

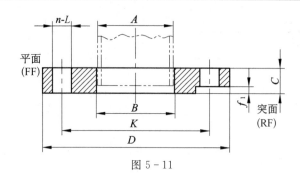

图 5-11

表 5-20　PN2.5 板式平焊钢制管法兰

公称尺寸 DN /mm	钢管外径 A/mm		连 接 尺 寸					法兰厚度 C/mm	密 封 面		法兰内径 B/mm	
	系列Ⅰ	系列Ⅱ	法兰外径 D/mm	螺栓孔中心圆直径 K/mm	螺栓孔直径 L/mm	螺栓 数量 n/个	螺栓 螺纹规格		d/mm	f₁/mm	系列Ⅰ	系列Ⅱ
10	17.2	14	75	50	11	4	M10	12	35	2	18.0	15
15	21.3	18	80	55	11	4	M10	12	40	2	22.0	19
20	26.9	25	90	65	11	4	M10	14	50	2	27.5	26
25	33.7	32	100	75	11	4	M10	14	60	2	34.5	33
32	42.4	38	120	90	14	4	M12	16	70	2	43.5	39
40	48.3	45	130	100	14	4	M12	16	80	3	49.5	46
50	60.3	57	140	110	14	4	M12	16	90	3	61.5	59
65	76.1	76	160	130	14	4	M12	16	110	3	77.5	78
80	88.9	89	190	150	18	4	M16	18	128	3	90.5	91
100	114.3	108	210	170	18	4	M16	18	148	3	116.0	110
125	139.7	133	240	200	18	8	M16	20	178	3	141.5	135
150	168.3	159	265	225	18	8	M16	20	202	3	170.5	161
(175)	193.7	—	295	255	18	8	M16	22	232	3	196	—
200	219.1	219	320	280	18	8	M16	22	258	3	221.5	222
(225)	245	—	345	305	18	8	M16	22	282	3	248	—
250	273.0	273	375	335	18	12	M16	24	312	3	276.5	276
300	323.9	325	440	395	22	12	M20	24	365	4	327.5	328
350	355.6	377	490	445	22	12	M20	26	415	4	359.5	380
400	406.4	426	540	495	22	16	M20	28	465	4	411.0	430
450	457.0	480	595	550	22	16	M20	30	520	4	462.0	484
500	508.0	530	645	600	22	20	M20	30	570	4	513.5	534
600	610.0	630	755	705	26	20	M24	32	670	5	616.5	634
700	711.0	720	860	810	26	24	M24	40(36)ᵇ	775	5	715	724

注：带括号尺寸不推荐使用。

表5-21 法兰、垫片、紧固件选配表

垫片型式	使用压力 PN/MPa	密封面型式①	密封面表面粗糙度	法兰型式	垫片最高使用温度/℃	紧固件型式	紧固件性能等级或材料牌号②③④				
							200℃	250℃	300℃	500℃	550℃
橡胶垫片⑤	≤1.6	突面,凹凸面,榫槽面,全平面	密纹水线或 Ra 6.3~12.5	各种型式	200	六角螺栓 双头螺柱 全螺纹螺柱	8.8级 35CrMoA 25Cr2MoVA				
石棉橡胶板垫片⑥	≤2.5	突面,凹凸面,全平面	密纹水线或 Ra 6.3~12.5	各种型式	260	六角螺栓 双头螺柱 全螺纹螺柱		8.8级 35CrMoA 25Cr2MoVA	35CrMoA 25Cr2MoA		
合成纤维橡胶垫片	≤4.0	突面,凹凸面,全平面	密纹水线或 Ra 6.3~12.5	各种型式	290	六角螺栓 双头螺柱 全螺纹螺柱		8.8级 35CrMoA 25Cr2MoVA	35CrMoA 25Cr2MoA		
聚四氟乙烯垫片(改性或填充)	≤4.0	突面,凹凸面,全平面	密纹水线或 Ra 6.3~12.5	各种型式	260	六角螺栓 双头螺柱 全螺纹螺柱		8.8级 35CrMoA 25Cr2MoVA	35CrMoA 25Cr2MoA		
柔性石墨复合垫	1.0~6.3	突面,凹凸面,榫槽面	密纹水线或 Ra 6.3~12.5	各种型式	650(450)	六角螺栓 双头螺柱 全螺纹螺柱		8.8级 35CrMoA 25Cr2MoVA	35CrMoA 25Cr2MoA	35CrMoA 25Cr2MoVA	25Cr2MoVA
聚四氟乙烯包覆垫	0.6~4.0	突面	密纹水线或 Ra 6.3~12.5	各种型式	150(200)	六角螺栓 双头螺柱 全螺纹螺柱	8.8级 35CrMoA 25Cr2MoVA				

续表

垫片型式	使用压力 PN/MPa	密封面型①	密封面表面粗糙度	法兰型式	垫片最高使用温度/℃	紧固件型式	紧固件性能等级或材料牌号②③④				
							200℃	250℃	300℃	500℃	550℃
缠绕垫	1.6~16.0	突面,凹凸,榫槽面	Ra 3.2~6.3	带颈平焊法兰 带颈对焊法兰 整体法兰 承插焊法兰 对焊环松套法兰 法兰盖	650	双头螺柱 全螺纹螺柱				35CrMoA 25Cr2MoVA	25Cr2MoVA
金属包覆垫	2.5~10.0	突面	Ra 1.6~3.2(碳钢) Ra 0.8~1.6(不锈钢)	带颈对焊法兰 整体法兰 法兰盖	500	双头螺柱 全螺纹螺柱				35CrMoA 25Cr2MoVA	25Cr2MoVA
齿形组合垫	1.6~25.0	突面,凹凸面	Ra 3.2~6.3	带颈对焊法兰 整体法兰 法兰盖	650	双头螺柱 全螺纹螺柱				35CrMoA 25Cr2MoVA	25Cr2MoVA
金属环垫	6.3~25.0	环连接面	Ra 0.8~1.6(碳钢,铬钼钢) Ra 0.4~0.8(不锈钢)	带颈对焊法兰 整体法兰 法兰盖	600	双头螺柱 全螺纹螺柱				35CrMoA 25Cr2MoVA	25Cr2MoVA

注：① 凹凸面,榫槽面仅用于 PN1.0~16.0 MPa,DN10~600 mm 的整体法兰、对焊法兰、平焊环松套法兰、法兰盖。

② 表列紧固件使用温度系指紧固的金属温度;紧固件性能等级或材料是包含了材料及加工情况的数字代号。

③ 表列螺栓、螺柱材料可使用在比表列温度低的温度范围(不低于-20℃),但不宜使用在比表列温度高的温度范围。

④ 表列紧固件材料,除 35CrMoA 外,使用温度下限为-20℃;35CrMoA 使用温度低于-20℃时应进行低温夏比冲击试验,最低使用温度-100℃。

⑤ 各种天然橡胶及合成橡胶使用温度范围不同,详见有关标准。

⑥ 石棉橡胶板的 $P \cdot t \leqslant 650$ MPa·℃。

5.4 设备的支座

化工设备上的支座是支承设备重量和固定设备位置用的一种不可缺少的部件。在某些场合下,支座还可能承受设备操作时的振动、地震载荷、风雪载荷等。支座的结构形式和尺寸往往取决于设备的型式、载荷情况及构造材料。最常用的有耳式支座、支承式支座和鞍式支座。

5.4.1 耳式支座

图 5－12

耳式支座又称悬挂式支座,其安装位置如图 4－1(b)中所示,广泛用于中小型的直立设备中。它通常由两块筋板及一块底板焊接而成。筋板(或再通过一块垫板)与设备筒体(或夹套)焊接在一起,如图 5－12 及图 5－13 所示。底板上开有通孔,可供安装定位用。筋板是增加支座刚性的,轻型设备可以只用一块,重型设备有多至三块者。NB/T 47065.3—2018《容器支座 第 3 部分:耳式支座》中规定为两块,有时筋板上方还加一块盖板,如图 5－13(b)所示。每个设备可用 2～4 个耳座(DN≤700 mm 时允许采用 2 个),必要时可用得更多些,但个数一多往往不能保证全部耳座都装在同一水平面上,因而也就不能保证每个耳座受力均匀。耳座可以搁在钢梁上,或砖砌的、混凝土的基础上,也可支承在钢管柱子上。

耳式支座已由有关部门制定了系列标准,分为 A 型(短臂),如图 5－13(a)(b)所示;筋板比较长的 B 型(长臂),如图 5－13(c)所示;筋板更长的 C 型(加长臂)。A、B、C 各型均有八种支座号。B 型和 C 型适用于带保温层的立式焊接容器,因其 l_2 较长,保温层的厚度将不影响底板上通孔的定位作用,又称长臂耳座和加长臂耳座,如表 5－22 所示。NB/T 47065.3—2018 中耳座材料的牌号与代号见表 5－23。

表 5－22 耳式支座型式特征

型 式		支座号	垫 板	盖 板	适用公称直径 DN/mm
短臂	A	1～5	有	无	300～2 600
		6～8		有	1 500～4 000
长臂	B	1～5	有	无	300～2 600
		6～8		有	1 500～4 000
加长臂	C	1～3	有	有	300～1 400
		4～8		有	1 000～400

表 5－23 耳座材料代号

材 料 代 号	I	II	III	IV
支座的筋板和底板材料	Q235A	Q345R	06Cr19Ni10	15CrMoR

支座的安装尺寸 D(图 5－14)可按下式计算:

$$D=\sqrt{(D_i+2\delta_n+2\delta_3)^2-b_2^2}+2(l_2-s_1)$$

式中，D 为支座安装尺寸，mm；D_i 为容器内径，mm；δ_n 为壳体名义厚度，mm；δ_3 为加强垫板厚度，mm；b_2、δ_2、l_2、s_1 为耳式支座尺寸，摘录见表 5 - 24 或表 5 - 25。

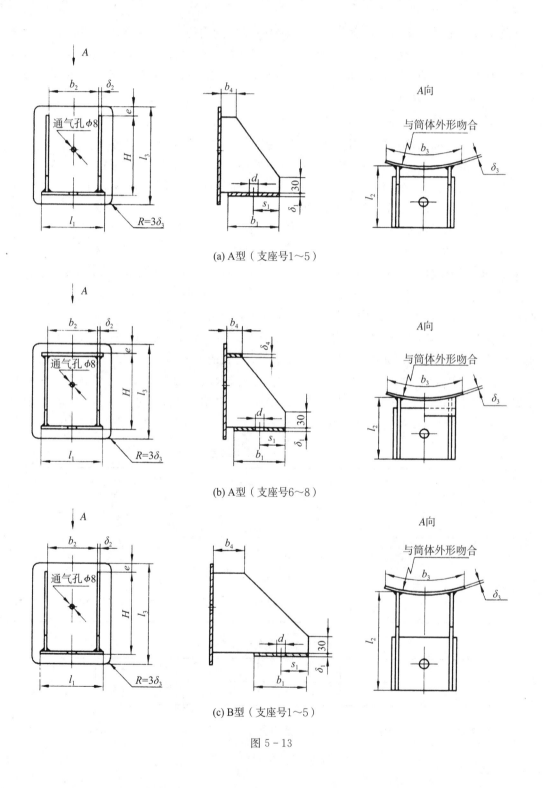

(a) A型（支座号1～5）

(b) A型（支座号6～8）

(c) B型（支座号1～5）

图 5 - 13

表 5 - 24 A 型支座系列参数尺寸

（单位：mm）

支座号	支座允许载荷[Q]/kN Q235A 06Cr19Ni10	支座允许载荷[Q]/kN Q345R 15CrMoR	适用容器公称直径 DN	高度 H	底板 l_1	底板 b_1	底板 δ_1	s_1	筋板 l_2	筋板 b_2	筋板 δ_2	垫板 l_3	垫板 b_3	垫板 δ_3	e	盖板 b_4	盖板 δ_4	地脚螺栓 d	地脚螺栓 规格	支座质量 /kg
1	10	14	300~600	125	100	60	6	30	80	70	4	160	125	6	20	30	—	24	M20	1.7
2	20	26	500~1 000	160	125	80	8	40	100	90	5	200	160	6	24	30	—	24	M20	3.0
3	30	44	700~1 400	200	160	105	10	50	125	110	6	250	200	8	30	30	—	30	M24	6.0
4	60	90	1000~2 000	250	200	140	14	70	160	140	8	315	250	8	40	30	—	30	M24	11.1
5	100	120	1 300~2 600	320	250	180	16	90	200	180	10	400	320	10	48	30	—	30	M24	21.6
6	150	190	1 500~3 000	400	320	230	20	115	250	230	12	500	400	12	60	50	12	36	M30	42.7
7	200	230	1 700~3 400	480	375	280	22	130	300	280	14	600	480	14	70	50	14	36	M30	69.8
8	250	320	2 000~4 000	600	480	360	26	145	380	350	16	720	600	16	72	50	16	36	M30	123.9

注：表中支座质量是以表中的垫板厚度为 δ_3 计算的，如果 δ_3 的厚度改变，则支座的质量相应地改变。

表 5 - 25 B 型支座系列参数表

（单位：mm）

支座号	支座允许载荷[Q]/kN Q235A 06Cr19Ni10	支座允许载荷[Q]/kN Q345R 15CrMoR	适用容器公称直径 DN	高度 H	底板 l_1	底板 b_1	底板 δ_1	s_1	筋板 l_2	筋板 b_2	筋板 δ_2	垫板 l_3	垫板 b_3	垫板 δ_3	e	盖板 b_4	盖板 δ_4	地脚螺栓 d	地脚螺栓 规格	支座质量 /kg
1	10	14	300~600	125	100	60	6	30	160	70	5	160	125	6	20	50	—	24	M20	2.5
2	20	26	500~1 000	160	125	80	8	40	180	90	6	200	160	6	24	50	—	24	M20	4.3
3	30	44	700~1 400	200	160	105	10	50	205	110	8	250	200	8	30	50	—	30	M24	8.3
4	60	90	1 000~2 000	250	200	140	14	70	290	140	10	315	250	8	40	70	—	30	M24	15.7
5	100	120	1 300~2 600	320	250	180	16	90	330	180	12	400	320	10	48	70	—	30	M24	28.7
6	150	190	1 500~3 000	400	320	230	20	115	380	230	14	500	400	12	60	100	14	36	M30	53.9
7	200	230	1 700~3 400	480	375	280	22	130	430	270	16	600	480	14	70	100	16	36	M30	85.2
8	250	320	2 000~4 000	600	480	360	26	145	510	350	18	720	600	16	72	100	18	36	M30	146.0

注：表中支座质量是以表中的垫板厚度为 δ_3 计算的，如果 δ_3 的厚度改变，则支座的质量相应地改变。

标记示例：

（1）A 型 3 号耳式支座，支座材料为 Q235A，其标记为

NB/T 47065.3—2018，耳式支座 A3 - I

材料：Q235A

（2）B 型 3 号耳式支座　材料为 Q345A，垫板材料为 06Cr18Ni9，垫板厚度 12 mm，其标记为

NB/T 47065.3—2018，耳式支座 B3 - II，$\delta_3 = 12$

材料：Q345R/06Cr18Ni9

非标准的悬挂式耳座也可用钢板直接弯制而成（图 5 - 15），常用于搪瓷反应锅上。

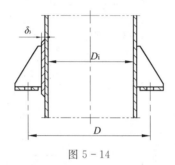 

图 5 - 14　　　　　　　　图 5 - 15

5.4.2　支承式支座

高度不大的立式设备，也常采用支承式支座，标准系列的结构，是由两块筋板及一块底板组合而成的，必要时可在支座与筒底间加以垫板，如图 5 - 16 所示。标准结构的尺寸可从有关设计手册中查得，一般采用 3 或 4 个支座均布。小型设备有时可支承在钢管支座（图 5 - 17）或角钢支柱（又称腿式支座，

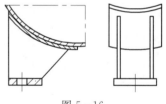

图 5 - 16

见图 5 - 18）上。高大的直立设备，如塔设备等常采用圆筒形或圆锥形的裙式支座，裙座上有时开有接管通道和安装维修用的人孔通道等，详见第 6 章"塔设备的机械设计"。

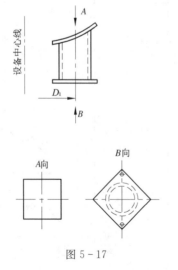 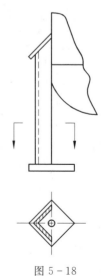

图 5 - 17　　　　　　　　图 5 - 18

5.4.3 鞍式支座

贮槽、换热器等卧式设备常用鞍式支座予以支承,如图 5-19 所示。鞍式支座由一块底板、一块腹板及若干块筋板焊接而成,是否需要设置加强垫板,其情况与耳式支座基本相同,图 5-20 所示的结构是带加强垫板的。鞍式支座已有系列标准(NB/T 47065.1—2018《容器支座　第 1 部分:鞍式支座》),其公称直径即筒体公称直径。每一公称直径的规格都有轻型(A 型)和重型(B 型)两种,A 型鞍式支座有 DN1 000～4 000 mm 的 22 种系列尺寸,而 B 型鞍式支座则有 DN159～426 mm 和 DN300～4 000 mm 的几十种系列尺寸,如表 5-26 所示。每一种型式又可分为固定式(代号 F)和滑动式(代号 S)两种。固定式与滑动式的区别仅在于底板上地脚螺栓孔的形状不同。滑动式底板上的螺栓孔为长圆形,安装地脚螺栓时采用两个螺母,第一个螺母拧紧后倒退一圈,然后用第二个螺母锁紧,以使鞍式支座能在基础面上自由滑动。长圆孔的长度须根椐温差伸缩进行校核计算。设备的基础若为钢筋混凝土,则鞍式支座下必须安装平整光滑的基础垫板。鞍式支座材料一般为 Q235A钢,加强垫板的材料则应与筒体一致。

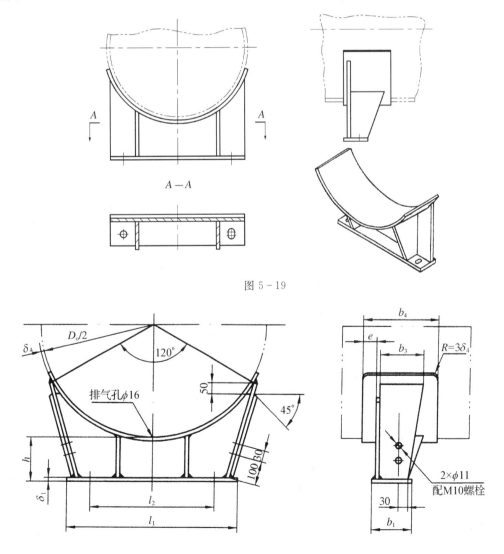

图 5-19

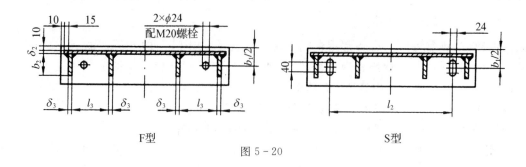

图 5 - 20

表 5 - 26　各种型号的鞍式支座结构特征表

型　式			适用公称直径 DN/mm	包　角/(°)	筋板数	垫　板
轻型 A			1 000～2 000	120	4	有
			2 100～4 000		6	
重型	焊制	BⅠ	159～426	120	1	有
			300～450			
			500～900		2	
			1 000～2 000		4	
			2 100～4 000		6	
		BⅡ	1 000～2 000	150	4	有
			2 100～4 000		6	
重型	焊制	BⅢ	159～426	120	1	无
			300～450			
			500～900		2	
	弯制	BⅣ	159～426	120	1	有
			300～450			
			500～900		2	
		BⅤ	159～426		1	无
			300～450			
			500～900		2	

卧式设备一般采用双支座,一个 F 式、一个 S 式。为了充分利用封头对筒体邻近部分的加强作用,应尽可能将支座设计得靠近封头处(图 5 - 21),即 $A \leqslant D_o/4$,A 也不宜大于 $0.2L$,以使筒体的中间截面与支承截面处的弯矩值相等或相近。特殊场合下鞍式支座可采用两个以上,如铝制设备等。

图 5 - 21 中的 θ 被称为鞍式支座包角,其大小不仅影响鞍式支座处圆筒截面上的应力分布,而且也影响卧式容器的稳定性与整个系统的重心高低。θ 小则鞍式支座重量轻,但容器-支座系统重心较高,且鞍式支座处圆筒上的应力较大,必要时需进行强度校核。NB/T 47065.1—2018 规定 θ 为 120°和 150°两种型式。图 5 - 20 为 NB/T 47065.1—2018 中轻型鞍式支座的结构(DN1 000～2 000),其基本尺寸应符合表 5 - 27 规定。

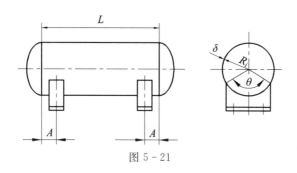

图 5 - 21

在标准系列中,鞍式支座的高度 H 有 200、250 mm 两种规格,但容许改变。

鞍式支座选用后应对载荷作强度校核计算。

标记示例:

① DN325 mm,120°包角,重型不带垫板,标准尺寸的弯制固定式鞍式支座,材料 Q235A 钢。标记为

NB/T 47065.1—2018,鞍式支座 BV325 - F(Q235A 则注于材料栏内)

② DN1 600 mm,150°包角,重型滑动鞍式支座,鞍式支座材料 Q235A 钢,垫板材料 06Cr18Ni9 钢,鞍式支座高度 400 mm,垫板厚度 12 mm,滑动长孔长度为 60 mm。其标记为

NB/T 47065.1—2018,鞍式支座 BⅡ1 600 - S,h=400,

δ_4=12,l=60(材料栏内注:Q235A/06Cr18Ni9)

表 5 - 27　A 型鞍式支座尺寸表　　　　　　　　　　(单位:mm)

公称直径 DN	允许载荷 Q/kN	鞍式支座高度 h	底　板			腹板 δ_2	筋　板				垫　板				螺栓间距 l_2	鞍式支座质量 /kg	增加 100 mm 高度增加的质量 /kg
			l_1	b_1	δ_1		l_3	b_2	b_3	δ_3	弧长	b_4	δ_4	e			
1 000	140	200	760	170	10	6	170	140	200	6	1 180	320	6	55	600	47	7
1 100	145		820				185				1 290				660	51	7
1 200	145		880				200				1 410				720	56	7
1 300	155		940				215				1 520	350			780	74	9
1 400	160		1 000				230				1 640				840	80	9
1 500	272	250	1 060	200	12	8	240	170	240	8	1 760	390	8		900	109	12
1 600	275		1 120				255				1 870				960	116	12
1 700	275		1 200				275				1 990				1 040	122	12
1 800	295		1 280				295				2 100				1 120	162	16
1 900	295		1 360	220		10	315	190	260		2 220	430	10		1 200	171	16
2 000	300		1 420				330				2 330				1 260	160	17

5.5　设备的开孔与附件

为了使设备能够进行正常的操作与维修,在封头和筒体上需要开出必要的孔道以便安装各种附件,如各种物料的进出管口、仪表的接口装置、人孔和视镜等,如图 4 - 1(a)(b)

所示。

在设备上开孔,需要考虑孔的位置、大小对设备强度的削弱程度及是否需要补强等问题。此处主要讨论设备开孔的常用装置和开孔补强的问题。

5.5.1　设备开孔的装置

1. 设备的管口与凸缘

设备与管道的连接,设备上测量、控制仪表的安装,都是通过设备上的管口与凸缘来实现的。

焊接的法兰管口如图 5-22(a)所示,管口伸出长度应考虑安装螺栓的方便,通常可按表 5-28 选用。接管一般应采用无缝钢管,只有压力低于或等于 0.6 MPa、DN≤50 mm 和用于无毒、非易燃、非腐蚀性介质时,才能考虑使用低压流体输送用焊接钢管。在不影响生产使用及装卸内部构件的情况下,通常可采用接管插入容器内壁的结构(图 5-22)插入容器内的长度应大于或等于 $1.5\delta_n$,且不小于 6 mm。

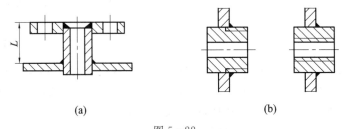

(a)　　　　　　　　　　(b)

图 5-22

表 5-28　管口伸出长度　　　　　　　　　　　(单位:mm)

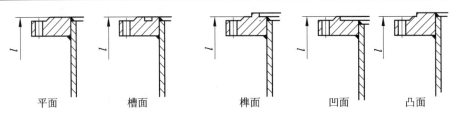

保温层厚度	管口公称通径 DN	最小伸出长度 l
50~75	10~100	150
	125~300	200
	350~600	250
76~100	10~50	150
	70~300	200
	350~600	250
101~125	10~50	200
	200~600	250
126~150	10~50	200
	70~300	250
	350~600	300

续表(单位：mm)

保温层厚度	管口公称通径 DN	最小伸出长度 l
151～175	10～150	250
	200～600	300
176～200	10～50	250
	70～300	300
	350～600	350

　　焊接的螺纹管口如图 5-22(b)所示，它主要用来安装检测仪表，根据安装需要，可以制成内螺纹或外螺纹。带内螺纹者已有标准系列，又称之为管螺纹设备凸缘。要求管口长度很短时，可采用能与管法兰直接装配的凸缘(图 5-23)，这种凸缘也有标准系列，缺点是双头螺栓折断在螺纹孔中后，取出比较困难。

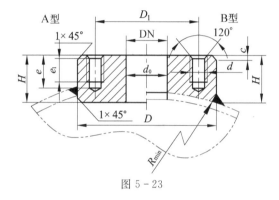

图 5-23

2. 人孔、手孔、检查孔

　　人孔、手孔及检查孔是为安装、维修、检查设备内部结构用的装置。三者结构基本近似，只是大小不同而已。图 5-24 所示为平盖式的常压人孔、手孔装置结构图，它由短筒体、法兰、孔盖、手柄(一般人孔为 2 个，手孔为 1 个)、垫片及若干螺栓、螺母所组成，短筒体则焊于设备上。人孔、手孔、检查孔的设置情况见表 5-29；卧式容器筒体长度大于或等于 6 000 mm 时，应考虑设置 2 个人孔，其尺寸应根据容器直径大小、压力等级、容器内部可拆构件尺寸等因素决定，一般情况下：

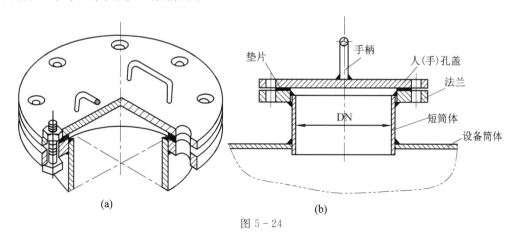

图 5-24

① 容器直径大于或等于 900~1 000 mm 时,选用 DN400 mm 人孔;

② 容器直径大于 1 000~1 600 mm 时,选用 DN450 mm 人孔;

③ 容器直径大于 1 600~3 000 mm 时,选用 DN500 mm 人孔;

④ 容器直径大于 3 000 mm 时,选用 DN600 mm 人孔。

表 5-29　人孔、手孔、检查孔的设置

容器公称直径/mm	有内部构件时	无内部构件时
>300~<900	设置设备法兰	设置一个手孔或设置 1~2 个检查孔
≥900~<2 600	设置一个人孔	设置一个人孔
≥2 600	设置两个人孔	设置一个人孔

高真空或设计压力高于 2.5 MPa 的容器,人孔直径宜适当小些,一般可选取 DN400。寒冷地区人孔直径应不小于 450 mm,以便人员穿厚衣服出入。位置受到限制时,也可采用不小于 400 mm×300 mm 的长圆形人孔。手孔直径一般不小于 150 mm,必要时取 250 mm。检查孔管径不小于 40 mm,有适当的备用管口,则可不设检查孔。

人、手孔已有标准系列,设计时可从有关手册中选到适用的标准结构。其中:① 碳素钢、低合金钢制人、手孔系列,常用的有各种类型的人孔(HG/T 21515~21527—2014),手孔(HG/T 21528~21535—2014)分别适用于常压、0.25 MPa、0.6 MPa、1.0 MPa、1.6 MPa、2.5 MPa、4.0 MPa、6.3 MPa 压力等级;② 不锈钢人、手孔系列则有各种类型人孔(HG/T 21515~21533—2014),手孔(HG/T 20601~21604—2014)分别适用于:常压、0.6 MPa 至 4.0 MPa 压力等级,③ 0.25 MPa 等级有快开不锈钢活动盖人孔(HG/T 21583—1995)可供选择。人、手孔结构有平盖式、拱形盖式、回转盖快开式等。快开式人、手孔开启比较方便,适用需要经常打开的场合。图 5-25 所示的回转盖人孔比图 5-24 所示的平盖式人孔多一套使盖可以回转的装置,具体结构如下:法兰 4 焊在短筒节 1 上。法兰 4 和法兰盖 6 又分别焊有法兰轴耳 12、13 和盖轴耳 11、14,穿以轴销 9,套以垫圈 10 用开口销 8 固定。关闭人孔时,把盖回转至法兰上,以螺栓 2、螺母 3 压紧垫片 5 即成。其结构特点是打开人孔时,盖可回转至一边,不必取下。图中密封有 A、B、C 三种型式。各种规格人、手孔的具体结构、材料和尺寸可从有关手册查得。

3. 视镜

视镜是为观察设备内部物料操作情况的装置,根据工作压力及物料情况可选用不同规格的标准结构。NB/T 47017—2011《压力容器视镜》中视镜的规格及系列见表 5-30。视镜的基本型式如图 5-26 所示。视镜与容器的连接型式有两种:一种是视镜座外缘直接与容器的壳体或封头相焊(前者见图 5-27);另一种是视镜座由配对管法兰(或法兰凸缘)夹持固定[图 5-28(a)(b)]。视镜座外缘直接与壳体或封头相焊的视镜结构简单[图 5-28(b)],不易结料,便于窥视,应优先采用。当视镜需要斜装或设备直径与视镜外径相差较小,不宜把视镜直接焊于设备上,或容器外部有保温层时,应采用视镜座由配对管法兰夹持固定的结构,有时称为带颈视镜[图 5-28(a)]。为便于观察设备内部情况,一般采用带射灯装置,如图 5-29 所示。视镜与射灯组合格局,如表 5-31 所示。视镜压紧环上有 4 个 M6 螺纹孔,可用以安装射灯(图 5-30)。视镜本体材料为碳素钢(Q245R)、碳素钢和不锈钢

(06Cr19Ni10)混合、全不锈钢三种。大直径设备应采用较大直径的视镜,如 DN125 即可供双眼窥视。当带灯视镜规格较小时,可另设一个不带灯视镜作为窥视孔。带防爆射灯视镜同时具有耐腐蚀作用。视镜根据需要可以选配冲洗装置(图 5 - 31),用于视镜玻璃内侧的喷射清洗。

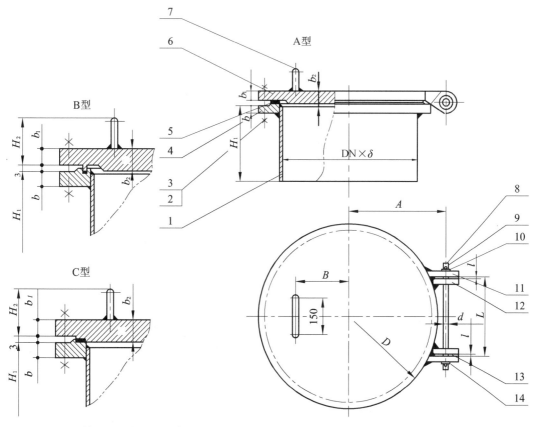

1—短筒节;2—螺栓;3—螺母;4—法兰;5—压紧垫片;6—法兰盖;7—把手;8—开口销;
9—轴销;10—垫圈;11、14—盖轴耳;12、13—法兰轴耳

图 5 - 25

表 5 - 30　压力容器视镜的规格

公称直径 DN/mm	公称压力 PN/MPa				射灯组合形式	冲洗装置
	0.6	1.0	1.6	2.5		
50		√	√	√	不带射灯结构 非防爆型射灯结构	不带冲洗 装置
80	—	√	√	√		
100		√	√	√	不带射灯结构	
125	√	√	√		非防爆型射灯结构 防爆型射灯结构	带冲洗 装置
150	√	√	√	—		
200	√	√				

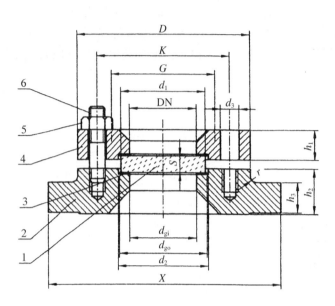

1—视镜玻璃；2—视镜座；3—密封垫；4—压紧环；5—螺母；6—双头螺柱

图 5-26　视镜的基本型式

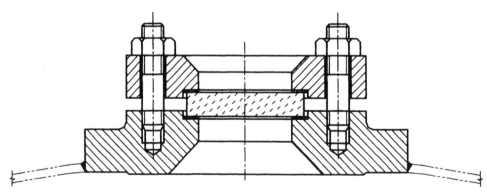

图 5-27　与容器壳体直接相焊式

表 5-31　射灯与视镜的组合

射灯型号	所配视镜规格 DN/mm		电压/V	功率/W	防护等级	防爆等级
	单独光孔	光视组合				
SB	50	80、100、125、150、200	24	50	IP65	—
SF1	100、125	150、200	24	50	IP65	EEx d IIC T3
SF2	100、125	150、200	24	20	IP65	EEx d IIC T4

注：1. 非防爆射灯(SB)的外壳为不锈钢材料，根据使用工况可带有按钮开关。

　　2. 防爆射灯(SF1,SF2)的外壳为铸铝。供给电源 AC/DC。

　　3. 若用户对射灯的参数有特别要求时，可以在订货时注明。

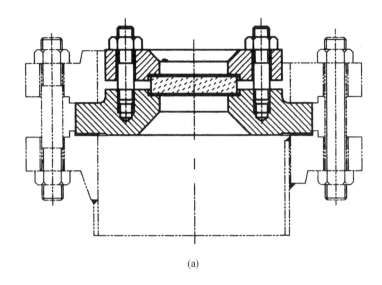

(a)

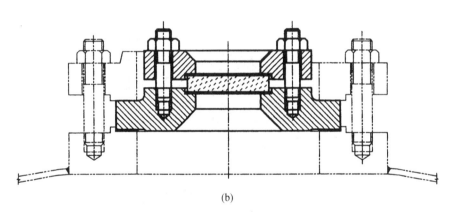

(b)

图 5-28 由配对管法兰(或法兰凸缘)夹持固定式

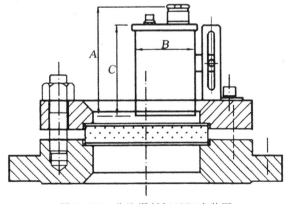

图 5-29 非防爆射灯(SB)安装图

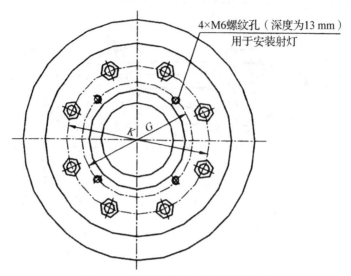

图 5 - 30 视镜压紧环上射灯安装位置

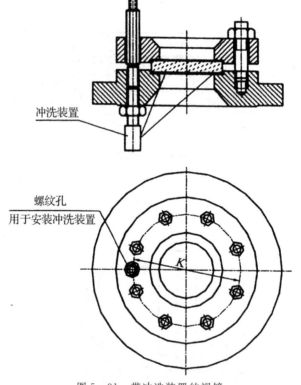

图 5 - 31 带冲洗装置的视镜

5.5.2 设备的开孔与补强

设备根据上述需要开孔以后,开孔处的局部地区应力可能达到很大的数值,这种局部应力的最大值称之为峰值应力。峰值应力可能达到一般薄膜应力的三倍、四倍,有时甚至是五倍、六倍或更大。实践证明,很多破坏都是从开孔边缘开始的,因此,设备开孔时需要重视这个问题。壳体上的开孔应为圆形、椭圆形或长圆形,而椭圆形或长圆形的长径与短径之比应不大于2.0,以尽量减小峰值应力。必要时需要采取补强措施,以减小开孔边缘应力集中程度。

1. 允许开孔的范围

对于在不同部位、不同尺寸的容器上开孔,其大小位置等要受到一定的限制,必要时要进行补强。国家标准的有关规定如下:

① 圆筒。当 $D_i \leqslant 1\,500$ mm 时,开孔最大直径 $d_{op} \leqslant \frac{1}{2}D_i$,且 $d_{op} \leqslant 520$ mm;当 $D_i > 1\,500$ mm 时,开孔最大直径 $d_{op} \leqslant \frac{1}{3}D_i$,且 $d_{op} \leqslant 1\,000$ mm。

② 凸形封头或球壳。开孔最大直径 $d_{op} \leqslant \frac{1}{2}D_i$。在椭圆形或碟形封头过渡部分开孔时,孔边或外加强元件(如加强圈)的边缘与封头边缘间的投影距离不小于 $0.1D_i$。

③ 锥形封头。开孔的最大直径 $d_{op} \leqslant \frac{1}{3}D_i$,$D_i$ 为开孔中心处的锥壳内直径。

2. 不需另行补强的最大开孔直径

在圆筒、球壳、锥壳及凸形封头(以封头回转轴为中心的 $0.80D_i$ 范围内)上开孔时,当满足下述全部要求时,可允许不另补强:

① 设计压力 $\leqslant 2.5$ MPa;

② 两相邻开孔中心的间距(对曲面间距以弧长计算)应不小于两孔直径之和;对于 3 个或以上相邻开孔,任意两孔的中心间距(对曲面间距以弧长计算)应不小于该两孔直径之和的 2.5 倍;

③ 接管外径 $\leqslant 89$ mm;

④ 接管最小壁厚满足表 5-32 要求,表中接管壁厚的腐蚀裕量为 1 mm,需要加大腐蚀裕量时,应相应增加壁厚;

表 5-32 接管最小壁厚 (单位:mm)

接管外径	25	32	38	45	48	57	65	76	89
接管壁厚	3.5			4.0		5.0		6.0	

⑤ 开孔宜避开容器焊接接头;不得位于重要接头上。当开孔通过或邻近容器焊接接头时,应保证在开孔中心的 $2d_{op}$ 范围内的接头不存在任何超标缺陷;

⑥ 钢材的标准抗拉强度下限值 $\delta_b > 540$ MPa 时,接管与壳体的连接宜采用全焊透的结构型式。

3. 补强的结构型式

设备的开孔补强应根据具体条件,选用下列的补强结构。

(1)局部补强

在开孔处一定范围内补焊一块金属板以使该处得到局部增强。对于静压、常温、中低压容器,常用的结构为补强圈,如图 5-32 所示。补强圈的材料一般与器壁相同,补强圈的厚度须经计算,当计算值小于器壁厚度时,一般取与之相等厚度。补强圈的结构尺寸已有标准系列 JB/T 4736—2002《补强圈钢制压力容器用封头》,结构如图 5-33 所示。当壳体为内坡口,用填角焊时接管处焊缝可不开坡口,施焊时补强圈应与被补强表面密切贴合,焊接质量要可靠,以使与被补强表面同时受力。为了检验焊缝的紧密性,补强圈上有一 M10 的信号孔,从这里通入压缩空气,以观察预先涂有肥皂水的焊缝上是否泛起肥皂泡以鉴别焊缝是否有缺陷。

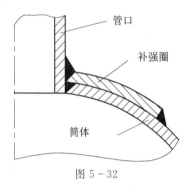

图 5-32

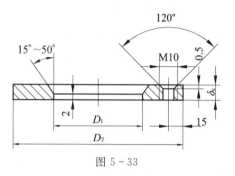

图 5-33

由于补强圈与壳体、接管连接处的焊缝很深,采用手工电弧焊要经过多次施焊才能完成。对于高强度钢制成的容器采用这种补强结构时,容易引起补强圈焊缝以及邻近的材料发生焊接裂纹,因此补强圈搭焊结构适用于:钢材常温时的 $\sigma_b \leqslant 540$ MPa,且壳体名义厚度 $\delta_n \leqslant 38$ mm 和补强圈厚度小于 $1.5\delta_n$ 时。

（2）整体补强

整体补强是增加整个器壁厚度或用厚壁管与壳体全焊透结构(图 5-34)等来降低峰值应力,使之达到工程上许可的程度。当筒体上开设排孔,或封头上开孔较多时,可以采用增加器壁厚度这种补强结构;只要条件许可,应尽量以厚壁接管代替补强圈补强。

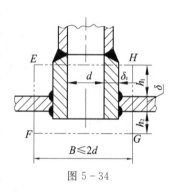

图 5-34

4. 补强的计算方法

补强计算方法有等面积法和分析法两种,需要时可参阅 GB 150.3—2011《压力容器　第3部分:设计》。

补强圈的厚度也可粗略定为

$$\delta_c = A/(D_2 - D_1)$$

式中,A 为补强金属截面积;D_2 为补强圈外径;D_1 为补强圈内径。

5.6　容器设计举例

要求设计一台己内酰胺单体洗涤水经Ⅱ效蒸发后的冷凝水受槽,工艺条件为常温、常压操作,容积 3 m³。介质己内酰胺水溶液对碳素钢有腐蚀性,宜用 06Cr19Ni10 作为容器的材料。设备型式因安装位置关系,选用卧式椭圆形封头容器。容器总长约为 3 m,DN 为 1 200 mm,

各管口的公称通径及位置如图 5-35 所示。

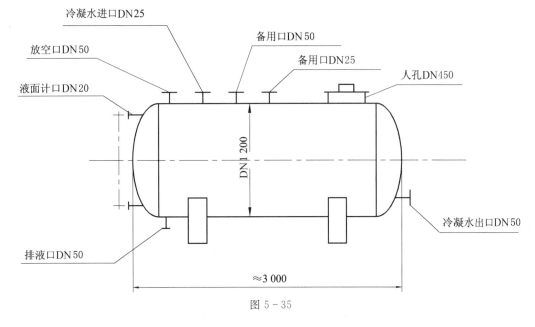

图 5-35

对于贮槽一类通用性较强的容器,有关手册已列有通用设计图系列,可以根据已给工艺条件,从手册中查找与之符合的或基本相近的规格。如有,则可根据手册所提供的结构与尺寸进行设计。有时手册还注明有关规定的供图单位,可为使用者直接提供复印图。这样既能保证设计质量,统一和简化规格,又可以加快设计和制造进度,减少重复劳动。

根据上述工艺所定条件,未能在通用设计图系列中找到合用的规格,但可参考相近规格的结构尺寸进行设计。

5.6.1 筒体和封头

由于常温、常压操作,仅受很小的液柱静压,从强度公式计算出来的厚度很小。从刚度要求考虑,不锈钢容器的最小厚度应不小于 2 mm。从设计手册(表 5-3)查得 DN1 200 mm 时,筒体和封头的厚度规格至少为 5 mm,因此取筒体和椭圆形封头的材料为 06Cr18Ni9,厚度均为 5 mm。筒体安放在鞍式支座上而引起的应力值的校核计算比较复杂,这里从略。

从表 5-5 中 DN1 200 mm 的椭圆形封头查得其总深度 $H=325$ mm,再从表 5-6 中查得该高合金钢制椭圆形封头厚度 $\delta_n=5$ mm 时,质量为 63.5 kg。而筒体的长度约为 3 000 $-$ 2$\times$(325$-$5)$=$2 360(mm)。从表 5-3 中可以查得,DN1 200 mm、$\delta_n=5$ mm 的筒体,其 1 m 高筒节钢板的质量为 149 kg。

5.6.2 鞍式支座

先确定鞍式支座的工作载荷。

① 筒体质量 Q_1:DN1 200 mm,$\delta_n=5$ mm 的筒节,每米重 149 kg,则

$$Q_1=149\times2.35=350.15(\text{kg})$$

② 封头质量 Q_2:DN1 200 mm,$\delta_n=5$ mm 的椭圆形封头重为 63.5 kg,则

$$Q_2 = 2 \times 63.5 = 127 \text{(kg)}$$

③ 介质质量 Q_3：冷凝水 1 m^3 质量为 $1\,000 \text{ kg}$，如充满贮槽则

$$Q_3 = 3 \times 1\,000 = 3\,000 \text{(kg)}$$

④ 附件质量 Q_4：人孔质量约为 42 kg，其他附件质量约为 35 kg，则

$$Q_4 = 42 + 35 = 77 \text{(kg)}$$

所以，设备总质量 $Q = Q_1 + Q_2 + Q_3 + Q_4 = 350.15 + 127 + 3\,000 + 77 \approx 3\,554 \text{(kg)}$。

轻型鞍式支座 A1200 每个允许载荷仅为 $1\,470 \text{ kg}$，低于工作载荷，因此不应选用。改选重型鞍式支座固定式及滑动式各一："NB/T 47065.1—2018，鞍式支座 BI1200 − F"及"NB/T 47065.1—2018，鞍式支座 BI1200−S"。其每个允许载荷为 $5\,620 \text{ kg}$，远远大于工作载荷，因而其规定的包角 $\theta = 120°$ 也就不必再作校核了。

鞍式支座材料选用 Q235A 钢，垫板则采用与筒体相同的材料 06Cr18Ni9。

5.6.3　人孔及补强圈

按工艺条件选用常压不锈钢人孔 DN500　HG 21595−1999。

人孔盖、筒节及法兰由不锈钢 06Cr18Ni9 制成，人孔用螺栓螺母 20 副，螺栓为 M16×50。

人孔处的补强圈按 JB/T 4736−2002 标准，其外径 $D_2 = 840 \text{ mm}$，内径 $D_1 = 524 \text{ mm}$，厚度可根据开孔削弱面积 A 进行计算，常压设备根据刚度要求筒壁可为 2 mm，则 $A = 2 \times 450 = 900 \text{(mm}^2)$，如不计焊缝、接管等补强因素，补强圈厚度可用下式粗定：

$$\delta_c = \frac{A}{D_2 - D_1} = \frac{900}{840 - 524} = 2.8 \text{(mm)}$$

从筒壁实际厚度 5 mm 来看，人孔的补强圈似可取得较薄，但为制造方便，取为 4 mm 或 5 mm，材料为 06Cr18Ni9 钢。其他管口开孔处规定允许不另补强。

5.6.4　管口

管口长统一取 150 mm，接管材料为 06Cr19Ni10 钢。管法兰除液面计管口外均选用密封面为板式平焊法兰的最小压力等级：PN0.25 MPa 的突面板式平焊法兰（HG/T 20592−2009）。

5.6.5　设备总装配图

Ⅱ效蒸发后冷凝水受槽的总装配图如附图 1（见书后附图）所示。

5.7　容器设计中的几种强度失效准则

随着科学技术的发展，过去曾被人们忽略或尚未发现的问题，现在逐渐为人们所认识和重视了，如过去设计中因种种因素并没有去考虑的容器疲劳问题。但是据估计，压力容器运行中的破坏有 75% 以上是由疲劳引起的，而且由于采用了高强度钢和降低了安全系数，这个问题变得更为严重了，类似的问题还有一些，因此有必要对这些问题做一定的介绍。

容器设计中，如果不考虑载荷波动、高温以及工程材料实际存在的裂纹等缺陷的影响，那么容器的强度失效准则可分为弹性失效准则及塑性失效准则。实际上，容器往往承受交

变载荷的作用。由于高强度钢被普遍采用,材料内部缺陷的影响也必须予以重视;在高温下工作的化工设备日益增多,高温蠕变现象也不允许忽略。因此又提出了弹塑性失效准则、疲劳失效准则、断裂失效准则以及蠕变失效准则等问题。下面就这些问题做简要介绍。

(1) 弹性失效准则

传统的设计方法(前面所介绍的常规设计方法)是依此准则来确定强度条件的。弹性失效准则就是把远离与封头、法兰连接边缘处而又非接管区的壳体上可能出现的最大应力,限制在弹性范围即屈服极限之下,如果考虑安全系数,可使上述最大应力限制在许用应力$[\sigma]$之下。

(2) 塑性失效准则

持塑性失效准则导致容器失效的观点认为,壳体上一点的应力达到屈服极限时,并不导致容器的失效,只有当壳体整体屈服,容器才算失效。塑性失效准则的限制条件可由极限设计法予以确定。

(3) 弹塑性失效准则

压力容器不同部位所产生的应力对于导致容器破坏所起的作用是不同的。例如在壳体应力远低于屈服极限的情况下,壳体边缘处的局部区域可能已达到材料的屈服极限,并产生塑性变形。但由于相邻部分仍是弹性区域,此局部塑性变形,并不一定导致容器的破坏。实践和理论分析证明,对某些应力值可限制到$3[\sigma]$——三倍许用应力之下。这一"应力分类及设计"的新概念已逐步反映到有关规范中了。由于它允许有局部的塑性变形存在,所以称之为弹塑性失效准则。

(4) 疲劳失效准则

容器在交变载荷作用下进行运转的情况是经常发生的,在交变应力作用下,容器局部结构不连续处将成为疲劳失效的起源。压力容器由于疲劳而引起的破坏占有相当的比重,理所当然引起人们的重视,并将以疲劳分析为基础的疲劳设计方法列入规范。疲劳失效准则把壳体上可能出现的最大交变应力幅(或要求的循环次数)限制在按疲劳设计曲线求得的许用应力幅(或许用循环次数)之下。

(5) 断裂失效准则

根据传统的强度设计观点,工作应力达到屈服极限时,发生屈服,当工作应力达到强度极限时发生断裂。大量的压力容器爆破试验结果表明,对于低强度钢制成的容器,即使存在漏检的微小缺陷,传统的强度设计观点基本上是符合实际的。但是,随着高强度钢的普遍采用,材料强度提高而韧性往往降低,而且由于漏检缺陷的存在,水压试验或操作时就有可能在工作应力低于屈服极限甚至低于许用应力的情况下发生脆性断裂——低应力破坏。这种失效现象称为断裂失效。断裂失效准则通常将容器筒壁的裂纹张开位移限制在筒壁材料的临界裂纹张开位移以下。

(6) 蠕变失效准则

压力容器在高温和内压的长期作用下,缓慢地、不断地发生塑性变形,致使容器厚度不断减薄,最后导致破坏。这种在一定温度和应力长期作用下,随着时间延续,塑性变形不断积累,材料强度不断下降,最后导致容器失效的现象称之为蠕变失效。蠕变失效准则将容器壳体的蠕变值(或按蠕变方程计算的相当应力)限制在一允许范围内。

习　题　5

5-1　化工设备上通用零部件标准的最基本参数是_____和_____。

5-2　法兰密封面的型式有_____等四种。

5-3　一定公称压力等级的法兰,其允许工作压力还要视_____而定。

5-4　设备支座最常用的标准化结构有_____。

5-5　设备上管口的长度,除工艺上有特殊要求外,一般可按_____和_____选定。

5-6　人孔常用的 DN 为_____;手孔常用的 DN 为_____;检查孔的直径为_____,合适的备用管口也可_____检查孔。

5-7　椭圆形封头上允许开孔的范围是_____。

5-8　补强圈的厚度可以粗略地定为_____。

5-9　试为一精馏塔选配筒体与封头的连接法兰及出料管法兰。已知条件如下：塔体内径 800 mm,出料管公称通径 100 mm,操作温度 300℃,操作压力 0.25 MPa(表压),试绘出法兰结构图,并标出其主要连接尺寸。（筒体、封头均采用 Q245R 钢,接管采用 10 钢,法兰用平面密封面）

5-10　试为一不锈钢(06Cr18Ni11Ti)制的压力容器配置一对 Q235B 制造的平面密封面法兰,最大工作压力 0.4 MPa(表压),工作温度 150℃,容器内径 1.2 m,确定法兰型式、结构尺寸,并绘出零件图。

6 塔设备的机械设计

6.1 概述

石油、化工等工业部门,经常应用精馏、吸收、萃取、气体增湿、离子交换等气-液、液-液两相进行热、质交换的过程。这些过程多数是在塔设备中进行的,因此塔设备是这些工业中的常见设备,有时就是工艺系统中的关键设备。

1. 塔的分类

各种塔设备中进行的化工过程各不相同,结构类型也有多种形式,如按内件结构的不同,可以把它们分成两大类:

① 板式塔。主要依靠塔板及其附件进行工艺操作。

② 填料塔。主要依靠塔内的填料(填充元件)进行工艺操作。

2. 塔的基本结构

从图6-1、附图2(见书后附图)所示的填料塔可以大致看出,塔设备的基本结构可以分成如下几部分:

① 塔体。包括筒节、封头与可能采用的设备法兰等。

② 内件。填料及其支承装置或塔板及其附件等。

③ 支座。一般为裙式支座。

④ 附件。包括人孔、手孔、进出料管口、仪表管口、液体和气体的分配装置,以及塔外的操作平台、扶梯等,也可以从后文图6-14、图6-15中做一些大致了解。

3. 塔设备机械设计的基本要求

进行塔设备的机械设计,在保证满足工艺条件的前提下,应使设备具有足够的强度、刚度和稳定性,而且还要考虑易于制造,便于安装、使用和检修。

6.2 载荷分析及应力计算

塔设备在石油、化工企业中往往是较为高大的设备,具有裙式支座,常安装在室外。由于属于高耸结构,除了承受压力、温度载荷外,尚有风载荷、地震载荷与重量载荷等。在压力较低时(包括内压或外压),风载荷或地震载荷就成为塔器安全运行的主要载荷。而这些侧向载荷在塔体和裙座体截面中产生

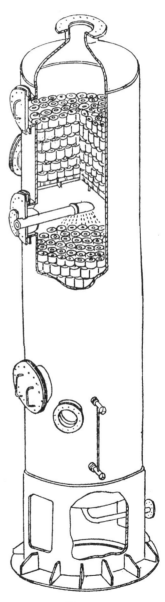

图 6-1

的应力是弯曲应力(这里指整个塔截面而言)。一般说来,在相同的风载荷与地震载荷条件下,塔器的高度越高,高度与直径的比值越大,筒体的弯曲应力也越大;低矮的塔器或高度与直径的比值较小的塔器,筒体中的弯曲应力则不会太大,这是因为前者的力臂较小,后者则筒体抗弯截面模量较大。所以低矮塔器的壁厚大多取决于压力载荷或最小壁厚。因此 NB/T 47041—2014《塔式容器》标准的适用范围仅指高度与直径之比大于 5,且高度大于 10 m 的裙座自支承钢制塔器。标准还规定了塔器的最大操作压力(内压)低于 0.1 MPa 时,取设计压力为 0.1 MPa,即塔器一律属于压力容器范畴。这是因为塔器一般是工业装置中的重要工艺设备,对它的要求提高一些,以保证装置的安全运用是有益的。

塔设备在操作时,塔体及裙座可能受到以下几种载荷的作用:

① 操作压力。对塔体形成轴向和环向载荷,但对于裙座则不起作用。

② 塔的质量。塔体(Q_1)、内件(Q_2)、保温材料(Q_3)、平台及扶梯(Q_4)、物料(Q_5)、裙座(Q_6)、水压试验时充水量(Q_7)及其他附件(Q_a)等质量形成塔体及裙座的轴向载荷及可能有的偏心载荷。

③ 风力作用。主要对塔体及裙座形成弯矩和剪力。

④ 地震影响。其中水平地震力影响最大,对塔体与裙座构成弯矩与剪力。

进行塔设备的机械设计,必须对以上几种因素形成的载荷逐一进行计算,求出需要计算的横截面上各种载荷引起的最大应力,然后应用叠加原理求出叠加后的最大组合应力,再据此确定塔体及裙座等结构的尺寸。本处限于篇幅,仅就常遇载荷进行讨论。

(1) 塔体受内压或外压 p 引起的轴向应力(σ_1/MPa)

$$\sigma_1 = \pm \frac{pD}{4\delta_e}$$

(2) 设备质量 $\sum Q$ 引起的轴向压应力(σ_2/MPa)

$$\sigma_2 = \frac{\sum Q \cdot g}{A} \tag{6-1}$$

$$\sum Q = Q_1 + Q_2 + Q_3 + Q_4 + \cdots \tag{6-2}$$

式中, $\sum Q$ 为设备质量,kg; g 为重力加速度,取 $g = 9.81$ m/s^2; A 为塔体底部或裙座横截面积,mm^2。

在不同的工作情况下, $\sum Q$ 包含的项目可能有所不同,在计算 Q_2、Q_4、Q_5 时,若无实际资料,可参考表 6-1 进行估算。

表 6-1 塔设备部分内件、附件质量参考值

名 称	笼式扶梯	开式扶梯	钢制平台	圆泡罩塔盘	条形泡罩塔盘	筛板塔盘	浮阀塔盘	塔盘充液量
单位质量	40 kg/m	15~24 kg/m	150 kg/m²	150 kg/m²	150 kg/m²	65 kg/m²	75 kg/m²	70 kg/m²

（3）风载荷引起的弯曲应力（σ_3/MPa）

$$\sigma_3 = \frac{M_w}{W}$$

式中，M_w 为风弯矩，$\mathrm{N \cdot mm}$；W 为塔体或裙座的抗弯截面模量，mm^3。

风载荷在不同地区、不同高度其数值是不同的，我国主要地区离地面 10 m 高处的基本风压值 q_0 参见表 6-2。有些在表中未列出风压值的地区可从有关资料，如 GB 50009—2012《建筑结构荷载规范》中的附录 E 中查找。

表 6-2　在 10 m 高度处我国各地基本风压值　　　（单位：$\times 10^{-5}$ MPa）

地　区	上海	南京	徐州	扬州	南通	杭州	宁波	衢州	温州
q_0	55	25	35	35	40	40	50	40	55
地　区	福州	广州	茂名	湛江	北京	天津	保定	石家庄	沈阳
q_0	60	45	60	75	35	40	40	30	55
地　区	长春	抚顺	大连	吉林	四平	哈尔滨	济南	青岛	郑州
q_0	55	45	60	45	55	45	35	65	40
地　区	洛阳	蚌埠	南昌	武汉	包头	呼和浩特	太原	大同	兰州
q_0	35	35	40	30	60	50	30	40	30
地　区	银川	长沙	株洲	南宁	成都	重庆	贵阳	西安	延安
q_0	65	35	35	35	25	30	30	35	30
地　区	昆明	西宁	拉萨	乌鲁木齐					
q_0	25	35	35	60					

注：河道、峡谷、山坡、山岭、山沟汇交口、山沟的转弯处以及垭口应根据实测值选取。

工程上把风压随着高度而变化的关系用高度变化系数 f_i 来反映，不同高度的 f_i 见表 6-3。

表 6-3　风压高度变化系数 f_i

海拔高度/m	地面粗糙度类别			
	A	B	C	D
5	1.17	1.00	0.74	0.62
10	1.38	1.00	0.74	0.62
15	1.52	1.14	0.74	0.62
20	1.63	1.25	0.84	0.62
30	1.80	1.42	1.00	0.62
40	1.92	1.56	1.13	0.73
50	2.03	1.67	1.25	0.84

续表

海拔高度/m	地面粗糙度类别			
	A	B	C	D
60	2.12	1.77	1.35	0.93
70	2.20	1.86	1.45	1.02
80	2.27	1.95	1.54	1.11
90	2.34	2.02	1.62	1.19
100	2.40	2.09	1.70	1.27
150	2.64	2.38	2.03	1.61

注:1. A类系指近海海面及海岛、海岸、湖岸及沙漠地区;
　　B类系指田野、乡村、丛林、丘陵以及房屋比较稀疏的乡镇和城市郊区;
　　C类系指有密集建筑群的城市市区;
　　D类系指有密集建筑群且房屋较高的城市市区。
　　2. 中间值可采用线性内插法求取。

理论分析和实测还表明,对于同一地区、同一高度、迎风投影面积也相同的构筑物,由于截面形状的不同,其挡风效应也不一致,工程上引入空气动力系数 K_1 来表示不同形体的影响,如圆筒形直立设备 $K_1 = 0.7$。

由于风力有时会按一定的频率持续地作用到塔设备上,因此可能引起塔设备的振动,为了考虑这种效应,在计算风载荷时必须引入风振系数 K_2。K_2 的大小与塔设备的固有频率、塔的高度有关,在计算出塔设备的自振周期(固有频率的倒数)后,再根据塔的高度,可以从有关设计规定中查得 K_2,但计算烦琐。现仅提供常见塔设备(塔高 $H < 40$ m、塔径 $D = 0.6 \sim 6$ m)的风振系数值:$K_2 = 1.5 \sim 1.8$。H 较高、D 不太大者 K_2 取大值,H 较低、D 较大者 K_2 取小值。

由以上分析可知,作用在塔设备上的风力应分段计算,如图 6-2 所示。

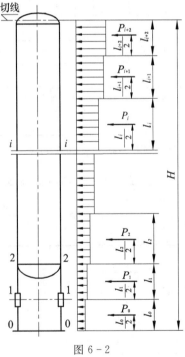

图 6-2

$$P_0 = K_1 K_{20} q_0 f_0 l_0 D_{e0}$$
$$P_1 = K_1 K_{21} q_0 f_1 l_1 D_{e1}$$
$$P_2 = K_1 K_{22} q_0 f_2 l_2 D_{e2}$$
$$P_i = K_1 K_{2i} q_0 f_i l_i D_{ei} \qquad (6-3)$$

式中,K_1 为空气动力系数,圆筒形直立设备 $K_1 = 0.7$;
K_{20}、K_{21}、…、K_{2i}、…为风振系数,对于常见塔;$H \leqslant 20$ m 时,取 $K_{2i} = 1.70$;当 $H > 20$ m 时需另行计算,这里不作介绍(旧标准曾规定常用塔可近似均取 $K_2 = 1.5 \sim 1.8$ 中同一值)。l_0、l_1、…、l_i、…为塔设备计算段的长度,mm;D_{e0}、D_{e1}、…、D_{ei}、…为塔设备各段的有效直径,mm,当塔上笼式扶梯与进出口管布置成 $180°$ 时,可用下式计算:

$$D_{ei} = D_o + 2\delta_{si} + K_3 + K_4 + d_o + 2\delta_{ps} \qquad (6-4)$$

式中，D_o 为塔体外径，mm；δ_{si} 为塔体各段保温层厚度，mm；K_3 为笼式扶梯挡风的当量宽度，一般取 $K_3 = 400$ mm；K_4 为操作平台挡风的当量宽度，mm，$K_4 = 2\sum A/l_i$；$\sum A$ 为该计算塔段（同一直径）内平台构件（不包括塔体及平台的空档）迎风的投影面积，mm²；l_i 为计算塔段（同一直径）的高度；d_o 为计算塔段内平行于塔体的附属管线外径，mm；δ_{ps} 为管线保温层厚度，mm。

当笼式扶梯与管线布置成 90° 时，D_{ei} 取 $D_o + 2\delta_{si} + K_3 + K_4$ 或 $D_o + 2\delta_{si} + K_4 + d_o + 2\delta_{ps}$ 两者中较大者。

由风载荷对塔形成的，在 $i—i$ 任意截面上的风弯矩如下：

$$M_w^{i-i} = P_i \frac{l_i}{2} + P_{i+1}\left(l_i + \frac{l_{i+1}}{2}\right) + P_{i+2}\left(l_i + l_{i+1} + \frac{l_{i+2}}{2}\right) + \cdots \qquad (6-5)$$

由风弯矩在筒体中引起的轴向应力为

$$\sigma_3^{i-i} = \frac{M_w^{i-i}}{0.785 D_i^2 \delta_{ei}} \qquad (6-6)$$

式中，δ_{ei} 为塔体在该段的有效厚度，一般取与塔体的整体厚度一致，即 $\delta_{ei} = \delta_e$。

对于塔体，σ_3 在塔底与裙座连接处的危险横截面 2—2 上为最大；对于裙座，σ_3 在裙座的底部危险横截面 0—0 或有开孔削弱处危险横截面 1—1 上为最大。

如果塔设备安装在地震地区，则尚需考虑地震力引起的弯矩作用，计算方法可查阅有关设计规定。

6.3 塔体的强度及稳定性验算

根据圆筒承受内压或外压时所确定的名义厚度 δ_n（也可以参照已有的资料假设一个 δ_n），算出塔体的有效厚度 $\delta_e = \delta_n - C$，然后把各种载荷作用下的轴向应力叠加以进行强度及稳定性验算。由于塔设备在内压和外压操作时，轴向应力的方向有所不同。故叠加后数值大有出入，下面分别进行讨论。

6.3.1 内压操作时的塔体

（1）最大组合轴向压应力

最大组合轴向压应力 σ_{max} 出现在停止操作的情况下，其值为
$\sigma_{max} = \sigma_2^{i-i} + \sigma_3^{i-i}$。

σ_{max} 在危险截面 2—2 上的分布情况，如图 6-3 所示。

当筒体危险截面上的最大组合轴向压应力 σ_{max} 超过材料的许用应力时，将产生强度破坏或失稳破坏，因此必须同时满足强度条件和稳定条件：

$$\sigma_{max} = \sigma_2^{i-i} + \sigma_3^{i-i} \leqslant \begin{cases} K[\sigma]^t \\ K[\sigma]_{cr}^t \end{cases} \qquad (6-7)$$

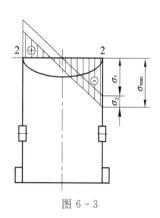

图 6-3

式中，K 为载荷组合系数，由于弯矩在筒体中引起的轴向应力沿环向是不断变化的，与沿环向均布的轴向应力相比，这种应力对塔的强度或稳定失效的危害要小一些。为此在塔体应力校核时，对许用应力引入载荷组合系数 K，并取 $K=1.2$；$[\sigma_{cr}]^t$ 为筒体轴向压缩稳定许用应力，MPa。

按式(4-38)得

$$[\sigma_{cr}]^t = B = 0.06E^t \frac{\delta_e}{R_i} \qquad (6-8)$$

式中，E^t 为设计温度下材料的弹性模量，MPa。钢材在不同温度下的弹性模量可参见表 4-15。

（2）最大组合轴向拉应力

最大组合轴向拉应力出现在正常操作的情况下，其值为 $\sigma_{max} = \sigma_1 - \sigma_2^{i-i} + \sigma_3^{i-i}$。

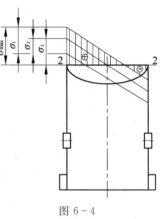

σ_{max} 在危险截面 2—2 上的分布情况，如图 6-4 所示。

当筒体危险截面上的最大组合轴向拉应力 σ_{max} 超过许用应力时，将产生强度破坏，因此，必须满足强度条件：

$$\sigma_{max} = \sigma_1 - \sigma_2^{i-i} + \sigma_3^{i-i} \leqslant K[\sigma]^t \phi \qquad (6-9)$$

验算结果如原设厚度 δ_e 不能满足上述条件时，则需要重新假设，重复上述计算，直至满足条件为止。

图 6-4

6.3.2 外压操作时的塔体

（1）最大组合轴向压应力

最大组合轴向压应力出现在正常操作的情况下，其值为 $\sigma_{max} = \sigma_1 + \sigma_2^{i-i} + \sigma_3^{i-i}$。

σ_{max} 在危险截面 2—2 上的分布情况，如图 6-5 所示。

当最大组合轴向压应力超过材料的许用应力时，将产生强度破坏或失稳破坏，因此，必须同时满足强度条件和稳定条件：

$$\sigma_{max} = \sigma_1 + \sigma_2^{i-i} + \sigma_3^{i-i} \leqslant \begin{cases} K[\sigma]^t \\ K[\sigma_{cr}]^t \end{cases} \qquad (6-10)$$

式中，$[\sigma_{cr}]^t = 0.06E^t \delta_e / R_i$。

（2）最大组合轴向拉应力

最大组合轴向拉应力出现在非操作的情况下，其值为 $\sigma_{max} = \sigma_3^{i-i} - \sigma_2^{i-i}$。

σ_{max} 在危险截面 2—2 上的分布情况，如图 6-6 所示。

最大组合轴向拉应力必须满足如下强度条件：

$$\sigma_{max} = \sigma_3^{i-i} - \sigma_2^{i-i} \leqslant K[\sigma]^t \phi \qquad (6-11)$$

验算结果如不能满足上述条件，需要再假设厚度进行验算。

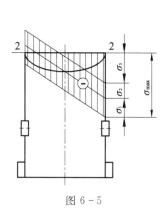
图 6-5

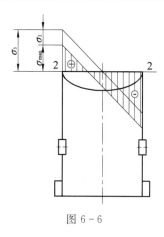
图 6-6

6.3.3 水压试验时的塔体

(1) 水压试验应力(σ_T/MPa)

σ_T 应满足下列强度条件:

$$\sigma_T = \frac{(p_T + p')(D_i + \delta_{ei})}{2\delta_{ei}} \leqslant 0.9\sigma_s\phi$$

式中,p' 为液柱静压力,MPa。

(2) 最大组合轴向压应力

充水后设备最大质量与考虑部分风载荷(30%)作用下的最大轴向压应力,应同时满足强度条件和稳定条件:

$$\sigma_T = \frac{Q_{max}^{2-2} \cdot g}{\pi D_i \delta_{ei}} + \frac{0.3M_w^{2-2}}{0.785D_i^2\delta_{ei}} \leqslant \begin{cases} 0.9K\sigma_s \\ K[\sigma_{cr}] \end{cases} \tag{6-12}$$

式中,$[\sigma_{cr}] = B = 0.06E\delta_{ei}/R_i$;$Q_{max}^{2-2} = Q_1 + Q_2 + Q_3 + Q_4 + Q_7 + Q_a$。

(3) 最大轴向拉应力

应满足下列强度条件:

$$Q_{max} = \frac{p_T D_i}{4\delta_{ei}} - \frac{Q_{max}^{2-2} \cdot g}{\pi D_i \delta_{ei}} + \frac{0.3M_w^{2-2}}{0.785D_i^2\delta_{ei}} \leqslant 0.9K\sigma_s\phi \tag{6-13}$$

6.4 裙座设计

裙座为塔设备最常见的支承结构,如图 6-7 所示。座体为圆筒(或锥形筒),上端与塔体封头焊接,下端与基础环、筋板焊接,有时开有人孔等通道和隔气圈。在操作温度变化幅值较大时,隔气圈可以对焊缝形成一个空气保温层,降低金属壁温的变化幅值,从而提高疲劳破坏的循环次数。

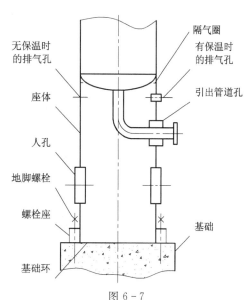
图 6-7

基础环上筋板间还组成螺栓座的结构,常见的如图 6-8 所示,用以安装地脚螺栓,以将塔设备固定于基础上。座体上的附件具体结构及尺寸,必要时可参阅 NB/T 47041—2014。

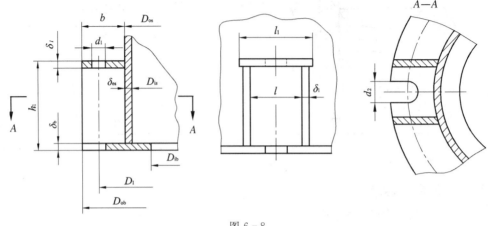

图 6-8

6.4.1　座体

座体的设计包括厚度计算、焊接结构及其强度校核。

裙座的设计温度为建塔地区的环境计算温度,即冬季室外温度。裙座筒体材料一般选用受压元件用钢,如 Q235B 或 Q245R 等。裙座筒体的厚度不得小于 6 mm(包括附加量)。

1. 座体厚度计算

参考塔体厚度,先试取一座体有效厚度 δ_{es},然后验算其危险截面上的压应力。裙座的危险截面一般取座体底(0—0)截面和人孔处(1—1)截面。

(1)座体底截面

① 操作时,座体底截面处的最大组合轴向压应力应满足如下条件:

$$\sigma_{max} = \frac{Q^{0-0} \cdot g}{\pi D_{is} \delta_{es}} + \frac{M_w^{0-0}}{0.785 D_{is}^2 \delta_{es}} \leqslant \begin{cases} K[\sigma]_s^t \\ K[\sigma_{cr}]_s^t \end{cases} \tag{6-14}$$

式中

$$[\sigma_{cr}]_s^t = 0.06 E^t \delta_{es} / R_{si} \tag{6-15}$$

$[\sigma]_s^t$ 为设计温度下裙座材料的许用应力,一般低碳结构钢,常温时可取为 140 MPa;$Q^{0-0} = Q_1 + Q_2 + Q_3 + Q_4 + Q_5 + Q_6 + Q_a$。

② 水压试验时,最大组合轴向压应力应满足如下条件:

$$\sigma'_{Ts} = \frac{Q_{max}^{0-0} \cdot g}{\pi D_{is} \delta_{es}} + \frac{0.3 M_w^{0-0}}{0.785 D_{is}^2 \delta_{es}} \leqslant \begin{cases} 0.9 K \sigma_s \\ K[\sigma_{cr}]_s \end{cases} \tag{6-16}$$

式中,$Q_{max}^{0-0} = Q_1 + Q_2 + Q_3 + Q_4 + Q_6 + Q_7 + Q_a$;$[\sigma_{cr}]_s = 0.06 E \delta_{es} / R_{si}$。

(2)人孔或较大管线引出处截面

操作时与水压试验时,最大组合轴向压应力的验算方法与座体底截面处相同,为计算方便且偏于安全,载荷仍可采用 $Q_{max}^{0-0} \cdot g$ 及 M_w^{0-0};截面积及抗弯截面模量则按具体尺寸计算,也可查阅有关设计规定。

验算如不能满足强度或稳定条件,则需再假定一个壁厚重新验算,直至满足条件为止。

2. 座体与塔体焊缝结构

(1) 焊缝结构型式

裙座与塔体连接焊缝的结构型式,有对接焊缝和搭接焊缝两种。对接焊缝结构如图 6-9 所示,座体与塔体直径相等,焊接时使两者轴线对齐,焊缝处于轴向受压,可以承受较大的轴向载荷,故适用于大型塔设备。但因焊缝处于塔底封头椭球面上,封头受力情况较差。搭接焊缝结构如图 6-10 所示,座体内径稍大于塔体外径,座体搭焊在封头的直边上,搭接焊缝承载后作剪切变形,因而受力情况不佳,仅用于小塔,但封头受力情况较好,座体厚度较薄时,常用图 6-10(a)所示的焊缝结构;座体厚度较厚时,常用图 6-10(b)所示的焊缝结构。

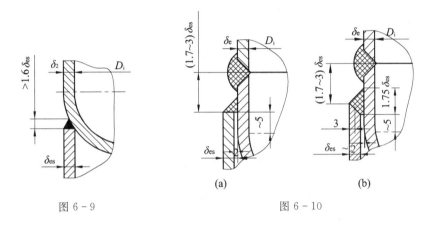

图 6-9　　　　　　　　　图 6-10

(2) 焊缝强度校核

① 对接焊缝承受拉伸和弯矩作用,组合应力应满足如下强度条件:

$$\sigma = \frac{M_{\max}^{2-2}}{0785 D_{it}^2 \delta_{es}} - \frac{Q^{2-2} \cdot g}{\pi D_{it}^2 \delta_{es}} \leqslant 0.6K[\sigma]_w^t \quad (6-17)$$

式中,$M_{\max}^{2-2}$ 为座体与塔体焊缝处的最大弯矩,N·mm;D_{it} 为座体顶部截面的内直径,mm;Q^{2-2} 为不包括裙座的设备操作时的总质量,kg;$[\sigma]_w^t$ 为焊接接头在设计温度下的许用应力,一般取等于座体材料的许用应力,MPa。

② 搭接焊缝承受剪力和弯矩作用,焊缝的组合剪切应力,应满足如下强度条件:

正常操作时　　　$\tau = \dfrac{Q^{2-2} \cdot g}{0.7\pi D_{ot}\delta_{es}} + \dfrac{M_w^{2-2}}{0.7 \times 0.785 D_{ot}^2 \delta_{es}} \leqslant 0.8K[\sigma]_w^t \quad (6-18)$

水压试验时　　　$\tau_T = \dfrac{Q_{\max}^{2-2} \cdot g}{0.7\pi D_{ot}\delta_{es}} + \dfrac{0.3M_w^{2-2}}{0.7 \times 0.785 D_{ot}^2 \delta_{es}} \leqslant 0.8 \times 0.9K\sigma_s \quad (6-19)$

式中,D_{ot} 为座体顶部截面的外直径,mm;$Q_{\max}^{2-2}$ 为充水时塔体总质量,kg。

6.4.2　基础环

裙座通过基础环将设备质量和风载荷传递到混凝土基础上,基础环的设计应包括下述几方面。

1. 基础环外径 D_{ob} 与内径 D_{ib} 的确定

按照拧紧地脚螺栓所需空间，D_{ob} 与 D_{ib}（图 6-11）通常可参考下式选取：

$$D_{ob}=D_{is}+(160\sim400) \tag{6-20}$$
$$D_{ib}=D_{is}-(160\sim400) \tag{6-21}$$

2. 基础环厚度计算

基础上的最大压应力值 $\sigma_{b\,max}$，作为工程上的近似计算，可以认为是作用在基础环底面上的均匀载荷。

（1）基础环上无筋板

如图 6-11 所示，把受 $\sigma_{b\,max}$ 作用的圆环，沿径向切出厚为 δ_b 的单元条（宽为 1 mm）按长度为 b 的悬臂梁来校核基础环板的厚度，故

$$\sigma_{max}=\frac{M}{W}=\frac{\dfrac{\sigma_{b\,max}b^2}{2}}{\dfrac{1\cdot\delta_b^2}{6}}\leqslant[\sigma]_b$$

由此可得基础环厚度的计算式如下：

$$\delta_b\geqslant1.73b\sqrt{\frac{\sigma_{b\,max}}{[\sigma]_b}} \tag{6-22}$$

式中，$[\sigma]_b$ 为基础环材料的许用应力，一般低碳结构钢如 Q235B，取 $[\sigma]_b=116$ MPa。

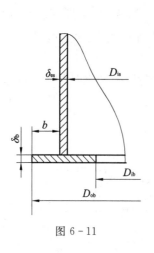

图 6-11

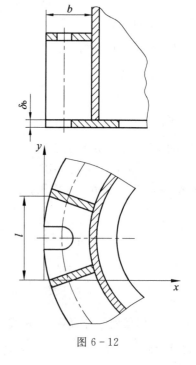

图 6-12

（2）基础环上有筋板

如图 6-12 所示，基础环厚度的计算式为

$$\delta_b = \sqrt{\frac{6M_s}{[\sigma]_b}} \qquad (6-23)$$

式中，M_s 为计算力矩（N·mm/mm），取矩形板对 x、y 轴的弯矩 M_x、M_y 中绝对值较大的一个，其值可根据 b/l 查表 6-4，l(mm) 见图 6-12，为两筋板外侧间距。

基础环厚度算出后，应加上厚度附加量 2 mm，并圆整至钢板规格厚度，但不得小于 16 mm。

表 6-4 矩形板力矩 （单位：N·mm/mm）

b/l	$M_x\binom{x=b}{y=0}$	$M_y\binom{x=0}{y=0}$	b/l	$M_x\binom{x=b}{y=0}$	$M_y\binom{x=0}{y=0}$
0	−0.500 0	0	1.6	−0.048 5	0.126 0
0.1	−0.500 0	0	1.7	−0.043 0	0.127 0
0.2	−0.490 0	0.000 6	1.8	−0.038 4	0.129 0
0.3	−0.448 0	0.005 1	1.9	−0.034 5	0.130 0
0.4	−0.385 0	0.015 1	2.0	−0.031 2	0.130 0
0.5	−0.319 0	0.029 3	2.1	−0.028 3	0.131 0
0.6	−0.260 0	0.045 3	2.2	−0.025 8	0.132 0
0.7	−0.212 0	0.061 0	2.3	−0.023 6	0.132 0
0.8	−0.173 0	0.075 1	2.4	−0.021 7	0.132 0
0.9	−0.142 0	0.087 2	2.5	−0.020 0	0.133 0
1.0	−0.118 0	0.097 2	2.6	−0.018 5	0.133 0
1.1	−0.099 5	0.105	2.7	−0.017 1	0.133 0
1.2	−0.084 6	0.112	2.8	−0.015 9	0.133 0
1.3	−0.072 5	0.116	2.9	−0.014 9	0.133 0
1.4	−0.062 9	0.120	3.0	−0.013 9	0.133 0
1.5	−0.055 0	0.123			

注：M_x 列 $\times \sigma_{b\,max}b^2$，$M_y$ 列 $\times \sigma_{b\,max}l^2$。

6.4.3 地脚螺栓及螺栓座

1. 地脚螺栓计算

为了使塔设备在风载荷下不致翻倒，必须安装足够数量和一定直径的地脚螺栓，借以把塔固定在基础上。

当设备未装内件，未加保温层时，塔的质量最小，因而最可能翻倒。所以计算地脚螺栓时，应考虑在 $Q_{min} \cdot g$ 和 M_w^{0-0} 联合作用下的这种不利情况。这时塔设备作用在基础面上的应力为

$$\sigma_B = \frac{M_w^{0-0}}{\dfrac{\pi(D_{ob}^4 - D_{ib}^4)}{32 D_{ib}}} - \frac{Q_{min} \cdot g}{0.785(D_{ob}^2 - D_{ib}^2)} \qquad (6-24)$$

式中，$Q_{min} = Q_1 + Q_4 + Q_6$。

在地震设防烈度为七、八、九度地区或设备上尚有偏心装置时，则在弯矩中还要计入部分地震力矩及偏心力矩的影响。

当 $\sigma_B \leqslant 0$ 时为压应力，设备稳定，此时仅需为定位而设置一定数量的地脚螺栓。

当 $\sigma_B > 0$ 时为拉应力，设备可能翻倒，必须安装足够数量和大小的地脚螺栓。

计算时，常以 4 的倍数来假设螺栓的数量 n（一般取 8～24，低塔取 8 或 12，塔高高于或

等于 40 m 取 24,小直径塔器可以取 $n=6$),然后根据迎风侧受力最大的一个螺栓的强度条件来计算螺栓的根径

$$d_1=\sqrt{\frac{4}{\pi}\times\frac{0.785(D_{ob}^2-D_{ib}^2)\sigma_B}{n[\sigma]_{bt}}}+C_2 \qquad (6-25)$$

式中,$[\sigma]_{bt}$ 为地脚螺栓的许用应力,对低碳钢(如 Q235)可取为 147 MPa;对低合金钢(如 Q345)可取为 170 MPa;对其他碳素钢则取 $n_s \geq 1.6$;低合金钢则取 $n_s \geq 2.0$;C_2 为腐蚀裕量,一般取 3 mm。

根据求出的 d_1 值,从表 6-5 选用地脚螺栓的公称直径,一般不宜小于 M24。

地脚螺栓一般采用 Q235A 钢,只有环境温度低于 0℃时采用 16Mn(其 $[\sigma]_{bt}$ 取为 170 MPa)。

表 6-5　地脚螺栓公称直径

根径 d_1/mm	20.75	26.21	31.67	37.12	42.58	50.04
公称直径	M24	M30	M36	M42	M48	M56

2. 螺栓座结构尺寸的确定

螺栓座的结构如图 6-8 所示,结构尺寸可查阅有关标准,如 NB/T 47041—2014。

6.4.4　管孔

根据工艺操作要求,裙座上有时还设有人孔及手孔、引出管通孔、排气管孔、排污孔等结构,其数量及尺寸可从有关设计资料中查得。

6.5　蒸馏塔机械设计举例

6.5.1　已知条件

部分已知条件如图 6-13 所示,其他已知条件如下:

(1) 塔体内径 $D_i=1\,200$ mm,塔高 $H=33$ m;

(2) 设计压力 $p=0.36$ MPa;

(3) 设计温度 $t=370℃$;

(4) 介质为原油;

(5) 腐蚀裕量 $C_2=4$ mm;

(6) 安装在上海地区(为简化计算,暂不考虑地震影响)。

6.5.2　设计要求

(1) 确定塔体和封头的厚度;

(2) 确定裙座以及地脚螺栓尺寸。

6.5.3　设计方法步骤

1. 材料选择

设计压力 $p=0.36$ MPa,属于低压分离设备,Ⅰ

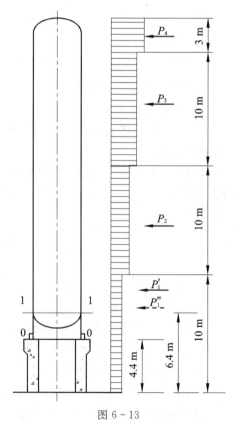

图 6-13

类容器;介质腐蚀性未提特殊要求,但设计温度高于 350℃,故考虑选取 Q245R 钢作为塔体的材料。

2. 筒体、封头壁厚确定

先按内压容器设计厚度,然后按自重、液重等引起的正应力及风载荷引起的弯曲应力进行强度和稳定性验算。

(1) 筒体厚度计算

按强度条件,筒体所需厚度

$$\delta_d = \frac{pD_i}{2[\sigma]^t \phi - p} + C_2 = \frac{0.36 \times 1\,200}{2 \times 91.8 \times 0.85 - 0.36} + 4 = 6.77(\text{mm})$$

式中,$[\sigma]^t$ 为 Q245R 钢在 370℃时的许用应力,查表 4-4,并通过插值计算得 91.8 MPa;ϕ 为塔体焊缝为双面对接焊,局部无损检测,由表 4-7 查得 $\phi=0.85$;C_2 为腐蚀裕量,根据已知工艺条件,$C_2=4$ mm。

按刚度要求,筒体所需最小厚度

$$\delta_{min} = \frac{2D_i}{1\,000} = \frac{2 \times 1\,200}{1\,000} = 2.4(\text{mm})$$

且 δ_{min} 不小于 3 mm。

故按刚度条件,筒体厚度仅需 3 mm。

考虑到此塔较高,风载荷较大,而塔的内径不太大,故应适当增加厚度,现假设塔体厚度 $\delta_n=12$ mm,则假设的塔体有效厚度

$$\delta_e = \delta_n - C_1 - C_2 = 12 - 4.8 = 7.2(\text{mm})$$

式中,C_1 为钢板厚度负偏差,估计筒体厚度在 8~25 mm,查表 4-8,得 $C_1=0.8$ mm。

(2) 封头壁厚计算

采用标准椭圆形封头,则

$$\delta_d = \frac{pD_i}{2[\sigma]^t \phi - 0.5p} + C_2 = \frac{0.36 \times 1\,200}{2 \times 91.8 \times 0.85 - 0.5 \times 0.36} + 4 = 6.77(\text{mm})$$

为便于焊接,取封头与筒体等厚,即 $\delta_n=12$ mm。

3. 塔体上各项载荷计算

(1) 塔质量

塔体质量 $Q_1 = 9\,602$ kg

32 层塔盘等内件质量约为 $Q_2 = 4\,259$ kg

保温层($\delta_{si}=100$ mm,1 m³ 质量为 0.5 t)质量

$$Q_3 = 5\,500 \text{ kg}$$

操作平台(共九层,每层 500 kg)及斜梯(总高 28 m,每 5 m 质量为 125 kg)质量

$$Q_4 = 5\,200 \text{ kg}$$

料液(按 32 层塔盘计)质量　　　　$Q_5 = 4\,070$ kg

裙座质量　　　　$Q_6 = 1\,189$ kg

充水质量　　　　$Q_7 = \dfrac{\pi}{4} \times 1.2^2 \times 26 \times 10^3 = 29\,405\,(\mathrm{kg})$

塔体操作时质量　　$Q^{1-1} = Q_1 + Q_2 + Q_3 + Q_4 + Q_5 = 28\,631$ kg

塔体与裙座操作时质量　　$Q^{0-0} = Q^{1-1} + Q_6 = 29\,820$ kg

全塔最大质量　　$Q^{0-0}_{\max} = Q_1 + Q_2 + Q_3 + Q_4 + Q_6 + Q_7 = 55\,155$ kg

全塔最小质量　　$Q_{\min} = Q_1 + Q_4 + Q_6 = 15\,001$ kg

(2) 塔体的风载荷及风力矩

风载荷　　　　$P = K_1 K_2 q_0 f_i l_i D_{ei}$

式中，$K_1 = 0.7$；当塔高 33 m、D_i 为 1.2 m 时酌取 $K_2 = 1.75$，查表 6-2 得 $q_0 = 55 \times 10^{-5}$ MPa。

f_i 值如下：

对于 6.4~10 m 段　　$l'_1 = 10 - 6.4 = 3.6\,(\mathrm{m})$　　查表 6-3，得　　$f_1 = 1.0$

对于 10~20 m 段　　$l_2 = 20 - 10 = 10\,(\mathrm{m})$　　查表 6-3，得　　$f_2 = 1.14$

对于 20~30 m 段　　$l_3 = 30 - 20 = 10\,(\mathrm{m})$　　查表 6-3，得　　$f_3 = 1.42$

对于 30~33 m 段　　$l_4 = 33 - 30 = 3\,(\mathrm{m})$　　查表 6-3，得　　$f_4 = 1.46$

塔体有效直径 $D_{ei} = D_o + 2\delta_{si} + K_3 + K_4$，对于斜梯取 $K_3 = 200$ mm；$K_4 = 2\sum A/l_i$，其最大值为一计算塔段 10 m 中有四层平台，每层平台迎风面积为 0.5 m²，则

$$K_4 = \frac{2 \times 4 \times 0.5 \times 10^6}{10\,000} = 400\,(\mathrm{mm})$$

为简化计算且偏安全计，各段均取 $D_{ei} = 1\,224 + 2 \times 100 + 200 + 400 = 2\,024\,(\mathrm{mm})$。

塔体各段风力：

6.4~10 m 段　　$P'_1 = K_1 K_{21} q_0 f_1 l'_1 D_{e1} \times 10^6 = 0.7 \times 1.75 \times 0.000\,55 \times 1.0 \times 3\,600 \times 2\,024$
　　　　　　　　$= 4\,909\,(\mathrm{N})$

10~20 m 段　　$P_2 = K_1 K_{22} q_0 f_2 l_2 D_{e2} \times 10^6 = 0.7 \times 1.75 \times 0.000\,55 \times 1.14 \times 10\,000 \times 2\,024$
　　　　　　　　$= 15\,546\,(\mathrm{N})$

20~30 m 段　　$P_3 = K_1 K_{23} q_0 f_3 l_3 D_{e3} \times 10^6 = 0.7 \times 1.75 \times 0.000\,55 \times 1.42 \times 10\,000 \times 2\,024$
　　　　　　　　$= 19\,364\,(\mathrm{N})$

30~33 m 段　　$P_4 = K_1 K_{24} q_0 f_4 l_4 D_{e4} \times 10^6 = 0.7 \times 1.75 \times 0.000\,55 \times 1.46 \times 3\,000 \times 2\,024$
　　　　　　　　$= 5\,973\,(\mathrm{N})$

塔体底部(1—1 截面)弯矩

$$M^{1-1}_w = P'_1 \frac{l'_1}{2} + P_2 \left(l'_1 + \frac{l_2}{2}\right) + P_3 \left(l'_1 + l_2 + \frac{l_3}{2}\right) + P_4 \left(l'_1 + l_2 + l_3 + \frac{l_4}{2}\right)$$

式中，l'_1 为塔体 1—1 截面到标高 10 m 处的距离，$l'_1 = 10 - 6.4 = 3.6\,(\mathrm{m})$；$P'_1$ 为对应于 l'_1 段的风力。

所以 $M_w^{1-1} = 4\,909 \times \dfrac{3\,600}{2} + 15\,546 \times \left(3\,600 + \dfrac{10\,000}{2}\right) + 19\,367 \times \left(3\,600 + 10\,000 + \dfrac{10\,000}{2}\right)$

$\qquad\qquad + 5\,973 \times \left(3\,600 + 10\,000 + 10\,000 + \dfrac{3\,000}{2}\right)$

$\qquad\quad = 652.68 \times 10^6 (\text{N} \cdot \text{mm})$

裙座底部(0—0 截面)弯矩

$$M_w^{0-0} = P_1'' \dfrac{l_1''}{2} + P_2\left(l_1'' + \dfrac{l_2}{2}\right) + P_3\left(l_1'' + l_2 + \dfrac{l_3}{2}\right) + P_4\left(l_1'' + l_2 + l_3 + \dfrac{l_4}{2}\right)$$

式中, l_1'' 为裙体底部到标高 10 m 处的距离, $l_1'' = 10 - 4.4 = 5.6(\text{m})$; P_1'' 为对应于 l_1'' 段的风力。

$\qquad P_1'' = K_1 K_2 q_0 f_1 l_1'' D_{e1} = 0.7 \times 1.75 \times 0.000\,55 \times 0.81 \times 5\,600 \times 2\,024 = 6\,185(\text{N})$

所以 $M_w^{0-0} = 6\,185 \times \dfrac{5\,600}{2} + 15\,546 \times \left(5\,600 + \dfrac{10\,000}{2}\right) + 19\,367 \times \left(5\,600 + 10\,000 + \dfrac{10\,000}{2}\right)$

$\qquad\qquad + 5\,973 \times \left(5\,600 + 10\,000 + 10\,000 + \dfrac{3\,000}{2}\right)$

$\qquad\quad = 742.93 \times 10^6 (\text{N} \cdot \text{mm})$

4. 塔体的强度及轴向稳定性验算

(1) 塔底危险截面(1—1)的各项轴向应力计算

$$\sigma_1 = \frac{p D_i}{4\delta_e} = \frac{0.36 \times 1\,200}{4 \times 7.2} = 15(\text{MPa})$$

$$\sigma_2 = \frac{Q^{1-1} \cdot g}{\pi D_i \delta_e} = \frac{28\,631 \times 9.8}{\pi \times 1\,200 \times 7.2} = 10.3(\text{MPa})$$

$$\sigma_3 = \frac{M_w^{1-1}}{0.785 D_i^2 \delta_e} = \frac{598.11 \times 10^6}{0.785 \times 1\,200^2 \times 7.2} = 73.5(\text{MPa})$$

(2) 塔底 1—1 截面抗压强度及轴向稳定性验算

$$\sigma_{max} = \sigma_2 + \sigma_3 \leqslant \begin{cases} K[\sigma]^t \\ K[\sigma_{cr}]^t \end{cases}$$

式中, $[\sigma]^t = 91.8$ MPa; $[\sigma_{cr}]^t = 0.06 E^t \delta_e / R_i = 0.06 \times 1.73 \times 10^5 \times 7.2 / 600 = 124.6(\text{MPa})$ 。

由于 $\qquad \sigma_{max} = 10.3 + 73.5 = 83.8(\text{MPa}) < \begin{cases} K[\sigma]^t = 1.2 \times 91.8 = 110.16(\text{MPa}) \\ K[\sigma_{cr}]^t = 1.2 \times 124.6 = 149.52(\text{MPa}) \end{cases}$

因此塔底 1—1 截面满足抗压强度及轴向稳定条件。

(3) 塔底 1—1 截面抗拉强度校核

$$\sigma_{max} = \sigma_1 - \sigma_2 + \sigma_3 \leqslant K[\sigma]^t \phi_e$$

因为 $\qquad\qquad\qquad K[\sigma]^t \phi = 1.2 \times 91.8 \times 0.85 = 93.6(\text{MPa})$

所以 $\qquad\qquad\qquad \sigma_{max} = 15 - 10.3 + 73.5 = 78.2(\text{MPa}) < K[\sigma]^t \phi_e$

故满足抗拉强度条件。

上述各项校核表明,塔体厚度 $\delta_n = 12$ mm 可以满足整个塔体的强度、刚度及稳定性要求。

5. 裙座的强度及稳定性验算

设裙座厚度 $\delta_{ns} = 12$ mm,厚度附加量 $C = 1$ mm,则裙座的有效厚度 $\delta_{es} = 12 - 1 = 11$(mm)。

(1)裙座底部 0—0 截面轴向应力计算

操作时全塔质量引起的压应力

$$\sigma_2 = \frac{Q^{0-0} \cdot g}{\pi D_{is} \delta_{es}} = \frac{29\,820 \times 9.8}{\pi \times 1\,200 \times 11} = 7.0\,(\text{MPa})$$

风载荷引起的 0—0 截面弯曲应力

$$\sigma_3 = \frac{M_w^{0-0}}{0.785 D_{is}^2 \delta_{es}} = \frac{702.98 \times 10^6}{0.785 \times 1\,200^2 \times 11} = 56.54\,(\text{MPa})$$

(2)裙座底部 0—0 截面的强度及轴向稳定性校核

$$\sigma_{\max} = \sigma_2 + \sigma_3 \leqslant \begin{cases} K[\sigma]^t \\ K[\sigma_{cr}]_s^t \end{cases}$$

裙座材料采用 Q235B 钢,查表 4-6 得 $[\sigma]^t = [\sigma]^{20} = 116$ MPa。

而 $$[\sigma_{cr}]_s^t = 0.06 E \delta_{es} / R_{is} = 0.06 \times 2.0 \times 10^5 \times 11/600 = 220\,(\text{MPa}) > \sigma_p$$

即裙座出现失稳之前,材料已达弹性极限,因此强度是主要制约因素。

由于 $$\sigma_{\max} = \sigma_2 + \sigma_3 = 7.0 + 56.54 = 63.54\,(\text{MPa})$$

因此满足强度及稳定性要求。

(3)焊缝强度

此塔裙座与塔体采用对接焊,焊缝承受的组合拉应力为

$$\sigma = \frac{M_{\max}^{1-1}}{0.785 D_{it}^2 \delta_{es}} - \frac{Q^{1-1} \cdot g}{\pi D_{it} \delta_{es}} = \frac{598.11 \times 10^6}{0.785 \times 1\,200^2 \times 11} - \frac{28\,631 \times 9.8}{\pi \times 1\,200 \times 11}$$
$$= 48.1 - 6.77 = 41.33\,(\text{MPa}) < 0.6 K[\sigma]_w^t = 0.6 \times 1.2 \times 77 = 55.44\,(\text{MPa})$$

式中,$[\sigma]_w^t$ 为焊缝材料在操作温度下的许用应力,从表 4-4 取 77 MPa。因此焊缝强度足够。

6. 水压试验时塔的强度和稳定性验算

(1)水压试验时塔体 1—1 截面的强度条件

$$\sigma_T = \frac{(p_T + p')(D_i + \delta_e)}{2\delta_e} \leqslant 0.9 \sigma_s \phi$$

式中,p 为液柱静压力,因塔体高约 26 m,故取 $p' = 0.26$ MPa。

$$0.9\sigma_s \cdot \phi = 0.9 \times 235 \times 0.85 = 179.78\,(\text{MPa})$$

由于 $$\sigma_T = \frac{[0.36 \times 1.25 \times (148/91.8) + 0.26] \times (1\,200 + 7.2)}{2 \times 7.2 \times 0.85} = 70.55\,(\text{MPa}) \leqslant 0.9\sigma_s \cdot \phi$$

因此满足水压试验强度要求。

（2）水压试验时裙座底部 0—0 截面的强度与轴向稳定条件

$$\sigma'_{Ts} = \frac{Q_{\max}^{0-0} \cdot g}{\pi D_{is} \delta_{es}} + \frac{0.3 M_w^{0-0}}{0.785 D_{is}^2 \delta_{es}} \leq \begin{cases} 0.9 K \sigma_s \\ K [\sigma_{cr}]_s \end{cases}$$

式中，$0.9 K \sigma_s = 0.9 \times 1.2 \times 235 = 253.8$ MPa；$K [\sigma_{cr}]_s \approx 264$ MPa $> \sigma_p$。

由于 $\sigma'_{Ts} = \frac{55\,150 \times 9.8}{\pi \times 1\,200 \times 11} + \frac{0.3 \times 702.98 \times 10^6}{0.785 \times 1\,200^2 \times 11} = 13.03 + 16.96 = 29.99$ (MPa) $< \begin{cases} 0.9 K \sigma_s \\ K [\sigma_{cr}]_s \end{cases}$

因此满足强度与轴向稳定性要求。

7. 裙座基础环设计

（1）基础环内外径的确定

外径 $D_{ob} = D_{os} + 316 = 1\,224 + 316 = 1\,540$ (mm)

内径 $D_{ib} = D_{os} - 224 = 1\,224 - 224 = 1\,000$ (mm)

（2）基础环的厚度设计

采用 $n = 20$ 个均布的地脚螺栓，将基础环固定在混凝土基础上，基础环上筋板（设厚度 $\delta_2 = 24$ mm）间的距离为

$$l = \frac{\pi D_{ob}}{n} - \delta_2 = \frac{\pi \times 1\,540}{20} - 24 = 218 \text{(mm)}$$

基础环的外伸宽度

$$b = \frac{D_{ob} - D_{os}}{2} = \frac{1\,540 - 1\,224}{2} = 158 \text{(mm)}$$

两筋板间基础环部分的长宽比

$$\frac{b}{l} = \frac{158}{218} = 0.725$$

由表 6-4 查得 $M_s = M_x = 0.181 \times 2.7 \times 158^2 = 12\,200$ (N・mm/mm)。

基础环也采用 Q235B 钢，其厚度为

$$\delta_b = \sqrt{\frac{6 M_s}{[\sigma]_b}} + C = \sqrt{\frac{6 \times 12\,200}{116}} + 2 = 27.1 \text{(mm)}$$

取 $\delta_b = 28$ mm。

8. 地脚螺栓强度设计

塔设备在迎风侧作用在基础上的最小应力为

$$\sigma_B = \frac{M_w^{0-0}}{\dfrac{\pi (D_{ob}^4 - D_{ib}^4)}{32 D_{ob}}} - \frac{Q_{\min} \cdot g}{0.785 (D_{ob}^2 - D_{ib}^2)}$$

$$- \frac{702.98 \times 10^6}{\dfrac{\pi (1\,540^4 - 1\,000^4)}{32 \times 1\,540}} \quad \frac{15\,001 \times 9.8}{0.785 \times (1\,540^2 - 1\,000^2)} = 2.24 \text{(MPa)}$$

由于 $\sigma_B>0$ 为拉应力,设备可能翻倒,必须安装地脚螺栓。若材料选用 Q345,取 $[\sigma]_{bt}=$ 170 MPa,则螺栓的根径为

$$d_1=\sqrt{\frac{4}{\pi}\times\frac{0.785(D_{ob}^2-D_{ib}^2)\sigma_B}{n[\sigma]_{bt}}}+C_2=\sqrt{\frac{4}{\pi}\times\frac{0.785\times(1\,540^2-1\,000^2)\times2.24}{20\times170}}+3$$
$$=33.05(mm)$$

式中,n 为地脚螺栓数,取为 20。

根据表 6-5,选用公称直径 M36 的地脚螺栓。

此塔的裙座较高(6.4 m),为节约钢材,可考虑下面一段(4.4 m)采用钢筋混凝土。对于塔径很大、裙座很高的塔设备常用这种结构。但这种设计方案使基础工程复杂,为便于施工,直径不太大的塔设备,其裙座也可全部采用钢板焊制。

9. 塔的内件结构

可根据工艺条件,参考有关设计手册进行设计。

6.6　板式塔的结构设计

6.6.1　概述

石油、化工厂生产中应用的塔设备,以板式塔居多。在板式塔内,沿塔高装有许多层塔盘;气液两相在塔盘上的传质过程,可由图 6-14 所示板式塔总体结构简图及其Ⅰ部放大图大致了解。液体自上塔板的降液板落入受液盘,继而横向流过塔板,然后越过溢流堰落入降液板,达至下一塔板。与此同时,上升气体通过塔板上的孔隙,与液体呈错流鼓泡接触。从而在一层层的塔板上,完成传质过程。

根据塔板结构型式的不同,板式塔可分为泡罩塔、筛板塔、浮阀塔和喷射塔。

泡罩塔具有合适的操作弹性、效率高、易于操作;但其结构复杂、造价高、压降大。筛板塔效率高、处理能力最大、压降小、结构简单、造价低;但其操作弹性小、处理脏黏物料易堵塞、塔板生锈可使操作失效。浮阀塔发展很快,它具有操作弹性大、分离效率高、处理能力大、压降较小、不怕脏黏物料、结构简单、造价较低等优点。所以,在条件适合的情况下,把泡罩塔改造成浮阀塔,经常可以获得良好的效果。浮阀塔中使用的浮阀有标准系列:F1 型浮阀(NB/T 10557—2021《板式塔内件技术规范》)等。设计时可查阅有关资料。

下面主要介绍浮阀塔的结构设计,也简要介绍筛板的结构问题。

带有塔釜的板式塔的总体结构,如图 6-15 所示。包括如下几个部分:

① 塔体与裙座结构。已在前面做过详细介绍。

② 塔盘结构。这是塔设备完成化工过程和操作的主要结构部分。它包括塔盘板、降液管及溢流堰、紧固件和支承件等。这里重点介绍塔盘结构。

③ 除沫装置。用于分离气体中夹带的液滴,多位于塔顶出口处。

④ 设备管口。包括用于安装、检修塔盘的人孔,用于气体和物料进出的接管,以及安装化工仪表用的短管等。

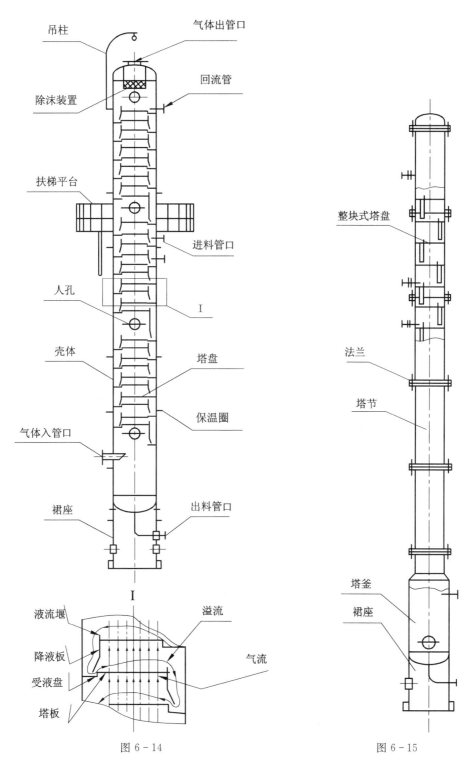

图 6-14　　　　　　　　　　　　　图 6-15

⑤ 塔附件。包括支承保温材料的保温圈、吊装塔盘用的吊柱以及扶梯平台等。下面分别介绍整块式塔盘结构、分块式塔盘结构、接管结构以及除沫装置。

6.6.2　整块式塔盘结构

1. 带有整块式塔盘的塔节结构

当塔径 DN≤700 mm 时,为了便于安装和检修,塔盘板只能做成整块式的。相应的塔体却要分成若干个塔节,如图 6-15 所示,塔节与塔节之间,用法兰连接。为了便于检修塔釜和保证塔的稳定,塔釜直径可放大至 800 mm。

为了便于安装和检修,每个塔节的长度,受塔径大小的影响。当塔径 DN≤500 mm 时,安装塔盘只能用手臂伸入塔节内操作,此时塔节长度以小于或等于 1 000 mm 为宜。当塔径 DN=600～700 mm 时,安装塔盘时可将上身探入塔节内操作,此时,塔节长度可小于或等于 1 800 mm。

塔节内的塔板数,与塔径和板间距有关。如以塔径 DN=600～700 mm 的塔节为例,当板间距为 300 mm 时,如图 6-16(a)所示,塔节长度为 1 800 mm。塔板数为 6 块,则建议上塔板距上法兰端面为 100 mm,下塔板距下法兰端面为 200 mm。当板间距为 350 mm 和 450 mm 时,塔节长度、塔板数及其安装尺寸,参见图 6-16(b)(c)。

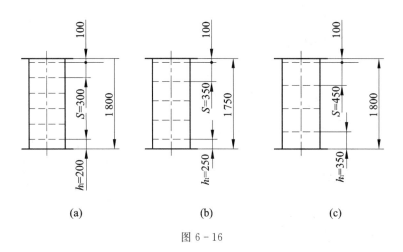

图 6-16

塔节内塔盘结构的安装形式,常用的是结构简单、装拆方便的定距管式塔盘结构,图 6-17 所示即为这种形式塔节的装配构造,其中零部件结构将择要讨论。

如图 6-17 所示,塔节上下两端有焊在塔节上的法兰,塔节内装有几层由定距管架置起来的塔盘,塔盘由塔板、浮阀(或筛孔)、塔盘圈和带溢流堰的降液管构成,塔盘圈和降液管焊在塔板上。由于塔盘与塔壁有间隙,所以设有密封装置。密封装置由石棉绳填料、压圈、压板、螺栓和螺母组成。

相邻两个塔盘的板间距,由定距管来保证。定距管内有一拉杆,拉杆穿过各层塔板上的拉杆孔,拧紧拉杆上下两端的螺母,就可以把各层塔盘紧固成一个整体,并固定在塔节内壁的支座上。定距管拉杆的安装位置,见图 6-17 的俯视图。

2. 整块式塔盘结构

如图 6-18 所示,塔盘由整块式塔板、塔盘圈和带溢流堰的降液管构成。

(1) 塔板

当介质腐蚀轻微时,塔板材料可选用 Q235AF 钢,板厚取 3～4 mm;介质腐蚀严重时,塔

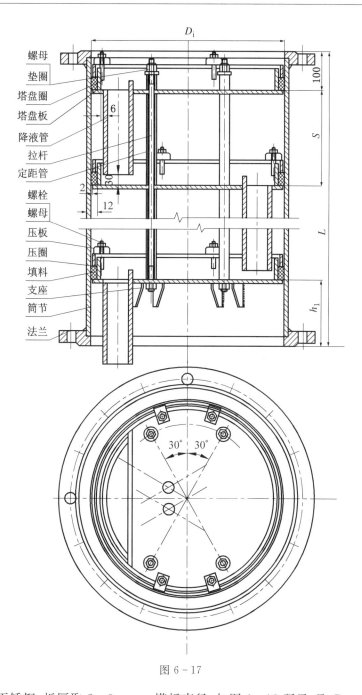

螺母
垫圈
塔盘圈
塔盘板
降液管
拉杆
定距管
螺栓
螺母
压板
压圈
填料
支座
筒节
法兰

D_i
100
6
S
30
2
12
L
h_1

图 6-17

板材料可选用不锈钢，板厚取 2～3 mm。塔板直径，如图 6-18 所示，取 $D_1 = D_i - 4$ mm。

塔板上开有安装弓形降液管的弓形孔、浮阀孔（或筛孔）。由图 6-18 可以看出，堰宽为 b（由工艺条件定），弓形孔的矢高为 $(b+6)$ mm，弓形孔到塔板外圆的径向距离为 22 mm。

如图 6-18 所示，塔板上阀孔的排列方式，应使绝大部分液体内部有气泡透过，并使相邻两阀容易吹开，鼓泡均匀。为此，常采用对液流方向呈错排的三角形排列方式。一边固定为 75 mm，边长 t 可随需要而变化，t 的系列尺寸有 65 mm、80 mm、100 mm 等。溢流堰与阀孔圆心的最小距离为 60 mm，塔壁与阀孔圆心的最小距离为 55 mm。

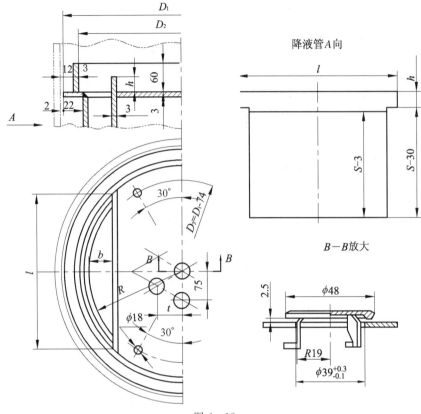

图 6-18

鼓泡装置如不用浮阀,而采用筛孔时,塔板上的筛孔直径,应使气液接触良好、操作稳定、不易堵塞、孔的加工方便。为此,孔径尺寸推荐采用 3 mm、4 mm 或 6 mm。为了便于冲孔,对于碳素钢塔板,孔径应不小于板厚;对于不锈钢塔板,筛孔直径应不小于 1.5~2 倍板厚。筛孔的排列方式,如图 6-19 所示,一般采用对液流方向呈错排的等边三角形排列方式,边长 t 与孔径 d 有关,并使比值 t/d 控制在 3~5。如 t/d 过小,则塔板刚性削弱;过大,则气液接触不良。筛孔与塔壁的最小距离为 40 mm,筛孔与溢流堰的最小距离为 75 mm。

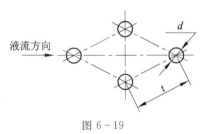

图 6-19

(2) 塔盘圈

塔盘圈焊在塔板上(图 6-18、图 6-20),当介质腐蚀轻微时,塔盘圈材料可选用 Q235AF 钢,圈厚取 3 mm,塔盘圈内径取 $D_2 = D_i - 30$ mm。

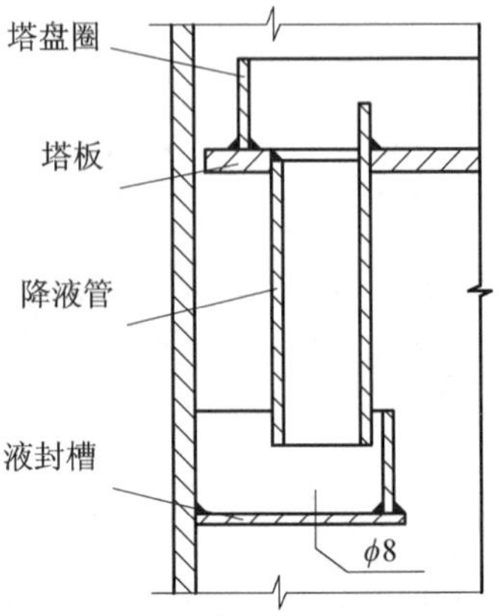

(3) 降液管

降液管的结构型式,有弓形和圆形两种;常用的是弓形降液管,它具有降液能力大,气液分离效果好等优点。图 6-18 中的弓形降液管,由平板和弧形板焊接而成。介

塔盘圈

塔板

降液管

液封槽

图 6-20

质腐蚀不严重时,材料可选用 Q235 钢,板厚取 3 mm。

由图 6-18 中的降液管 A 向视图可以看出,平板上部割成肩架,作为溢流堰,而安装时,又可使降液管架在塔板上,便于装配焊接。

平板上部的堰长 l 和堰高 h,由工艺决定。当已知板间距 S 时,平板高为$(S+h-30)$mm,平板下部宽度,就是弓形降液管的弦长。弧形板弯曲半径为$(D_i/2-27)$mm,高为$(S-33)$mm,弦长由放样决定。

在塔的最下层塔盘降液管的末端,应设有液封槽。弓形降液管的液封槽结构,见图 6-20。液封槽尺寸,由工艺决定。

3. 密封结构

在整块式塔盘结构中,为了便于往塔节内安装塔盘,塔盘与塔壁需有一定的间隙,但为防止气体由此通过,必须把间隙密封起来。

常用的密封结构,如图 6-21 所示,在塔壁和塔盘圈之间,放置 3 圈直径为 10~12 mm 的石棉绳作为密封填料。填料上放有压圈,压圈材料可选用 Q235AF 钢。再在压圈上,放有 Q235AF 钢做的压板。用 Q235A 钢做的螺柱焊在塔盘圈内壁上。拧紧螺母,压板压向压圈,压圈压向填料,填料变形而与塔壁、塔盘圈、塔板紧密接触,从而达到密封的目的。

密封结构各零件的定形尺寸和定位尺寸,详见图 6-21。

4. 定距管支撑结构

当塔节长度小于或等于 1 800 mm 时,由于定距管支撑结构简单,装拆方便,使用可靠,所以这种支撑结构广泛用于整块式塔盘结构中。

定距管支撑结构的安装,如图 6-22 所示,可按如下方法进行:根据支座的安装尺寸,如 $\alpha=30°$和高度 h_1(图 6-17),先把四个支座焊在塔体上;四个拉杆穿过支座的拉杆孔,

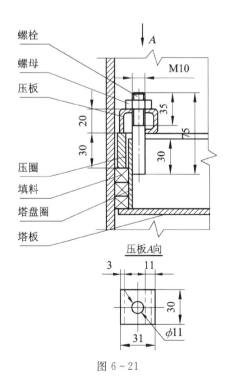

图 6-21

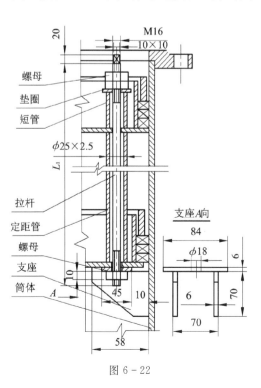

图 6-22

下端拧上螺母;把最下层塔盘从上套进拉杆,塔板落在支座上;再把定距管套进拉杆,落在塔板上;然后装上密封结构。同法可将以上各层的塔盘、定距管和密封结构依次装上,最上层塔盘的上面,用短管套进拉杆,再套上垫圈,用双螺母拧紧后,就可以保证各层塔盘的板间距,同时又能把各层塔盘连接成一个整体。

如图 6-22 所示,当已知板间距 S 时(由工艺决定),定距管长度为 $(S-3)$ mm。拉杆长度 L_1 随板间距不同而异;对于直径为 $600\sim700$ mm 的塔,一般当板间距 $S=300$ mm 时,拉杆长度 $L_1=625$ mm;$S=350$ mm 时,$L_1=1\,525$ mm;$S=450$ mm 时,$L_1=1\,475$ mm。下端螺纹长度取 40 mm,上端螺纹长度取 45 mm。其他各部尺寸,详见图 6-22。

支座材料可选用 Q235AF 钢,拉杆用 Q275A 钢,定距管受压,选用刚性较好的 20 号钢,垫圈用 Q235AF 钢,螺母用 Q235A 钢。

6.6.3 分块式塔盘结构

当塔径大于或等于 800 mm 时,人已经可以进入塔内安装、检修塔盘。所以,考虑到装修的方便,塔体不需要分成塔节,塔板也不需要做成整块的,而是把塔板分成数块,通过人孔送入塔内,装在塔盘固定件上。这种塔盘结构,就是分块式塔盘结构。

分块式塔盘,根据塔径大小,又分单流塔盘和双流塔盘。当塔径为 $800\sim2\,400$ mm 时,采用单流塔盘;塔径大于 $2\,400$ mm 时,采用双流塔盘。现仅介绍常用的单流分块式塔盘结构。

图 6-23 是一种单流分块式塔盘装配图。为了便于了解塔盘结构,主视图上,上层塔盘装有塔板;下层塔盘未装塔板,只画出了塔盘固定件。俯视图上,做了局部拆卸剖视,把右后四分之一部分的塔板卸掉了,以便表示下面的塔盘固定件。

由图 6-23 可以看出,塔盘上的塔板分成数块。靠近塔壁的两块塔板,叫弓形板;中间的是矩形板,不过,为了检修方便,中间必须有一块作为通道用的塔板,简称通道板。塔板的分块数,与塔径的大小有关。为了便于安装和检修,塔板分块数,可按表 6-6 选取。

表 6-6 塔板分块数

塔 径/mm	$800\sim1\,200$	$1\,400\sim1\,600$	$1\,800\sim2\,000$	$2\,200\sim2\,400$
塔板分块数	8	4	5	6

弓形板放在支持圈、支持板和受液盘上;矩形板放在支持板、受液盘和弓形板上;通道板放在支持板、受液盘、弓形板和矩形板上。各分块塔板用卡子等连接件把它们紧固在支持板、支持圈和受液盘上。同法,也可以把两块塔板彼此紧固在一起。

支持板、降液板、支持圈和受液盘,作支承塔板的固定件,焊在塔体上。当塔径大于或等于 1\,600 mm 时,受液盘下面,尚需放一块筋板加固。各构件的装配尺寸见图 6-23。

1. 塔板结构

塔板结构的设计,应满足刚性好、制造装拆方便等要求。塔板结构型式较多,能满足上述要求得到广泛应用的,是自身梁式塔板结构,这里仅介绍这种塔板结构。

(1)矩形板

图 6-24 所示为一自身梁式矩形板。因为梁由板的一部分弯折而成,梁、板构成一个整体,板上一部分载荷,由自身梁来承担。自身梁式矩形板只有一个长边弯折成梁。梁板过渡部分,有部分低凹平面以便另一塔板的部分放在其上,使两塔板位于同一平面上。根据工艺

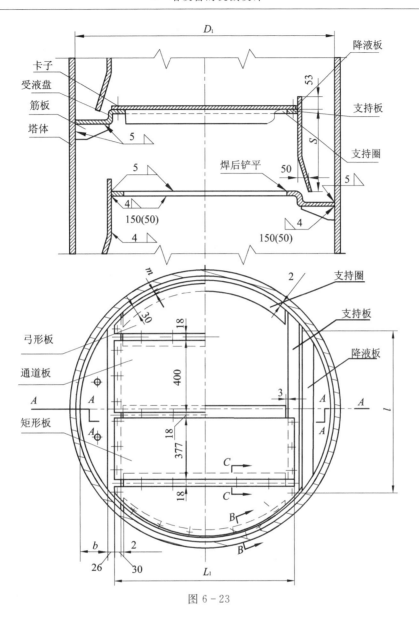

图 6 - 23

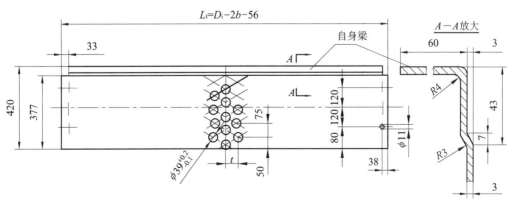

图 6 - 24

要求,塔板上布置一定数量的阀孔或筛孔。矩形板长边尺寸 L_1 与塔径 D_i 和堰宽 b 有关,按图 6-24 所示的公式计算。矩形板宽度统一取 420 mm,以便装拆时塔板能进出人孔。弯折半径 $R=4$ mm。其他各部结构尺寸详见图 6-24。

(2)通道板

图 6-25 所示为一通道板结构。因为通道板长边搁放在其他塔板(弓形板或矩形板)的自身梁上,所以通道板无自身梁,而做成一块平板。通道板长边尺寸同矩形板,宽度尺寸统一取 400 mm,其他各部尺寸详见图 6-25。

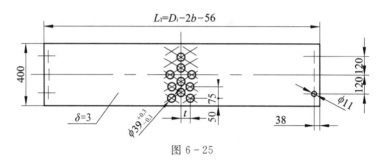

图 6-25

(3)弓形板

图 6-26 所示为一弓形板。弦边作为自身梁,其长度同矩形板,弧边直径 D 与塔径 D_i 和 m 值有关,m 为弧边到塔体的径向距离,从图 6-23 俯视图中可以看到。当 $D_i \leqslant 2\,000$ mm 时,$m=20$ mm,当 $D_i > 2\,000$ mm 时,$m=30$ mm,按图 6-26 中所示关系计算。弓形板矢高 e 与 D_i、m 和塔板分块数 n 有关,可按下式计算:

$$e = 0.5[D_i - 377(n-3) - 18(n-1) - 400 - 2m]$$

弯折半径取 $R=4$ mm。其他各部结构尺寸详见图 6-26。

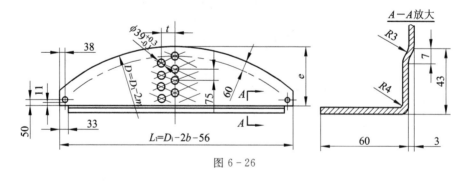

图 6-26

矩形板、通道板和弓形板的厚度,碳素钢塔板取 3 mm,不锈钢塔板取 2 mm。

2. 受液盘结构

受液盘有凹形的和平板形的两种结构型式。它对降液板的液封和液体流入塔板的均匀性都有影响。图 6-27 所示为一常用的凹受液盘。这种凹受液盘具有如下优点:

① 在多数情况下,即使在高蒸气流速和低液体流量时,仍能造成正液封;

② 液体沿降液板下流时常有一定的能量,若以水平方向直接流入塔板,必然涌起一个液峰;而凹型受液盘,可使液体先有个向上运动,再水平流入塔板,以利于塔板入口处液体更好地鼓泡。

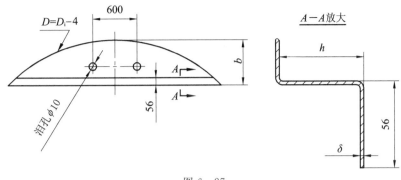

图 6 - 27

受液盘深度 h 由工艺决定，它有 50 mm、125 mm、150 mm 三种，常用的为 50 mm。受液盘厚度与塔径有关，当 $D_i=800\sim1\,400$ mm 时，厚度取 $\delta=4$ mm，$D_i=1\,600\sim2\,400$ mm 时，$\delta=6$ mm，当塔径 $D_i\leqslant1\,400$ mm 时，只需开一个泪孔 $\phi10$。对于碳素钢塔，受液盘一般采用 Q235A 钢材料。

3. 降液板结构

（1）固定式降液板

当物料洁净而又不易聚合时，降液板可采用固定式如图 6 - 28 所示。降液板长度 l 就是堰长，由工艺决定。高度与板间距 S 有关，一般取 $(S+53)$ mm。降液板下部转折段与塔壁接触的边线，是一段椭圆弧，下料时，按塔径放样。其他结构尺寸，见图 6 - 28。对碳素钢塔，降液板采用 Q235A 钢材料。

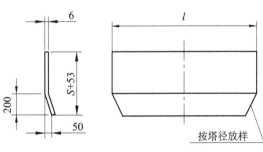

图 6 - 28

（2）可拆式降液板

在物料腐蚀较严重或容易聚合的情况下，为了便于检修，降液板应做成可拆卸的，如图 6 - 29 所示。可拆降液板由上降液板、可拆降液板和两块连接板构成，三者用螺栓（或其他紧固件）连接起来。检修时，松掉螺母后，就能把可拆降液板取下来。安装时，为了便于调整连接板的位置，可拆降液板上的四个螺栓孔，应做成长圆形，如图 6 - 29 中的 I 部放大图所示。连接板与塔壁接触的边线，应按塔径放样下料。上降液板与塔体的角焊缝在外侧，连接板与塔体的角焊缝在内侧。安装可拆连接板时，两端 A 处应用石棉带填紧，以防漏气。上降液板和可拆降液板材料采用 Q235AF 钢。连接板材料用 Q235A 钢。螺栓和垫圈材料用 Q235A 钢，螺母材料用 12Cr13 钢。各部结构尺寸，详见图 6 - 29。

4. 支持板和支持圈结构

支持板和支持圈的材料，一般选用 Q235A 钢，其结构见图 6 - 23、图 6 - 30。

5. 紧固件结构

连接塔板和支持圈等用的紧固件，有多种结构形式，有些已经标准化了，下面介绍其中的两种型式。

① 卡子。如图 6 - 31 所示，由卡板、椭圆垫板、圆头螺栓和螺母组成。图 6 - 32 所示为标准卡子的各组成零件的结构形状，材料可选用 Q235A 钢或不锈钢，尺寸系列可查阅有关

标准,如卡子 NB/T 10557—2021 等。

② 楔卡。图 6-33 所示为 X2 型标准结构,由卡板、楔子和垫板组成。图 6-34 所示为 X2 型楔卡在不同场合用作紧固连接件的示意图,在被连接的零件如塔盘板、支撑梁上需事先开出 8 mm×25 mm 或 10 mm×33 mm 的矩形孔。图 6-35 则是 X2 型楔卡各组成零件的结构形状。材料可选用 Q235A 钢或不锈钢,尺寸系列可查阅有关标准,如 X1 型楔卡 NB/T 10557—2021 等。

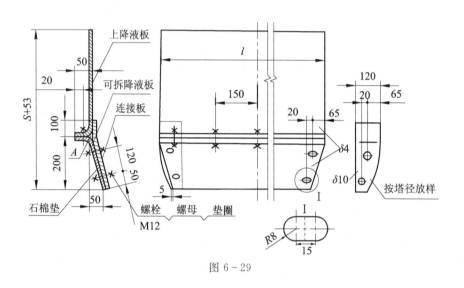

图 6-29

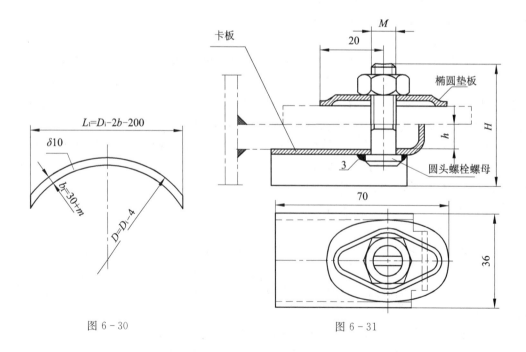

图 6-30

图 6-31

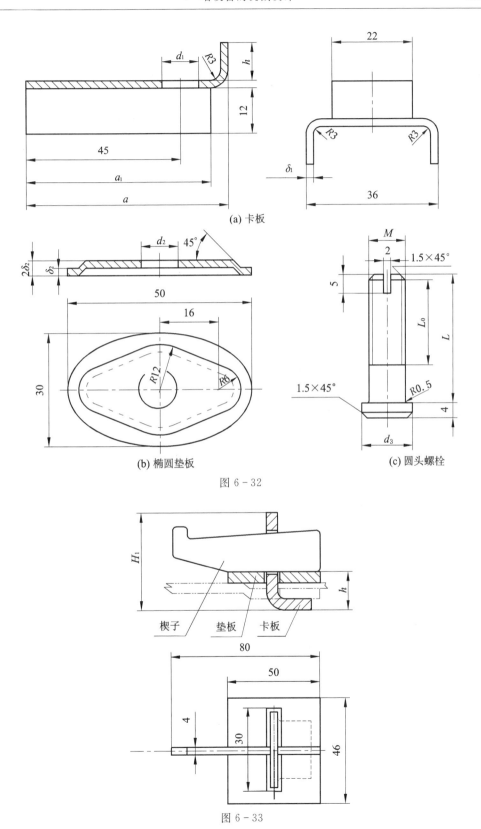

(a) 卡板

(b) 椭圆垫板

(c) 圆头螺栓

图 6-32

楔子 垫板 卡板

图 6-33

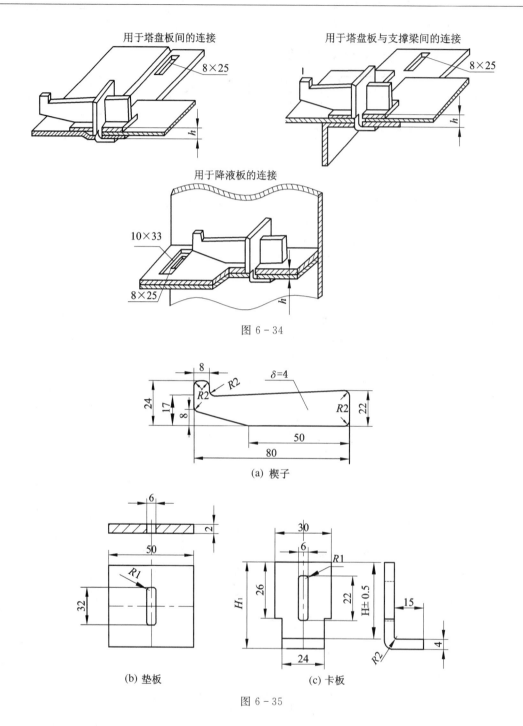

图 6-34

图 6-35

(a) 楔子

(b) 垫板　　　　　(c) 卡板

6.6.4　接管结构

1. 进料管和回流管

当塔径大于或等于 800 mm，人可以进塔检修时，并在物料洁净和不易聚合的情况下，一般采用图 6-36 所示的结构简单的进料管（或回流管）。进料管的降液口尺寸 a、b、c 与管径 d_{o1} 有关，一般可按表 6-7 选取。进料管距塔板的高度 P 和管长 L，由工艺决定。

当塔径 $D_i<800\ mm$ 时，人已不能入塔工作，为便于检修，进料管采用可拆的带外套管的结构，如图 6-37 所示。进料管各部结构尺寸，与管径 d_{o1} 有关，一般可按表 6-7 选取，尺寸 P 和 L，由工艺决定。

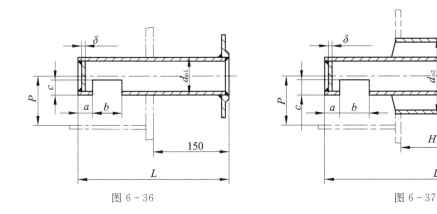

图 6-36 图 6-37

表 6-7 进料管各部结构尺寸 （单位：mm）

内管 $d_{o1}\times S_1$	外管 $d_{o2}\times S_2$	a	b	c	δ	H_1	H_2
25×3	45×3.5	10	20	10	5	120	150
32×3.5	57×3.5	10	25	10	5	120	150
38×3.5	57×3.5	10	32	15	5	120	150
45×3.5	76×4	10	40	15	5	120	150
57×3.5	76×4	15	50	20	5	120	150
76×4	108×4	15	70	30	5	120	150
89×4	108×4	15	80	35	5	120	150
108×4	133×4	15	100	45	5	120	200
133×4	159×4.5	15	125	55	5	120	200
159×4.5	219×6	25	150	70	5	120	200
219×6	273×8	25	210	95	8	120	200

对于腐蚀严重或容易聚合的物料，进料管应采用带外套管的可拆进料管，并应中间进料，插入降液管中。

对于容易起泡的物料，进料管插入降液管中可能造成液泛。为了防止发生液泛，可采用图 6-38 所示的进料管结构。在这种结构中，进料管应位于降液板外侧附近，其定位尺寸 m 和 l，由工艺决定。管上开有 1～2 排小孔，小孔轴线与降液板的夹角应接近 45°，小孔直径 ϕ 和数量 n，一般可按开孔面积等于 1.3～1.5 倍进料管截面积求取。图上所示各值 d_{o2}、δ、$H_1(H_2)$，根据 d_{o1} 按表 6-7 选取。

2. 出料管结构

当裙座直径小于 800 mm 时，出料口一般采用图 6-39 所示的结构。为便于安装，这种结构的出料管，分成弯管段和法兰短节两部分；先把弯管段焊在塔底封头上，待焊缝检验合格后，再把裙座焊在封头上，最后把法兰短节焊在弯管上。

当裙座直径等于或大于 800 mm 时,塔底出料管可采用图 6-40 所示的典型结构。在这种出料管上,焊有三块支承扁钢,以便把出料管活嵌在引出管通道里,安装检修都感到方便。值得注意的是,为了便于安装,出料管外形尺寸 m 应小于裙座内径,而且引出管通孔直径应大于出料管法兰直径。这样,把出料管焊在塔底封头上,焊缝检验合格后,就可以把裙座焊在封头上。

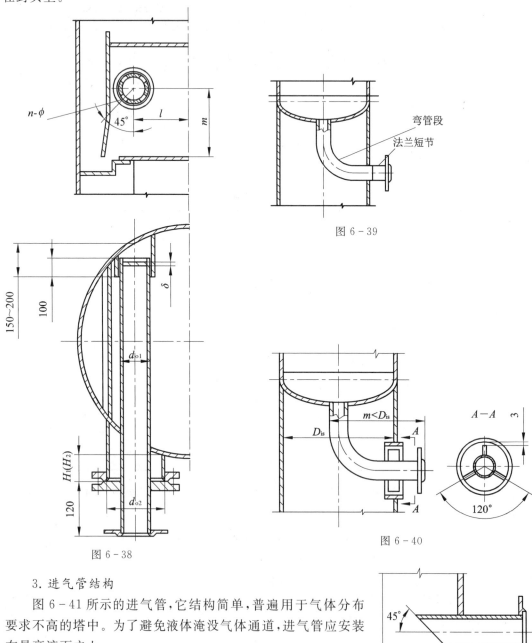

图 6-39

图 6-38

图 6-40

3. 进气管结构

图 6-41 所示的进气管,它结构简单,普遍用于气体分布要求不高的塔中。为了避免液体淹没气体通道,进气管应安装在最高液面之上。

当塔径较大,要求进塔气体分布均匀时,可考虑采用图 6-42 所示的进气管结构。管上开有三排出气小孔,小孔直径和数量,由工艺条件决定。

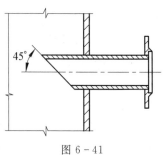

图 6-41

当进塔物料为气液混合物时,为了使物料经过气液分离后,再参加化学过程,一般可采用切向进气管结构。如图 6-43 所示,即为一塔内装有气液分离挡板的切向进气管。当气液混合物由切向进气管进塔后,沿着上下导向挡板流动,经过旋风分离过程,液体向下,气体向上,然后参加化学过程。

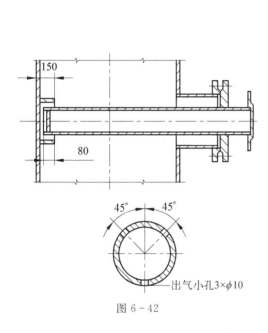

图 6-42

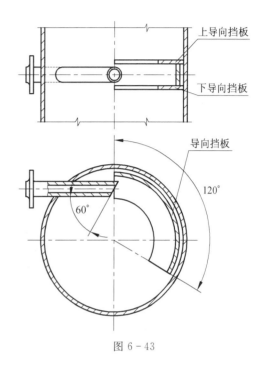

图 6-43

6.6.5　除沫装置

除沫装置,用于分离塔中气体夹带的液滴,从而保证传质效率并改善塔后操作。

丝网除沫器,是石油、化工设备中广泛使用的一种除沫装置。使用表明,当气速在 1～3 m/s 时,效果良好(除沫效率可达 98%)。

丝网除沫器适用于洁净的气体。若气液中含有黏结物时,容易堵塞网孔,不宜采用。其结构有升气管型(图 6-44)、缩径型(图 6-45)、全径型(图 6-46)。

1. 丝网除沫器结构

(1) 小型除沫器结构

当除沫器直径较小(通常在 φ500～600 mm 以下),且与出气口直径接近时,可采用升气管型丝网除沫器。如图 6-44 所示,除沫器可安装在塔顶出气口处。这种结构已经标准化了。丝网厚度有 100 mm 和 150 mm 两种。具体结构随着管道的大小略有区别,详细尺寸可参阅有关标准。

(2) 大型除沫器结构

当除沫器直径与塔径相近时,可采用全径型或缩径型的丝网除沫器。根据除沫器的安装方法,其结构又可分成上装式和下装式两种。尺寸系列也已标准化了,图 6-45 为缩径型下装式结构,图 6-46 为全径型上装式结构,具体结构尺寸可参阅有关标准。

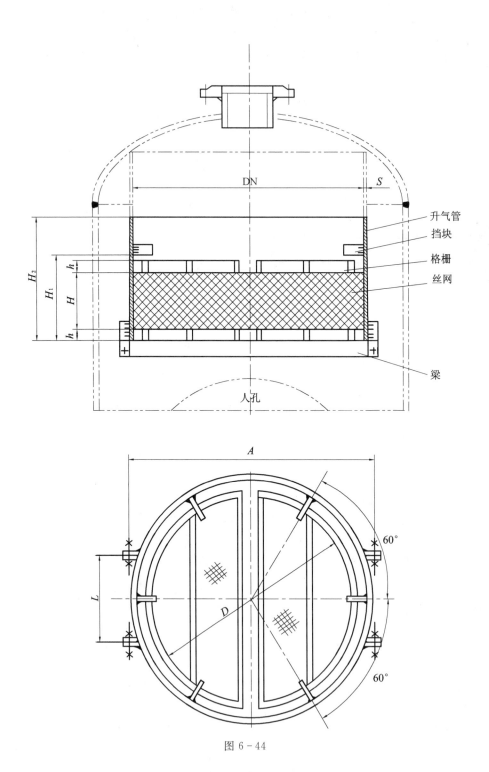

图 6-44

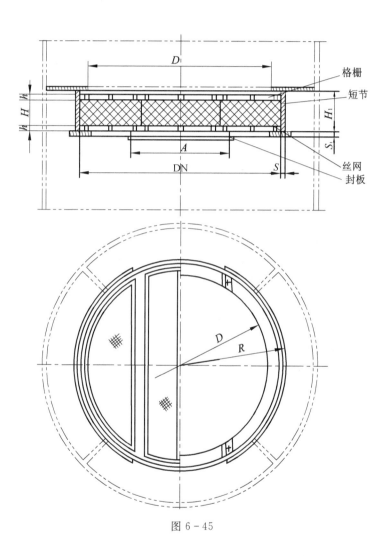

图 6-45

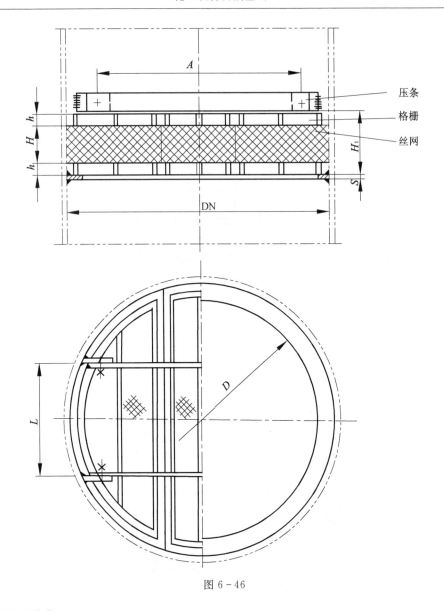

图 6 - 46

2. 丝网结构

塔设备的丝网除沫器,多用 40 - 100 标准型丝网,即 100 mm 丝网宽度上有 40 个孔眼,丝网材料有镀锌铁丝或不锈钢(12Cr18Ni9)丝,也有尼龙和聚四氟乙烯等织物。丝网已有系列标准规格,可参阅有关标准,如 HG/T 21618 - 1998。其规格范围为 DN300~5 200 mm。

附图 3(见书后附图)是一 $\phi 2\,000$ mm×4 000 mm 浮阀塔装配图,从图中可以大致了解板式塔的结构及其技术要求。

习 题 6

6 - 1 塔设备的塔体及裙座可能受到如下几种载荷:＿＿＿＿＿＿＿＿＿＿。

6 - 2 如果不考虑地震影响,塔设备上可能发生的应力有如下几种:(用公式表示)＿＿＿＿＿,

_____,_____。在各危险截面上的最大应力应按不同场合用_____叠加原理算出最大组合应力然后进行_____校核。

6-3　常压精馏塔内径 $D_i = 1\,600$ mm,塔高 24 m(包括裙座),塔壁厚度 14 mm,材料 245R 钢,塔壁外有保温层,厚度为 70 mm。裙座座圈厚 14 mm,内径 $\phi 1\,628$ mm,基础环内径 $\phi 1\,460$ mm,外径 $\phi 1\,890$ mm,裙座材料采用 Q235B 钢。空塔无保温层时塔质量为 16 t,操作时塔质量为 40 t,水压试验时塔质量为 75 t。该塔建在兰州。试问:

(1) 裙座座圈的厚度是否足够? 试定出环形底板的厚度和基础螺栓的尺寸及数量。

(2) 塔设备受哪些载荷作用? 如何计算?

(3) 为什么要对筒体轴向应力进行验算? 怎样验算?

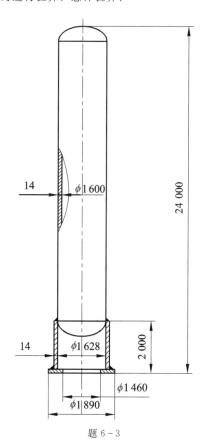

题 6-3

7 反应釜的机械设计

7.1 概述

1. 反应釜的基本结构

反应釜是化工生产中常用的典型设备,图 7-1
是一台带搅拌及夹套传热的反应釜(与图 4-2 对
应),其总装配图可参阅附图 4(见书后)。从图中
可以看出,一台反应釜大致是由釜体部分、传热、搅
拌、传动及密封等装置所组成。釜体部分由包容物
料反应的空间,由筒体及上、下封头所组成。传热
装置是为了送入或带走热量,图示为夹套传热装置
结构。搅拌装置由搅拌器及搅拌轴所组成,图示为
两层桨式搅拌器。为使搅拌器转动,就需要有动力
和传动装置,图示为电动机经 V 带传动、蜗杆减速
机减速后,再通过联轴器带动搅拌器转动。反应
釜上的密封装置有两种类型:静密封是指管法
兰、设备法兰等处的密封;动密封是指转轴出口处
的机械密封或填料密封等。反应釜上还根据工艺
要求配有各种接管口、人孔、手孔、视镜及支座等
部件。

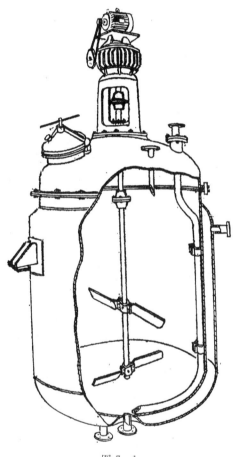

图 7-1

2. 反应釜机械设计的依据

反应釜机械设计是在工艺要求确定之后进行
的。反应釜的工艺要求通常包括反应釜的容积、最
大工作压力、工作温度、工作介质及腐蚀情况、传热
面积、搅拌形式、转速及功率、装配哪些接管口等几
项内容。这些要求一般以表格及示意图形式反映
在工艺人员提出的设备设计要求单中。表 7-1 是
图 7-1 和附图 4 所示反应釜的设备设计要求单
(或称工艺条件单)。

3. 反应釜机械设计的内容与步骤

反应釜的机械设计大体上包含以下几项内容:

(1)确定反应釜的结构型式和尺寸;

(2)选择材料;

表 7 - 1 设备设计要求单

设备名称：$2.5\ m^3$ 反应釜

技术特性指标			简 图
压 力	体 内	0.2 MPa	
	夹套或蛇管内	0.3 MPa	
温 度	体 内	低于 120℃	
	夹套或蛇管内	低于 150℃	
介 质	体 内	104% 发烟 H_2SO_4＋RQ	
	夹套内	冷却水、蒸汽	
	蛇管内	—	
	腐蚀情况	微弱	
传热面	夹 套	$7m^2$	
	管 子	—	
搅拌型式		桨式	
转 速		85 r/min	
功 率		4 kW	
操作容积		$2\ m^3$	
设备容积		$2.5\ m^3$	
建议采用材料		Q235B	

管 口 表			
编 号	名 称	管径 DN/mm	
a	冷盐水出口	25	
b	氨水进口	25	
c	人 孔	400	
d	温度计管口	40	
e	浓硫酸进口	40	
f	压缩空气管	25	
g	压料口	50	
h	压料管套管	100	
p	放料口	40	
j	冷盐水进口	25	

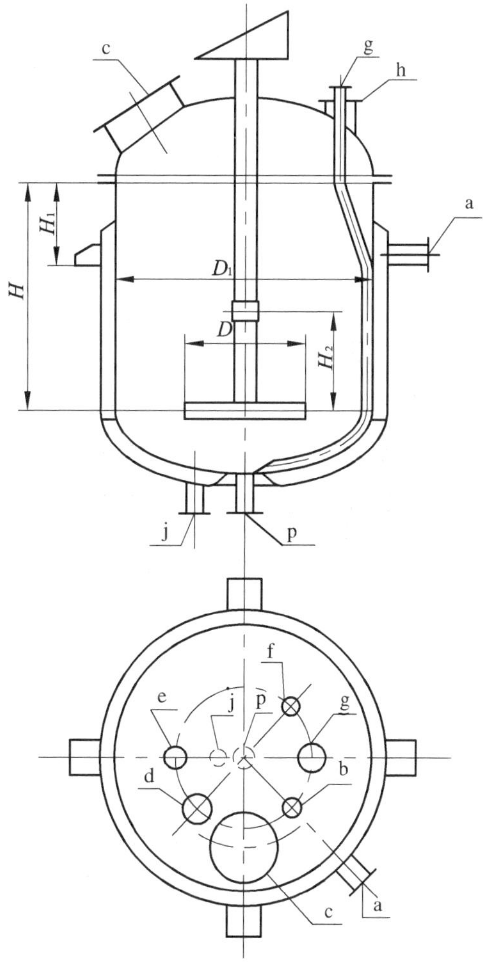

制单 _____

___年___月___日

备 注	

注：备注中可说明对设备的保温、安装及其他等要求。

（3）计算强度或稳定性；

（4）选用零部件；

（5）绘制图样；

（6）提出技术要求。

7.2　反应釜的釜体设计

反应釜釜体的主要部分是容器，其筒体基本上是圆柱形，封头常用椭圆形、锥形和平板，以椭圆形应用最广泛。釜体结构与传热形式有关，最常见的是夹套式壁外传热结构，如图 7-2(a)所示；也有釜体内部安设蛇管的传热结构，如图 7-2(b)所示；必要时也可将夹套和蛇管联合使用。釜体上按工艺要求还需安装各种接管口。因此反应釜釜体的设计要确定如下内容：釜体的结构型式和各部分尺寸，传热形式和结构，工艺管口的安排和设计等。

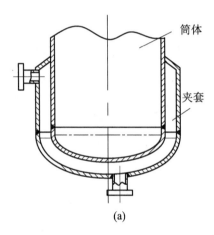
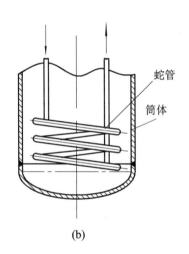

图 7-2

7.2.1　筒体的直径与高度

筒体的基本尺寸是内径 D_i 和高度 H，如图 7-3所示。

筒体的基本尺寸首先取决于工艺要求。对于带搅拌器的反应釜来说，设备容积 V 为主要决定参数，根据化工原理知识，搅拌功率与搅拌器直径的五次方成正比，而搅拌器直径往往需随容器直径的增大而加大，因此在同样的容积下，反应釜的直径太大是不适宜的。又如某些有特定要求的反应釜如发酵罐之类，为了使通入罐中的空气能与发酵液充分接触，需要一定的液位高度，故筒体的高度不宜太矮。根据实践经验，几种反应釜的 H/D_i 值大致如表 7-2所示。

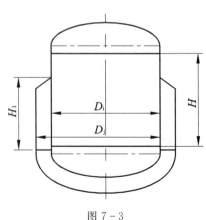

图 7-3

表 7 - 2　几种反应釜的 H/D_i 值

种　　类	釜内物料类型	H/D_i
一般反应釜	液-固相或液-液相物料	1～1.3
	气-液相物料	1～2
发酵罐类		1.7～2.5
聚合釜	悬浮液、乳化液	2.08～3.85

　　在确定反应釜直径及高度时,还应根据反应釜操作时所允许的装满程度——装料系数等予以综合考虑,通常装料系数 η 可取 0.60～0.85。如反应时易起泡沫或呈沸腾状态,η 应取低值,如取 0.60～0.70;反应状态平稳,η 可取 0.80～0.85(物料黏度较大时,可取最大值)。因此设备容积 V 与操作容积 V_o 应有如下关系:$V_o = \eta \cdot V$。在生产中要合理选用装料系数,以尽量提高设备利用率。

　　工艺条件单中所提出的设备容积,对直立的反应釜来说,通常是指圆柱形筒体及下封头所包含的容积,即

$$V = V_b + V_h \text{（卧式容器则 } V = V_b + 2V_h\text{）}$$

式中,V_b 为设备筒体部分容积,m^3;V_h 为封头容积,m^3。

　　根据 V 及选定的 H/D_i 值,可以初步估算筒体内径,取

$$V \approx \frac{\pi}{4} D_i^2 \cdot H$$

或

$$V \approx \frac{\pi}{4} D_i^3 \cdot \frac{H}{D_i}$$

则

$$D \approx \sqrt[3]{\frac{4V}{\pi \cdot \dfrac{H}{D_i}}} \tag{7-1}$$

将选定的 H/D_i 值代入上式,即可初步估算反应釜的内径。

　　以上计算通常在工艺设计中进行,初步估算出 D_i 数值后,还要考虑使反应釜内径(用钢管作筒体时为外径)符合压力容器公称直径的标准,以及制造厂现有封头模具的尺寸,以便封头与之配套,和与之相配的零部件如法兰等可以标准化。

　　封头根据筒体直径 D_i 及所确定的型式按标准选用。最常用的标准椭圆形封头的总深度 H(包括直边高度 h)和封头的容积 V_h 可从表 5-5 中查得。

　　对于直立式反应釜,其圆柱形部分筒体的高度可由下式确定。

$$H = \frac{V - V_h}{V_1} \tag{7-2}$$

式中,V_1 为筒体 1 m 高的容积,m^3,可从表 5-3 查得。

　　将计算后数值经圆整得筒体高度,并复核一下 H/D_i 值,如大体符合便可。

7.2.2　夹套的结构

夹套传热结构简单,基本上不需要进行维修。但有衬里的反应釜或釜壁采用导热性不良的材料(如塑料、木材)制造时,因传热效果差,不宜采用夹套传热。采用夹套传热时,因夹套向外有热量散失,故需要在夹套体外包以保温材料。

容器外装有夹套可有如图 7-4 所示的几种型式:1 型仅圆筒部分有夹套;2 型仅圆筒和下封头部分有夹套;3 型为减小外压容器计算长度 L,在圆筒部分的夹套采用了分段结构或带有加强圈;4 型为圆筒、下封头及上封头的一部分有夹套。

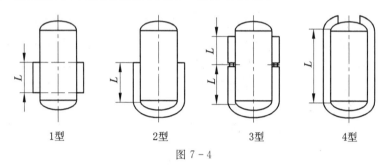

图 7-4

夹套型式可按工艺设计要求及反应釜具体结构的不同而选择,如上封头与筒体必须采用法兰连接时,就不能采用图 7-4 中的 4 型。一般 2 型应用最为广泛,下面对其作主要介绍。

这种夹套结构的适用压力为 0.6 MPa(350℃时)和 1 MPa(300℃时)。

夹套顶端的封闭结构通常是由夹套筒体扳边而成,再焊在釜壁上,如图 7-5(a)所示。也可以采用不同形状的封闭件焊接而成,如图 7-5(b)(c)(d)所示。图 7-5(b)(c)中的结构可以用于图 7-4 所示的各种型式,但必须使封闭件厚度 $\delta_c \geq \delta_j$(夹套厚度);封闭件与夹套筒体的焊接须用垫板,并全焊透。图 7-5(d)所示结构与平板封闭件等只用于图 7-4 中 1 型夹套;δ_c 须经计算并 $\delta_c \geq \delta_j$。GB/T 25198—2010《压力容器封头》中已对夹套的顶部及底部结构做了规定,如表 5-4 最后两栏所示。

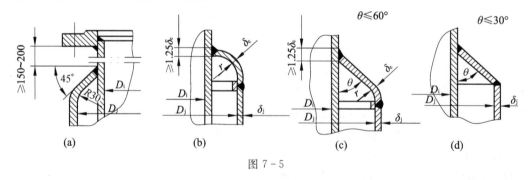

图 7-5

当夹套中用蒸汽作为载热体时,一般从上端进入夹套,凝液从夹套底部排出;如用液体作为冷却液时则相反,采取下端进、上端出,以使夹套中经常充满液体,充分利用传热面,加强传热效果。

在用液体作为载热体时,为了加强传热效果,也可以在釜体壁外焊接螺旋导流板,如图 7-6 所示,导流板以扁钢绕制而成,与筒体可采用双面交错焊,导流板与夹套筒体内壁间隙越小越好。

夹套内径 D_j 可根据筒体直径按表 7-3 中推荐的数值选取。

表 7-3 夹套内径与筒体直径的关系 （单位：mm）

D_i	500～600	700～1 800	2 000～3 000
D_j	D_i+50	D_i+100	D_i+200

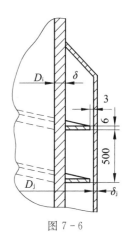

夹套的下封头根据夹套内径及所选型式，按标准选取。

夹套筒体的高度 H_j 主要取决于传热面积 F 的要求，夹套的高度一般应不低于料液的高度，以保证充分传热。根据装料系数 η，操作容积 ηV，夹套筒体的高度 H_j 可由下式估算

$$H_j \approx \frac{\eta V - V_h}{V_1} \qquad (7-3)$$

估算后应校核传热面积能否满足工艺要求。从表 5-5、表 5-3 中可查出釜体封头的内表面积 F_h 及 1 m 高的筒体内表面积 F_1，再算出夹套包围部分筒体的表面积 $F_b = F_1 \cdot H_j$，然后校核 $F_h + F_b \geqslant F$。

图 7-6

夹套高度的确定，还应考虑两个因素：当反应釜筒体与上封头用设备法兰连接时，夹套顶边至少应在法兰下方 150～200 mm 处［视法兰螺栓长度及拆卸方便而定，参见图 7-5(a)］；而当反应釜具有耳座时，须考虑避免因夹套顶部位置而影响耳座的焊接地位。

7.2.3 厚度的确定

中低压反应釜釜体部分和夹套厚度，基本上按容器设计方法来确定。反应釜在压力状态下操作，如不带夹套，则筒体及上、下封头均按内压容器设计，以操作时釜内最大压力为工作压力；如带夹套，则反应釜筒体及下封头应按承受内压和外压分别进行计算，并取两者中的壁厚较大值。按内压计算时，最大压力差为釜内工作压力；按外压计算时，最大压力差为夹套内工作压力（当釜内为常压或尚未升压时）或夹套内工作压力加 0.1 MPa（当釜内为真空时）。上封头如不包在夹套内，则不承受外压作用，只按内压计算，但常取与下封头相同的厚度。

夹套筒体及夹套封头则以夹套内的最大工作压力按内压容器设计，真空时按所受外压进行设计。

通常封头与筒体取相同的厚度，必要时还得考虑内、外筒体膨胀差的影响。当夹套上有支承件时，还应考虑容器和所装物料的质量。

7.2.4 蛇管的设置

当所需传热面积较大，而夹套传热不能满足要求时，可采用蛇管传热。它沉浸在物料中，热量损失小，传热效果好，但检修较麻烦。蛇管很长是不适宜的，因为凝液可能会积聚，使这部分传热面降低传热作用，而且从很长的蛇管中排出蒸汽中所夹带的惰性气体也是很困难的。如要求蛇管传热面很大时，可做成几个并联的同心圆蛇管组，如图 7-7 所示，但这种结构的固定及安装都不方便。

蛇管的管径通常选用 DN25～70 mm。管长与管径的

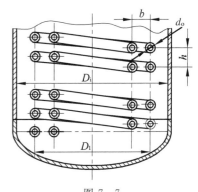

图 7-7

比值,蛇管的进出口结构,蛇管排列的定位尺寸及定位结构等可参阅有关设计手册。

7.2.5 工艺管口

反应釜上工艺管口,包括进出料口、温度计口、压力计口及其他仪表管口等,其结构和容器上的管口基本相同。管口的管径及方位布置由工艺要求确定,下面介绍一些进出料口的结构型式。

1. 进料管口

有固定式[图 7-8(a)(c)]和可拆式[图 7-8(b)]两种。

接管伸进设备内,可避免物料沿釜体内壁流动,以减少物料对釜壁的局部磨损与腐蚀。管端一般制成 45°斜口,以避免喷洒现象。对于易磨蚀、易堵塞的物料,宜用可拆式管口,以便清洗和检修。进口管如需浸没于料液中,以减少冲击液面而产生泡沫,管可稍长,液面以上部分开小孔(图中 $2\times\phi5$)可以防止虹吸现象。

2. 出料管口

有上出料(图 7-9)和下出料(图 7-10)等形式。

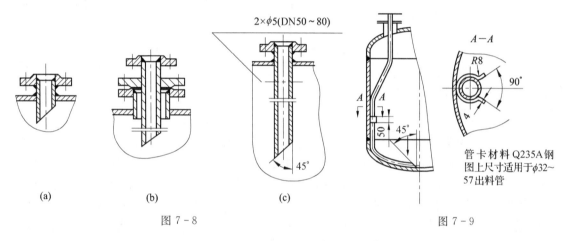

图 7-8　　　　　　　　　　　　　　　图 7-9

当反应釜内液体物料需要输送到位置更高或与它并列的另一设备中去时,可采用压料管装置,利用压缩空气或惰性气体的压力,将物料压出。压料管一般做成可拆式,釜体上的管口大小要保证压料管能顺利取出。为防止压料管在釜内因搅拌影响而晃动,除使其基本与釜体贴合外,并以管卡(图 7-9 中 $A-A$)或挡板固定。

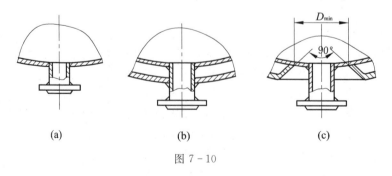

图 7-10

当向下放料时,管口及夹套处的结构、尺寸如图 7-10 及表 7-4 所示。

表 7-4　夹套底部及管口尺寸　　　　　（单位：mm）

管口公称直径 DN	50	70	100	125	150
D_{min}	150	160	210	260	290

7.2.6　反应釜釜体设计举例

现以表 7-1 所示设备设计要求单为例来进行反应釜的釜体设计。

（1）确定筒体和封头型式

从要求单上所列的工作压力、温度以及该设备之工艺性质，可以看出它是属于带搅拌的低压反应釜类型，Ⅰ类低压容器。根据惯例，选择圆柱形筒体和椭圆形封头。

（2）确定筒体和封头直径

反应物料为液-固相类型，从表 7-2 可得，$H/D_i=1\sim1.3$。设备容积要求为 2.5 m³，考虑到容器不大，可取 $H/D_i=1$，这样可使直径不致太小。从工艺上了解到反应状态无泡沫或沸腾情况，黏度也不大，故取装料系数 $\eta=0.8$。

反应釜直径估算如下：

$$D_i=\sqrt[3]{\frac{4V}{\pi\cdot H/D_i}}=\sqrt[3]{\frac{4\times2.5}{\pi\times1}}\approx1.47(\text{m})$$

圆整至公称直径标准系列，取 $D_i=1\,400$ mm。封头取相同的内径。

（3）确定筒体高度

当 DN=1 400 mm，从表 5-5 中查得标准椭圆形封头的容积 $V_h=0.398$ m³，从表 5-3 查得筒体 1 m 高的容积 $V_1=1.539$ m³/m，则筒体高估算为

$$H=\frac{V-V_h}{V_1}=\frac{2.5-0.398}{1.539}\approx1.37(\text{m})$$

取 $H=1.4$ m，于是 $H/D_i=1\,400/1\,400=1$。

（4）确定夹套直径

从表 7-3 得：$D_j=D_i+100=1\,400+100=1\,500(\text{mm})$。夹套封头也采用椭圆形，并与夹套筒体取相同直径。

（5）确定夹套高度

夹套筒体的高度估算如下：

$$H_i=\frac{\eta V-V_h}{V_1}=\frac{0.8\times2.5-0.398}{1.539}=1.04(\text{m})$$

取 $H_i=1\,100$ mm。

（6）校核传热面积

当 DN 为 1 400 mm 时，从表 5-5、表 5-3 查得封头内表面积 $F_h=2.23$ m²，筒体 1 米高内表面积 $F_1=4.4$ m²。则

$$F=F_h+1.1\times F_1=2.23+1.1\times4.4=7.07(\text{m}^2)$$

计算所得传热面积 7.07 m² 大于工艺要求的 7 m²，说明以上确定的夹套高度是可以的。

在本例题中,夹套高度最后定为 1 290 mm(见附图 4 装配图)。这样考虑的目的是使该反应釜在保证法兰上螺栓装拆方便的前提下,可具有最大传热面积,从而使该反应釜操作的适应性更广泛一些。另一方面也可使耳座的安装高度有较大的变动幅度,以便于设备在车间中的布置定位。

(7)内筒及夹套的受力分析

工艺提供的条件为:釜体内筒中工作压力 0.2 MPa,夹套内工作压力 0.3 MPa。则夹套筒体和夹套封头为承受 0.3 MPa 内压;而内筒的筒体和下封头为既承受 0.2 MPa 内压,同时又承受 0.3 MPa 外压,其最恶劣的工作条件为:停止操作时,内筒无压而夹套内仍有蒸汽压力,此时内筒承受 0.3 MPa 外压。

(8)计算夹套筒体、封头厚度

夹套筒体与内筒的焊缝,因检测困难,故取 $\phi=0.6$,从安全计夹套上所有焊缝均取 $\phi=0.6$,封头采用由钢板拼制的标准椭圆形封头,材料均为 Q235B 钢。

夹套厚度计算如下:

$$\delta_d=\frac{pD_i}{2[\sigma]^t\phi-p}+C_2=\frac{1.1\times0.3\times1\,500}{2\times108\times0.6-1.1\times0.3}+2=5.83(\mathrm{mm})$$

夹套封头厚度计算如下:

$$\delta_d=\frac{pD_i}{2[\sigma]^t\phi-0.5p}+C_2=\frac{1.1\times0.3\times1\,500}{2\times108\times0.6-0.5\times1.1\times0.3}+2=5.82(\mathrm{mm})$$

圆整至钢板规格厚度并查阅封头标准,夹套筒体与封头厚度均取为 $\delta_n=8$ mm。

(9)计算内筒筒体厚度

承受 0.2 MPa 内压时筒体厚度计算如下:

$$\delta_d=\frac{pD_i}{2[\sigma]^t\phi-p}+C_2=\frac{1.1\times0.2\times1\,400}{2\times108\times0.85-1.1\times0.2}+2=3.68(\mathrm{mm})$$

承受 0.3 MPa 外压时筒体厚度计算如下:

为简化起见,首先假设 $\delta_n=8$ mm,则 $\delta_e=8-2.6=5.4(\mathrm{mm})$,由于夹套顶部距容器法兰面实际定为 150 mm(附图4),因此内筒体承受外压部分的高度为 $(H-150)$ mm,并以此决定 L/D_o 及 D_o/δ_e 之值。

$$D_o=D_i+2\delta_n=1\,400+2\times8=1\,416(\mathrm{mm})$$

$$L=H-150+h+\frac{1}{3}h_1=1\,400-150+25+\frac{1}{3}\times350=1\,391.7(\mathrm{mm})$$

式中,h 为标准椭圆封头直边高度,根据 $D_i=1\,400$ mm,由表 5-5 查得总深度为 $h+h_1=375$ mm,再由表 5-4 可推得 $h=25$ mm;h_1 为标准椭圆封头曲面高度,$h_1=350$ mm。

因此 $\qquad L/D_o=1\,391.7/1\,416\approx1,\quad D_o/\delta_e=1\,416/5.4\approx262$

由图 4-22 查得 $A=0.000\,32$,再据此查图 4-23 得 $B=45$,则许用压力可计算如下:

$$[p] = \frac{B}{D_o/\delta_e} = \frac{45}{1\,416/5.4} = 0.17(\text{MPa}) < 0.3(\text{MPa})$$

因此,当名义厚度为 8 mm 时,不能满足稳定要求。

再假设 $\delta_n = 10$ mm,则 $\delta_e = \delta_n - C_1 - C_2 = 10 - 0.8 - 2 = 7.2(\text{mm})$,而 $D_o/\delta_o = 1\,420/7.2 \approx 197$,$L/D_o \approx 1$。由图 4 - 22 查得 $A = 0.000\,5$,据此查图 4 - 23 得,$B = 70$,则

$$[p] = \frac{B}{D_o/\delta_e} = \frac{70}{1\,420/7.2} = 0.35(\text{MPa}) > 0.3(\text{MPa})$$

因此,名义厚度 $\delta_n = 10$ mm 时,筒体能满足 0.3 MPa 外压的要求。

由于筒体既可能承受内压,又可能只承受外压。因此筒体壁厚应选取两者中之大值,即确定筒体厚度为 10 mm。

(10) 确定内筒封头厚度

承受 0.2 MPa 内压计算如下:

$$\delta_d = \frac{pD_i}{2[\delta]^t\,\phi - 0.5p} + C_2 = \frac{1.1 \times 0.2 \times 1\,400}{2 \times 108 \times 0.85 - 0.5 \times 1.1 \times 0.2} + 2 = 3.68(\text{mm})$$

承受 0.3 MPa 外压计算如下:

设 $\delta_n = 10$ mm,则 $\delta_e = \delta_n - C = 10 - 2.8 = 7.2(\text{mm})$,而

$$A = \frac{0.125}{0.9D_o/\delta_e} = \frac{0.125}{0.9 \times 1\,420/7.2} = 0.000\,70$$

查图 4 - 23 得 $B = 95$,则

$$[p] = \frac{B}{0.9D_o/\delta_e} = \frac{95}{0.9 \times 1\,420/7.2} = 0.535(\text{MPa}) > 0.3(\text{MPa})$$

满足稳定要求。

7.3 反应釜的搅拌装置

在反应釜中,为增加反应速率、强化传质或传热效果以及加强混合等作用,常装设搅拌装置。搅拌装置由搅拌器与搅拌轴组成,搅拌器型式很多,通常由工艺要求确定。HG/T 3796.1—2005《搅拌器型式及基本参数》已对常用搅拌器的型式、系列及主要参数做了规范(表 7 - 5)。下面重点介绍几种搅拌器的结构特点、安装方式与搅拌轴系的设计等问题。

7.3.1 搅拌器的型式、特点及安装方式

1. 桨式搅拌器

图 7 - 1 所示反应釜中采用的搅拌器即是表 7 - 5 中"1"的折叶桨式搅拌器。桨式搅拌器结构比较简单,桨叶一般以扁钢制造,材料可以采用碳素钢、合金钢或有色金属,或碳素钢外包橡胶、环氧树脂、酚醛、玻璃布等。桨叶有直叶(表 7 - 5 中"1"、图 7 - 11)和折叶(图 7 - 1、附图 4)两种,直叶叶面与旋转方向垂直,主要使物料产生切线方向的流动,加搅拌挡板

(后文图 7-18、图 7-19)后可产生一定的轴向搅拌效果。折叶式则是桨叶与旋转方向成一倾斜角，$\theta=45°$或 $60°$,可使物料轴向分流较多。桨式搅拌器的运转速度较慢，一般为 $20\sim80$ r/min, $v\leqslant 5$ m/s。

表 7-5　搅拌器型式、系列及主要参数

序号	搅拌器型式		示　意　图	搅拌器直径系列 D_j/mm		主　要　参　数		
						结构参数	桨端线速度 v/(m/s)	动力黏度 μ/(Pa·s)
1	桨式	直叶		100 125 160 180 200 220 250 280 320 360 400 450 500	700 800 900 1 000 1 120 1 250 1 400 1 600 1 800 2 000 2 240 2 500 2 800	$D_j=(0.25\sim0.75)$DN $b=(0.1\sim0.25)D_j$ $h=(0.2\sim1)D_j$ $Z=2$	$v=1\sim5$	<20
		折叶		560 630	3 150 3 550	$D_j=(0.25\sim0.75)$DN $b=(0.1\sim0.3)D_j$ $h=(0.2\sim1)D_j$ $\theta=45°,60°$ $Z=2$		
2	开启涡轮式	直叶		80 100 125 160 180 200 220 250 280	 320 360 400 450 500 560 630	$D_j=(0.2\sim0.5)$DN $b=(0.125\sim0.25)D_j$ $h=(0.2\sim1)D_j$ $Z\geqslant3$	$v=4\sim10$	<50

续表

序号	搅拌器型式		示 意 图	搅拌器直径系列 D_j/mm	主 要 参 数		
					结构参数	桨端线速度 v/(m/s)	动力黏度 μ/(Pa・s)
3	圆盘涡轮式	后弯叶			$D_j=(0.2\sim0.5)DN$ $b=0.2D_j$ $l=0.25D_j$ $h=D_j$ $\alpha=45°$ $Z\geqslant4$	$v=4\sim10$	<10
4	推进式			80　560 100　630 255　710 160　800 180　900 200　1 000 220　1 120 250　1 250 280　1 400 320　1 600 360　1 800 400　2 000 450　2 240 500　2 500	$D_j=(0.15\sim0.5)DN$ $h=(1\sim1.5)D_j$ $\theta_0=\tan^{-1}0.138\dfrac{D_j}{d_1}$ $\theta=17°,40°$ $l=0.4D_j$ $Z\geqslant2$	$v=3\sim15$	3(在500 r/min 以上时适用 $\mu<2$)
5	框式			370　2 120 470　2 320 570　2 520 660　2 710 760　2 910 850　3 100 950　3 250 1 140　3 350 1 340　3 750 1 530　4 250 1 730　4 750	$D_j=(0.8\sim0.98)DN$ $h_1=(0.48\sim1)D_j$ $b=(0.06\sim0.1)D_j$ $h=(0.05\sim0.085)D_j$	$v=1\sim5$	<100

续表

序号	搅拌器型式	示意图	搅拌器直径系列 D_j/mm	结构参数	桨端线速度 v/(m/s)	动力黏度 μ/(Pa·s)
6	三叶后弯式		200　800 220　900 250　1 000 280　1 120 320　1 250 360　1 400 400　1 600 450　1 800 500　2 000 560　2 240 630　2 500 710	$D_j=(0.5\sim0.7)DN$ $\quad=(0.8\sim0.17)D_j$ $\alpha=30°,50°$ $\beta=15°\sim20°$ $h=(0.1\sim0.3)D_j$ $Z=3$	$v=3\sim10$	<10
7	螺杆（带导流筒）式		160　710 180　800 200　900 220　1 000 250　1 120 280　1 250 320　1 400 360　1 600 400　1 800 450　2 000 500　2 240 560　2 500 630　2 800	$D_j=(0.4\sim0.6)DN$ $D_d=(1.05\sim1.15)D_j$ $S=(0.5\sim1.5)D_j$ $h_1=(1.0\sim0.3)D_j$ $h_2=(0.8\sim0.95)h_1$ $h=(0.18\sim0.3)D_j$	$v<2$	<10
8	螺带式		370　2 120 470　2 320 570　2 520 660　2 710 760　2 910 850　3 100 950　3 250 1 140　3 350 1 340　3 750 1 530　4 250 1 730　4 750 1 920	$D_j=(0.9\sim0.98)DN$ $S=(0.5\sim1.5)D_j$ $h_1=(1\sim3.0)D_j$ $b=0.1D_j$ $h=(0.01\sim0.005)D_j$ $Z_1=1,2$	$v<2$	<500

序号	搅拌器型式	示　意　图	搅拌器直径系列 D_j/mm	主　要　参　数		
				结构参数	桨端线速度 v/(m/s)	动力黏度 μ/(Pa·s)
9	锯齿圆盘式	DN ... D_j d_1 h_1 h	80　　360 100　400 125　450 160　500 180　560 200　630 220　710 250　800 280　900 320　1 000	$D_j=(0.15\sim0.5)DN$ $h_1=(0.04\sim0.1)D_j$ $d_1=0.8D_j$ $h=(0.5\sim1.5)D_j$	$v=5\sim20$	<10
10	门框式	DN ... b h_1 h D_j	200　　800 220　900 250　1 000 280　1 120 320　1 250 360　1 400 400　1 600 450　1 800 500　2 000 560　2 240 630　2 500 710	$D_j=(0.5\sim0.7)DN$ $h_1=(1\sim1.5)D_j$ $b=0.1D_j$ $h=0.2D_j$	$v=2\sim5$	<100

在料液层比较高的情况下,为了将物料搅拌均匀,常装有几层桨叶,相邻两层搅拌叶常交错成 90°安装,如图 7-1、附图 4 所示。一般情况下,几层桨叶的安装位置如下:

① 一层。安装在下封头环向焊缝线高度上。

② 二层。一层安装在下封头环向焊缝线高度上,另一层安装在下封头环向焊缝与液面的中间或稍高些的位置上。

③ 三层。一层安装在下封头焊缝线高度上,另一层安装在液面下约 200 mm 处,中间再安装一层。

桨式搅拌器直径 D 约取反应釜内径 D_i 的 $\frac{1}{4}\sim\frac{3}{4}$。

安装结构如图 7-11 所示,当搅拌轴径 $d<50$ mm 时,除用螺栓对夹外,再用紧定螺钉固定;当搅拌轴径 $d>50$ mm 时,除用螺栓对夹外,再用穿轴螺栓或圆柱销固定在轴上。

桨式搅拌器已有详细尺寸的标准系列,设计时可参阅有关设计手册。

2. 框式和锚式搅拌器

框式搅拌器(表 7-5 中"5")的框架可由管材制作而成,或由角钢、扁钢拼接而成(图 7-12)。前者常外表搪瓷(用于搪瓷设备)、覆胶或覆其他保护性覆盖层,以防腐蚀,其搅拌器直径系列:$D_j=370\sim4\,750$ mm。根据管材弯折形状的变化还可形成门框式(表 7-5 中"10")、三叶后弯式(表 7-5 中"6")及锚式等搅拌器。

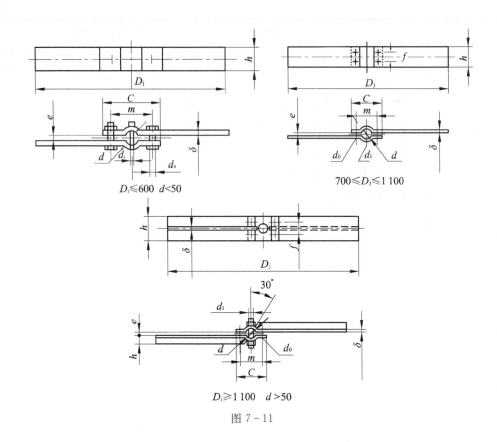

图 7 - 11

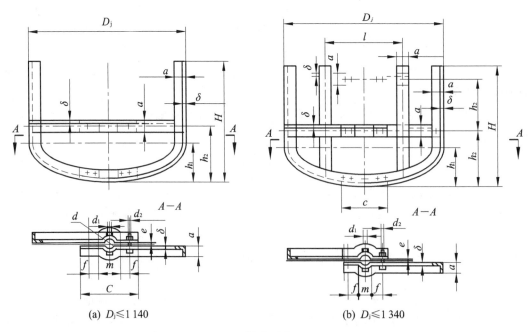

(a) $D_j \leqslant 1\,140$　　　　(b) $D_j \leqslant 1\,340$

图 7 - 12

框架由扁钢、角钢拼接而成的框式搅拌器可视为桨式的变形,水平与垂直的桨叶连成一刚性框架,结构比较坚固。搅拌叶可用扁钢(碳素钢、不锈钢)或碳素钢角钢弯制,图 7 – 12 所示为碳素钢制框式搅拌器。当 $D \leqslant 1\ 140$ mm 时,由于使用这些搅拌器的反应釜较小,可起吊带法兰的上封头进行安装和检修,因此通常做成不可拆式。搅拌叶间、搅拌叶与轴套间全部焊接,也有采用整体铸造方法的。当 $D \geqslant 1\ 340$ mm 时,这些搅拌器常做成可拆式,用螺栓来连接各搅拌叶。检修时可从人孔中分别取出,如设备无上封头(敞开式)或搅拌器不需检修时,也可以做成不可拆式,与轴的连接通常采用螺栓对夹加穿轴螺栓。

框式或锚式搅拌器的直径较大,常为筒体内径 D_i 的 $\dfrac{2}{3} \sim \dfrac{9}{10}$,$v \leqslant 5$ m/s,转速为 $50 \sim 70$ r/min。其结构尺寸已有标准系列,可查阅有关设计手册。

3. 推进式搅拌器

推进式搅拌器(表 7 – 5 中"4")常用整体铸造,加工方便。采用焊接时需模锻后再与轴套焊接,加工较困难。制造时应做静平衡试验。搅拌器可用轴套以平键和紧定螺钉与轴连接,如图 7 – 13 所示。

推进式搅拌器直径约取反应釜内径 D_i 的 $\dfrac{1}{6} \sim \dfrac{1}{2}$,切向线速度 $v \leqslant 15$m/s,转速为 $300 \sim 600$ r/min,甚至更快,一般说来小直径取高转速,大直径取较低转速。材料常用铸铁、铸钢等。推进式搅拌器已有标准系列,结构尺寸可查有关设计手册。

搅拌器的型式很多,尚有涡轮式、螺带式……可根据工艺需要从有关资料中选用。

7.3.2 搅拌轴系

1. 搅拌轴直径的计算

搅拌轴的材料常用 45 钢,有时还需进行适当的热处理,以提高轴的强度并减少轴颈的磨损。如无

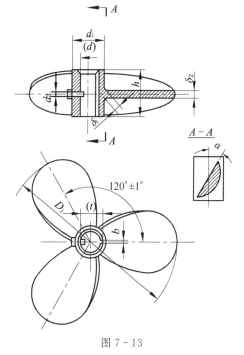

图 7 – 13

条件进行热处理而轴径允许裕度较大时,可选用 Q275 钢甚至 Q235A 钢。当耐腐蚀要求较高或釜内物料不允许被铁离子污染时,应当用不锈耐酸钢或采取防腐措施。

对搅拌轴而言,承受扭转和弯曲的组合作用,其中以扭转作用为主,所以在工程应用中常以前面"轴与联轴器"中介绍的方法来进行强度计算。即假定轴只承受扭矩的作用,然后用增加安全系数以降低材料的许用应力来弥补由于忽略轴受弯曲作用所引起的误差。

应该注意的是,按"轴与联轴器"中介绍的方法计算而得的轴径,仅是从强度要求考虑。根据安装轴上零件及其他结构上的要求,轴径还需适当增大,通常得再增加 $2 \sim 4$ mm 的腐蚀裕度。

2. 搅拌轴的支承条件

在有些情况下,搅拌轴是靠减速机内一对轴承来支承的。搅拌轴往往比较长,悬伸在反

应釜内进行搅拌操作,因此,搅拌轴的支承条件较差。当搅拌轴悬臂过长而又很细时,常常会将轴扭弯,而离心力的作用也随着递增,最后达到完全破坏的程度。

保持搅拌轴悬臂稳定性的允许长度,在一般工作条件下,根据经验数据,推荐以下两个稳定条件的关系式,以供参考(图 7 - 14)。

$$\frac{L_1}{B} \leqslant 4 \sim 5 \qquad (7-4)$$

$$\frac{L_1}{d} \leqslant 40 \sim 50 \qquad (7-5)$$

式中,L_1 为轴的悬臂长度,mm;d 为搅拌轴直径,mm;B 为两轴承间的距离,mm。

如果减速机的机架是带支点的,则 B 可算至机架支点的轴承处。

式(7-4)、式(7-5)的选用情况如下:

轴径 d 计算后,如裕量选得较大,则 $\frac{L_1}{B}$ 及 $\frac{L_1}{d}$ 可取偏大的值;

使用经过平衡试验的搅拌器,则 $\frac{L_1}{B}$ 及 $\frac{L_1}{d}$ 可取偏大的值;

低速运转时,$\frac{L_1}{B}$ 及 $\frac{L_1}{d}$ 可取偏大的值,高速运转时取偏小的值。

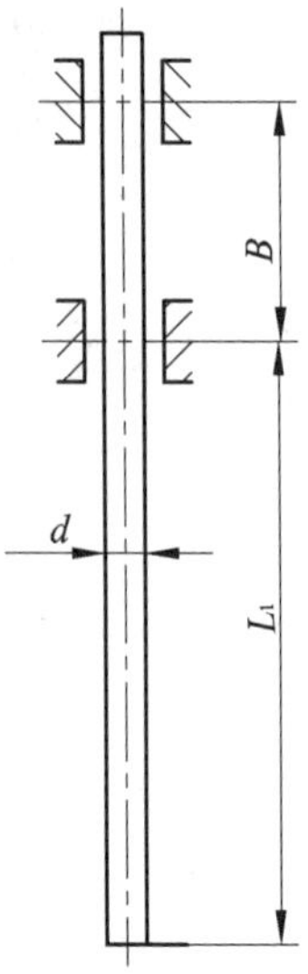

图 7 - 14

如上述条件不能满足时,可增加直径 d;或采用双支点机架;或增高减速机机架高度使 B 增大。加大轴径固然可达到改善支承的目的,但在某些场合下是不经济的。如不能用增加 d 或 B 来满足条件时,可采取加底轴承(图 7 - 15)、加装在釜顶内侧的中间轴承(图 7 - 16)或加装在 $D_i > 1$ m 筒体内的中间轴承(图 7 - 17)的办法。但是,这将使整个轴系的结构复杂得多,检修不方便,且物料可能进入轴承造成堵住咬死。此外,支承点过多,若轴承安装得不好,其偏心会使轴卡住或使轴衬单侧磨损。因此,一般尽可能避免在釜内安装轴承。

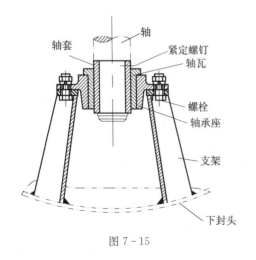

图 7 - 15

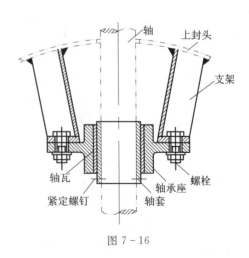

图 7 - 16

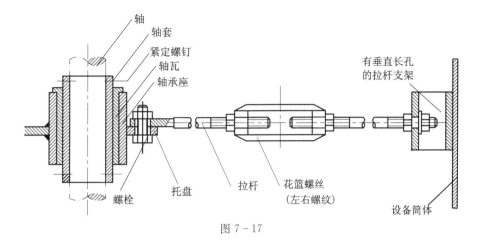

图 7-17

当搅拌轴的工作转速大于 200 r/min 时,应对轴的临界转速进行验算,因为转速靠近临界转速时,轴可能因强烈振动而损坏。临界转速与轴的支承点距离和轴径有关,验算方法可参阅有关设计资料。

HG/T 21563—1995《搅拌传动装置系统组合、选用及技术要求》标准中对传动轴型式及尺寸有所提及,具体可参考该标准。

7.3.3 搅拌附件——挡板和导流筒

为了加强搅拌效果,有时又需严格控制流型(如需要较大的液流剪切作用或容积循环速率,或需要被搅拌的液体作上下翻腾的运动),而只靠搅拌桨还不能满足要求时,可以在反应釜中采用装置挡板的方法来解决。反应釜内挡板的安设有竖、横两种。竖挡板应用较广泛,当物料黏度较高时才使用横挡板。安设在液面上的横挡板还可起消除泡沫(如发酵罐等)作用。

通常径向安装 4 块宽度为 $\left(\frac{1}{12}\sim\frac{1}{10}\right)D_i$ 的挡板。当 D_i 很大或很小时,可以酌量增多或减少挡板的数目。

挡板的安装位置须视实际情况而定,竖挡板的上端与静液面相齐,下端低于下封头与筒体的焊缝线即可,如图 7-18(a)所示,当有固相存在,固液比及固液比重差都较大时,固相易沉底,所以下端不宜过低,以免淤塞。当液体中含有固体颗粒或液体黏度达 7 000~10 000 MPa·s 时,为了避免固体堆积或液体黏附,挡板需要离壁安装,如图7-18(b)所示。

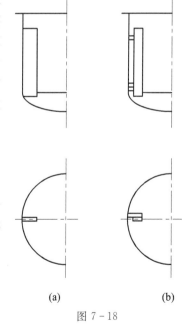

图 7-18

在高黏度物料中使用桨式搅拌器时,可装横挡板以增加掺和作用,挡板宽度可与搅拌叶同宽,如图 7-19 所示。

对于推进式、涡轮式等搅拌器均可加装导流筒来达到特定的搅拌要求。导流筒是反应釜内引导搅拌器产生液体流的装置。不同使用场合、不同类型搅拌器的导流筒尺寸也各不相同。推进式搅拌器用导流筒的示意结构如图 7-20 所示。表 7-5 中"7"也是带导流筒的。

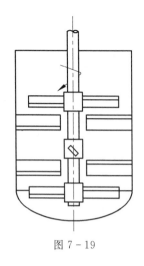

图 7 - 19

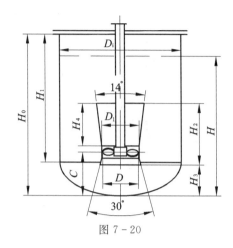

图 7 - 20

7.4　反应釜的传动装置

　　带搅拌器的反应釜,需要电动机和传动装置来带动搅拌器转动。传动装置通常设置在反应釜的顶部,一般采用立式布置,如图 7 - 21 所示。电动机经减速装置将转速减至工艺要求的搅拌转速,再通过联轴器带动搅拌轴旋转。减速机下设置一机架,以便安装在反应釜的封头上。由于考虑到传动装置与轴封装置安装时要求保持一定的同心度以及装卸检修方便,常在封头上焊一底座(或称凸缘法兰),整个传动装置连机座及轴封装置都一起安装在这底座上。因此,反应釜传动装置的设计内容一般应包括:选用电动机、减速机和联轴器、选用或设计机架和设计底座等。

　　化工部门已经制定了 HG/T 21563—1995《搅拌传动装置系统组合、选用及技术要求》的标准。列出了采用机械密封抑或填料密封;和采用单支点机架抑或双支点机架的四种组合形式。图 7 - 22 为采用机械密封、单支点机架的搅拌传动装置系统组合的结构,其他三种组合结构可查阅标准。所有组合中的电动机和减速机均可按有关标准和制造厂样本确定。机架、联轴器、密封装置、传动轴、安装底盖、凸缘法兰及机械密封循环保护系统等也都有相应的标准,下面择要予以介绍。

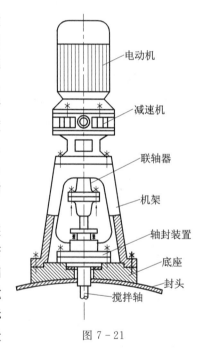

图 7 - 21

7.4.1　电动机的选用

　　反应釜用的电动机绝大部分与减速机配套使用,只在搅拌转速很高时,才见到电动机不经减速机而直接驱动搅拌轴。因此电动机的选用一般应与减速机的选用互相配合考虑。很多场合下,电动机与减速机一并配套供应,设计时可根据选定的减速机选用配套的电动机。

　　反应釜传动装置上的电动机选用问题,主要是确定系列、功率、转速以及安装型式和防爆要求等几项内容。

　　反应釜常用的电动机系列有：Y(异步电动机)、YB(隔爆型异步电动机)、YX(改进型异步电动机)等几种,其特点和使用范围可查阅有关手册。

　　电动机的功率主要根据搅拌所需的功率及传动装置的传动效率等而定。搅拌所需的功率一般由工艺要求提出,通常已考虑到物料搅拌启动时的需要,但根据化工计算所得的搅拌轴计算功率有时与实际情况出入较大,还需参考一下相近物料相近搅拌情况下所需的功率。传动效率根据所选减速装置的类型不同而不同,其数值可在减速机技术特性表或其他有关资料中查到。此外尚应考虑搅拌轴通过轴封装置时因摩擦而损耗的功率等因素。因此反应釜搅拌所需电动机的功率 P 可由式(7-6)表示：

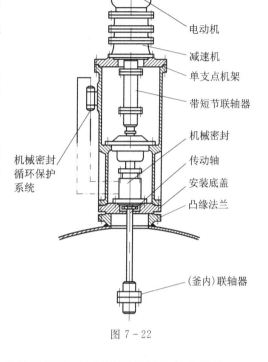

图 7 - 22

$$P = \frac{P'}{\eta} \tag{7-6}$$

式中,P' 为工艺要求的搅拌功率,kW;η 为传动装置的总效率,包括减速装置传动效率、搅拌轴功率计算误差、轴封摩擦损耗和其他损耗。

　　一般异步电动机的同步转速按电动机的极数而分成几挡,如 3 000 r/min、1 500 r/min、1 000 r/min、750 r/min 及 600 r/min 等,其中 1 500 r/min 的电动机价格较低,供应也较普遍,故应用得最广泛。

　　电动机的安装型式一般有以下几种(图 7 - 23)：B3 型——卧式,机座带底脚,端盖上无凸缘;B5 型——卧式,机座不带底脚,端盖上有凸缘;V1 型——立式,端盖上有凸缘。选用时可根据所选减速机及机架对电动机安装位置的安排而定。

　　Y 系列三相异步电动机的标记示例：

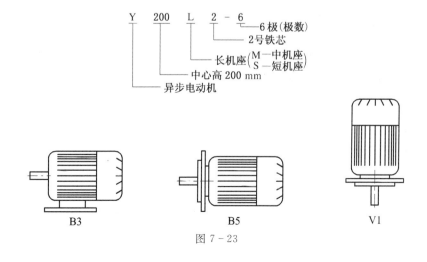

图 7 - 23

7.4.2　减速机的选用

根据我国目前情况,反应釜用的立式减速机主要有:摆线针轮减速机(或称摆线针齿行星减速机,见图 7 - 24)、两级齿轮减速机(图 7 - 25),V 带减速机(图 7 - 26),蜗杆减速机(图 7 - 27)等几种。这几种减速机已由有关工业部门制定标准系列,并由有关工厂定点生产。还有一种速比可达很大值的谐波减速机,它是一种新型减速机,其设计亦已系列化。

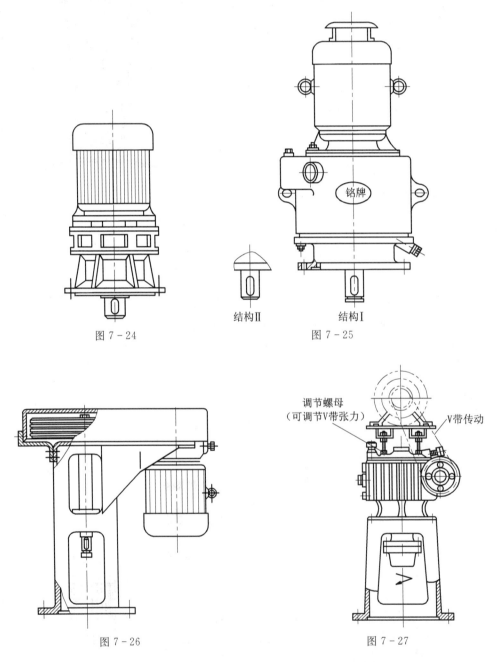

图 7 - 24　　　　　　　　图 7 - 25

图 7 - 26　　　　　　　　图 7 - 27

HG 21566—1995《搅拌传动装置——单支点机架》标准的附录 A 中列有常用的"釜用传动装置减速机型号及技术参数"(表 7 - 6)可以根据机架公称直径和搅拌轴转速来选择减速

机的型号。在 HG 21567—1995《搅拌传动装置——双支点机架》标准的附录中也列出了该表的相近内容,但机架公称直径仅为 300 mm、400 mm、500 mm、700 mm,并且不列入大跨距的 LPB 型和 LDC 型减速机。表中减速机型号如果做出详细标记,则要增加具体内容,下面予以举例说明。

表 7-6　釜用传动装置减速机型号及技术参数

机架公称直径 DN /mm	减速机型式								
	LC型——两级圆柱齿轮减速机(同轴式)、LC(A)型——为LC改型(同轴式)	LPJ型——两级、三级圆柱齿轮减速机(平行轴式)、LPB型——大跨距两级、三级圆柱齿轮减速机(平行轴式)	CFL型——单级行星齿轮减速机	DC型——单级圆柱齿轮减速机(同轴式)、LDC型——大跨距单级圆柱齿轮减速机(同轴式)	W型——圆弧齿圆柱蜗轮减速机、CW型——圆柱齿轮、圆弧齿圆柱蜗杆减速器	KF型——三级圆柱、圆锥齿轮减速机	YLD型——移位滚柱减速机	X系列(单级)、B系列——单级摆线针轮减速机	X系列(两级)、B系列——两级摆线针轮减速机
	输出轴转速/(r/min)								
	65~250	34~330	120~500	170~450	15~150	10~150	12~240	11~160	0.3~12.4
200	LC 75			DC 215		KF 30	YLD 10	X0,X1,X2	X10,X20
	LC 75A			LDC 215					
250	LC 75	LPJ/B 171	CFL 35	DC 215 LDC 215	W.CW100—200	KF 30	YLD 11	X3,X4	X 31,X 41
	LC 100		CFL 45	DC 258 LDC 258		KF 40	YLD 12	B 1,B 15	
	LC 75A LC 100A							B 18	
300	LC 100	LPJ/B 171	CFL 35	DC 258	W.CW100—200	KF 40	YLD 12	X4,X5,X6	X 42,X53
	LC 125	LPJ/B 192	CFL 45	LDC 258	W.CW100—250	KF 50	YLD 13	B 1,B 15	X 63
	LC 150	LPJ/B 215	CFL 55	DC 344	W.CW125—300	KF 65		B 2,B 18	B 2215
	LC 100A LC 125A		CFL 65	LDC 344				B 3,B 22	B 2715
	LC 150A								
400	LC 150	LPJ/B 240	CFL 65	DC 430	W.CW160—400	KF 65	YLD 14	X6,X7	X 63,X 74
	LC 200	LPJ/B 272	CFL 80	LDC 430		KF 80		B3,B22	B 2715
	LC 150A							B 4,B 27	
	LC 200A								
500	LC 200	LPJ/B 272	CFL 80		W.CW160—400	KF 80	YLD 14	X7,X8,X9	X 74,X 84
	LC 250	LPJ/B 305	CFL 90		W.CW200—500	KF 100	YLD 15	X10,B4,B27	X 85,X 95
	LC 200A	LPJ/B 305	CFL 100		W.CW200—550		YLD 16	B5,B33	X106
	LC 250A				W.CW250—550			B 6,B 39	B3322,B3922
					W.CW280—600			B7,B45	B4527
700	LC 250	LPJ/B 305	CFL 90		W.CW200—500	KF 100	YLD 15	X8,X9,X10	X84,X85
	LC 325	LPJ/B 375	CFL 100		W.CW200—550		YLD 16	X11,B5,B33	X95,X106
	LC 250A	LPJ/B 500			W.CW250—500			B6,B39	X117
	LC 325A	LPJ/B 600			W.CW280—600			B7,B45	B3322,B3922
					W.CW320—650				B4527

注:减速机型号以各减速机制造厂的样本为准,本表仅收录部分制造厂的型号表示方法。大跨距减速机一般不推荐使用,在应用双支点机架时则根本不采用。

（1）CW 型

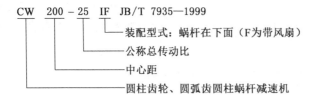

CW 200 - 25 IF JB/T 7935—1999
装配型式：蜗杆在下面（F为带风扇）
公称总传动比
中心距
圆柱齿轮、圆弧齿圆柱蜗杆减速机

（2）DC 型

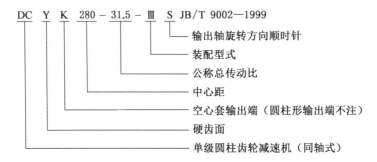

DC Y K 280 - 31.5 - Ⅲ S JB/T 9002—1999
输出轴旋转方向顺时针
装配型式
公称总传动比
中心距
空心套输出端（圆柱形输出端不注）
硬齿面
单级圆柱齿轮减速机（同轴式）

（3）LC 型

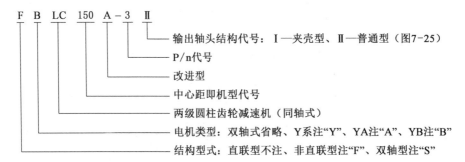

F B LC 150 A - 3 Ⅱ
输出轴头结构代号：Ⅰ—夹壳型、Ⅱ—普通型（图7-25）
P/n代号
改进型
中心距即机型代号
两级圆柱齿轮减速机（同轴式）
电机类型：双轴式省略、Y系注"Y"、YA注"A"、YB注"B"
结构型式：直联型不注、非直联型注"F"、双轴型注"S"

（4）LPJ 型

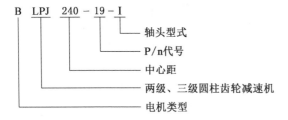

B LPJ 240 - 19 - I
轴头型式
P/n代号
中心距
两级、三级圆柱齿轮减速机
电机类型

（5）CFL 型

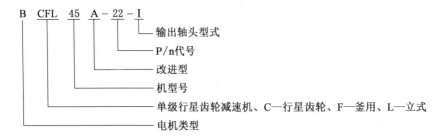

B CFL 45 A - 22 - I
输出轴头型式
P/n代号
改进型
机型号
单级行星齿轮减速机、C—行星齿轮、F—釜用、L—立式
电机类型

（6）X 系列

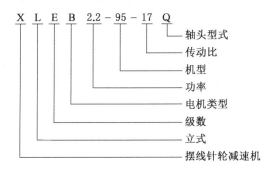

7.4.3　传动装置的机架

反应釜立式传动装置是通过机架安装在反应釜封头的底座或安装底盖上的,机架上端需与减速机装配,下端则与底座或底盖装配,如图 7-21、图 7-22 所示。在机架上一般还需要有容纳联轴器、轴封装置等部件及其安装操作所需的空间,有时机架中间还要安装内置轴承,以改善搅拌轴的支承条件。选用时,首先考虑上述需要,然后根据所选减速机的输出轴轴径及其安装定位面的结构尺寸选配合适的机架。有些减速机与机架连成整体如 V 带减速机;有些制造厂,机架与减速机配套供应,这样就不存在机架的设计或选用问题了。一般釜用传动装置的机架,按 HG/T 21563—1995《搅拌传动装置系统组合、选用及技术要求》标准系列中列出的有以下两种,可供参考。

1. 单支点机架(HG/T 21566—1995)

本类机架适用于反应釜传来的轴向力不大时。减速机输出轴联轴器型式为带短节联轴器,公称直径为 200 mm、250 mm、300 mm 的组件结构如图 7-28 所示。公称直径为400 mm、500 mm、700 mm 时则不用压环,而以轴承盖压住轴承座而与机架用螺栓、螺母连接,其机架尺寸如表 7-7 所示。其中 A 型适用于不带内置轴承的机械密封,B 型适用于填料密封和带内置轴承的机械密封。

表 7-7　单支点机架尺寸表　　　　　　　　　　　　　（单位：mm）

机架公称直径	传动轴轴径 d	D_1 (H8)	D_2	D_3	D_4	D_5	$n \times \phi$	H A 型	H B 型	H_1 A 型	H_1 B 型	轴承型号	机架质量/kg A 型	机架质量/kg B 型
200	30	245	295	340	330	360	8×φ22	575	730	220	295	46208	44	47
200	40	245	295	340	330	360	8×φ22	575	730	220	295	46210	44	48
250	50	290	350	395	425	455	12×φ22	750	995	268	388	46212	83	93
250	60	290	350	395	425	455	12×φ22	750	995	268	388	46215	85	95
250	70	290	350	395	425	455	12×φ22	750	995	268	388	46217	87	97
300	60	320	400	445	495	530	12×φ22	795	1 040	279	399	46215	121	132
300	70	320	400	445	495	530	12×φ22	795	1 040	279	399	46217	123	134
300	80	320	400	445	495	530	12×φ22	795	1 040	279	399	46219	126	137
400	90	415	515	565	600	645	16×φ26	890	1 115	310	420	46221	200	214
400	100	415	515	565	600	645	16×φ26	890	1 115	310	420	46224	208	222

续表(单位：mm)

机架公称直径	传动轴轴径 d	D_1 (H8)	D_2	D_3	D_4	D_5	$n \times \phi$	H A型	H B型	H_1 A型	H_1 B型	轴承型号	机架质量/kg A型	机架质量/kg B型
500	100	520	620	670	700	745	20×φ26	1 075	1 325	369	494	46224	326	352
	110											46226	329	355
	120											46228	335	361
	130											46230	341	367
700	120	670	780	830	800	880	28×φ26	1 185	1 415	399	514	46228	557	594
	130											46230	563	600
	140											46232	571	608
	150											46236	582	619

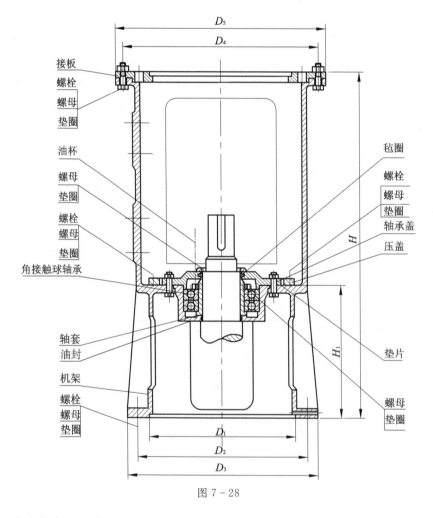

图 7-28

2. 双支点机架(HG/T 21567—1995)

本类机架适用于反应釜传来的轴向力较大时，减速机输出轴联轴器型式为带短节联轴器，其公称直径 400、500、700 mm 的组件结构如图 7-29 所示，其机架尺寸如表 7-8 所示。

公称直径为300 mm时的下轴承座与盖的连接形式类似于单支点机架DN为200 mm时的轴承座与盖的结构。A型适用于不带内置轴承的机械密封,B型用于带内置轴承的机械密封和填料密封。

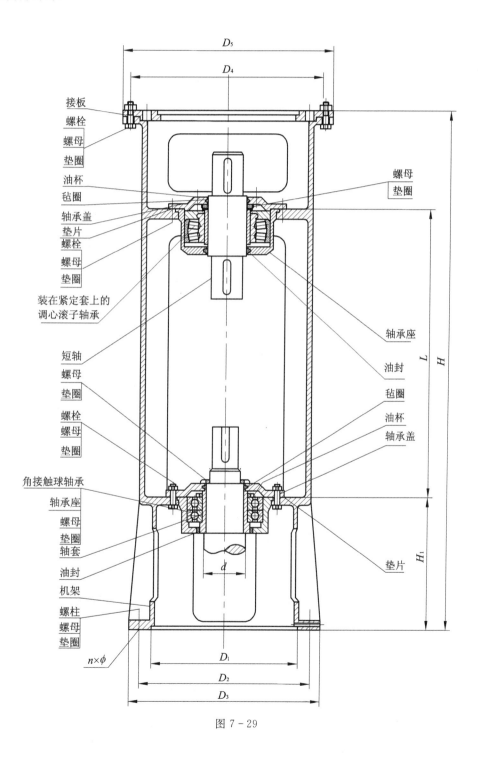

图7-29

表 7-8　双支点机架尺寸表　　　　　　　　（单位：mm）

机架公称直径	传动轴轴径 d	D_1	D_2	D_3	D_4	D_5	$n×\phi$	H A型	H B型	H_1 A型	H_1 B型	L A型	L B型	轴承型号 上部	轴承型号 下部	机架质量/kg A型	机架质量/kg B型
300	60	320	400	445	495	530	12×φ22	1 155	1 400	279	399	620	745	13512	46215	151	162
	70													13514	46217	154	165
	80													13516	46219	158	169
400	90	415	515	565	600	645	16×φ26	1 310	1 535	310	420	695	810	13518	46221	250	264
	100													13520	46224	260	274
500	100	520	620	670	700	745	20×φ26	1 620	1 870	369	494	865	990	13520	46224	425	451
	110													13523	46226	429	455
	120													13525	46228	437	463
	130													13528	46230	445	471
700	120	670	780	830	800	880	28×φ26	1 830	2 060	399	514	970	1 085	13525	46228	731	768
	130													13528	46230	738	775
	140													13530	46232	748	785
	160													13534	46236	761	798

机架的材料选用和加工，可选灰铸铁 HT200 铸造毛坯再进行加工。如数量少或无条件铸造时，亦可选碳素钢焊接而成。图 7-30 即是一种焊接结构的机架，上下法兰可按所配的定位安装面结构来设计，中间用钢板卷成圆柱形（或圆锥形）与上下法兰焊接而成，前后开孔以便安装，有时亦可用一段大直径钢管来做中间部分。加工时应在焊接后进行整体切削加工。有时仅因系列机架的高度不够时，可不必另行设计，而在系列机架与封头之间加一节接高机架便可。接高机架的结构设计与技术要求同上。此外在简易的 V 带传动装置上，也有用角铁、工字钢等型钢架搭成机架的。

7.4.4　底座设计

在反应釜设计时，一般要求提供传动装置底座的零件设计。从图 7-21 中看出，为了易于保证底座既与减速机座连接，又使穿过轴封装置的搅拌轴运转顺利，要求轴封装置与减速机架安装时有一定的同心度，一般都将两者的定位安装面做在同一块底座上。在 HG/T 21563—1995《搅拌传动装置系统组合、选用及技术要求》中，将两者的安装定位面是做在同一块安装底盖上的（图 7-22）。车削时，应在同一装夹位置上将两者的定位安装面车成。视釜内物料的腐蚀情况，底座或底盖有不衬里或衬里两种，不衬里的底座或底盖材料可用 Q235AF 或 Q235A 钢；要求衬里的，则在与物料可能接触的表面衬一层耐腐蚀材料，通常为不锈钢，以便于与座体焊接。

图 7-31 为一种底部按封头曲率车削的整体底座。由于在同一装夹位置下车削 D、D_1，故这两者定位面可有一定的同心度保证。安装时，先将搅拌轴、减速机架与轴封装置同底座装配好放在封头上，位置找准试转顺利后才将底座点焊定位于封头上，然后卸去整个传动装置（包括机架）和轴封装置，再将底座与封头焊牢。此外也可将底座制成表7-9所示各种结构：(a)(b)为平底，分别焊以扁钢圈或圆钢环；(c)为有部分 15°锥面的结构；(d)(e)为底座焊入封头，有或没有衬里的结构；(f)(g)为不锈钢设备用带衬里的结构；(h)为机架底座与轴封底座分装的结构。

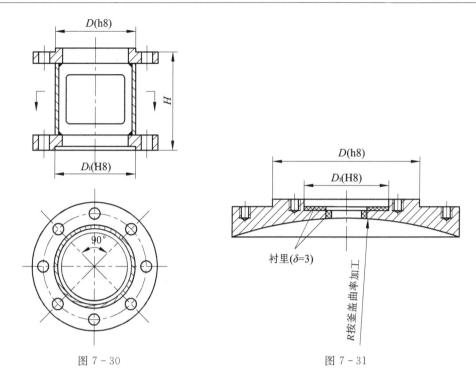

图 7 - 30　　　　　　　　　　　　　　　　　图 7 - 31

表 7 - 9　凸型封头上的底座结构型式

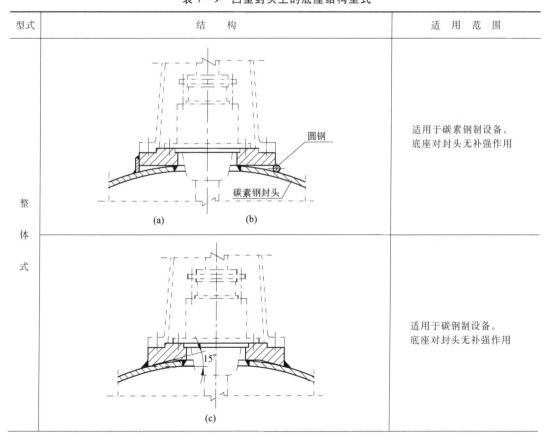

型式	结　构	适 用 范 围
整体式	(a)　　(b)　圆钢　碳素钢封头	适用于碳素钢制设备。底座对封头无补强作用
	(c)　15°	适用于碳钢制设备。底座对封头无补强作用

型　式	结　　构	适　用　范　围
整 体 式	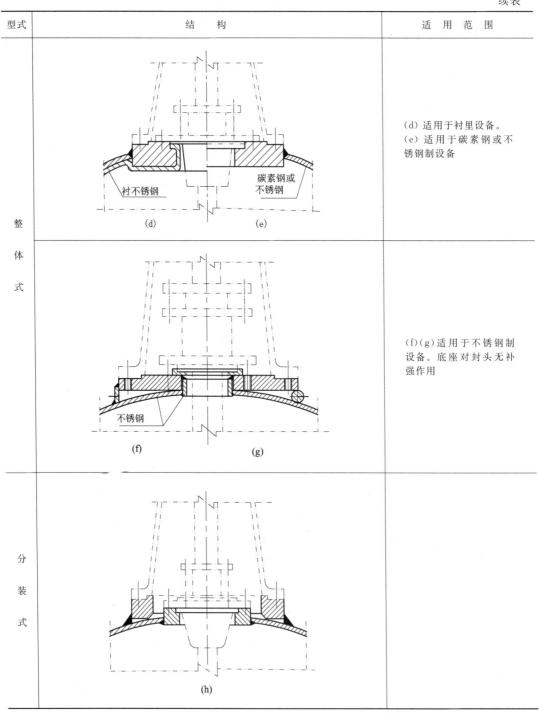	（d）适用于衬里设备。 （e）适用于碳素钢或不 锈钢制设备 （f）（g）适用于不锈钢制 设备。底座对封头无补 强作用
分 装 式		

　　如图 7 - 22 所示，搅拌传动装置系统组合中，减速机架与轴封装置安装时的同心度是依靠安装底盖来保证的。安装底盖采用螺柱等紧固件与凸缘法兰连接，安装底盖和凸缘法兰已有系列标准如 HG 21565—1995《搅拌传动装置——安装底盖》和 HG 21564—1995《搅拌传动装置——凸缘法兰》，一般可不另行设计。

7.5 反应釜的轴封装置

解决化工设备的跑、冒、滴、漏,特别是防止有毒、易燃介质的泄漏,是一个很重要的问题。因此在反应釜设计过程中选择合理的密封装置是很重要的。

密封装置按照密封面间有无相对运动,可区分为静密封和动密封两大类型。对于反应釜来说,例如封头与釜身的压力容器法兰、法兰管口、人孔、视镜等附件上的密封处,它们密封面间是相对静止的,故称为静密封。静止的反应釜封头和转动的搅拌轴之间存在相对运动,为了防止介质的泄漏也须采用密封装置,称为搅拌轴密封装置,或简称为"轴封"。由于转动轴和静止釜体零件之间存在一个相对运动的密封面,因此这种密封装置称为动密封。

静密封问题已在前面作过论述,这里只讨论反应釜的轴封装置。

在反应釜中使用的轴封装置主要是填料箱密封和机械密封两种。

7.5.1 填料箱密封

1. 填料箱的密封结构

填料箱密封又称压盖填料密封,图 7-32 为一个 PN≤0.6 MPa 碳钢填料箱的结构。填料箱本体由套筒焊以上、下法兰而成。在本体底部内焊一底环就形成填料函——可以容纳

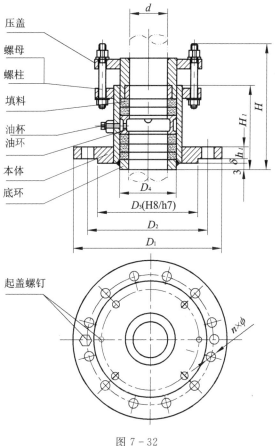

图 7-32

五组填料环的空间。在套筒中间配有油杯,与夹在填料环中间的油环配合起来可以加入和贮存润滑剂,使保持适宜的润滑条件。压盖通过螺柱螺母来调节压盖底部对填料的压力。填料环一般为石棉或合成纤维织物并含有石墨或黄油作润滑剂。当填料环受到压盖的压力就产生变形,并抱紧在轴的表面上,阻塞了介质泄漏的通道,从而达到密封的效果。

　　填料箱密封结构简单,填料装拆方便,但使用寿命较短,尽管大多数填料是非金属的并有润滑剂,轴旋转时轴和填料间的摩擦和磨损是不可避免的,因而总有微量的泄漏。在压力较高、温度较高的条件下,要保证可靠的密封,就必须增加填料圈数,或改用新型的膨胀聚四氟乙烯、柔性石墨、碳纤维、芳砜纶盘根等高性能填料。填料的材料性能可参阅表7-10。填料环又称盘根,一般不宜用条状盘根裁剪后直接使用,须经加工压制成环状填料后使用,以提高密封性。

表7-10　填料的材料性能

填料名称	牌　号 (型号标记)	规　格	极限介质 温度/℃	极限介质 压力/MPa	线速度 /(m/s)	适 用 条 件 (接触介质)
油浸石棉填料	YS 250 YS 350 YS 450	F型(方型)3~50 Y型(圆型)5~50 3、4、5、6、8、10、13、 16、19、22、25、28、 32、35、38、42、 45、50	250 350 450	4.5 4.5 6		蒸汽、空气、工业用水、重质石油产品、弱酸液等
聚四氟乙烯纤维编结填料	NFS-4型 (经特殊润滑剂浸渍)	方型　3、5、8、10、 12、14、16、 18、20、25	250	30	2	强酸、强碱、有机溶剂
	NFS-1型 2型	方型　3、5、8、10、 12、14、16、 18、20、25	260	40	2	各种腐蚀性介质:硝酸、硫酸、氢氟酸、强碱等
聚四氟乙烯石棉盘根	NFS-3型	方型　3、5、8、10、 12、14、16、 18、20、25	260	25	1	酸、碱、强腐蚀性溶液、化学试剂等
	无型号 FFB-01	4~25 8以上	250 250	12 12		
石棉线或石棉线与尼龙线浸渍四氟乙烯填料	SMF型 (9032u)	方型　3、5、8、10、 12、14、16、 18、20、25	300	30	2	弱酸、强碱、各种有机溶剂、水蒸气
	YAB-1	25	260	20	2	弱酸、强碱、各种有机溶剂、液氨、海水、纸浆废液等
柔性石墨填料		5~40	250~300	20	2	醋酸、硼酸、柠檬酸、盐酸、硫化氢、乳酸、硝酸、硫酸、硬脂酸、氯化钠、溴、矿物油料、汽油、二甲苯、四氯化碳等
膨体聚四氟乙烯石棉盘根	PTST-1	6、8、10、13、16、19、 20(方型)	250	4	2	强酸、强碱、有机溶液

　　2. 填料箱的种类与标准

　　填料箱按材质不同有碳钢填料箱与不锈钢填料箱之别,按承压能力有常压(PN<

0.1 MPa)、PN≤0.6 MPa 与 PN≤1.6 MPa 三个等级,还有专用于可拆式内伸接管的管用填料箱,化工部门已经制定了系列标准如表 7-11 所示。

表 7-11　填料箱的分类及标记

使 用 场 合	材　质	DN	标 记 示 例
常压 (PN<0.1 MPa) <200℃	碳素钢填料箱	30 40 50 60 70 80 90 100	填料箱 DN50　HG21537.3-92
	不锈钢填料箱 Ⅰ型 0Cr18Ni11Ti Ⅱ型 00Cr17Ni14Mo2		填料箱 DN50-Ⅰ　HG21537.4-92
PN0.6 (-0.03~0.6 MPa) ≤200℃	碳素钢填料箱		填料箱 PN0.6DN90　HG21537.1-92
	不锈钢填料箱 Ⅰ型 0Cr18Ni11Ti Ⅱ型 00Cr17Ni14Mo2		填料箱 PN0.6DN90-Ⅰ　HG21537.2-92
PN1.6 (-0.03~1.6 MPa) -20~300℃	碳素钢填料箱	110 120 130 140 160	填料箱 PN1.6DN90　HG21537.7-92
	不锈钢填料箱304-0Cr18Ni9 304L-00Cr19Ni10 321-0Cr18Ni10Ti (1Cr18Ni9Ti) 316-0Cr17Ni12Mo2 316L-00Cr17Ni12Mo2		填料箱 PN1.6DN90/321　HG21537.8-92
管用 (PN≤0.6 MPa) <200℃	碳素钢填料箱	25,32 40,50 70,80 100,125 150,200	填料箱 PN0.6DN50　HG21537.5-92
	不锈钢填料箱 Ⅰ型 0Cr18Ni11Ti Ⅱ型 00Cr17Ni14Mo2		填料箱 PN0.6DN50-Ⅰ　HG21537.6-92

填料箱用油润滑,润滑油多少会沿轴流入容器内,对于物料不允许沾有污染物的,应在填料箱下端轴上设置贮油杯。

7.5.2　机械密封

机械密封又称端面密封,它不仅在反应釜上而且也在泵、压缩机等其他设备上广泛使用。机械密封的结构和类型多种多样,不同的机械密封适用于不同的设备和工作条件,其零件、材质也各不相同。但是,它们的工作原理和基本构造都是相同的。在这里只讨论反应釜上常用的机械密封。

1. 机械密封的结构和工作原理

机械密封系指两块环形密封元件,在其光洁而平直的端面上,依靠介质压力或弹簧力的作用,在相互贴合的情况下作相对转动,从而构成了密封结构。

图 7-33 和图 7-34 是一种釜用机械密封装置的简单结构图。从图中可看出,该机械密封是由动环(又称旋转环)15,静环(又称静止环)5,弹簧加荷装置 7、10、11、12、13 及辅助密封圈 6、16 等四个不可缺少的部分所组成的。静环依靠螺母 3、双头螺栓 12 和静环压板 2 固定在静环座 1 上,静环座和设备连接。当轴 9 转动时,静环是不动的,弹簧座 11 依靠三只紧定螺钉 17 固定在轴上,而双头螺栓 12 使弹簧压板 13 与弹簧座做周向固定,三只固定螺钉 14 又使动环与弹簧压板做周向固定。所以,当轴转动时,带动了弹簧座、弹簧、弹簧压板、动环等零件一起旋转。由于弹簧力的作用使动环紧紧压在静环上。当轴旋转时,动环与轴一起旋转,而静环则固定于座架上静止不动,动环与静环相接触的环形密封端面阻止了介质的泄漏。因此,从结构上看,机械密封主要是将较易泄漏的轴向密封,改变为不易泄漏的端面密封。

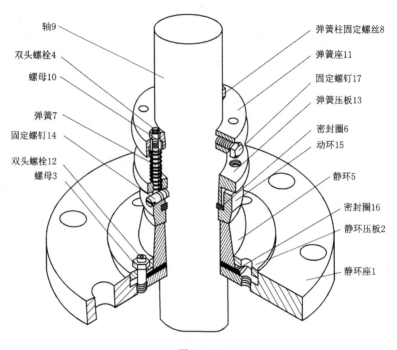

轴9

弹簧柱固定螺丝8

双头螺栓4

弹簧座11

螺母10

固定螺钉17

弹簧压板13

弹簧7

密封圈6

固定螺钉14

动环15

双头螺栓12

静环5

螺母3

密封圈16

静环压板2

静环座1

图 7 - 33

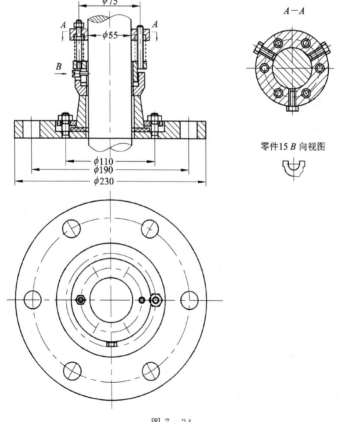

$A-A$

$\phi75$

$\phi55$

$\phi110$

$\phi190$

$\phi230$

零件15 B 向视图

图 7 - 34

当然,机械密封还有外壳装置,既可保护动、静环等零件不受碰撞,其腔体内的空隙还要接通循环保护系统(图 7 - 22),以保持润滑、调温、调压等功能。限于篇幅,这里不做详细介绍了。

机械密封一般有四个密封处(图 7 - 35 中的 A、B、C、D)。

A 处一般是指静环座和设备之间的密封。这种静密封比较容易处理,很少发生问题。通常采用凹凸密封面,焊在设备封头上的底座(凸缘)做成凹面,静环座做成凸面,采用一般静密封用垫片。

B 处是指静环与静环座之间的密封,这也是静密封,通常采用各种形状有弹性的辅助密封圈来防止介质从静环与静环座之间泄漏。

C 处是动环和静环相对运动面之间的密封,这是动密封。它

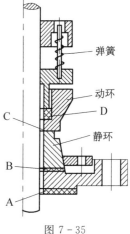

图 7 - 35

是依靠弹簧加荷装置(有些结构则还利用介质压力)在相对运动的动环和静环的接触面(端面)上产生一合适的压紧力,使这两个光洁、平直的端面紧密贴合,端面间维持一层极薄的流体膜(这层膜起着平衡压力和润滑端面的作用)而达到密封目的。两端面之所以必须高度光洁平直,是为了给端面创造完全贴合和使压力均匀的条件。

D 处是指动环与轴(或轴套)之间的密封,这也是一个相对静止的密封,但在端面磨损时,允许其作补偿磨损的轴向移动。常用的密封元件是 O 形环。

2. 基本构件

(1)动环和静环

由动环和静环所组成的摩擦副是机械密封最重要的元件。动环和静环是在介质中作相对的旋转摩擦滑动,由于摩擦会产生发热、磨损和泄漏等现象。因此,摩擦副设计应使密封在给定的条件下使得工作负荷最轻,密封效果最好,使用寿命最长。

① 对动静环的材料要求:与其他耐磨材料一样,希望有好的耐磨性;能有减摩作用(摩擦系数小);具有良好的导热性以便将摩擦产生的热量及时散出;结构紧密,孔隙率小,以免介质在压力下有渗透。动静环是一对摩擦副,它们的硬度应不相同,一般认为动环的硬度应比静环大。动环的材料可用铸铁、硬质合金、高合金钢等,在有腐蚀介质的条件下可用不锈钢、或不锈钢表面(端面)堆焊硬质合金、陶瓷等。静环的材料可用浸渍石墨、填充聚四氟乙烯、巴氏合金、磷青铜、铸铁等。

② 动静环的配对方法:当介质黏度小,润滑性差时,采用金属配各种非金属(石墨、浸渍石墨、氟塑料、陶瓷等),因为大多数非金属材料都有自润滑作用;当介质黏度较大时,采用金属与金属相配。

为了节省贵重材料,减少加工,降低成本,提高使用价值,在碳素钢或不锈钢摩擦副基体上堆焊硬质合金或镀嵌硬质合金、陶瓷、石墨等材料也是一种很好的形式。

由于摩擦副的端面要起密封作用,并且还要相互滑动摩擦,故端面的加工精度,影响着密封效果和使用寿命。

(2)弹簧加荷装置

它是机械密封中重要组成部分,它的作用是产生压紧力,保持动静环端面的紧密接触。

并且在介质压力下或介质压力降低，甚至消失时都能保持摩擦面的紧密接触，同时，在端面受到磨损后仍能维持紧密贴合。它又是一个缓冲元件，可以补偿轴的跳动及加工误差而引起的摩擦面不贴合，在这些结构中，还起扭矩的传递作用。

弹簧加荷装置是由弹簧、弹簧座、弹簧压板等组成。

（3）辅助密封元件

辅助密封元件主要是指动环密封圈及静环密封圈，用来密封动环与转轴及静环与静环座之间的缝隙，如图7-33中6及16所示。动环密封圈随轴和动环一起转动，故对轴和动环是相对静止的。但是在端面磨损时，依靠作用在动环背面的介质压力或弹簧力，沿轴线方向有微量滑动，但继续保持密封。静环密封圈则是完全静止的。

除此以外，辅助密封元件尚可补偿端面的偏斜或振动作用，以保证动静环在任何时候都紧密贴合。

辅助密封元件有O形、V形、矩形等多种型式。常用静环密封圈为平橡胶垫片；动环密封圈为O形环。常见辅助密封元件及其安装形式如图7-36所示。

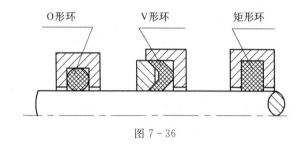

图7-36

3. 机械密封的分类

机械密封的分类主要是根据结构特点进行的，通常是根据摩擦副的对数、介质在端面上所引起的压力情况等加以区分的，它的结构型式总括起来有以下两种：

① 单端面与双端面。密封机构中只有一对摩擦副（图7-33）则为单端面。有两对摩擦副（有两个动环与静环）者为双端面。前者结构简单，制造、装拆较易，因而使用普遍，但只适用于密封要求一般、压力较低的场合。

② 平衡型与非平衡型。在反应釜用的机械密封上，当弹簧压紧力一定时，根据介质压力在端面上所引起的比压（端面上单位面积所受的力）的卸载情况，可将密封分为平衡型与非平衡型两种类型。

非平衡型在介质压力p升高时，负荷面积为A_1的端面上产生的相应推开力A_1p就相应增大[图7-37(a)]，紧贴的端面就有被推开的趋势。因此，为了保证端面的密封，就必须事先增大弹簧力。可是当介质压力消除，即空载运转时却会引起端面的磨损和发热加剧，以至密封失效，所以非平衡型仅适用于介质压力较低的场合。而平衡型可不受或少受介质压力变化的影响，从图7-37(b)中动环受力图来看，当动环下边端面受到方向向上的介质推开力A_1p作用时，动环上边除弹簧力F外，还在负荷面积A_2上受到方向向下的介质压力A_2p的作用。由于A_2p的存在，A_1p力得到部分或全部的平衡，而无须增大弹簧力，因此平衡型结构比较合理，宜用于压力较高或压力波动大的密封场合。

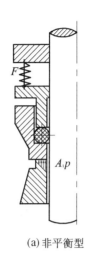

(a)非平衡型

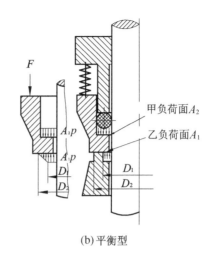

(b)平衡型

图 7-37

4. 反应釜用机械密封

化工部门已将釜用机械密封的基本型式及参数制定了系列标准 HG 21571－1995《搅拌传动装置——机械密封》，并有定点厂供应各种规格产品，一般只需选用、订购即可。该标准中机械密封型式如表 7-12 所示。其零件常用材料组合推荐如表 7-13 所示。

表 7-12　机械密封型式

型　式	型号	结　　　构					压力等级 /MPa	使用温度 /℃	最大线速度 /(m/s)	介质端材料
		轴向单端面	双端面		非平衡	平衡	内置轴承				
			径向	轴向							
单端面平衡型	2001	√				√		0.6	−20～150	3	碳素钢、不锈钢
	2002	√				√	√				
经向双端面平衡型	2003		√					1.6	−20～300		
双端面非平衡型	2004			√	√						
	2005			√	√						
双端面平衡型	2006			√		√				2	
	2007			√		√					
	2008			√		√					

表 7-13　常用材料组合

介质性质	介质温度	介质侧			弹簧	结构件	大气侧		
		旋转环	静止环	辅助密封圈			旋转环	静止环	辅助密封圈
一般	≤80℃	石墨浸渍树脂(Bq、Bk、Bh)	碳化钨(U)	丁腈橡胶(P)	铬镍钢(F)	铬钢(E)	石墨浸渍树脂(Bq、Bk、Bh)	碳化钨(U)	丁腈橡胶(P)
	>80℃			氟橡胶(V)					
腐蚀性强	≤80℃		碳化硅(O)	橡胶包覆聚四氟乙烯(M)	铬镍钼钢(G)	铬镍钢(F)			氟橡胶(V)
	>80℃								

（1）机械密封的标记内容

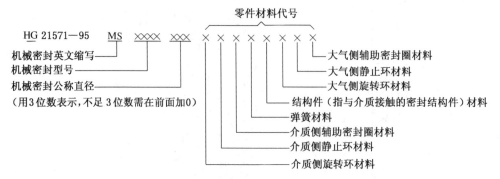

标记中的机械密封零件材料及代号含义见表 7-14。单端面机械密封材料代号取前五个位置，双端面机械密封零件材料代号取全部八个位置。

表 7-14 机械密封零件材料及代号含义

旋转环、静止环材料	辅助密封圈材料	弹簧和结构件
碳—石墨： At—石墨浸渍铜 Ab—石墨浸渍巴氏合金 Bq—石墨浸渍酚醛树脂 Bk—石墨浸渍环氧树脂 Bh—石墨浸渍呋喃树脂 Cg—硅化石墨 金属： D—碳素钢 E—铬钢 F—铬镍钢 G—铬镍钼钢 H—铬镍钢合金 K—铬镍钼钢合金 M—高镍合金 N—锡磷青铜 P—铸铁 R—合金铸铁 S—铸造铬钢 T—其他金属 In—金属表面熔焊镍基合金 Ig—金属表面熔焊钴基合金 It—金属表面熔焊铁基合金 J—金属表面喷涂 氮化物： Q—氮化硅 碳化物： U—碳化钨 O—碳化硅 L—其他碳化物 金属氧化物： V—氧化铝 W—氧化铬 X—其他金属氧化物 塑料： Yt—填充玻纤聚四氟乙烯 Yb—填充石墨聚四氟乙烯 Z—其他工程塑料	弹性材料： P—丁腈橡胶 N—氯丁橡胶 B—丁基橡胶 E—乙丙橡胶 S—硅橡胶 V—氟橡胶 M—橡胶包覆聚四氟乙烯 X—其他弹性材料 非弹性材料： A—浸渍石墨 T—聚四氟乙烯 F—石棉橡胶材料 C—柔性石墨 Y—其他非弹性材料	D—碳素钢 F—铬镍钢 C—铬镍钼钢 M—高镍合金 N—青铜 T—其他材料

（2）标记示例

$$HG\ 21571—1995\quad MS—2004—090—UOVFFUNP$$

双端面，介质侧、大气侧均为非平衡型，系列代号 2004 型釜用机械密封，公称直径 90 mm，零件材料如下：

介质侧：旋转环材料为碳化钨，静止环材料为碳化硅，辅助密封圈为氟橡胶 O 形环，弹簧材料为铬镍钢，轴套与箱体及介质接触部分均用铬镍钢。

大气侧：旋转环材料为碳化钨，静止环材料为锡磷青铜，辅助密封圈为丁腈橡胶 O 形环。

5. 机械密封与填料箱密封的比较

通过以上讨论，可以看出机械密封与填料箱密封有着很大的区别。首先，从密封面的位置来看，在填料箱密封中轴和填料的接触是圆柱形表面；而在机械密封中，动环和静环接触是环形平面。其次，从密封力来看，在填料箱密封中，密封力是靠拧紧螺栓后，使填料在径向胀出而产生的。在轴的运转过程中，伴随着填料与轴的摩擦，发生了磨损，从而减小了密封力，因此介质就容易泄漏。但是，在机械密封中，密封力是依靠弹簧压紧动环与静环而产生的。当这两个环有微小磨损后，密封力（弹簧力）基本上可保持不变，因而介质就不容易泄漏。从表 7-15 中列出的几个方面的比较，可以得出结论，机械密封较填料箱密封优越得多。因此广泛推广机械密封或对填料箱密封的改造，这对于改善化工生产安全操作和劳动保护条件（防火、防爆、防毒和改善慢性疾病的控制等），其意义重大。

表 7-15 填料箱密封和机械密封的比较

比较项目	填 料 箱 密 封	机 械 密 封
泄漏量	180～450 mL/h	一般平均泄漏量为填料箱密封的 1%
摩擦功损失	机械密封为填料箱密封的 10%～50%	
轴磨损	有磨损，用久后轴要换	几无磨损
维护及寿命	需要经常维护，更换填料，个别情况 8 小时（每班）更换一次	寿命 0.5～1 年或更长，很少需要维护
高参数	高压、高温、高真空、高转速、大直径密封很难解决	可以
加工及安装	加工要求一般，填料更换方便	动环、静环表面光洁程度及平直度要求高，不易加工，成本高；装拆不便
对材料要求	一般	动环、静环要求较高减摩性能

习 题 7

7-1 根据化工原理，反应釜筒体的高度一般不宜太矮，其 H/D_i 值：一般反应釜取_____；发酵罐取_____。

7-2 釜用立式减速机根据输出轴转速与机架公称直径，一般可从下列类型中选用：_____。

7-3 某产品生产为间歇操作，每昼夜处理 40 m³ 的物料，每次反应的时间为 1.5 h。生产中无沸腾现象。如果要求最多用 3 台搅拌反应器，试求每台搅拌反应器的容积。并决定其直径和高度。

已知下列计算数据：

筒体直径/mm	每米高筒节的容积/m³	椭圆封头容积/m³
800	0.503	0.079 6
900	0.636	0.111 3
1 000	0.785	0.150 5
1 200	1.131	0.254 5

7-4　试为水解反应罐选用机架及减速机型。已知反应罐的搅拌功率 $P=2.2\text{ kW}$，搅拌转速 $n=80\text{ r/min}$，减速机轴径 $d=50\text{ mm}$；轴向力不大。